21世纪高等学校规划教材 | 计算机应用

大学计算机基础
（第4版）

范爱萍 刘琪 鲁敏 主编

清华大学出版社
北京

内 容 简 介

本书以 Windows 7 系统为系统环境，以 Microsoft Office 2010 为核心，系统地介绍了计算机基础知识、计算机系统、计算机网络基础及 Internet、Word 2010、Excel 2010 和 PowerPoint 2010 等。本书通过一系列实例分析，深入浅出地向读者介绍了 Word 2010、Excel 2010 和 PowerPoint 2010 的使用方法。

本书可作为高等院校计算机基础及应用的教学用书，也可以作为全国计算机等级考试二级 MS Office 的重要参考用书，对从事计算机应用基础教学的教师本书也是一本极佳的参考书。

图书在版编目（CIP）数据

大学计算机基础 / 范爱萍，刘琪，鲁敏主编. --4 版. —北京：清华大学出版社，2016　（2017.8 重印）
ISBN 978-7-302-44796-2

Ⅰ. ①大⋯　Ⅱ. ①范⋯　②刘⋯　③鲁⋯　Ⅲ. ①电子计算机-高等学校-教材　Ⅳ. ①TP3

中国版本图书馆 CIP 数据核字（2016）第 189716 号

责任编辑：闫红梅　薛　阳
封面设计：傅瑞学
责任校对：胡伟民
责任印制：刘海龙

出版发行：清华大学出版社
　　　　网　　　址：http://www.tup.com.cn，http://www.wqbook.com
　　　　地　　　址：北京清华大学学研大厦 A 座　　　　邮　　编：100084
　　　　社 总 机：010-62770175　　　　　　　　　　邮　　购：010-62786544
　　　　投稿与读者服务：010-62776969，c-service@tup.tsinghua.edu.cn
　　　　质 量 反 馈：010-62772015，zhiliang@tup.tsinghua.edu.cn
印　装　者：北京密云胶印厂
经　　销：全国新华书店
开　　本：185mm×260mm　　　印　张：28.25　　　字　数：695 千字
版　　次：2007 年 8 月第 1 版　　2016 年 9 月第 4 版　　印　次：2017 年 8 月第 2 次印刷
印　　数：6001～11000
定　　价：59.00 元

产品编号：069768-01

前　言

随着我国"九五"、"十五"、"十一五"、"十二五"社会信息化规划的实施，我国信息基础设施发展迅速，建设了新一代高速信息传输骨干网络，构筑了满足经济与社会发展需要的信息化基础平台；建设了电子政务系统，实施政府网上信息交换、信息发布和信息服务；制定了中国电子商务政策框架，建立了全国和城市物流配送体系，大力发展基于互联网的电子商务。企业信息化、教育信息化的实施，极大地提升了我国各行各业信息化的发展水平和互联网应用水平。信息技术与计算机技术发展非常迅速，在新的形势下，大学生普遍使用计算机、智能手机，在应用互联网、移动互联网的过程中学习和获取新知识、新技术。

社会发展日新月异、知识更新不断加速，为了满足新时期各领域工作和生活对大学生计算机的基本理论知识和基本应用能力的要求，结合不同学生的学科和专业特点，我们根据《中国高等院校计算机基础教育课程体系 2014》（清华大学出版社，2014.9）的要求，组织多年从事大学计算机应用基础教学和科研工作的教师们，吸纳计算机最新的应用技术和研究成果编写了此书。

本书是在由清华大学出版社出版的《大学计算机基础》（2007 年版）、《大学计算机基础》（2009 年版）、《大学计算机基础》（第 2 版，2011 年版）和《大学计算机基础》（第 3 版，2013 年版）的基础上修改完成的。全书包括 6 章，分别为计算机基础知识、计算机系统、计算机网络基础及 Internet，Word 2010、Excel 2010、PowerPoint 2010。其中，Office 2010 是根据《全国计算机等级考试二级 MS Office 高级应用考试大纲（2013 年版）》中对 MS Office 高级应用的要求编写的。因此本书所使用的 Office 软件与计算机二级考试要求一致，均为 2010 版。本教材还配有实验指导书，实验指导书中包括根据本教材知识点所给出的习题和操作题题目及答案。本教材和实验教材所需的案例文件、素材文件均可以在清华大学出版社官网下载。

通过本教材的学习，学生将对计算机的发展、信息的表示与存储、多媒体技术、计算机病毒及防治、计算机软硬件系统、Windows 7 操作系统、Internet 基础及应用等有一个较为全面的认识和理解，并能熟练掌握 Office 办公软件 Word 2010、Excel 2010 和 PowerPoint 2010 的操作，为学习计算机后续课程和利用计算机的有关知识解决本专业及相关领域的问题打下良好的基础。

本书由范爱萍、刘琪、鲁敏主编，负责全书的统稿和总撰，参加编写和校对工作的还有李玲、沈计、陈旭、吴良霞、周巍等。

本书在编写过程中得到了中南财经政法大学教务部、信息与安全工程学院领导和老师们的大力支持，同时清华大学出版社为本书的顺利出版付出了极大的努力，在此一并致以深深的感谢。

尽管编者对本书内容进行了反复修改，但由于水平和时间有限，书中疏漏和不足之处仍在所难免，敬请读者提出宝贵意见，以便修订时更正。

编　者
2016 年 5 月

目 录

第1章

计算机基础知识

　　计算机是人类社会 20 世纪最伟大的发明之一，它的出现使人类迅速进入了信息社会，彻底改变了人们的社会文化生活，对人类的历史发展有着不可估量的影响。今天，计算机已经成为人们社会生活中不可缺少的工具。

　　本章将介绍计算机的基础知识，包括计算机的产生和发展、分类和应用，计算机的数制和计算机内部数据的表示方法，多媒体技术和计算机安全。

1.1　计算机的产生和发展

1.1.1　计算机的产生

　　1945 年，匈牙利出生的美籍数学家冯·诺依曼（Von Neumann，1903—1958，如图 1.1 所示）提出了在数字计算机内部的存储器中存放程序的概念，这是所有现代计算机的范式，被称为"冯·诺依曼结构"。按照这个结构制造的计算机称为存储程序的计算机，又称为通用计算机。虽然现在的计算机在性能指标、运算速度、工作方式、应用领域和价格等方面与早期的计算机有很大的差别，但是其基本结构没有变，都属于冯·诺依曼结构的计算机。因此，冯·诺依曼被人们誉为"计算机之父"。

　　1946 年 2 月，由宾夕法尼亚大学的工程师们开发出了世界上第一台电子数字计算机 ENIAC（英文全称：Electronic Numerical Integrator And Computer，电子数字积分计算机，中文名为埃尼阿克/埃尼亚克），这是一台真正现代意义上的计算机。这台计算机长 30.48 m，宽 1 m，有 30 个操作台，占地面积达 170m^2，重达 30 t，耗电量 150 kW（如图 1.2 所示）。它包含一万八千多个电子管、七万多个电阻器、一万多个电容器、一千五百多个继电器和六千多个开关，每秒执行 5000 次加法运算或 500 次乘法运算，这比当时最快的继电器计算机的运算速度要快一千多倍，是手工计算的 20 万倍。

　　ENIAC 奠定了电子计算机的发展基础，在计算机发展史上具有划时代的意义，它的问世标志着电子计算机时代的到来。

　　在 ENIAC 问世之后，冯·诺依曼又研制了 EDVAC（Electronic Discrete Variable Automatic Computer，离散变量自动电子计算机），其中他提出两大设计思想，为计算机的设计树立了一座里程碑。其设计思想之一是二进制，他根据电子组件双稳工作的特点，建议在电子计算机中采用二进制，并预言，二进制的采用将大大简化机器的逻辑线路。实践证明了诺依曼预言的正确性。如今，逻辑代数的应用已成为设计电子计算机的重要手段，在 EDVAC 中采用的主要逻辑线路也一直沿用着，只是对实现逻辑线路的工程方法和逻辑电路的分析方法做了改进。存储程序是诺依曼的另一杰作。通过对 ENIAC 的考查，诺依曼敏锐地抓住了它的最大弱点——没有真正的存储器。ENIAC 只有 20 个暂存器，它的程序是外插型的，指令存储在计算机的其他电路中。这样，解题之前，必须先想好所需的全部指令，通过手工把相应的电路连通。这种准备工作要花几小时甚至几天时间，而计算本身只需几分钟。计算的高速与程序的手工慢速存在着很大的矛盾。针对这个问题，诺依曼提出了存储程序的思想：把运算程序存在机器的存储器中，程序设计员只需要在存储器中寻找运算指令，机器就会自行计算，这样，就不必每个问题都重新编程，从而大大加快了运算进程。这一思想标志着自动运算的实现，标志着电子计算机的成熟，已成为电子计算机设计的基本原则。冯·诺依曼为计算机的发展道路打通了一道道关卡。尽管长期以来，关于二进制的引入和程序内存的发明权一直有争议，但是，诺依曼在计算机总体配置和逻辑设计上所做的卓越贡献掀起了一次计算机热潮，推动了电子计算机的发展。他无愧于"计算机之父"这一美称。

图 1.1　冯·诺依曼

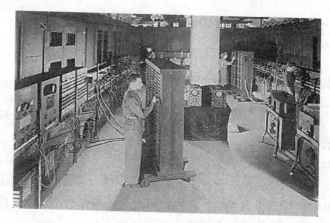

图 1.2　世界上第一台电子计算机 ENIAC（1946）

从第一台电子计算机 ENIAC 的诞生到现在，计算机的发展已经经历了 4 个时代，并正在向新一代发展。

1．第一代（1946～1957）：电子管计算机

它的主要特征是：以电子管（如图 1.3（a）所示）为基本电子元器件；使用机器语言和汇编语言；应用领域主要局限于科学计算。这一代计算机是计算机发展的初级阶段，运算速度每秒只有几千次至几万次，且体积大、功耗大、价格昂贵、可靠性差。

另外，电子管计算机没有操作系统，由人手工控制作业的输入和输出，通过控制台开关启动程序的运行。用户使用电子管计算机的过程大致如下：先把程序纸带装上输入机，启动输入机把程序和数据送入计算机，然后通过控制台开关启动程序运行，程序计算完毕后，用户拿走打印结果（如图 1.3（b）所示）。

2．第二代（1958～1964）：晶体管计算机

它的主要特征是：晶体管（如图 1.4 所示）取代了电子管；软件技术上出现了程序设

计语言（例如 FORTRAN）和操作系统的雏形（批处理操作系统）；应用领域从科学计算扩展到数据处理；运算速度达到每秒几万次至几十万次。此外，体积缩小、功耗降低、可靠性有所提高。

（a）　　　　　　　　　　　　　　　　　　（b）

图 1.3　电子管和电子管计算机

（a）　　　　　　　　　　　　　　　　　　（b）

图 1.4　晶体管和晶体管计算机

3. 第三代（1965～1970）：集成电路计算机

集成电路（Integrated Circuit，IC，产生于 1958 年）是一种微型电子器件（如图 1.5 所示），它的产生揭开了人类 20 世纪电子革命的序幕，同时宣告了数字信息时代的来临。集成电路的发明者是美国工程师杰克·基尔比（Jack Kilby，1923—2005，如图 1.5 所示），他在 2000 年获得了诺贝尔物理学奖，这是一个迟到了 42 年的诺贝尔物理学奖。这份殊荣，因为获奖时间相隔越久，也就越突显他的成就。迄今为止，人类的计算机、手机、电视、照相机、DVD 及所有的电子产品内的核心部件都是"集成电路"，都源于杰克·基尔比的发明。

集成电路计算机的主要特征是：普遍采用了集成电路，使体积、功耗均显著减小，可靠性大大提高；运算速度达到每秒几十万次至几百万次；软件方面，操作系统的功能日臻完善，出现了多道程序、并行处理技术、虚拟存储系统等。

（a）　　　　　　　　　　　　　（b）

图 1.5　集成电路和集成电路的发明者杰克·基尔比

4．第四代（1970～至今）：大规模或超大规模集成电路计算机

它的主要特征是：大规模或超大规模集成电路成为计算机的主要元器件；运算速度提高到每秒几百万次至上亿次；随着大规模集成电路技术的发展，微型计算机诞生，它将计算机的运算器与控制器集成在一块芯片上，进一步缩小了体积和降低了功耗；多机系统和网络化是第四代计算机的又一个重要特征，多处理机系统、分布式系统、计算机网络发展迅速；系统软件的发展不仅实现了计算机运行的自动化，而且正在向工程化和智能化迈进。

5．我国在计算机方面的发展

我国电子计算机的研究是从 1953 年开始的，1958 年研制出第一台计算机，即 103 型通用数字电子计算机，它属于第一代电子管计算机。接着，我国相继研制出第二代、第三代计算机。1983 年研制成功了"银河-Ⅰ"巨型计算机（如图 1.6（a）所示），运行速度达每秒 1 亿次。1992 年，我国又研制出巨型计算机"银河-Ⅱ"（如图 1.6（b）所示），该机运行速度为每秒 10 亿次。

（a）　　　　　　　　　　　　　　　（b）

图 1.6　"银河-Ⅰ"巨型计算机和"银河-Ⅱ"巨型计算机

2000 年 9 月，由国家并行计算机工程研究中心研制成功的国内最先进的大规模并行计算机"神威-I"投入运行，其峰值运行速度为每秒 3840 亿次，在当时世界已投入商业运行

的前 500 名高性能计算机中排第 48 位，其主要技术指标和性能达到国际先进水平，标志着我国成为为继美国、日本后，世界上第三个具备研制高性能计算机能力的国家。

2004 年，上海超级计算中心的超级计算机曙光 4000A 运算速度达到每秒 10 万亿次，在世界前 500 名高性能计算机中排第 10 位（如图 1.7 所示）。2008 年 6 月，曙光 5000 又研制成功，运算速度达到每秒 230 万亿次。

图 1.7　上海超级计算中心的曙光 4000A

2010 年 11 月，国际超级计算机 TOP500 组织公布了全球超级计算机前 500 强排行榜，中国首台千万亿次超级计算机系统"天河一号"雄居第一（如图 1.8 所示）。"天河一号"由国防科学技术大学研制，部署在国家超级计算天津中心，其实测运算速度可以达到每秒 2570 万亿次。另外，美国橡树岭国家实验室的"美洲虎"超级计算机此前排名第一，在新榜单中，其排名下滑一位。"美洲虎"的实测运算速度可达每秒 1750 万亿次。排名第三的是中国曙光公司研制的"星云"高性能计算机，其实测运算速度达到每秒 1270 万亿次。

图 1.8　超级计算机"天河一号"

2013 年 2 月，国际超级计算机 TOP500 组织公布了世界超级计算机 500 强排名榜，"天河一号"超级计算机以峰值速度 4700 万亿次、持续速度 2566 万亿次每秒浮点运算的优异性能再次位居世界第一。

2015 年 7 月，国际超级计算机 TOP500 排行榜公布，中国"天河二号"连续 5 届拔得头筹，进一步刷新了自己创造的历史记录。

1.1.2　计算机新技术

进入 21 世纪以来，计算机技术正在发生重要的发展和变化，在 20 世纪个人计算机普及和 Internet 快速发展的基础上，计算机技术从初期的科学计算与信息处理正在进入以移动互联、物物相联、云计算与大数据计算为主要特征的新型网络时代，在这一发展过程中，计算机技术也呈现出新的系统形态和技术特征。

1. 4 类新型计算系统

1）嵌入式计算系统

在移动互联网、物联网、智能家电、三网融合等行业技术与产业发展中，嵌入式计算系统有着举足轻重和广泛的作用。例如，移动互联网中的移动智能终端、物联网中的汇聚节点、"三网融合"后的电视机顶盒等新型的嵌入式计算系统；除此之外，新一代武器装备，工业化与信息化融合战略实施所推动的工业智能装备，其核心也是嵌入式计算系统。因此，嵌入式计算将成为新型计算系统的主要形态之一。在当今网络时代，嵌入式计算系统也日益呈现网络化的开放特点。

2）移动计算系统

在移动互联网、物联网、智能家电以及新型装备中，均以移动通信网络为基础，在此基础上，移动计算成为关键技术。移动计算技术将使计算机或其他信息智能终端设备在无线环境下实现数据传输及资源共享，其作用是将有用、准确、及时的信息提供给任何时间、任何地点的任何客户，将极大地改变人们的生活方式和工作方式；核心技术涉及支持高性能、低功耗、无线连接和轻松移动的移动处理机及其软件技术。

3）并行计算系统

随着半导体工艺技术的飞速进步和体系结构的不断发展，多核/众核处理机硬件日趋普及，使得昔日高端的并行计算呈现出普适化的发展趋势；多核技术就是在处理器上拥有两个或更多具有一样功能的处理器核心，即将数个物理处理器核心整合在一个内核中，数个处理核心在共享芯片组存储界面的同时，可以完全独立地完成各自的操作，从而能在平衡功耗的基础上极大地提高 CPU 性能；其对计算系统微体系结构、系统软件与编程环境均有很大影响；同时，云计算也是建立在廉价服务器组成的大规模集群并行计算基础之上，因此，并行计算将成为各类计算系统的基础技术。

4）基于服务的计算系统

无论是云计算，还是其他现代网络化应用软件系统，均以服务计算为核心技术。服务计算是指面向服务的体系结构（Service Oriented Architecture，SOA）和面向服务的计算（Service Oriented Computing，SOC）技术，其是标识分布式系统和软件集成领域技术进步的一个里程碑。服务作为一种自治、开放以及与平台无关的网络化构件，可使分布式应用具有更好的复用性、灵活性和可增长性。基于服务组织计算资源所具有的松耦合特征使得遵从 SOA 的企业 IT 架构不仅可以有效保护企业投资，促进遗留系统的复用，而且可以支持企业随需应变的敏捷性和先进的软件外包管理模式。

2. 计算机新技术的主要特征

1）网络化

在当今网络时代，各类计算系统无不呈现出网络化发展趋势，除了云计算系统、企业服务计算系统、移动计算系统之外，嵌入式计算系统也在物联时代通过网络化成为开放式系统。也就是说，当今的计算系统必然与网络相关，尽管各种有线网络、无线网络所具有的通信方式、通信能力与通信品质有较大区别，但均使得与其相联的计算系统能力得以充分延伸，更能满足应用需求，网络化对计算系统的开放适应能力、协同工作能力等也提出了更高的要求。

2）多媒体化

无论是传统 Internet 应用服务，还是新兴的移动互联网服务业务，多媒体化是其面向人类、实现服务的主要形态特征之一。多媒体技术（Multimedia Technology）是利用计算机对文本、图形、图像、声音、动画、视频等多种信息综合处理、建立逻辑关系和人机交互作用的新技术。多媒体技术使计算机可以处理人类生活中最直接、最普遍的信息，从而使得计算机应用领域及功能得到了极大的扩展，使计算机系统的人机交互界面和手段更加友好和方便，非专业人员可以方便地使用和操作计算机，多媒体具有计算机综合处理多种媒体信息的集成性、实时性与交互性特点。

3）大数据化

随着物联网、移动互联网、社会化网络的快速发展，半结构化及非结构化的数据成几何倍增长。数据来源的渠道也逐渐增多，不仅包括本地的文档、音视频，还包括网络内容和社交媒体；不仅包括 Internet 数据，更多扩展到感知物理世界的数据；从各种各样类型的数据中，快速获得有价值信息的能力，称为大数据技术。大数据具有体量巨大、类型繁多、价值密度低、处理速度快等特点，大数据的时代已来临，将给各行各业的数据处理与业务发展等带来重要变革，也对计算系统的新型计算模型、大规模并行处理、分布式数据存储、高效的数据处理机制等提出新的挑战。

4）智能化

无论是计算系统的结构动态重构，还是软件系统的能力动态演化；无论是传统 Internet 的搜索服务，还是新兴移动互联的位置服务；无论是智能交通应用，还是智能电网应用，无不显现出鲜明的智能化特征。智能化将影响计算系统的体系结构、软件形态、处理算法以及应用界面等。例如，相对于传统搜索引擎的智能搜索引擎是结合了人工智能技术的新一代搜索引擎，它不仅具有传统的快速检索、相关度排序等功能，更具有用户角色登记、用户兴趣自动识别、内容的语义理解、智能信息化过滤和推送等功能，其追求的目标是根据用户的请求，从可以获得的网络资源中检索出对用户最有价值的信息。再例如，阿尔法围棋（AlphaGo）是一款围棋人工智能程序，这个程序利用"价值网络"去计算局面，用"策略网络"去选择下子。2015 年 10 月，阿尔法围棋以 5∶0 完胜欧洲围棋冠军、职业二段选手樊麾；2016 年 3 月对战世界围棋冠军、职业九段选手李世石，并以 4∶1 的总比分获胜。

1.1.3　计算机的分类和应用

1. 计算机的分类

计算机的种类有很多，通常按照不同的标准有不同的分类。

（1）从原理上可分为以下两类。

① 模拟式计算机：其处理的电信号在时间上是连续的，这种信号称为模拟信号（如

图 1.9 所示），模拟式计算机由于受元器件质量影响，其计算精度较低，应用范围较窄，目前已很少生产。

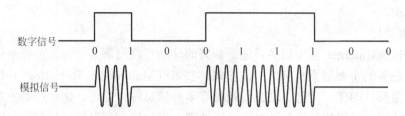

图 1.9　数字信号和模拟信号

② 数字式计算机：其处理的电信号在时间上是断续的，这种信号称为数字信号（如图 1.9 所示）。在电学中具有两种稳定状态以代表 0 和 1 的东西有很多，例如，电压的高和低、开关的开和关、脉冲的有和无、晶体管的导通和截止等。人们通常所说的计算机是指数字式计算机。

（2）按构成计算机的基本元件可分为四类：电子管计算机、晶体管计算机、集成电路计算机、大规模或超大规模集成电路计算机。

（3）按功能和用途可分为以下两类。

① 专用计算机：为某种特定目的所设计制造的计算机，其适用范围窄。

② 通用计算机：目前广泛应用的计算机，可用于解决各种类型的问题。

（4）根据计算机运算速度的快慢、存储容量的大小、功能的强弱，一般分为以下 5 种。

① 巨型计算机：又称为超级计算机，具有计算速度快、内存容量巨大的特点，应用于国防尖端技术和现代科学计算中。巨型计算机的运算速度可达每秒千万亿次，能否研制巨型计算机是衡量一个国家经济实力和科学水平的重要标志。

② 大/中型计算机：其特点是通用性好，有很强的综合处理能力。其主机与附属设备通常由若干个机柜或工作台组成，主要用于公司、银行、政府机关和大型制造厂家等部门。具有较高的运算速度，每秒可以执行几千万条指令，而且具有较大的存储空间。往往用于科学计算、数据处理或作为网络服务器使用。

③ 小型计算机：具有规模小、结构简单、硬件成本低和软件易开发的特点。主要用于企业管理、大学及科研机关的科学计算、工业控制中的数据采集与分析等。小型计算机在用作巨型计算机系统的辅助机方面也起着重要的作用。

④ 微型计算机：又称为个人计算机，主要包括台式计算机和笔记本。由于具有体积小、价格低、功能全、可靠性高等特点，广泛用于商业、服务业、工厂的自动控制、办公自动化以及大众化的信息处理。

⑤ 工作站：工作站可以看作是一种高档的微型计算机。工作站一般配置有高分辨率的大屏幕显示器和大容量的存储器，能够满足大流量信息处理和高性能图形、图像处理的需要。

在本书中所讨论的计算机都是数字计算机，而实际操作主要针对 PC 系列的微型计算机。

2．计算机的应用

计算机的应用已涉及人类社会的各个方面。特别是 Internet 的诞生和发展，使计算机的应用范围日益扩大，并改变着人们传统的工作、学习和生活方式。归纳起来，计算机的应用主要有以下几个方面。

1）科学计算

科学计算也称数值计算，是指计算机用于完成科学研究和工程技术中所提出的数学问题的计算。

科学计算是研制电子计算机的最初目的，也是计算机最早的应用领域。在众多学科的科学研究和大量的工程技术中，经常会遇到许多数学计算问题。在这些问题中，有的由于计算量极大或者计算过程极其复杂，过去用一般的计算工具无法很好地解决，而现在用计算机就能得以解决。

2）数据处理

数据处理是指计算机对大量的数据及时记录、整理、统计，并加工成人们所需要的形式。

当今社会已从工业社会进入信息社会，人们必须及时收集、分析、加工和处理大量的信息数据，这是信息社会的特征之一。数据处理一般不涉及复杂的数学问题，只需做加、减、乘、除等简单的算术运算，但其数据量大，存取频繁，由于计算机具有高速运算、海量存储和逻辑判断的能力，使得它成为数据处理的强有力工具，并广泛应用于办公自动化、企业管理、事务管理、情报检索等方面。目前，数据处理已成为计算机应用的一个最主要方面。

3）过程控制

过程控制也称实时控制，是指用计算机及时采集检测数据，按最佳值迅速对控制对象进行自动调节控制。

利用计算机进行过程控制，不仅提高了控制的自动化水平，而且有利于提高控制的及时性和准确性，从而能改善劳动条件，提高产品质量、节约能源和降低成本。计算机过程控制已在冶金、石油、化工、水电、纺织、机械、军事和航天等许多部门得到广泛的应用。

4）计算机辅助系统

计算机辅助系统包括计算机辅助设计、计算机辅助制造和计算机辅助教育等。

计算机辅助设计（Computer Aided Design，CAD）是指利用计算机来帮助设计人员进行设计工作。用辅助设计软件对产品进行设计，如飞机、汽车、船舶、机械、电子、土木建筑以及大规模集成电路等机械、电子类产品的设计。计算机辅助设计系统除配有必要的CAD软件外，还配备了图形输入设备（如数字化仪）和图形输出设备（如绘图仪）等。设计人员可借助这些专用的软件和输入输出设备把设计要求或方案输入计算机，计算处理后把结果显示出来。

计算机辅助制造（Computer Aided Manufacturing，CAM）是指利用计算机进行生产设备的管理、控制与操作，从而提高产品质量，降低成本，缩短生产周期，并且还能大大改善制造人员的工作条件。

计算机辅助教育（Computer Based Education，CBE）包括计算机辅助教学（Computer Aided Instruction，CAI）和计算机管理教学（Computer Managed Instruction，CMI）。计算机辅助教育是一种利用计算机网络技术和多媒体技术产生的教育形式。它能减少教育的投入，提高教学的质量，扩大受教育的范围。目前，多媒体教学、辅助教学软件、联机考试、网上学校和远程教学等计算机辅助教育形式正在蓬勃发展。

5）人工智能

人工智能（Artificial Intelligence，AI）是使计算机模拟人类的智能活动：学习、理解、判断、识别、推理和问题求解等。

人工智能涉及计算机科学、控制论、信息论、仿生学、神经生理学和心理学等诸多学科，是计算机应用研究的前沿学科。有关人工智能的研究已取得了不少成果，例如，能模拟高水平医学专家进行疾病诊疗的专家系统，具有一定"思维能力"的机器人等。

6）多媒体技术

多媒体（Multimedia）技术是指把数字、文字、声音、图形、图像和动画等多种媒体有机组合起来，利用计算机、通信和广播电视技术，使它们建立起逻辑联系，并能进行加工处理（包括对这些媒体的录入、压缩和解压、存储、显示和传输等）的技术。目前，多媒体计算机技术的应用领域正在不断扩展，除了知识学习、电子图书、商业及家庭应用外，在远程医疗、视频会议中都得到了极大的推广。

7）网络应用

计算机网络是利用通信设备和线路将地理位置不同且功能独立的多个计算机系统互连起来，通过网络软件实现资源共享和信息传递的系统。网络是计算机技术与通信技术相互结合的产物，由硬件系统和软件系统两部分构成。硬件系统包括计算机的硬件设备和通信设备，软件系统包括网络通信协议、信息交换方式、网络操作系统等。

网络的出现为计算机的应用开辟了空前广阔的前景，对人类社会产生了巨大的影响，给人们的生活、工作、学习带来了巨大的变化。人们可以在网上接受教育、浏览信息，实现网上通信、网上医疗、网上银行、网上娱乐和网上购物等。计算机网络的应用将推动信息社会更快地向前发展。

1.2　计算机中数和字符的表示

1.2.1　数的进制

在进位计数制中有数位、基数和位权三个要素。

数位是指数码在一个数中所处的位置。

基数是指在某种进位记数制中，每个数位上所能使用的数码的个数。例如，二进制数的基数是 2，每个数位上所能使用的数码为 0 和 1 两个数码。在数制中有一个规则，如果是 N 进制数，则必须是逢 N 进 1。

对于多位数，处在某一位上的"1"所表示的数值的大小，称为该位的位权（或权）。一般情况下，对于 N 进制数，整数部分第 i 位的位权为 N^{i-1}，而小数部分第 j 位的位权为 N^{-j}。例如，十进制数 $(286)_{10}$ 中，2 的位权是 100，8 的位权是 10，6 的位权是 1；八进制数 $(247)_8$ 中，2 的位权是 64，4 的位权是 8，7 的位权是 1。

下面主要介绍与计算机有关的常用的 4 种进位记数制。

1. 十进制（十进位记数制）

在日常生活中，人们广泛使用十进制数，十进制数具有 10 个不同的数码符号 0、1、2、3、4、5、6、7、8、9，其基数为 10。十进制数的特点是逢十进一。

例如，一个十进制数（1011）$_{10}$可表示为：

$(1011)_{10} = 1\times10^3+0\times10^2+1\times10^1+1\times10^0$

（1）(1011)$_{10}$的下标 10 表示十进制，该数共有 4 位；

（2）每位可以是 0～9 这 10 个数字中的任意一个；

（3）根据每位所处位置而赋于一个固定的单位值 10^i，称之为权；

（4）式中的 10 称为基数。

2．八进制（八进位记数制）

八进制数具有 8 个不同的数码符号 0、1、2、3、4、5、6、7，其基数为 8，八进制数的特点是逢八进一。

例如，一个八进制数（1011）$_8$可表示为：

$(1011)_8 = 1\times8^3+0\times8^2+1\times8^1+1\times8^0 =(521)_{10}$

3．十六进制（十六进位记数制）

十六进制数具有 16 个不同的数码符号 0、1、2、3、4、5、6、7、8、9、A、B、C、D、E、F，其基数为 16，十六进制数的特点是逢十六进一。

例如，一个十六进制数（1011）$_{16}$可表示为：

$(1011)_{16} = 1\times16^3+0\times16^2+1\times16^1+1\times16^0 =(4113)_{10}$

4．二进制（二进位记数制）

二进制中只有两个数：0 和 1。二进制数的基数为 2，其特点是逢二进一。

例如，一个二进制数（1011）$_2$可表示为：

$(1011)_2 = 1\times2^3+0\times2^2+1\times2^1+1\times2^0 =(11)_{10}$

另外，也可以用不同的符号来表示不同的进制数：在数字后加字母 B 表示二进制数，加字母 O 表示八进制数，加字母 D 表示十进制数，加字母 H 表示十六进制数。例如：

1011B 为二进制数 1011，也记为（1011）$_2$

1357O 为八进制数 1357，也记为（1357）$_8$

2049D 为十进制数 2049，也记为（2049）$_{10}$

3FB9H 为十六进制数 3FB9，也记为（3FB9）$_{16}$

那么，计算机内部采用什么样的进制最合适？到目前为止，计算机中一般采用二进制数，主要原因如下。

1）物理实现简单

计算机采用物理元件的状态来表示记数制中各位的值和位权，绝大多数物理元件都只有两种状态。如果计算机中采用十进制，势必要求计算机有能够识别 0~9 共 10 种状态的装置，在实际工作中，是很难找到能表示 10 种不同稳定状态的电子器件的。虽然可以用电子线路的组合来表示，但是线路非常复杂，所需的设备量大，而且十分不可靠。而二进制中只有 0 和 1 两个数字符号，可以用电子器件的两种不同状态来表示一位二进制数。例如，可以用晶体管的导通和截止表示 1 和 0，或者用电平的高和低表示 1 和 0 等。另外，二进制易于应用逻辑代数来综合、分析计算机中有关逻辑电路，为逻辑设计提供方便。所以，在数字系统中普遍采用二进制。

2）运算规则简单

二进制数只有 0 和 1 两个数字符号，因此运算规则比十进制简单得多。在计算机内部，运算包括算术运算和逻辑运算。

算术运算：二进制的加减乘除运算规则如表 1.1 所示。

表 1.1　二进制的加减乘除运算规则（算术运算）

加法	0 + 0 = 0	0 + 1 = 1	1 + 0 = 1	1 + 1 = 10(进位)
减法	0 − 0 = 0	0 − 1 = 1(借位)	1 − 0 = 1	1 − 1 = 0
乘法	0 × 0 = 0	0 × 1 = 0	1 × 0 = 0	1 × 1 = 1
除法	0÷0 = 0(无意义)	0÷1 = 0	1÷0 = 0(无意义)	1÷1 = 1

逻辑运算主要包括以下几种基本运算。

（1）逻辑加法（又称"或"运算），符号为"+"或"∨"，运算规则如下。

0+0=0，0∨0=0

0+1=1，0∨1=1

1+0=1，1∨0=1

1+1=1，1∨1=1

（2）逻辑乘法（又称"与"运算），符号为"×"或"∧"或"·"，运算规则如下。

0×0=0，0∧0=0，0·0=0

0×1=0，0∧1=0，0·1=0

1×0=0，1∧0=0，1·0=0

1×1=1，1∧1=1，1·1=1

（3）逻辑否定（又称"非"运算），运算规则如下。

$\overline{0}$ =1 非 0 等于 1

$\overline{1}$ =0 非 1 等于 0

（4）异或逻辑运算（半加运算），符号为"⊕"，运算规则如下。

0⊕0=0，0 同 0 异或，结果为 0

0⊕1=1，0 同 1 异或，结果为 1

1⊕0=1，1 同 0 异或，结果为 1

1⊕1=0，1 同 1 异或，结果为 0

当然，二进制也有缺点，其主要缺点是数位太长，不方便阅读和书写，人们也不习惯。为此常用八进制和十六进制作为二进制的缩写方式（一位八进制数对应三位二进制数，一位十六进制数对应四位二进制数）。另外，为了适应人们的习惯，通常在计算机内都采用二进制数，输入和输出采用十进制数，由计算机自己完成二进制与十进制之间的相互转换。

1.2.2　不同进制数之间的转换

用计算机处理十进制数，必须把它转化成二进制数才能被计算机接受。同理，计算机的运算结果则应将二进制数转换成人们习惯的十进制数。这就产生了不同进制数之间的转换问题。

1. 十进制数与二进制数之间的转换

1）十进制整数转换成二进制整数

把一个十进制整数转换为二进制整数的方法如下。

　　除以 2 取余法：把被转换的十进制整数反复地除以 2，直到商为 0，所得的余数（从末位读起）就是该数的二进制表示。

　　例如，将十进制整数 116 转换为二进制整数。

所以：$(116)_{10} = (1110100)_2$

　　在了解十进制整数转换成二进制整数的方法以后，那么，了解十进制整数转换成八进制或十六进制就很容易了。十进制整数转换成八进制整数的方法是"除以 8 取余法"，十进制整数转换成十六进制整数的方法是"除以 16 取余法"。示例如下。

　　将十进制整数 185 转换为八进制整数。

```
8 | 185
  8 |  23  ----------  1      ↑
    8 |  2  ----------  7      余数
      |  0  ----------  2
```

所以：$(185)_{10} = (271)_8$

　　将十进制整数 3981 转换为十六进制整数。

```
16 |  3981
   16 |  248  ----------  13(D)     ↑
      16 |  15  ----------  8        余数
         |   0  ----------  15(F)
```

注意：在十六进制数里，十进制数 13 相当于 D，十进制数 15 相当于 F。

所以：$(3981)_{10} = (F8D)_{16}$

2）十进制小数转换成二进制小数

　　乘以 2 取整法：将十进制小数连续乘以 2，选取进位整数，直到满足精度要求为止。

　　例如，将十进制小数 0.625 转换为二进制小数。

		0.625
		× 2
高位	第一位小数→1. （十分位）	250
		×2
	第二位小数→0. （百分位）	500
		×2
低位	第三位小数→1. （千分位）	000

所以：$(0.625)_{10} = (0.101)_2$

在了解十进制小数转换成二进制小数的方法以后，将十进制小数转换成八进制小数或十六进制小数就很容易了。

十进制小数转换成八进制小数的方法是"乘以8取整法"。

十进制小数转换成十六进制小数的方法是"乘以16取整法"。

3）二进制数转换成十进制数

把二进制数转换为十进制数的方法是：将二进制数按权（2^i）展开求和即可。

例如：将二进制数$(10001100.101)_2$转换为十进制数。

$(10001100.101)_2 = 1×1^7+0×2^6+0×2^5+0×2^4+1×2^3+1×2^2+0×2^1+0×2^0+1×2^{-1}+0×2^{-2}+1×2^{-3}$

$= 128+0+0+0+8+4+0+0+0.5+0+0125$

$=140.625$

所以：$(10001100.101)_2 = (140.625)_{10}$

2．二进制与八进制之间的转换

二进制数与八进制数之间的转换十分简捷方便，它们之间的对应关系是，八进制数的每一位对应二进制数的三位。

1）二进制数转换成八进制数

由于二进制数和八进制数之间存在特殊关系，即$8=2^3$，具体转换方法是：将二进制数从小数点开始，整数部分从右向左三位一组，小数部分从左向右三位一组，不足三位用0补足，写成对应的八进制数即可。

例如：$(1111011)_2 = (?)_8$

001	111	011	二 进 制
↓	↓	↓	↓
1	7	3	八 进 制

所以：$(1111011)_2 = (173)_8$

2）八进制数转换成二进制数

八进制数转换成二进制数的方法为：以小数点为界，向左或向右每一位八进制数用相应的三位二进制数取代，然后将其连在一起即可。

例如：$(173)_8 = (?)_2$

1	7	3	八 进 制
↓	↓	↓	↓
001	111	011	二 进 制

所以：$(173)_8 = (001111011)_2 = (1111011)_2$

3．二进制与十六进制之间的转换

1）二进制数转换成十六进制数

由于二进制数和十六进制数之间存在特殊关系，即$16=2^4$，具体转换方法是：将二进制数从小数点位开始，整数部分从右向左4位一组，不足4位的左方补0，这样得到整数部分的十六进制数；小数部分从左向右4位一组，不足4位右方用0补足，得到小数部分的十六进制数。然后将整数部分和小数部分合起来写成对应的十六进制数即可。

例如：$(1011111011.0011001)_2 = (?)_{16}$

0010	1111	1011.	0011	0010	二 进 制
↓	↓	↓	↓	↓	
2	F	B.	3	2	十 六 进 制

所以：$(1011111011.0011001)_2 = (2FB.32)_{16}$

2）十六进制数转换成二进制数

具体转换方法是：以小数点为界，向左或向右将十六进制的每一位用相应的四位二进制数取代，然后将其连在一起。

例如：$(2FB.32)_{16} = (?)_2$

2	F	B.	3	2	十 六 进 制
↓	↓	↓	↓	↓	
0010	1111	1011.	0011	0010	二 进 制

所以：$(2FB.32)_{16} = (1011111011.0011001)_2$

表 1.2 给出了十进制、二进制、八进制和十六进制数表示的对照。

表 1.2　数的十进制、二进制、八进制和十六进制表示对照表

十进制	二进制	八进制	十六进制	十进制	二进制	八进制	十六进制
0	0000	00	0	8	1000	10	8
1	0001	01	1	9	1001	11	9
2	0010	02	2	10	1010	12	A
3	0011	03	3	11	1011	13	B
4	0100	04	4	12	1100	14	C
5	0101	05	5	13	1101	15	D
6	0110	06	6	14	1110	16	E
7	0111	07	7	15	1111	17	F

1.2.3　计算机中数的表示

1．计算机中数据的存储单位

（1）位（bit，缩写为 b，比特）。

计算机中表示信息的最小单位，代码为 0 和 1；n 位二进制数能表示 2^n 种状态。

（2）字节（Byte，缩写为 B）。

计算机中存储信息的基本单位，每个字节由 8 位二进制数组成。计算机是以字节来计算存储容量的。一个英文字母（不分大小写）占一个字节的空间，一个中文汉字占两个字节的空间。英文标点占一个字节，中文标点占两个字节。

换算关系如下。

1B（Byte，字节）=8b

1KB（Kilobyte，千字节）=1024B=2^{10}B

1MB（Megabyte，兆字节，简称"兆"）=1024KB=2^{20}B

1GB（Gigabyte，吉字节，又称"千兆"）=1024MB=2^{30}B

1TB（Trillionbyte，万亿字节，太字节）=1024GB=2^{40}B

1PB（Petabyte，千万亿字节，拍字节）=1024TB=2^{50}B

1EB（Exabyte，百亿亿字节，艾字节）=1024PB=2^{60}B

（3）字长。

计算机进行数据处理和运算的单位，即 CPU 在单位时间内能一次处理的二进制数据的位数，称为字长。字长由若干字节组成，如 16 位、32 位、64 位等。目前常用的是 32 位计算机和 64 位计算机。字长较长的计算机在相同的时间内能处理更多的数据。

2. 机器数

在计算机中，所有的数据、指令以及一些符号等都是用特定的二进制代码表示的。

通常，把一个数在计算机内二进制的表示形式称为机器数，该数称为这个机器数的真值。机器数具有下列三个特点。

（1）由于计算机设备的限制和操作上的便利，机器数有固定的位数。

机器数所表示的数受到固定位数的限制，具有一定的范围，超过这个范围就会产生"溢出"。

例如，一个 8 位的机器数，所能表示的无符号整数的最大值是全"1"：11111111，即十进制数 255。如果超过这个值，就会产生"溢出"。

（2）机器数把其真值的符号数字化。

通常是机器数中规定的符号位（一般是最高位）取 0 或 1，来分别表示其值的正或负（0 表示正数，1 表示负数）。

例如，一个 8 位机器数，其最高位是符号位，对于 00101110 和 10010011，其真值分别为十进制数+46 和−19。

（3）机器数中，采用定点和浮点方式来表示小数点的位置。现分别介绍如下。

① 数的定点表示（定点数）。

数的定点表示是指数据中小数点的位置固定不变。一般用来表示一个纯小数（不含整数位的数）或者整数。

- 定点纯小数：小数点固定在符号位之后。
- 定点整数：小数点固定在数据字最后一位之后。

例如，字长为 16 时，数据"-2^{-15}"和"+32 767"的定点表示如图 1.10 所示。

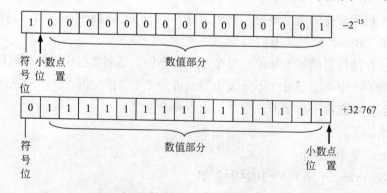

图 1.10　数据"-2^{-15}"和"+32 767"的定点表示

定点表示所能表示的数值范围非常有限，计算机在进行定点数运算时，产生的结果容易超出表示范围而发生溢出错误。

② 数的浮点表示（浮点数）。

数的浮点表示法是指表示一个数时，其小数点的位置是浮动的。它实际上是数的科学（指数）记数法在计算机中的具体实现。

在数学上，"123.456"可以写成"0.123 456×10³"，"−0.000 012 345 6"可以写成"−0.123 456×10⁻⁴"，在计算机中也一样，从而解决了定点表示中数的取值范围受限的问题。

在数的浮点表示中，一个数由两部分组成：其一是阶码部分（表示数的指数记数法中的指数，记为 E）；其二是尾数部分（相当于指数记数法中的尾数，记为 M），因此对于一个数 N，通过浮点表示法可以表示为（注意：E 和 M 中都包含各自的符号位）：

$$N=2^E\times M$$

一般规定，尾数 M 是一个定点纯小数，其小数点位置位于尾数部分的数符位之后；阶码 E 是一个定点整数。例如，数据"0.000 001 110 11"可以写成"0.111 011×2⁻⁵"，其中，尾数 M 是"0.111 011"，阶码 E 是"−101"，表示如图 1.11 所示（其中，阶码占 8 位，尾数占 24 位）。

图 1.11　32 位浮点数的结构（数据 0.000 001 110 11 的浮点表示）

浮点表示法表示数的范围大，但浮点数的运算规则复杂，运算速度相对来说较慢。

3．数的原码、反码和补码表示

1）原码

带符号的机器数，也称为数的原码。但是实际上计算机中不是用这种方法存储有符号数的。为什么呢？机器数在进行运算时，若将符号位和数值位同时参与运算，则会得出错误的结果。例如：

X=+6　　[X]原=00000110

Y=−3　　[Y]原=10000011

X+Y=+6+（−3）=6−3=3

原码相加：得到−9

　00000110

+10000011

10001001……−9

原码相减：得到−3

　00000110

−10000011

10000011……−3

因此，为了运算方便，计算机中引入了反码和补码的概念，将加减法运算统一转换为补码的加法运算。

正数的原码、反码和补码形式完全相同，而负数则有不同的表示形式。

整数 X 的原码表示是：整数的符号位用"0"表示正，"1"表示负，其数值部分是该数的绝对值的二进制表示。

$$[X]_{原}= \begin{cases} 0X & X>=0 \\ 1|X| & X<=0 \end{cases} \qquad +7: \ 0\ 000\ 0111 \qquad +0: \ 00000000 \\ -7: \ 1\ 000\ 0111 \qquad -0: \ 10000000$$

表示数的范围是：-127 ~ 127（1 1111111 ~ 0 1111111），在原码表示中，0 有两种表示方法。

2）反码

反码是求补码的中间过渡。负数的反码是对该数的原码除了符号位外各位取反。

$$[X]_{反}= \begin{cases} 0X & X>=0 \\ 1|\overline{X}| & X<=0 \end{cases} \qquad +7: \ 0\ 000\ 0111 \qquad +0: \ 0\ 000\ 0000 \\ -7: \ 1\ 111\ 1000 \qquad -0: \ 1\ 111\ 1111$$

在反码表示中，0 有两种表示方法。

3）补码

负数的补码是在其反码的基础上末位加 1。

$$[X]_{补}= \begin{cases} 0X & X>=0 \\ 1|\overline{X}|+1 & X<=0 \end{cases} \qquad +7: \ 0\ 000\ 0111 \qquad +0: \ 0\ 000\ 0000 \\ -7: \ 1\ 111\ 1001 \qquad -0: \ 0\ 000\ 0000$$

补码表示中：0 有唯一的表示形式，即[+0]=[-0]=00000000，因此，可以用多出来的编码 10000000 来扩展补码的表示范围值为-128，最高位 1 既可看作符号位负数，又可表示为数值。补码表示数的范围：-128～127。

例 1：利用补码进行（+6）+（-6）运算。

X=+6　　[X]原=00000110　　[X]补=00000110

Y=-6　　[Y]原=10000110　　[Y]补=11111010

两数相加：

```
  00000110 ………… +6 的补码
+ 11111010 ………… -6 的补码
100000000 ………… 0 的补码
```

例 2：利用补码进行（+6）+（-3）运算。

X=+6　　[X]原=00000110　　[X]补=00000110

Y=-3　　[Y]原=10000011　　[Y]补=11111101

两数相加：

```
  00000110 ………… +6 的补码
+ 11111101 ………… -3 的补码
100000011 ………… +3 的补码
```

数的原码、反码和补码表示总结如下。

（1）正数，其原码、补码和反码的表示相同，即：$[X]_{原}=[X]_{补}=[X]_{反}$，符号位用"0"表示，加上该数的绝对值。

（2）负数：

① 原码：符号位用"1"表示，加上该数的绝对值。

② 反码：符号位"1"不变，其余各位求反。

③ 补码：【X】$_\text{补}$=【X】$_\text{反}$+1（末位加 1）。

1.2.4　计算机中字符的表示

1. 西文字符在计算机中的表示

人们通常接触和处理的信息中，相当一部分是用字符或字符的组合来表示的，如英文字母、数字以及其他一些可打印显示的字符。同时，计算机和外部设备之间进行通信联系时，还需要一些控制符，如空格符（SP）、回车符（CR）、换行符（LF）、响铃符（BEL）等。通常把这些控制符看作特殊的字符。由于控制符不能直接书写或显示，一般用英文缩写或公认的记号表示。

在计算机内部，上述字符必须用一种二进制代码来表示。

目前，在微机系统中，广泛采用的是美国标准信息交换代码（American Standard Code for Information Interchange），简称 ASCII 码，它原为美国的国家标准，1967 年确定为国际标准（如表 1.3 所示）。

表 1.3　ASCII 码表

低4位＼高4位	0000	0001	0010	0011	0100	0101	0110	0111
0000	NUL	DLE	空格	0	@	P	`	p
0001	SOH	DC1	!	1	A	Q	a	q
0010	STX	DC2	"	2	B	R	b	r
0011	ETX	DC3	#	3	C	S	c	s
0100	EOT	DC4	$	4	D	T	d	t
0101	ENQ	NAK	%	5	E	U	e	u
0110	ACK	SYN	&	6	F	V	f	v
0111	BEL	ETB	'	7	G	W	g	w
1000	BS	CAN	(	8	H	X	h	x
1001	HT	EM	)	9	I	Y	i	y
1010	LF	SUB	*	:	J	Z	j	z
1011	VT	ESC	+	;	K	[	k	{
1100	FF	FS	,	<	L	\	l	|
1101	CR	GS	-	=	M	]	m	}
1110	SO	RS	.	>	N	^	n	~
1111	SI	US	/	?	O		o	DEL

在 ASCII 中，用 7 个二进制位表示一个字符，一共可以表示 128 个字符。

这样，英文中的每一个字符都有一个固定的编码，保存字符时只需保存它的 ASCII 码即可。

ASCII 码表中有 34 个控制符编码（00H～20H，7FH）和 94 个可显字符编码（21H～7EH）。它确定了西文字符的大小顺序：小写字母大于大写字母，其大小顺序与字母的字典顺序一致。不难发现，只要记住字母“A”，“a”和数字“0”的 ASCII 码，就容易推算出所有英文大、小写字母和数字的 ASCII 码。

虽然标准 ASCII 码是 7 位编码，但由于计算机基本处理单位为 B（1B = 8b,），所以一般仍以一个字节来存放一个 ASCII 字符。每一个字节中多余出来的一位（最高位）在计算机内部通常设置为 0。

2．汉字在计算机中的表示

我国主要的语言文字是汉字。汉字与西文字符相比，其特点是量多而且字形复杂。因为汉字是象形文字，不同于英文、法文等拼音文字，因此用计算机进行汉字信息处理，远比进行西文信息处理复杂。

这里必须要解决汉字的输入、输出以及在计算机内部的编码问题，即汉字的输入码、字形码和机内码的问题。

1）输入码

为了通过计算机的西文键盘输入汉字，必须提供汉字的输入编码，即汉字的输入码。一般来说，汉字输入码应具有单一性、方便性、高速性和可靠性。目前，有多种汉字输入编码。

（1）数字编码。数字编码实质上是一种表格编码，例如区位码、电报码等，它们都是用一定位数的数字作为汉字的输入编码。

1981 年，我国颁布了《信息交换用汉字编码字符集-基本集》，即国家标准 GB2312—1980，它是目前使用最多的汉字编码标准，该标准是基于区位码设计的，一个汉字的编码由它所在的区号和位号两部分组成，称为区位码。例如，“啊”字位于 16 区 01 位，它的区位码就是 1601。

在 GB2312—1980 表中（如表 1.4 所示），汉字和符号按区位排列，共分成了 94 个区，

表 1.4　GB2312—1980 汉字区位码表

区码＼位码	01	02	03	04	05	06	07	08	09	10	11	12	13	14	15	……	91	92	93	94
01		、	。	·	ˉ	ˇ	¨	〃	々	—	～	‖	…	‘	’	……	←	↑	↓	〓
02	i	ii	iii	iv	v	vi	vii	viii	ix	x						……	Ⅺ	Ⅻ!!		
03	!	"	#	￥	%	&	'	(	)	*	+	,	—	.	/	……	{	|	}	—
04	ぁ	あ	ぃ	い	ぅ	う	ぇ	え	ぉ	お	か	が	き	ぎ	く	……				
05	ァ	ア	ィ	イ	ゥ	ウ	ェ	エ	ォ	オ	カ	ガ	キ	ギ	ク	……				
⋮																……				
09				─	━	│	┃	┄	┅	┆	┇	┈	┉	┊	┋	……				
⋮																……				
16	啊	阿	埃	挨	哎	唉	哀	皑	癌	蔼	矮	艾	碍	爱	隘	……	胞	包	褒	剥
17	薄	苞	保	堡	饱	宝	抱	报	暴	豹	鲍	爆	杯	碑	悲	……	丙	秉	饼	炳
⋮																……				
55	住	注	祝	驻	抓	爪	拽	专	砖	转	撰	赚	篆	桩	庄	……				
56	亍	丌	兀	丐	廿	卅	丕	亘	丞	鬲	孬	噩	丨	禺	丿	……	佧	攸	佚	佝
⋮																……				
87	鳌	鳍	鳎	鳏	鳐	鳓	鳔	鳕	鳗	鳘	鳙	鳜	鳝	鳟	鳢	……	鼷	鼽	鼾	齄
⋮																……				
94																……				

每个区有 94 个位。其中，01～09 区是符号、数字区，16～87 区是汉字区，10～15 和 88～94 区是未定义的空白区。其中，共含有 6763 个简化汉字（分为两级，第一级 3755 个汉字，属常用汉字，按汉字拼音字母顺序排列；第二级 3008 个汉字，属次常用汉字，按部首排列）和 682 个汉字符号。

（2）字音编码。字音编码是依据汉字读音的一种编码，常用的是拼音码。

由于同音汉字较多，拼音码的重码率较高。为了减少重码，提高输入速度，在一般全拼输入法基础上，出现双拼输入法、智能 ABC 输入法和微软拼音输入法等多种拼音输入方法。

（3）字形编码。字形编码是根据汉字字形的一种编码，如五笔字形码、表形码等。这类编码主要用字母表示组成汉字的基本笔画，按汉字基本笔画的书写顺序和组成进行编码。

2）机内码

汉字机内码，又称汉字 ASCII 码、机内码，简称内码，是指计算机内部存储、处理加工和传输汉字时所用的由 0 和 1 符号组成的两个字节的代码。

GB2312—1980 编码简称国标码。由于汉字数量大，无法用一个字节进行编码，因此使用两个字节对汉字进行编码。一个国标码用两个字节来表示一个汉字，每个字节的最高位为 0。ASCII 码表中 0～32 位字符都是控制字符，为了与 ASCII 码表控制字符不冲突，在区位码中统一加上 2020H，20H 的十进制就是 32，相当于把区位码的码值变大了。

但是，此时国标码会和 ASCII 码冲突，解决的方法就是在国标码的基础上，加上 8080H 得到汉字的机内码。加上 8080H 可以使汉字机内码的两个字节的最高位均为 "1"（80H=10000000，80H=10000000），很容易与西文的 ASCII 码区分（西文的 ASCII 码的最高位均为 "0"）。

例如，"啊"字的区位码（16 01）的十六进制表示为 1001H，而 "啊"字的机内码则为 B0A1H。这样汉字机内码的两个字节的最高位均为 "1"（B0H=10110000，A1H=10100001）。

因此，汉字机内码、国标码和区位码三者之间的关系为：

$$国标码=区位码+2020H$$
$$机内码=国标码+8080H$$
$$即，机内码=区位码+A0A0H$$

除了 GB2312—1980 编码之外，我国汉字的编码标准还有如下几个。

BIG5：主要为香港地区和台湾地区使用，是一个繁体字编码。

GBK：为了更好地适应如古籍研究等方面的文字处理需要，我国在 1995 年颁布了 GBK 汉字内码扩充规范，它除包含 GB2312 全部汉字和符号外，还收录了繁体字在内的大量汉字和符号。它是 GB2312—1980 的扩展，共收录了 21 003 个汉字，支持国际标准 ISO10646 中的全部中日韩汉字，也包括 BIG5（台、港、澳地区）编码中的所有汉字。

GB18030：为了既能与国际标准 UCS（Unicode）接轨，又能保护现有中文信息资源，我国政府发布了 GB18030 汉字编码国家标准，它与以前的汉字编码标准保持向下兼容，并扩充了 UCS/Unicode 中的其他字符。GB18030 是 GBK 的升级，其编码空间约为 160 万码位，目前已经纳入编码的汉字约为 2.6 万个。

当采用 GB2312、GBK 和 GB18030 三种不同的汉字编码标准时，一些常用的汉字如

"中"、"国"等，它们在计算机中的表示（内码）是相同的。

国际标准 UCS（Unicode）：很多传统的编码方式都有一个共同的问题，即允许计算机处理双语环境（通常使用拉丁字母以及其本地语言），但却无法同时支持多语言环境。因此产生了 Unicode，它是由国际组织设计，可以容纳全世界所有语言文字的编码方案。Unicode 简称为 UCS（Unicode Character Set）。

3）字形码

为了显示或打印输出汉字，必须提供汉字的字形码。汉字字形码是汉字字符形状的表示，一般可用点阵形式表示（如图 1.12 所示）。系统提供的所有汉字字形码的集合组成了系统的汉字字形库，简称汉字库。

汉字点阵有多种规格：简易型 16×16 点阵、普及型 24×24 点阵、提高型 32×32 点阵、精密型 48×48 点阵、64×64 点阵。点阵规模越大，字形也越清晰美观，在汉字库中所占用的空间也越大。

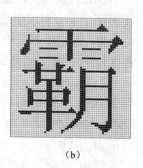

字节	数据	字节	数据	字节	数据	字节	数据
0	3FH	1	FCH	2	00H	3	00H
4	00H	5	00H	6	00H	7	00H
8	FFH	9	FFH	10	00H	11	80H
12	00H	13	80H	14	02H	15	A0H
16	04H	17	90H	18	08H	19	88H
20	10H	21	84H	22	20H	23	82H
24	C0H	25	81H	26	00H	27	80H
28	21H	29	00H	30	1EH	31	00H

(a) (b)

图 1.12　汉字"示"的点阵表示（16×16 点阵）和汉字"霸"的点阵表示（64×64 点阵）

4）汉字处理的过程

计算机对汉字的输入、保存和输出过程是这样的（如图 1.13 所示）：在输入汉字时，操作者在键盘上输入输入码→通过输入码找到汉字的区位码，再计算出汉字的机内码，保存内码→而当显示或打印汉字时，则首先从指定地址取出汉字的内码，根据内码从汉字库中取出汉字的字形码，再通过一定的软件转换，将字形输出到屏幕或打印机上。

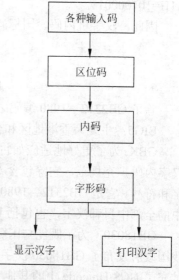

图 1.13　汉字处理的过程

1.3　多媒体技术基础

1.3.1　多媒体的概念

1. 多媒体的概念

在计算机中，"媒体"一词有两种含义：一指存储信息的实体，例如，硬盘、光盘、半导体存储器等；二指携带信息的载体，例如，数字、文字、符号、声音、图形、图像、动画、视频等。这里所说的"多媒体"指的是第二种，即多种信息的载体。

多媒体（Multimedia），顾名思义，即将文本、声音、图形、图像、动画和视频等多种媒体元素中至少两种有机地组合在一起所构成的。多媒体技术是指能够同时对两种或两种以上的媒体进行采集、操作、编辑、存储等综合处理的技术。在日常生活中，人们经常接触到的信息就是由文字、声音、视频等基本元素组合而来的，有了多媒体，人们不再是通过看电视、读报纸等形式单向地、被动地接收信息，更能够双向地、主动地编辑、处理这些媒体信息。

多媒体技术使多种媒体信息结合在一起，是通过计算机及其他电子设备进行综合处理和控制，支持完成一系列交互式操作的信息技术。

多媒体技术发展到今天，跟许多技术的进步紧密相连，它不仅是计算机技术，而且是涉及通信、电视、磁、光、电、声等多种技术的一门跨学科综合性技术，例如，大容量光盘存储器，实时多任务操作系统技术，数据压缩技术和大规模集成电路制造技术等。所以，多媒体技术可以说是包含当今计算机领域内最新的硬件技术和软件技术，它将不同性质的设备和信息媒体集成为一个整体，并以计算机为中心综合地处理各种信息。

现在所说的多媒体，通常并不是指多媒体信息本身，而是指处理和应用它的一套软硬件技术，例如多媒体计算机、具有多媒体技术的各种软件等。因此，常说的"多媒体"只是多媒体技术的同义词。

2．多媒体的特性

多媒体具有以下主要特性。

（1）多样性。信息载体的多样性是多媒体的主要特征之一，也是多媒体研究要解决的关键问题。多媒体计算机技术改变了计算机信息处理的单一模式，使之能处理多种信息。

（2）集成性。以计算机为中心综合处理多种信息媒体，包括媒体的集成和处理这些媒体设备的集成。一方面多媒体技术能将多种不同媒体信息有机地进行组合成一个完整的多媒体信息；另一方面它把不同的媒体设备集成在一起，形成多媒体系统。

（3）交互性。用户可以与计算机进行交互操作，从而为用户提供控制和使用信息的手段。这种交互都要求实时处理。如从数据库中检索信息量，参与对信息的处理等。交互可分成三个层次：媒体信息的简单检索与显示，是多媒体的初级交互应用；通过交互特性使用户进入到信息的活动过程中，才达到了交互应用的中级；当用户完全进入一个与信息环境一体化的虚拟信息空间自由遨游时，才是交互应用的高级阶段。

（4）实时性。实时就是在人的感官系统允许下，进行多媒体交互，就好像面对面一样，图像和声音都是连续的。

（5）高质量。避免信息信号的衰减及噪声的干扰，保障多媒体信息的高质量。

3．多媒体计算机

多媒体计算机（Multimedia Computer）的概念没有一个严格的定义，一般认为：能够综合处理多媒体信息（包括对多媒体信息进行捕获采集、存储、加工处理、表现、输出等），使多媒体信息建立逻辑连接，集成为一个系统并具有交互性的计算机，就称为多媒体计算机。

多媒体个人计算机（MPC）的特性是：CD-ROM 是 MPC 的重要部件；高质量的数字音响；图文并茂的显示；有功能强大的多媒体操作系统及各类多媒体处理软件。

多媒体软件是指支持多媒体系统运行、开发的各类软件和开发工具及多媒体应用软件的总和。主要包括多媒体操作系统、多媒体驱动软件、多媒体数据采集软件、多媒体数据库和多媒体编辑与创作工具等。目前，常见的音频编辑软件有 Sound Edit、Cool Edit 等；三维动画制作软件有 Animator、3ds Max 等，图像编辑软件有 Photoshop、CorelDRAW 等；视频编辑处理软件有 Adobe Premiere、Media Studio 等。

1.3.2　多媒体的数字化和压缩

1. 声音数字化

1）声音数字化的过程及音频文件常见格式

声音进入计算机的第一步就是数字化。人耳听到的声音是一种具有振幅的周期声波，计算机要处理这种声波，可以通过话筒把机械振动这种连续的模拟信号转变成相应的电信号，把这个转换过程称为模/数转换，也称 A/D 转换，即声音的数字化。模/数转换过程主要分为采样、量化及编码三步，如图 1.14 所示。

图 1.14　声音的数字化过程

仅从数字化的角度考虑，影响声音数字化质量的主要因素有以下三个。

（1）采样频率

在某个特定的时刻对模拟信号进行测量叫作采样。其做法是每隔一定的时间对模拟信号的幅值进行测量，得到离散的幅值，用它代表两次采样之间的模拟值，如图 1.15 所示。

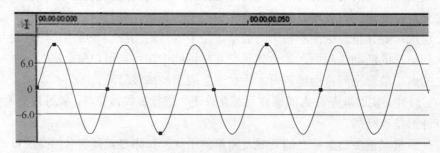

图 1.15　声音的采样

（2）量化位数

量化是将经过采样得到的离散数据转换成二进制数的过程。量化位数即分辨率，是指将经过采样得到的离散数据转换成二进制数的位数。

在多媒体计算机中音频的量化位数一般为 32、16、8、4 位。显然，量化位数越多，量化后的波形越接近原始波形，声音的音质越好，当然，声音文件也就越大。

图 1.16 是声波（正弦波）数字化过程示意图，可以通过此图理解音频信号数字化过程中各个阶段的具体情况。

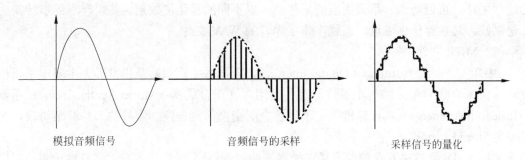

模拟音频信号　　　　　　音频信号的采样　　　　　　采样信号的量化

图 1.16　音频数字化过程

（3）声道数

声音通道的个数称为声道数，是指一次采样所记录产生的声音波形个数。声道有单声道和立体声之分，记录声音时，如果每次生成一个声波数据，称为单声道；如果每次生成两个声波数据，称为双声道，也称立体声。立体声听起来比单音丰满优美，但需要两倍于单音的储存空间。

通过上述三个影响数字化质量因素的分析，可以得出声音数字化数据量的计算公式：

声音数据化的数据量（B）=采样频率（Hz）×量化位数（b/8）×声道数×时间（s）

例如，用 44.1kHz 的采样频率进行采样，量化位数选 16 位，则录制 1s 的立体声节目，其波形文件所需的存储量为：44 100×16 / 8×2×1=176 400（B）。因此，一般在多媒体制作中，需要进行声音的压缩。

多年来，声音信号的记录、回放、传输、编辑等，一直是使用模拟装置进行的。把模拟的声音信号转变成数字形式进行处理有许多优点，例如，以数字形式存储的声音重放性能好，复制时没有失真；数字声音的可编辑性强，易于进行效果处理；数字声音能进行数据压缩，传输时抗干扰能力强；数字声音容易与其他媒体相互结合（集成）；它也为自动提取"元数据"和实现基于内容的检索创造了条件。

数字化后的声音信息，以文件的形式被存储在计算机或其他外部存储介质上。在多媒体计算机系统中，存储声音信息的文件格式主要有：WAV 文件、CD 文件、MIDI 文件、Audio 文件、DVD 文件，如表 1.5 所示。

表 1.5　音频文件常见格式及其扩展名

文 件 格 式	文件扩展名
WAV 文件	.WAV
CD 文件	.CDA
MIDI 文件	.MID，.RMI
Audio 文件	.MP3，.MP2，.MP1，.MPA，.ABS
DVD 文件	.VOB

下面介绍一下比较常用的 WAV 文件、MIDI 文件和 MP3 文件。

（1）WAV 文件

WAV 文件，即波形文件，其扩展名是.wav，它是微软公司专门为 Windows 设计的波形声音文件存储格式，来源于对声音模拟波形的采样。用不同的采样频率对声音的模拟波形进行采样，可以得到一系列离散的采样点，以不同的量化位数把这些采样点的值转换为二进制数，然后存储到磁盘，这就产生了声音的 WAV 文件。

（2）MIDI 文件

MIDI（Musical Instrument Digital Interface，乐器数字接口）是由世界上主要电子乐器制造厂商联合建立起来的一个通信标准，是用在音乐合成器（Music Synthesizers）、乐器（Musical Instruments）和计算机等电子设备之间交换信息与控制信号的一种标准协议，其扩展名为.mid，.rmi。

使用 MIDI 文件格式存储的音乐（如钢琴曲），不是音乐信号本身，更具体地说，对应 MIDI 专用的电缆上传送的不是声音，而是发给 MIDI 设备或其他装置让它们产生声音或执行某个动作的指令，因此，MIDI 文件格式存储的是一套指令（即命令），由这一套命令来指挥 MIDI 设备怎么去做，例如，发出规定的演奏音符、演奏多长时间、音量的变化和生成音响效果等。

所以，对于 MIDI 标准文件格式来说，不需要采样，不用存储大量的模拟信号信息，只记录了一些命令，故其第一大优点就是生成的文件较小，消耗存储空间小。同时，MIDI 采用命令处理声音，容易编辑，因此，从 20 世纪 80 年代初期开始，就已经受到音乐家和作曲家的广泛接受和使用。MIDI 可以作为背景音乐，与其他媒体一起使用，可以加强演示效果；但是，由于 MIDI 文件存储格式缺乏重现真实自然声音的能力，如语音，因此它不能用在除了音乐之外的其他含有语音的歌曲当中。

（3）MP3 文件

在音频文件格式当中，有一种非常特殊的格式——MPX 格式。这种格式采用了 MPEG 压缩技术，对于大存储容量的音频信息做到了很好的压缩。

MPEG（Moving Picture Expert Group，活动图像专家组）是在 1988 年由国际标准化组织（International Organization for Standardization，ISO）和国际电工委员会（International Electro technical Commission，IEC）联合成立的专家组，负责开发电视图像数据和声音数据的编码、解码和同步等标准。

简单地说，活动图像专家组（MPEG）把音频信息当中人耳听不到的那部分声音抛弃，从而节省了很多存储空间，也就实现了压缩的目的，其中：

MPEG 第一阶层（MPEG Audio Layer1）标准压缩效率为 1∶4；

MPEG 第二阶层（MPEG Audio Layer2）标准压缩效率为 1∶6～1∶8；

MPEG 第三阶层（MPEG Audio Layer3）标准压缩效率为 1∶10～1∶12。

MPEG 音频编码的层次越高，对应的编码器越复杂，压缩率也越高。

那么，把一个音频信息经过 MPEG Layer1 和 Layer2 处理以后的文件即为 MP2 格式，经过 MPEG Layer3 处理的格式就是 MP3。

比如，一首 WAV 文件存储的歌曲，其大小为 30MB，那么转换成 MP3 之后，其大小就在 3MB 左右。

（4）其他文件除了以上的常见文件格式之外，还会遇到以下几种文件。

RMI 文件是 Microsoft 公司的 MIDI 文件格式；

VOC 文件是 Creative 公司的 MIDI 文件格式；

AIF 文件是 Apple 计算机的专用音频文件格式；

SND 文件是 Next 计算机的波形音频文件格式。

2）声音数字化的其他相关知识

（1）声卡

日常环境中的声音必须通过声音获取设备（麦克风和声卡）数字化之后才能由计算机处理。麦克风的作用是将声波转换为电信号，然后由声卡进行数字化。

声卡在计算机中控制并完成声音的输入与输出，主要功能包括：波形声音的获取、波形声音的重建与播放、MIDI 声音的输入、MIDI 声音的合成与播放。

（2）波形声音的码率

经过数字化的波形声音是一种使用二进制表示的串行的比特流，它遵循一定的标准或规范进行编码，其数据是按时间顺序组织的。

波形声音的主要参数包括：取样频率、量化位数和声道数目，使用的压缩编码方法以及数码率。数码率也称为比特率，简称码率，它指的是每秒钟的数据量。数字声音未压缩前，其计算公式为：

波形声音的码率＝采样频率（Hz）×量化位数（b）×声道数（b/s）

压缩编码以后的码率则为压缩前的码率除以压缩倍数。

（3）全频带声音的压缩编码

波形声音经过数字化之后数据量很大，特别是全频带声音。以 CD 盘片上所存储的立体声高保真的全频带数字音乐为例，1 小时的数据量大约是 635MB。为了降低存储成本和提高通信效率（降低传输带宽），对数字波形声音进行数据压缩是十分必要的。

波形声音的数据压缩也是完全可能的。其依据是声音信号中包含大量的冗余信息，再加上还可以利用人的听觉感知特性，因此，产生了许多压缩算法。一个好的声音数据压缩算法通常应做到压缩倍数高，声音失真小，算法简单，编码器 / 解码器的成本低。

全频带数字声音的第一代编码技术采用的是 PCM（脉冲编码调制）编码，它主要是依据声音波形本身的信息相关性进行数据压缩，代表性的应用是 CD 唱片。

第二代全频带声音的压缩编码不但充分利用声音信息本身的相关性，而且还充分利用人耳的听觉特性，即使用"心理声学模型"来达到大幅度压缩数据的目的，这种压缩编码方法称为感知声音编码。

编码过程一般分为三个阶段，第一阶段通过时间 / 频率变换和心理声学分析，揭示原始声音中与人耳感知无关的信息，然后在第二阶段通过量化和编码予以抑制，第三阶段再使用熵编码消除声音信息中的统计冗余。

MPEG-1 声音压缩编码是国际上第一个高保真声音数据压缩的国际标准，它分为三个层次：层 1（Layerl）的编码较简单，主要用于数字盒式录音磁带；层 2（Layer2）的算法复杂度中等，其应用包括数字音频广播（DAB）和 VCD 等；层 3（Layer3）的编码最复杂，主要应用于因特网上的高质量声音的传输。"MP3 音乐"就是一种采用 MPEG-1 层 3 编码的高质量数字音乐，它能以 10 倍左右的压缩比降低高保真数字声音的存储量，使一张普通 CD 光盘上可以存储大约一百首 MP3 歌曲。

MPEG-2 的声音压缩编码采用与 MPEG-1 声音相同的编译码器，层 1、层 2 和层 3 的结构也相同，但它能支持 5.1 声道和 7.1 声道的环绕立体声。

杜比数字 AC-3（Dolby Digital AC-3）是美国杜比公司开发的多声道全频带声音编码系统，它提供的环绕立体声系统由 5 个全频带声道加一个超低音声道组成，6 个声道的信息在制作和还原过程中全部数字化，信息损失很少，细节十分丰富，具有真正的立体声效果，在数字电视、DVD 和家庭影院中广泛使用。

为了在因特网环境下开发数字声音的实时应用，例如网上的在线音频广播，实时音乐点播（边下载边收听），必须做到按声音播放的速度从（窄带）因特网上连续接收数据，一方面要求数字声音压缩后数据量要小，另一方面还要使声音数据的组织适合于流式（Streaming）传输，实现上述要求的媒体就称为"流媒体"。为此而开发的声音流媒体有微软公司的 WMA（Windows Media Audio）数字音频等，它们都能直接从网络上播放音乐，而且可以随网络带宽的不同而调节声音的质量，在保证大多数人听到流畅声音的前提下，令带宽较富裕的听众获得较好的音质。

（4）计算机合成声音

与计算机合成图像一样，计算机也可以合成声音。计算机合成声音有两类，一类是计算机合成的语音，另一类是计算机合成的音乐，它们都有许多重要的应用。

语音合成是根据语言学和自然语言理解的知识，使计算机模仿人的发声，自动生成语音的过程。目前主要是按照文本（书面语言）进行语音合成，这个过程称为文语转换（Tex-To-Speech，TTS）。

文语转换过程原理上分成三步。第一步先对文本进行分析，判断每一个字的正确读音，将文字序列转换成一串发音符号（如国际音标或汉语拼音）；第二步是韵律分析，它根据文句的结构、位置、使用的标点符号以及上下文等，确定发音时语气的变换以及读音的轻重缓急，这些都由一组韵律控制参数来进行说明；第三步是语音合成，它的主要功能是根据发音标注，从语音库中取出相应的语音基元，按照韵律控制参数的要求，利用特定的语音合成技术对语音基元进行调整和修改，最终合成出符合要求的流畅、自然的语音。语音库中存储了大量预先录制的语音基元（单音、词组、短语或句子）的波形，合成时读取语音基元的波形，将这些波形进行拼接和韵律修饰，然后输出连续语音流。

计算机合成语音有多方面的应用，例如股票交易、航班动态查询、电话报税等业务中，可以利用电话进行信息查询和声讯服务，以准确、清晰的语音为用户提供查询结果。再如有声 E-mail 服务，它通过电话网与 Internet 互连，以电话或手机作为 E-mail 的接收终端，借助文语转换技术，用户能收听 E-mail 的内容，满足各类移动用户使用 E-mail 的要求。文语转换还能为 CAI 课件或游戏的解说词自动配音，这样即使脚本经常修改，配音成本也大为降低。此外，文语转换在文稿校对、语言学习、语音秘书、自动报警、残疾人服务等方面都能发挥很好的作用。

2. 图像数字化

图像是多媒体中最基本、最重要的数据。图像分为静态图像和动态图像。静止的图像称为静态图像，活动的图像称为动态图像。根据计算机生产原理的不同，静态图像可以分为矢量图形和位图图像两种。动态图像包括视频和动画两种，习惯上将计算机或绘图的方法生产的动态图像称为动画，而实际拍摄到的动态图像称为视频。

1）图像的数字化

与声音信息数字化一样，图像信息数字化的过程也是采样和量化得到的，只不过图像的采样是在二维空间中进行的。图像信息数字化的采样指把时间和空间上连续的图像转换成离散点的过程。量化则是图像离散化后，将表示图像色彩浓淡的连续变化值离散成等间隔的整数值（即灰度级），从而实现图像的数字化，量化等级越高图像质量越好。

描述一幅图像需要使用图像的属性。图像的属性一般包含分辨率、像素浓度、真/伪彩色等。

（1）分辨率通常有两种：显示分辨率和图像分辨率。

显示分辨率是指显示屏上能够显示出的像素个数。例如，显示分辨率为 1024×768 表示显示屏被分成 1024 列和 768 行，相当于整个屏幕上可以包含 786 432 个显像点。屏幕能够显示的像素越多，说明显示设备的分辨率越高，显示的图像质量也就越高。

图像分辨率是指组成一幅图像的像素密度的度量方法。对同样大小的一幅图，如果组成该图的图像像素数目越多，则说明图像的分辨率越高，看起来越真实。例如，用扫描仪扫描彩色图像时，通常要指定图像的分辨率，表示方法为每英寸多少个点（Dots Per Inch，DPI），如果用 300 DPI 来扫描一幅 8 " ×10 " 的彩色图像，就得到一幅 2400×3000 个像素的图像。

所以，显示分辨率与图像分辨率是不同的概念。显示分辨率是确定显示图像的区域大小，而图像分辨率是确定组成一幅图像的像素数目。如在 1024×768 的显示屏上，一幅 320×240 的图像约占显示屏的 1/12；相反，一幅 2400×3000 的图像在这个显示屏上是不能完全显示的。

（2）像素深度。

像素深度是指存储每个像素所用的位数，它也可以用来度量图像的分辨率。在多媒体计算机系统中，图像的颜色是用若干位二进制数表示的，被称为图像的颜色深度，即彩色图像的像素深度。例如，黑白图像（也称二值图像）的像素深度是 1，用一个二进制位就可以表示两种颜色，即黑和白；除此之外还有灰度图，像素颜色深度为 8，一个字节，可以表示 256 个灰度级；8 色图，像素颜色深度为 3，利用三基色（R 红、G 绿、B 蓝）可以组合产生 8 种颜色；16 色、256 色及真彩色图，真彩色图的像素深度为 24，可表示 1670 万种颜色，恰好接近人的眼睛所能够分辨的颜色数，故称其为真彩色。

2）图像的生成方法

点位图法（Bit Mapped Image），也叫点阵图法，是把图分成许多的像素点，其中每个像素用若干二进制位来指定该像素的颜色、亮度和其他属性。因此一幅图由许多的描述每个像素的数据组成，这些数据通常被称为图像数据，把这些数据作为一个文件来存储，被称为位图文件。比如，画一条"直线"，就是用许多代表像素点颜色的数据来替代该直线，当把这些数据所代表的像素点显示出来后，这条直线也就相应出现了。

矢量图法（Vector Based Image）是用一系列计算机指令来表示一幅图，如画点、画直线、画曲线、画圆、画矩形等。这种方法与数学方法是紧密联系的，利用数学方法描述一幅图，会得到许多的数学表达式，再利用编程语言来实现。比如，要画一条"直线"，利用向量法，首先有一数据说明该元素为直线，另外使用其他数据注明该直线的起始坐标及其方向、长度（即矢量）或终止坐标。这样的图形不论把它放大多少倍，依然清晰。

这里对比一下位图与矢量图的优缺点。

（1）位图文件占据的存储空间要比矢量图大。

（2）在放大时，位图文件可能由于图像分辨率固定，而变得不清晰；而矢量图采用数学计算的方法，无论怎么将它放大，它都是清晰的。

（3）矢量图一般比较简单，而位图可以非常复杂。试想，一张真实的山水照片，用数学方法显然是很难甚至于无法描述的。

（4）矢量图不好获得，必须用专用的绘图程序制作，如 Office 中提供的剪贴画属于矢量图；而位图获得的方法就很多，可以利用画图程序软件画出来，也可以利用扫描仪、数码照相机、数码摄像机及视频信号数字化卡等设备把模拟的图像信号变成数字位图图像数据。

（5）在运行速度上，对于相同复杂度的位图和矢量图来说，显示位图比显示矢量图要快，因为矢量图的运行需要计算。

3）图像文件格式

在多媒体计算机中，可以处理的图像文件格式有很多，每种格式有各自的特点，下面主要介绍几种常用的图像格式。

（1）BMP 格式

位图文件（Bitmap-file，BMP）格式是 Windows 采用的图像文件存储格式，在 Windows 环境下运行的所有图像处理软件都支持这种格式，是一种通用的图形图像存储格式。BMP 格式文件有压缩（压缩方法采用行程长度编码 RLE 方式）和非压缩两种。一般作为图像资源使用的 BMP 格式文件是不压缩的。BMP 格式文件支持 RGB、索引色、灰度和位图色彩模式，但不支持 Alpha 通道。

BMP 格式的图像文件扩展名是.bmp。

（2）GIF 格式

图形交换格式（Graphics Interchange Format，GIF）是由美国最大的在线信息服务公司 CompuServe 公司开发的图像文件存储格式。1987 年 6 月开发的 GIF 文件格式的版本号是 GIF87a，1989 年进行了扩充，扩充的版本号被定义为 GIF89a。GIF 格式的压缩图像存储格式支持黑白图像、16 色和 256 色的彩色图像，目的是便于在不同的平台上进行图像交流和转换。

GIF 格式采用 LZW 压缩算法来存储图像数据，定义了允许用户为图像设置背景的透明属性。GIF 格式的文件压缩比高，文件较小。现在网上的许多微小动画就是用这种方法制作的，因此 GIF 已成为网络上最流行的图像文件格式之一。

GIF87a 文件格式用以存储单幅静态图像，而 GIF89a 文件格式则可以在一个文件中存储多幅图，它们可以像播放幻灯片那样显示或者像动画那样演示，比如利用 Flash MX 制作的 Flash 作品就可以生成 GIF89a 格式的文件来播放动画。

GIF 格式的图像文件扩展名是.gif。

（3）JPEG 格式

JPEG（Joint Photographic Expert Group）是由 ISO 和 IEC 两个组织机构联合组成的联

合图像专家组。JPEG 格式就是它们共同制定的静态数字图像数据压缩编码标准，并提出开发了 JPEG 压缩算法，压缩比率大约可达到 20∶1。

JPEG 压缩是有损压缩，它利用了人的视觉系统的特性，使用量化和无损压缩编码相结合来去掉视觉的冗余信息和数据本身的冗余信息。JPEG 压缩率是最高的，经过高倍压缩的文件都很小，但压缩后的图像还原后是无法与原图像一致的，但这一点，人的眼睛是看不出的。

JPEG 格式的图像通常用于图像预览和超文本文档中。

JPEG 格式的图像文件扩展名是.jpg。

（4）TIFF 格式

TIFF（Tagged Image File Format）文件格式的出现是为了便于各种图像软件之间的图像数据交换，是一种多变的图像文件格式标准，应用也很广泛。TIFF 格式的文件分成压缩和非压缩两类，非压缩的 TIFF 格式文件是独立于软硬件的，具有良好的兼容性，且压缩存储时又有很大的选择余地。

TIFF 格式主要用于扫描仪和桌面出版物，是工业标准格式。

TIFF 格式的图像文件扩展名是.tif。

（5）PNG 格式

PNG（Portable Network Graphic Format，流式网络图形，读成"ping"）是 20 世纪 90 年代中期开始由 Netscape 公司开发的图像文件存储格式，其目的是企图替代 GIF 和 TIFF 文件格式，同时增加一些 GIF 文件格式所不具备的特性，可用于网络图像的传输。

PNG 用来存储灰度图像时，灰度图像的深度可多到 16 位，存储彩色图像时，彩色图像的深度可多到 48 位，并且还可存储多到 16 位的 Alpha 通道数据，支持透明背景和消除锯齿的功能。PNG 使用从 LZ77 派生的无损数据压缩算法。

PNG 格式的图像文件扩展名是.png。

（6）其他

除此之外，还有 Zsoft 公司研发的 PCX 文件格式，主要与商业性 PC-Paint Brush 图像软件一起使用；由 Kodak 公司研发的 PCD 文件格式，主要用于电子相片文件存储，是 Photo-CD 的专用存储格式，一般存在 CD-ROM 上，读取 PCD 格式文件要用 Kodak 公司的专用软件；WMF（Windows Meta File）格式是一种比较特殊的文件格式，可以说是位图和矢量图的一种混合体，在桌面出版物领域中应用十分广泛，如 Microsoft Office 中的剪贴画使用的就是这种格式。

3. 视频数字化

所谓视频信息简单地说就是动态的图像。动态图像，也叫活动图像，它与电影电视原理是一样的，都是利用人眼的视觉暂留现象，将足够多的画面——帧连续播放，只要能够达到每秒 20 帧以上，人的眼睛就觉察不出来画面之间的不连续性，成为连续的动态画面。

动态图像的主要特性：动态图像具有时间连续性，适合表示事件的"过程"，且具有更加丰富的信息内涵和更强、更生动、更自然的表现力；动态图像的实时性更强；动态图像的数据量更大；动态图像的帧与帧之间具有很强的相关性。

动态图像的主要技术参数如下。

帧速：单位时间内更换的画面。理想情况下为每秒 24~30 帧。

图像质量：取决于原始数据质量和压缩倍数。

数据量：在不压缩的情况下，动态图像每秒的数据量等于帧速乘以每幅图像的数据量。

动态影像视频：简称视频，与动画一样，也是由连续的画面组成，只不过每帧画面是实时摄取的自然景象或活动对象。

电视视频的实现原理：在电视系统中，摄像机把镜头前的图像转化为电子信号，而电视机实现将电子信号转换为活动的图像。由于电子信号是一维的，而图像是二维的，因此需要光栅扫描完成一维到二维的转换。行扫描使电子束从屏幕左上角到右下角一行行扫描完一整屏，形成一帧图像，以足够的帧速进行扫描就能得到看起来平滑、连续的影像。

全世界有三种广播电视制式，即 NTSC、PAL 和 SECAM。

NTSC 制式为每秒 30 帧，每帧 525 行，采用 YIQ 彩色空间，隔行扫描。

PAL 制式为每秒 25 帧，每帧 625 行，采用 YUV 彩色空间，隔行扫描。

SECAM 制式虽然也是每秒 30 帧，每帧 625 行，但它与 NTSC 和 PAL 制式有很大差别。

常见视频文件的存储格式如下。

1）AVI 格式

AVI（Audio Video Interleaved，音频视频交错）文件是 Video for Windows 等视频应用程序使用的格式，也是当前最流行的视频文件格式。它采用了 Intel 公司的 Indeo 视频有损压缩技术，将视频信息与音频信息交错混合地存储在同一个文件中，较好地解决了音频信息与视频信息的同步问题，但由于压缩比较高，与 FLIC 格式的动画相比，画面质量不太好。

2）MOV 格式

MOV 文件原是 QuickTime for Windows 的专用文件格式，也使用有损压缩技术，以及音频信息与视频信息混排技术，一般认为 MOV 文件的图像质量比 AVI 格式的要好。

3）MPG 格式

计算机上的全屏幕运动视频标准文件格式就是 MPG 文件格式，近年来开始流行。MPG 文件是使用 MPEG 方法进行压缩的全运动视频图像，可于 1024×768 分辨下，以帧速率为 24、25 或 30 的速率播放有 128 000 种颜色的全运动视频图像，并配以具有 CD 音质的伴音信息。

4）DAT 格式

DAT 文件格式是一种为 VCD 及 Karaoke CD（即卡拉 OK CD，为面向大众化消费的一种 CD 标准）专用的视频文件格式，它也是采用 MPEG 压缩、解压缩技术的一种文件格式。如果计算机配备视频卡或解压缩程序，即可以进行播放。

5）FLIC 格式

这种文件格式采用了无损压缩方法，画面效果十分清晰，在人工或计算机生成的动画方面使用这种格式的较多。播放 FLIC 动画文件一般需要 Autodesk 公司提供的 MCI 驱动和相应的播放程序 AAPlay。

4．数据压缩

数据压缩有两大功用：第一，可以节省空间；第二，可以减少对带宽的占用。

对于各种媒体信息本身确实存在很大的压缩空间，一般允许在一定限度失真的前提下，对其进行较大程度的压缩。对图像的压缩，一般在人眼允许的误差范围内，不仔细观察，人们是很难觉察压缩前后图像的区别的。对于声音信号，人的听觉对部分频率的音频信号也是不敏感的，这就使多媒体数据压缩成为可能，比如，一个 WAV 文件的歌曲在45MB 左右，当将其转换成 MP3 格式存储时，却只有不到 6MB，可见采取行之有效的压缩技术是非常重要的。

一个好的数据压缩技术必须满足三项要求：一是压缩比大；二是实现压缩的算法简单，压缩、解压缩速度快；三是数据解压缩后，恢复效果好，尽可能地接近原始数据。

1）数据冗余

多媒体信息经过数字化后，产生巨大的数据信息，数据压缩的对象就是其中的冗余部分。

2）数据压缩方法

数据压缩处理一般由两个过程组成：一是编码（Encoding）过程，即对原始数据经过编码进行压缩；二是解码（Decoding）过程，对编码数据进行解码，还原为可以使用的数据。

（1）按解码后的数据与原数据是否一致分类

无损压缩：采用可逆编码法，被压缩的数据进行解压缩后，数据与原来的数据完全相同。该压缩方法去掉或减少了数据中的冗余，故又称为冗余压缩法。无损压缩法一般用于文本数据的压缩，但压缩比较低。

有损压缩：采用不可逆编码法，是指被压缩的数据经解压缩后与原来的数据有所不同。该压缩方法压缩了熵（信息量的度量方法，它表示一个事件出现的消息越多，事件发生的可能性就越小，即发生的概率越小）。对于这种压缩方法，由于减少了信息量，损失的信息量是不能再恢复的，所以压缩前与解压缩后有误差。

（2）按压缩方法的原理分类

严格意义上的数据压缩起源于人们对概率的认识。当我们对文字信息进行编码时，如果为出现概率较高的字母赋予较短的编码，为出现概率较低的字母赋予较长的编码时，总的编码长度就能缩短不少。所以说，设计具体的压缩算法的过程通常更像是一场数学游戏。开发者首先要寻找一种能尽量精确地统计或估计信息中符号出现概率的方法，然后还要设计一套用最短的代码描述每个符号的编码规则。

按数据压缩方法的原理分，一般有 6 类：预测编码、变换编码、信息熵编码、结构编码、统计编码、行程编码。

3）两大国际压缩标准 JPEG 标准与 MPEG 标准

如果在压缩空间上连续变化的灰度或彩色图像（比如数码照片）时允许改变一些不太重要的像素值，或者说允许损失一些精度（在压缩二值图像时，绝不会容忍任何精度上的损失，但在压缩和显示一幅数码照片时，如果一片树林里某些树叶的颜色稍微变深了一些，看照片的人通常是察觉不到的），就有可能在压缩效果上获得突破性的进展。这一思想在数据压缩领域具有革命性的地位：通过在用户的忍耐范围内损失一些精度，可以把图像（也包括音频和视频）压缩到原大小的十分之一、百分之一甚至千分之一，这远远超出了通用压缩算法的能力极限，也恰恰是科学家们的重大发现。

（1）JPEG 标准

国际标准化组织（International Organization for Standardization，ISO）和国际电工委员

会（International Electrotechnical Commission，IEC）联合成立的联合图像专家组（Joint Photographic Experts Group，JPEG），于 1986 年开始制定这项标准，1994 年以后成为国际标准。他们经过多年的艰苦研究，制定出多灰度静态图像的数字压缩编码，简称 JPEG 标准。

这一标准适用于彩色和单色多级灰度或连续色调静态数字图像的压缩。JPEG 采用以离散余弦变换（Discrete Cosine Transform，DCT）为基础的有损压缩算法和以预测技术为基础的无损压缩算法来进行压缩，通过调整质量系数控制图像的精度和大小，其压缩比可以从 10∶1 到 80∶1。

JPEG 标准的最新进展是 1996 年开始制定，2001 年正式成为国际标准的 JPEG 2000。与 JPEG 相比，JPEG 2000 做了大幅改进，其中最重要的是用离散小波变换（DWT）替代了 JPEG 标准中的离散余弦变换。在文件大小相同的情况下，JPEG 2000 压缩的图像比 JPEG 质量更高，精度损失更小。

（2）MPEG 标准

在 JPEG 标准的基础上，1989 年由 ISO/IEC 联合成立了活动图像专家组（Moving Picture Expert Group，MPEG）。这一专家组到目前为止，已经开发和正在开发的 MPEG 标准有以下几个。

MPEG-1：数字电视标准，1993 年正式发布，我们现在看的大多数 VCD 就是采用这种标准来压缩视频数据的。

MPEG-2：数字电视标准，ISO 于 1994 年提出。MPEG-2 对图像质量做了分级处理，可以适应普通电视节目、会议电视、高清晰数字电视等不同质量的视频应用。在人们的生活中，可以提供高清晰画面的 DVD 影碟所采用的正是 MPEG-2 标准。

MPEG-3：已于 1992 年 7 月合并到高清晰度电视（HDTV）工作组。

MPEG-4：多媒体应用标准，ISO 于 1999 年通过。MPEG-4 标准拥有更高的压缩比率，支持并发数据流的编码、基于内容的交互操作、增强的时间域随机存取、容错、基于内容的尺度可变性等先进特性。Internet 上的 DivX 和 XviD 文件格式就是采用 MPEG-4 标准来压缩视频数据的，它们可以用更小的存储空间或通信带宽提供与 DVD 不相上下的高清晰视频，这使我们在 Internet 上发布或下载数字电影的梦想成为现实。

MPEG-7：是多媒体内容描述接口标准，其应用领域包括：数字图书馆，例如图像编目、音乐词典等；多媒体查询服务，如电话号码簿等；广播媒体选择，如广播与电视频道选取；多媒体编辑，如个性化的电子新闻服务、媒体创作等。

MPEG 标准包括 MPEG 视频、MPEG 音频和 MPEG 系统三部分，是一种动态图像压缩标准。

就像视频压缩和电视产业的发展密不可分一样，音频数据的压缩技术最早也是由无线电广播、语音通信等领域里的技术人员发展起来的。与图像压缩领域里的 JPEG 一样，为获得更高的编码效率，大多数语音编码技术都允许一定程度的精度损失。而且，为了更好地用二进制数据存储或传送语音信号，这些语音编码技术在将语音信号转换为数字信息之后又总会用 Huffman 编码、算术编码等通用压缩算法进一步减少数据流中的冗余信息。

对于计算机和数字电器（如数码录音笔、数码随身听）中存储的普通音频信息，最常使用的压缩方法主要是 MPEG 系列中的音频压缩标准。例如，MPEG-1 标准提供了 Layer I、

Layer II 和 Layer III 共三种可选的音频压缩标准，MPEG-4 标准中的音频部分同时支持合成声音编码和自然声音编码等不同类型的应用。在这许多音频压缩标准中，声名最为显赫的是 MPEG-1 Layer III ，也就是人们常说的 MP3 音频压缩标准了。从 MP3 播放器到 MP3 手机，从硬盘上堆积如山的 MP3 文件到 Internet 上版权纠纷不断的 MP3 下载，MP3 早已超出了数据压缩技术的范畴，而成了一种时尚文化的象征。

1.4　计算机安全

计算机安全即计算机系统的安全，涉及硬件、操作系统、应用软件和网络等方面的安全。硬件安全主要体现在计算机系统所在环境的安全保护以及计算机部件的安全保护，包括设备的防盗、防毁、电磁信息的泄漏及设备的可靠性等；操作系统安全指操作系统对计算机硬件和软件资源能进行有效地控制，并为所管理的资源提供相应的安全保护；应用软件安全要求尽可能减少能被攻击者利用的漏洞；由于计算机网络具有开放性和互联性等特征，使得网络易受黑客、病毒、恶意软件和其他行为的攻击，网络安全主要是指如何保证网络系统中信息存储安全和信息传递安全。

ISO（国际标准化组织）将计算机安全定义为：为数据处理系统建立和采取的技术和管理的安全保护，保护计算机硬件、软件数据不因偶然或恶意的原因而遭到破坏、更改和泄漏。

1.4.1　计算机病毒简介

1．计算机病毒的定义

概括起来，计算机病毒指的就是具有破坏作用的程序或指令的集合。

"计算机病毒"最早是由美国计算机病毒研究专家 F.Cohen 博士提出的，在这之前的 1977 年夏天，美国作家托马斯.捷.瑞安（Thomas.J.Ryan）出版了一本科幻小说《P-1 的春天》（The Adolescence of P-1）立即成为当时美国的畅销书。作者在该书中幻想出世界上第一个计算机病毒，它不断地从一台计算机传播到另一台计算机，最终控制了七千多台计算机的操作系统，造成一场灾难。几年后，计算机病毒真的出现并泛滥起来，这位作家的幻想得到了验证。

事实上，计算机病毒与人们平时所见所用的各种软件程序没有什么区别，只不过正常的程序是用来帮助人们解决某些问题的，病毒程序则是专门用来搞破坏或使计算机不能正常工作的。也就是说，病毒程序是一种有害的程序。

那么，什么是计算机病毒呢？国外最流行的定义为：计算机病毒，是一段附着在其他程序上的可以实现自我繁殖的程序代码。1994 年 2 月 18 日，我国正式颁布实施的《中华人民共和国计算机信息系统安全保护条例》第二十八条对病毒的定义是："计算机病毒是指编制或者在计算机程序中插入的破坏计算机功能或者数据，影响计算机使用并且能够自我复制的一组计算机指令或者程序代码"。这个定义明确地表明了计算机病毒就是具有破坏性的程序。

《中华人民共和国计算机信息系统安全保护条例》对计算机病毒的定义是：计算机病毒，是指编制或者在计算机程序中插入的破坏计算机功能或者毁坏数据，影响计算机使用，并能自我复制的一组计算机指令或者程序代码。

2．计算机病毒的特点

根据对计算机病毒的产生、传染和破坏行为的分析，下面总结出病毒的几个主要特点。

1）刻意编写，人为破坏

计算机病毒不是偶然自发产生的，而是人为编写的、有意破坏的、严谨精巧的程序段，能与所在环境相互适应并紧密配合。编写病毒程序的动机一般有以下几种情况：为了表现和证明自己；出于对社会、对上级的不满；出于好奇的"恶作剧"；为了报复；为了纪念某一事件等。也有因为政治、军事民族、宗教、专利等方面的需要而专门编写的。有的病毒编制者为了相互交流或合作，甚至形成了专门的病毒组织。

2）传染性

自我复制能力也称"再生"或"传染"。

计算机病毒具有强再生机制。计算机病毒可以从一个程序传染到另一个程序，从一台计算机传染到另一台计算机，从一个计算机网络传染到另一个计算机网络。在各系统上传染、蔓延，同时使被传染的计算机程序、计算机、计算机网络成为计算机病毒的生存环境及新的传染源。

再生机制是判断是否是计算机病毒的最重要的依据。在一定条件下，病毒通过某种渠道从一个文件或一台计算机传染到另外没有被感染的文件或计算机，病毒代码就是靠这种机制大量传播和扩散的。携带病毒代码的文件成为计算机病毒载体或带毒程序。一台感染了病毒的计算机，本身既是一个受害者，又是计算机病毒的传播者，它通过各种可能的渠道，如光盘、移动硬盘或网络去传染其他的计算机。

3）寄生性

病毒程序依附在其他程序体内，当这个程序运行时，病毒就通过自我复制而得到繁衍，并一直生存下去。

4）夺取系统控制权

病毒为了完成感染、破坏系统的目的，必然要取得系统的控制权，这是计算机病毒的另外一个重要特点。计算机病毒在系统中运行时，首先要做初始化工作，在内存中找到一片安身之地；随后执行一系列操作取得系统控制权。系统每执行一次操作，病毒就有机会完成病毒代码的传播或进行破坏活动。反病毒技术也正是抓住计算机病毒的这一特点，提前取得系统控制权，阻止病毒取得系统控制权，然后识别出计算机病毒的代码和行为。

5）隐蔽性

隐蔽性表现在两个方面：一是传染过程很快，在其传播时多数没有外部表现；二是病毒程序隐蔽在正常程序中，当病毒发作时，实际病毒已经扩散，系统已经遭到不同程度的破坏。

在感染上病毒后，计算机系统一般仍然能够运行，被感染的程序也能正常执行，用户不会感到明显的异常，这便是计算机病毒的隐蔽性。正是由于这种隐蔽性，计算机病毒得以在用户没有察觉的情况下扩散传播。计算机病毒的隐蔽性还表现在病毒代码本身设计得非常短小，一般只有几百KB，非常便于隐藏到其他程序中或磁盘的某一特定区域内。不经过程序代码分析或计算机病毒代码扫描，人们是很难区分病毒程序与正常程序的。随着病毒编写技巧的提高，病毒代码本身还进行加密或变形，使得对计算机病毒的查找和分析更困难，很容易造成漏查或错杀。

6）潜伏性

计算机病毒侵入系统后，大部分病毒一般不会马上发作，它可长期隐藏在系统中，除了传染外，不表现出破坏性，这样的状态可能保持几天，几个月甚至几年，只有在满足其特定的触发条件后才启动其表现模块，显示发作信息或进行系统破坏。

病毒的触发是由发作条件来确定的。而在发作条件满足前，病毒可能在系统中没有表现症状，不影响系统的正常运行。

7）破坏性

不同计算机病毒的破坏情况表现不一，有的干扰计算机工作，有的占用系统资源，有的破坏计算机硬件等。

8）不可预见性

由于计算机病毒的种类繁多，不同种类病毒的代码千差万别，新的变种不断出现，病毒的制作技术也在不断提高。因此，病毒对于反病毒软件来说，是不可预见的、超前的。同反病毒软件相比，病毒永远是超前的。新的操作系统和应用系统的出现，软件技术的不断发展，也为计算机病毒提供了新的发展空间，对未来病毒的预测将更加困难，这就要求人们不断提高对病毒的认识，增强防范意识。

3. 计算机病毒的分类

计算机病毒种类众多，其分类方法也不尽相同，常规的分类有以下几种。

（1）按传染方式分为引导型、文件型和混合型病毒。

引导型病毒利用硬盘的启动原理工作，它们修改系统的引导扇区，在计算机启动时首先取得控制权，减少系统内存，修改磁盘读写中断，在系统存取操作磁盘时进行传播，影响系统工作效率。

文件型病毒一般只传染磁盘上的可执行文件.COM，.EXE 等。在用户调用染毒的执行文件时，病毒首先运行，然后病毒驻留内存，伺机传染给其他文件或直接文件。其特点是附着于正常程序文件中，成为程序文件的一个外壳或部件。这是较为常见的传染方式。

如今广泛传播的宏病毒是依托于微软公司等办公软件的广泛使用和计算机网络尤其是 Internet 的普及而流行起来的。宏病毒寄存在文档或模板的宏中，一旦打开含有宏病毒的文档，其中的宏就会被执行，于是宏病毒被激活，转移到计算机上，并驻留在模板上。而以后，所有自动保存的文档都会"感染"上这种宏病毒，而且如果其他用户打开了感染病毒的文档，宏病毒又会转移到他的计算机上。宏病毒其本质上仍然属于文件型病毒，预防此类病毒的最佳方式是及时更新微软公司为其办公软件所提供的补丁。

混合型病毒兼有以上两种病毒的特点，既感染引导区又感染文件，因此这种病毒更易传染。

（2）按连接方式分为源码型、入侵型、操作系统型和外壳型病毒。

源码型病毒较为少见，也难编写、传播。因为它要攻击高级语言编写的源程序，在源程序编译之前插入其中，并随源程序一起编译、连接成可执行文件。这样刚刚生成的可执行文件便已经带毒了。

入侵型病毒可用自身代替正常程序中的部分模块或堆栈区。因此这类病毒只攻击某些特定程序，针对性强。一般情况下也难以发现和清除。

操作系统病毒可用自身部分加入或者替代操作系统的部分功能。因其直接感染操作系统，这类病毒的危害性也较大。

外壳型病毒将自身附在正常程序的开头或结尾，相当于给正常程序加了个外壳。大部分的文件型病毒都属于这一类。

（3）按破坏性可分为良性病毒和恶性病毒。

良性病毒只是为了表现其存在，如发作时只显示某项信息，或播放一段音乐，或仅显示几张图片，开开玩笑，对源程序不做修改，也不直接破坏计算机的软硬件，对系统的危害极小。但是这类病毒的潜在破坏还是有的，如它使内存空间减少，占用磁盘空间，与操作系统和应用程序争抢 CPU 的控制权，降低系统运行效率等。

而恶性病毒则会对计算机的软件和硬件进行恶意的攻击，使系统遭到不同程度的破坏，如破坏数据、删除文件、格式化磁盘、破坏主板、导致系统崩溃、死机、网络瘫痪等，因此恶性病毒非常危险。

（4）网络病毒。

指基于在网上运行和传播，影响和破坏网络系统的病毒。

随着计算机网络的发展和广泛应用，尤其是 Internet 的广泛应用，通过网络传播病毒已经是当前病毒发展的主要趋势，影响最大的病毒当属计算机蠕虫病毒。计算机蠕虫病毒是通过网络的通信功能将自身从一个节点发送到另一个节点并自行启动的程序，它往往导致网络堵塞或网络服务拒绝，最终造成整个系统瘫痪。

Trojan Horse（特洛伊木马）病毒是借用原古希腊士兵藏在木马内进入敌方城市从而占领城市的故事，比喻从网上下载应用程序或游戏中包含可以控制用户计算机系统的程序，这会造成用户的系统被破坏甚至瘫痪。木马病毒也是目前网络病毒中比较流行且破坏性较大的一种病毒。这种病毒是网络病毒的典型。

应该指出，上面这些分类是相对的，同一种病毒按不同分类可属于不同类型。

4．计算机病毒的检测与防范

计算机病毒对系统的破坏离不开当前计算机的资源和技术水平。对病毒的检测主要从检查系统资源的异常情况入手，逐步深入。

1）异常情况判断

计算机工作正常时，如出现下列异常现象，则有可能感染了病毒。

（1）屏幕出现异常图形或画面，并且系统很难退出或恢复。

（2）扬声器发出与正常操作无关的声音，如演奏乐曲或是随意组合的、杂乱的声音。

（3）磁盘可用空间减少，出现大量坏簇，且坏簇数目不断增多，直到无法继续工作。

（4）磁盘不能引导系统。

（5）磁盘上的文件或程序丢失。

（6）磁盘读/写文件明显变慢，访问的时间加长。

（7）系统引导变慢或出现问题。

（8）系统经常死机或出现异常的重启动现象。

（9）原来运行的程序突然不能运行，总是出现出错提示。

（10）打印机不能正常启动。

观察上述异常后，可初步判断系统的哪部分资源受到了病毒侵袭，为进一步诊断和清除做好准备。

2）计算机病毒的检查

（1）检查磁盘主引导扇区

硬盘的主引导扇区、分区表以及文件分配表、文件目录区是病毒攻击的主要目标。引导病毒主要攻击磁盘上的引导扇区。硬盘存放主引导记录的主引导扇区一般位于 0 柱面 0 磁道 1 扇区。该扇区的前 3 个字节是跳转指令，接下来的 8 个字符是厂商、版本信息，再向下 18 个字节是 BIOS 参数，记录有磁盘空间、FAT 表和文件目录的相对位置等，其余字节是引导程序代码。病毒侵犯引导扇区的重点是前面的几十个字节。

当发现系统有异常现象时，特别是当发现与系统引导信息有关的异常现象时，可通过检查主引导扇区的内容来诊断故障。方法是采用工具软件，将当前主引导扇区的内容与干净的备份相比较，如发现有异常，则可能是感染了病毒。

（2）检查 FAT 表

病毒隐藏在磁盘上，一般要对存放的位置做出"坏簇"信息标志反映在 FAT 表中。因此，可通过检查 FAT 表，看有无意外坏簇，来判断是否感染了病毒。

（3）检查中断向量

计算机病毒平时隐藏在磁盘上，在系统启动后，随系统或随调用的可执行文件进入内存并驻留下来，一旦时机成熟，它就开始发起攻击。病毒隐藏和激活一般是采用中断的方法，即修改中断向量，使系统在适当的时候转向执行病毒代码。病毒代码执行和达到了破坏的目的后，再转回到原中断处理程序执行。因此，可通过检查中断向量表有无变化来确定是否感染了病毒。

检查中断向量的变化主要是查系统的中断向量表，其备份文件一般为 INT.DAT。

（4）检查可执行文件

检查.COM 或.EXE 可执行文件的内容、长度、属性等，可判断是否感染了病毒。

（5）检查内存空间

计算机病毒在传染或执行时，必然要占据一定的内存空间，并驻留在内存中，等待时机再进行传染或攻击。病毒占用的内存空间一般是用户不能覆盖的。因此，可通过检查内存的大小和内存中的数据来判断是否有病毒。通常采用一些简单的工具软件。

（6）根据特征查找

一些经常出现的病毒，具有明显的特征，即有特殊的字符串。根据它们的特征，可通过工具软件检查、搜索，以确定病毒的存在和种类。杀毒软件一般都收集了各种已知病毒的特征字符串并构造出病毒特征数据库，这样，在检查、搜索可疑文件时，就可用特征数据库中的病毒特征字符串逐一比较，确定被检查文件感染了何种病毒。有些杀毒软件厂商所标榜的"自动查解今后一切未知病毒"、"可解除所有病毒"、"百分之百查杀病毒"等，有些言过其实了。因为病毒与杀毒软件的较量是一个长期的博弈，没人可以准确预测以后的病毒会成为什么样子，相比于病毒的发展而言，杀毒软件总是滞后的，对普通的用户而言，最好的方法就是做好重要数据的备份以及及时地更新病毒特征库。

3）计算机病毒的防范

计算机病毒泛滥成灾，几乎无孔不入。其种类可以说不计其数。首先在思想上要有足够的重视，采取预防为主、防治结合的方针。其次是尽可能切断病毒的传播途径，经常做病毒检测工作，装防、杀和检测病毒的软件。一旦检测到病毒，就应想办法将病毒尽早清除，减少病毒继续传染的可能性，将病毒的危害降低到最小限度。

由于病毒防治软件和查杀技术总是滞后于病毒的产生和出现，所以并非有什么病毒就有相应的清除软件，特别是那些新出现、交错杂生的病毒，在一段时间以后才会有对应的杀毒方法。对计算机病毒的作战是长期的，应该说我们只要用计算机，就不得不面临计算机病毒的威胁，不可能哪一天会把计算机病毒全部消灭。但要有信心，我们知道计算机病毒是有害的程序，既然那些人能够编出病毒程序，同样可以研究出与之相对抗的程序，即杀毒软件。

随着世界范围内计算机病毒的大量流行，病毒编制花样不断变化，反病毒软件也在经受一次又一次考验，各种反病毒产品也在不断推陈出新、更新换代。这些产品的特点表现为技术领先、误报率低、杀毒效果明显、界面友好、良好的升级和售后服务技术支持、与各种软硬件平台兼容性好等方面。

计算机病毒威胁计算机的系统安全和用户的信息安全，已成为一个重要的问题。要保证计算机系统的安全运行，首先在思想上要重视，加强管理，阻止病毒的入侵比病毒入侵后再去清杀要重要得多。

1.4.2 网络安全

网络安全包含各种安全技术，如防火墙隔离技术、加密技术等。

防火墙（Firewall）是设置在被保护的内部网络和外部网络，如学校的校园网与 Internet 之间的软件和硬件设备的组合。防火墙控制网上通信，检测和限制跨越的数据流，尽可能地对外部网络屏蔽内部网络的结构、信息和运行情况，以防止发生不可预测的、潜在的破坏性入侵和攻击。这是一种行之有效的网络安全技术，如图 1.17 所示。

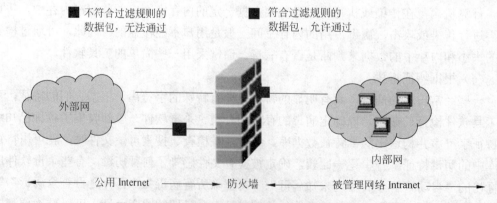

图 1.17 在被管理网络与外部网络之间放置防火墙

防火墙技术是当前使用最为广泛的网络安全技术之一。它是在被保护的网络和外部网络之间设置一组隔离设备，为地理上比较集中的网络提供抵御外部侵袭的能力。

　　防火墙通常是一个计算机运行软件。将局域网放置于防火墙之后，可以有效地阻止来自外界的攻击。例如，在防火墙之下的一台 WWW 代理服务器，工作中它不是直接处理请求，而是首先验证请求者的身份、请求的目的和请求的内容。验证通过后，这个请求才会被批准送到真正的 WWW 服务器上。当真正的服务器处理完这个请求后，也不直接把结果发送给请求者，而是送到代理服务器，代理服务器会按照事先的规律检查这个结果是否违反安全策略。在验证通过后才把结果送回请求者。

　　大部分防火墙软件加装防病毒软件实现扫毒功能，个人计算机上有专门的病毒防火墙。

　　根据防火墙的不同实现技术，可把防火墙分为包过滤防火墙、应用代理防火墙和状态检测防火墙等。

　　包过滤防火墙指在网络层对数据包进行分析、选择和过滤。选择的依据是系统内设置的访问控制表或规则表。这种表指定允许哪些类型的数据包可以流入或流出内部网络。包过滤防火墙可直接集成在路由器上，在进行路由选择的同时完成数据包的选择与过滤，也可以由一台单独的计算机来完成数据包的过滤。

　　这种防火墙的优点是速度快、逻辑简单、成本低、易于安装和使用、网络性能和透明度好。缺点是配置困难，容易出现漏洞等。

　　实际上，防火墙技术还存在许多局限性。

　　第一，防火墙防外不防内。防火墙一般只能对外屏蔽内部网络的拓扑结构，封锁外部网上的用户连接内部网上的重要站点或某些端口。对内也可以屏蔽外部的一些危险站点。但防火墙很难解决内部网络人员的安全问题，内部网络管理人员如果蓄意破坏网络的物理设备，或将内部网络的重要数据备份，防火墙对此无能为力。而网上安全攻击事件，据统计有 70%以上是来自网络内部人员的攻击。

　　第二，由于防火墙的管理和配置相当复杂，对防火墙管理人员的要求比较高，管理人员对系统的各个设备如路由器、代理服务器、网关等，都有相当深刻的了解是很困难的，因而管理上有所疏忽在所难免，容易造成安全漏洞。

　　这里要提醒的是：防火墙是网络安全技术中非常重要的一个因素，但不等于装了防火墙就可以保证系统百分之百的安全而从此高枕无忧。

小　　结

　　本章是学习计算机的基础部分，主要介绍了：

　　(1) 计算机的产生和发展（世界上第一台计算机 ENIAC，计算机发展的 4 个时代）、计算机新技术的特点、计算机的分类和应用。

　　(2) 计算机中数的表示：数的进制与转换；计算机中数据的存储单位；机器数；原码、补码和反码。

　　(3) 计算机中字符的表示：ASCII 码和汉字编码（输入码、机内码和字形码）。

　　(4) 多媒体技术：多媒体的概念和特征，多媒体的数字化和压缩。

　　(5) 计算机安全：计算机病毒的概念及预防。

　　本章的概念是学习以后内容的基础。

第2章 计算机系统

计算机由硬件系统和软件系统构成，其中，硬件系统是计算机中各种看得见、摸得着的实实在在的装置，它们构成计算机的物质基础，包括主板、中央处理器、存储器、输入与输出设备。而软件系统是指所有应用计算机的技术，即程序和数据，它的范围非常广泛，普遍认为是指程序系统，计算机软件系统是发挥机器硬件功能的关键。软件系统包含应用软件与系统软件。

操作系统（Operating System，OS）是计算机系统中的一个系统软件，它管理和控制计算机系统中的软件和硬件资源，它能够合理地组织计算机的工作流程，以便有效地利用这些资源为用户提供一个功能强大、使用方便和可扩展的工作环境，从而在计算机与其用户之间起到接口的作用。Windows 7 系统就是微软公司为用户提供的一种典型的操作系统。

通过本章的学习，读者应掌握以下内容。

- 理解计算机的组成与工作原理；
- 理解计算机的硬件系统；
- 理解计算机的软件系统；
- 理解计算机的操作系统；
- 掌握使用典型操作系统 Windows 7。

2.1 计算机组成及基本原理

2.1.1 计算机系统的组成

一个完整的计算机系统是由硬件系统和软件系统两大部分组成的，如图 2.1 所示。

硬件（Hardware）也称硬设备，是指计算机中各种看得见、摸得着的实实在在的装置，是计算机系统的物质基础。

软件（Software）是指所有应用计算机的技术，即程序和数据。它的范围非常广泛，普遍认为是指程序系统，是发挥机器硬件功能的关键。从广义上来说，软件是指计算机中运行的所有程序以及各种文档资料的总称。

硬件是软件建立和依托的基础，软件是计算机系统的灵魂。没有软件的硬件是"裸机"，用户不能直接使用。而没有硬件对软件的物质支持，软件的功能则无从谈起。所以把计算机系统当作一个整体来看，既包含硬件，也包括软件，两者不可分割。硬件和软件相结合才能充分发挥计算机系统的功能。

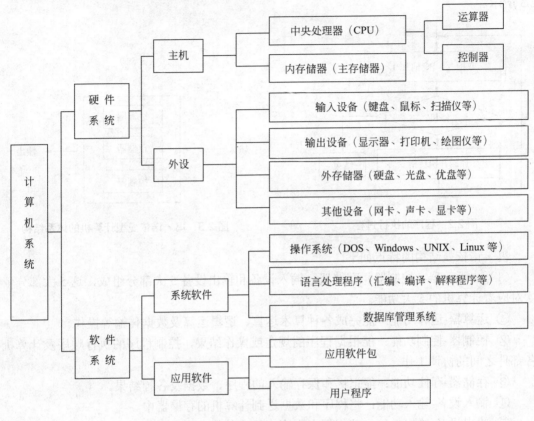

图 2.1 计算机系统

2.1.2 计算机工作原理

从 1946 年出现的第一台计算机直到今天的计算机，它们的基本工作原理大都相同，这一原理由美籍匈牙利数学家冯·诺依曼（John Von Neumann）于 1946 年提出，故称为冯·诺依曼原理。

冯·诺依曼原理可简单地叙述为：将完成某一计算任务的步骤，用机器语言程序预先送到计算机存储器中保存，然后启动机器，按照程序编排的顺序，一步一步地取出指令，控制计算机各部分的运行，并获得所需结果。因此，冯·诺依曼原理也称为"存储程序"的工作原理，它是当代计算机最基本的工作原理。根据这一原理组成的计算机称为冯·诺依曼型计算机。

所谓"指令"就是指程序中用来完成一步操作的二进制代码。

所谓"程序"实际上就是人们为使计算机完成某一任务而设计和编制的指令序列。

CPU 的工作就是顺序地获取、分析和执行存放在存储器中的程序指令，从而完成任务。图 2.2 就是程序的执行过程，计算机每执行一条指令都是分成三个阶段进行：取指令→分析指令→执行指令。

七十多年来，尽管计算机的结构有了重大的变化，性能有了惊人的提高，但就结构原理来说，至今占统治地位的仍是"存储程序"式的冯·诺依曼型计算机，其体系结构如图 2.3 所示。

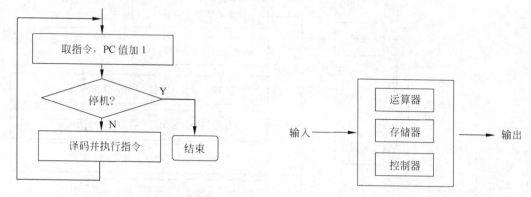

图 2.2　程序的执行过程　　　　图 2.3　冯·诺依曼型计算机的体系结构

冯·诺依曼结构的特点如下。

（1）由运算器、控制器、存储器、输入设备和输出设备 5 大部分组成，这 5 大部分依次对应着计算机的 5 大功能。

① 运算器-运算功能：能完成各种算术运算、逻辑运算及数据传输等操作。

② 控制器-控制功能：能根据程序的规定或操作结果，控制程序的执行顺序及计算机各部件之间的协调工作。

③ 存储器-存储功能：能记忆和保存输入的程序、数据及各种结果。

④ 输入设备-输入功能：将程序和数据送到计算机的存储器中。

⑤ 输出设备-输出功能：能根据人们事先给出的格式要求，将程序、数据及结果输出给操作人员。

（2）数据和程序以二进制代码形式不加区别地存放在存储器中，存放位置由地址指定，地址码也为二进制形式。

（3）控制器是根据存放在存储器中的指令序列即程序来工作的，并由一个程序计数器 PC（即指令地址计数器）控制指令的执行。控制器有判断能力，能按计算结果选择不同的动作流程。

计算机硬件系统的各大部件并不是孤立存在的，它们在处理信息的过程中需要相互连接和传输。组成部件相互之间基本上都有单独的连接线路，其工作原理和基本结构如图 2.4 所示。

计算机操作系统启动后，输入设备处于等待用户输入数据的状态，用户输入时，输入设备向控制器发出输入请求，控制器向输入设备发出输入命令，用户将编写的源程序、命令以及各种数据通过输入设备传送到内部存储器中，依次执行输入的命令或程序指令，控制器发出存取命令，数据存入内部存储器或从内部存储器中取出数据；根据程序指令的运算请求，控制器发出取数据命令，从内部存储器中取数据送到运算器的缓冲器中参与运算，运算的结果保存到内存储器中。当程序需要输出时，控制器通知输出设备，输出设备准备好后向控制器发输出请求，控制器发输出命令，数据从内部存储器传送到输出设备，输出运行结果。

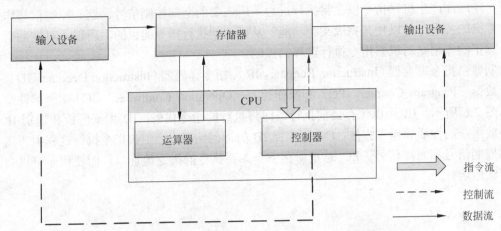

图 2.4 计算机工作原理和基本结构

CPU 由运算器和控制器共同组成，下面将分别进行介绍。

1. 运算器

运算器（Arithmetical and Logic Unit，ALU）主要功能是完成对数据的算术运算、逻辑运算和逻辑判断等操作。运算器是计算机处理数据、形成信息的加工厂，它的主要功能是对二进制数进行算术运算或逻辑运算。所以，也称其为算术逻辑部件。运算器主要由一个加法器、若干个寄存器和一些控制线路组成。在控制器控制下，它对取自存储器或其内部寄存器的数据进行算术或逻辑运算，其结果暂存在内部寄存器或送到存储器。

在计算机内，各种运算均可归结为相加和移位这两个基本操作，所以，运算器的核心是加法器。为了能将操作数暂时存放，能将每次运算的中间结果暂时保留，运算器还需要若干个寄存数据的寄存器（Register）。若一个寄存器既保存本次运算的结果而又参与下次的运算，它的内容就是多次累加的和，这样的寄存器又叫作累加器（Accumulator）。

下面以"1+2=？"为例，看看计算机工作的全过程。在控制器的作用下，计算机分别从内存中读取操作数（01）1 和（10）2，并将其暂存在寄存器 A 和寄存器 B 中。运算时，两个操作数同时传送至 ALU，在 ALU 中完成加法操作。执行后的结果根据需要被传送至存储器的指定单元或运算器的某个寄存器中，如图 2.5 所示。

运算器的性能指标是衡量整个计算机性能的重要因素之一，与运算器相关的性能指标包括计算机的字长和运算速度。其中，字长表示计算机运算部件一次能同时处理的二进制数据的位数，字长越长，则计算机的运算速度和精度就越高。运算速度为计算机的运算速度，通常是指每秒钟所能执行加法指令的数目，常用百万次/秒（Million Instructions per Second，MIPS）来表示，这个指标能直观地反映机器的速度。

2. 控制器

控制器（Control Unit，CU）是计算机的心脏，由它指挥全机各个部件自动、协调地工作。控制器的基本功能是根据指令计数器中指定的地址从内存取出一条指令，对指令进行译码，再由操作控制部件有序地控制各部件完成操作码规定的功能。控制器也记录操作中各部件的状态，使计算机能有条不紊地自动完成程序规定的任务。

从宏观上看，控制器的作用是控制计算机各部件协调工作。从微观上看，控制器的作用是按一定顺序产生机器指令以获得执行过程中所需要的全部控制信号，这些控制信号作用于计算机的各个部件以使其完成某种功能，从而达到执行指令的目的。所以，对控制器而言，真正的作用是对机器指令执行过程的控制。

控制器由指令寄存器（Instruction Register，IR）、指令译码器（Instruction Decoder，ID）、程序计数器（Program Counter，PC）和操作控制（Operation Controller，OC）4个部件组成，如图 2.6 所示。IR 用以保存当前执行或即将执行的指令代码；ID 用来解析和识别 IR 中所存放指令的性质和操作方法；OC 则根据 ID 的译码结果，产生该指令执行过程中所需的全部控制信号和时序信号；PC 总是保存下一条要执行的指令地址，从而使程序可以自动、持续地运行。

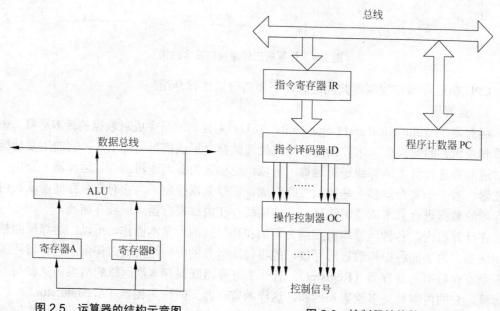

图 2.5　运算器的结构示意图　　　　图 2.6　控制器结构简图

为了让计算机按照人的意识和思维正确运行，必须设计一系列计算机可以真正识别和执行的语言——机器指令。机器指令是一个按照一定格式构成的二进制代码串，它用来描述计算机可以理解并执行的基本操作。计算机只能执行指令，并被指令所控制。

机器指令通常由操作码和操作数两部分组成，基本格式如图 2.7 所示。

（1）操作码：指明指令所要完成操作的性质和功能。

（2）操作数：指明操作码执行时的操作对象。操作数的形式可以是数据本身，也可以是存放数据的内存单元地址或寄存器名称。操作数又分为源操作数和目的操作数，源操作数指明参加运算的操作数来源，目的操作数地址指明保存运算结果的存储单元地址或寄存器名称。

图 2.7　指令的基本格式

2.2　计算机硬件系统

计算机的硬件结构从功能上看，与计算机硬件系统的 5 大部分一致。从硬件种类上看，计算机的硬件结构一般包括：主板、中央处理器、存储器、输入设备、输出设备等。

2.2.1　主板

主板又叫主机板（Main Board）、系统板（System Board）或母板（Mother Board），是微型计算机的核心连接部件。主板既是连接各个部件的物理通路，也是各部件之间数据传输的逻辑通路，几乎所有的部件都连接在主板上。

打开主机箱后，可以看到位于机箱底部的一块大型集成电路板，某主板如图 2.8 所示。

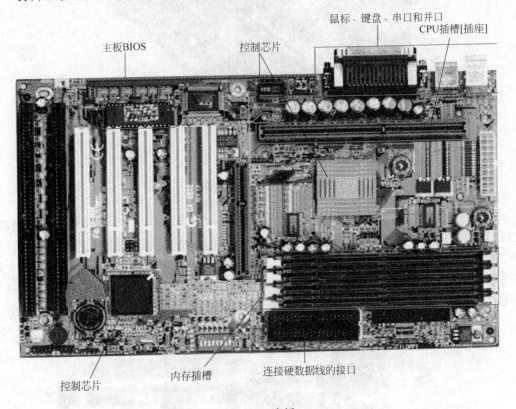

图 2.8　主板

主板由以下几个部分组成：CPU 插槽、主板 BIOS 芯片、控制芯片、内存插槽、IDE 接口、AGP 插槽、PCI 插槽、ISA 插槽、外设接口等。

计算机通过 I/O 扩展槽连接外部设备，添加或增强计算机特性及功能。I/O 扩展槽是 I/O 信号传输的路径，是系统总线的延伸，可以插入任意的标准选件，如显卡、声卡、网卡等。主板主要的插槽为 PCI 扩展槽（Peripheral Component Interconnect），它是一个先进的高性能局部总线（支持多个外设），同时它还支持即插即用，颜色一般为白色。

I/O 接口是用于连接各种输入输出设备的接口，计算机通过它与外部交换信息。常用的输入设备有键盘、鼠标、扫描仪等。常用的输出设备有显示器、打印机、绘图仪等。磁盘、光盘的驱动器既是输入设备，又是输出设备。通常，把它们统称为外围设备，简称外设。按照 I/O 接口连接的对象来分，I/O 接口可以分为并行接口、串行接口、硬盘接口、USB 接口、PS/2 接口等。并行接口又称为 LPT 接口，主要作为打印机端口。串行接口又称为 COM 接口。数据传输速度较慢，但数据传输距离更长。硬盘接口，也称 ATA 端口。计算机主板一般都集成了两个 40 针的双排针 IDE 接口插座，用于连接硬盘，如图 2.9 所示。

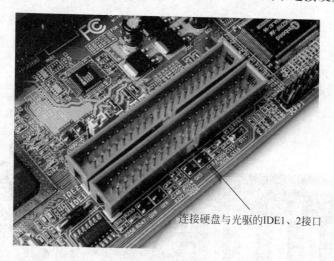

连接硬盘与光驱的IDE1、2接口

图 2.9　主板上的 IDE 接口

在众多的 I/O 接口中，USB（Universal Serial Bus，通用串行总线，也称通用串联接口）接口已经成了计算机中使用最多的接口，如图 2.10 所示。它是随着计算机外围设备的日益增多而出现的。USB 是一个使计算机外围设备连接标准化、单一化的接口。USB 理论上最多可以支持 127 个装置，并且支持热插拔。目前的计算机上一般都有多个 USB 接口，以方便用户连接不同的外部设备。PS/2 接口是 6 针的圆型接口，是鼠标和键盘的专用接口。

USB 接口

图 2.10　主板上的 USB 接口

常见的主板品牌有：技嘉（GIGABYTE）、华硕（ASUS）、微星（MSI）、英特尔（Intel）和硕泰克（SOLTEK）等。

2.2.2　中央处理器

中央处理器（Central Processing Unit，CPU）是计算机中的核心配件，它是一台计算机的运算核心和控制核心，如图 2.11 所示。

目前主流的 CPU 是由 Intel 公司和 AMD 公司生产的。Intel 公司的高端产品是酷睿（Core）系列（Core 2、Core i3、Core i5、Core i7）处理器，低端产品是奔腾（Pentium）系列和赛扬（Celeron）系列；AMD 公司的高端产品是羿龙（Phenom）系列、速龙（Athlon）系列，低端产品是闪龙（Sempron）系列。

图 2.11　中央处理器

CPU 的性能指标主要包括两个：机器字长和主频。

机器字长是指计算机的运算部件能同时处理的二进制数据的位数。字长决定了计算机的运算精度，字长越长，计算机的运算精度就越高。因此，高性能的计算机，其字长较长，而性能较差的计算机字长相对要短一些。字长也影响计算机的运算速度，字长越长，计算机在一个周期内处理的数据位数就越多，运算速度就越快。字长通常是字节的整倍数，如 Intel 奔腾系列 CPU 字长为 32 位，而酷睿 2 CPU 字长达到 64 位。近几年流行的大多数为 64 位字长的微处理器。CPU 字长为 64 位，处理器一次可以运行 64 位数据。64 位计算主要有两大优点：可以进行更大范围的整数运算，可以支持更大的内存。

主频即计算机 CPU 的时钟频率，又称时钟周期和机器周期，单位是兆赫（MHz）或千兆赫（GHz），它反映了 CPU 的基本工作节拍。主频是衡量 CPU 性能高低的一个重要技术指标，主频越高，表明指令的执行速度越快，指令的执行时间也就越短，对信息的处理能力和效率就越高。目前主流的 CPU 主频为 2.8GHz、3.0GHz、3.2GHz、3.4GHz 等。

另外，近几年来双核和多核架构的 CPU 也开始流行。所谓双核、多核结构就是在一个 CPU 中集成多个单独的 CPU 单元。这种技术的好处是可以在一个时钟周期内执行多条指令，因而理论上可以成倍提高 CPU 的处理能力。"双核"的概念最早是由 IBM、HP、Sun 等厂商提出的，主要运用于服务器上。而台式计算机上的应用则是在 Intel 和 AMD 公司的推广下，才得以普及。2005 年，Intel 发布了第一款双核 CPU；2008 年，AMD 发布了三核 CPU；2010 年，Intel 和 AMD 发布了各自的六核 CPU，分别是 Core i7 980X 和 Phenom II X6。

2.2.3　存储器

存储器（Memory）是用来存储程序和数据的部件。用户先通过输入设备把程序和数据存储在存储器中，运行时，控制器从存储器逐一取出指令并加以分析，发出控制命令以完成指令的操作。存储器分为内存（又称主存）和外存（又称辅存）两大类。内存是主板上的存储部件，用来存储当前正在执行的数据、程序和结果。内存容量小，存取速度快，但断电后其中的信息会全部丢失。外存是磁性介质或光盘等部件，用来存放各种数据文件和程序文件等需要长期保存的信息。外存容量大，存取速度慢，但断电后所保存的内容不会丢失。计算机之所以能够反复执行程序或读取数据，就是由于有存储器的存在。

内存储器的主要性能指标有两个：容量和速度。

存储容量：指一个存储器包含的存储单元总数。这一概念反映了存储空间的大小。目前常用的 DDR3 内存条存储容量一般为 2GB、4GB 和 8GB，用于服务器的内存条可能达到 32GB 甚至更高。

存取速度：一般用存储周期（也称读写周期）来表示。存取周期就是 CPU 从内存储器中存取数据所需的时间（读出或写入）。半导体存储器的存取周期一般为 60～100ns。

在计算机中，数据存储的最小单位为比特（bit，可简写为小写 b），1b 为一个二进制位。由于 1b 太小，无法用来表示出数据的信息含义，所以又引入了"字节"（Byte，可简写为大写 B）作为数据存储的基本单位。在计算机中规定，1 个字节为 8 个二进制位，即 1B=8b。除字节外，还有千字节（KB）、兆字节（MB）、吉字节（GB）、太字节（TB）。它们的换算关系是：

$$1 KB=1024 B=2^{10} B$$
$$1 MB=1024 KB=2^{20} B$$
$$1 GB=1024 MB=2^{30} B$$
$$1 TB=1024 GB=2^{40} B$$

人们希望存储器能存储的数据越多越好，即存储容量越大越好，从存储器读出或向存储器写入数据的速度越快越好，即存取周期越短越好。但是，由于技术和价格上的原因，存储器的存储容量和存取周期之间存在矛盾。因此，在计算机系统中，一般把存储器分成若干层次。通常把存储器分成主存储器，即内存储器（简称主存、内存）和辅助存储器，即外存储器（简称外存）两大类。主存储器与运算器和控制器直接相连，存放当前正在运行的程序和有关数据，存取速度快。辅助存储器存放计算机暂时不用的程序和数据，需要时才调入内存，它的存取速度相对较慢。通常，将运算器、控制器、主存储器合称为计算机的主机。

1. 内存

内存是计算机的主要存储和记忆部件，用以存放即将使用或正在使用的数据（包括原始数据、中间结果和最终结果）和程序。目前微机的内存都是采用半导体存储器。如果按内存的位置分，又可分为系统内存、显示内存等。一般所指的都是系统内存，它被插在主板上的内存插槽中，如图 2.12 所示。

(a)

(b)

图 2.12　内存

内存中存放的数据和程序，从形式上看都是二进制数。内存是由一个个内存单元组成的，每个内存单元中一般存放一个字节（8 位）的二进制信息。内存单元的总数目称为内存容量。

微型计算机通过给各个内存单元规定不同地址来管理内存。这样，CPU 便能识别不同的内存单元，正确地对它们进行读写操作。注意，内存单元的地址和内存单元的内容是两个完全不同的概念，与旅馆中的房间号码和房间中的房客相类似，不应混淆。

CPU 对内存的操作有读、写两种。读操作是 CPU 将内存单元的内容读入 CPU 内部，而写操作是 CPU 将其内部信息传送到内存单元保存起来。显然，写操作的结果改变了被写单元的内容，而读操作则不改变被读单元中的原有内容。

按工作方式不同，内存又可分为两大类：只读存储器（Read Only Memory，ROM）和随机存取存储器（Random Access Memory，RAM）。

ROM 中的信息只能被 CPU 随机读取，而不能由 CPU 任意随机写入。CPU 对只读存储器（ROM）只取不存，ROM 里面存放的信息一般由计算机制造厂写入并经过固化处理，用户是无法修改的，即使断电，ROM 中的信息也不会丢失。所以，这种存储器主要用来存放计算机启动的引导程序、基本 I/O 程序、监控程序、标准子程序以及相关的数据，ROM 中的内容一般是由生产厂家或用户使用专用设备写入固化的。ROM 的空间大小一般都不大，在 2～256KB 之间，但有的系统可扩充到 32MB 或者更大。ROM 主要包含三种：可编程只读存储器（Programmable ROM，PROM）可实现对 ROM 的写操作，但只能写一次。其内部有行列式的熔丝，需要利用电流将其烧断，写入所需信息。可擦除可编程只读存储器（Erasable PROM，EPROM）可实现数据的反复擦写。使用时，利用高电压将信息编程写入，擦除时将线路曝光于紫外线下，即可将信息清空。EPROM 通常在封装外壳上会预留一个石英透明窗以方便曝光。电可擦可编程只读存储器（Electrically EPROM，EEPROM）可实现数据的反复擦写，其使用原理类似 EPROM，只是擦除方式是使用高电场完成，因此不需要透明窗曝光。

RAM 为计算机的主存，通常所说的计算机内存容量均指 RAM 的容量。RAM 有两个特点，第一个特点是可读/写性，说的是对 RAM 既可以进行读操作，又可以进行写操作。读操作时不破坏内存已有的内容，写操作时才改变原来已有的内容。第二个特点是易失性，即电源断开（关机或异常断电）时，RAM 中的内容立即丢失。因此微型计算机每次启动时都要对 RAM 进行重新装配。这种存储器用于存放当前正在执行的系统程序、用户装入的应用程序、数据及部分系统信息。RAM 又可分为静态随机存储器（Static RAM，SRAM）和动态随机存储器（Dynamic RAM，DRAM）两种。计算机内存条采用的是 DRAM。DRAM 中"动态"的含义是指每隔一个固定的时间必须对存储信息刷新一次。因为 DRAM 是用电容来存储信息的，由于电容存在漏电现象，存储的信息不可能永远保持不变，为了解决这个问题，需要设计一个额外电路对内存不断地进行刷新。DRAM 的功耗低，集成度高，成本低。SRAM 是用触发器的状态来存储信息的，只要电源正常供电，触发器就能稳定地存储信息，无须刷新，所以 SRAM 的存取速度比 DRAM 快。但 SRAM 具有集成度低、功耗大、价格高的缺陷。

实际上，由于内存的存取速度比 CPU 的执行速度慢得多，在 RAM 与 CPU 之间增加了一个高速缓冲存储器（称为 Cache）。高速缓冲存储器主要是为了解决 CPU 和主存速度不匹配，为提高存储器速度而设计的。其存取速度接近 CPU，存储容量小于内存。Cache

中存放的是 CPU 最经常访问的指令和数据。根据局部性原理，当 CPU 存取某一内存单元时，计算机硬件自动地将包括该单元在内的临近单元内容都调入 Cache。这样，当 CPU 存取信息时，可先从 Cache 中进行查找。若有，则将信息直接传送给 CPU；若无，则再从内存中查找，同时把含有该信息的整个数据块从内存复制到 Cache 中。Cache 中内容命中率越高，CPU 执行效率越高。可以采用各种 Cache 替换算法来提高 Cache 的命中率。Cache 按功能通常分为两类：CPU 内部的 Cache 和 CPU 外部的 Cache。CPU 内部的 Cache 称为一级 Cache，它是 CPU 内核的一部分，负责在 CPU 内部的寄存器与外部的 Cache 之间的缓冲。CPU 外部的 Cache 称为二级 Cache，它相对 CPU 是独立的部件，主要用于弥补 CPU 内部 Cache 容量过小的缺陷，负责整个 CPU 写内存之间的缓冲。少数高端处理器还集成了三级 Cache。三级 Cache 是为读取二级缓存中的数据而设计的一种缓存。具有三级缓存的 CPU 中，只有很少的数据从内存中调用，这样大大地提高了 CPU 的效率。Cache 一般用 SRAM 存储芯片实现，因为 SRAM 比 DRAM 存取速度快而容量有限。

2. 外存

外存储器（外存）也是计算机系统必备的存储设备，如硬磁盘、光盘等。内存储器（内存）具有容量小、在 RAM 中的数据断电后会自动丢失的特点，内存储器中保存的是当前正在执行的程序及其相关的数据。而外存储器恰恰在这两个方面弥补了内存的缺陷。其一是外存可以为计算机系统提供充分大的存储空间，其二是外存上的数据可以长期保存。因此计算机系统的各种系统软件、应用软件以及相关的资料，以及用户个人的所有数据资料都安装和保存在外存上，这些程序、数据和资料只是当被执行或者处理时，才由计算机系统从外存读入到内存中，等计算机处理结束后，所得到的结果数据再写入外存中保存起来。外存储器中的数据不受断电的影响。外存也称为辅助存储器，容量可以很大，能存放较多的暂时不用的程序和数据，运行时必须先调入内存。在微型计算机中，目前常用的外存储器有硬盘存储器、U 盘和光盘等。

1）硬盘存储器

硬磁盘，简称硬盘。一个硬磁盘是由若干个盘片被叠放在同一轴上组成，盘片之间具有等距的间隔，工作时磁盘组高速旋转，读写驱动装置驱动一组读写磁头在盘片之间水平运动，完成磁头在磁盘上的定位和读写工作，如图 2.13 所示。

磁盘的格式是在磁盘格式化时建立的，如图 2.14 所示，每个盘片都进行了格式划分，划分成若干个同心圆的"磁道"（Tracks），每一个磁道被分成若干个"扇区"（Sectors）。所谓"柱面"，是指由多个盘片（面）上具有同一编号的磁道，所以一个硬磁盘上的柱面数与磁道数相同。硬盘的磁道数一般介于 300～3000 之间，每个磁道的扇区数通常是 63，每个扇区的大小为 512B。

对于硬盘的容量，通常按如下公式来计算：

硬盘容量＝柱面数（磁道数）×每个磁道扇区数×每扇区字节数（512）×磁头数（盘片数）

例如，设一个硬盘，磁头数为 16，柱面数为 8192，每个磁道 63 个扇区，则它的容量为：8192×63×512×16 = 4032MB。

一个大容量的硬盘如同一个大柜子，要在这个柜子里存放各种文件，有很多种方法，但为了便于管理和使用，一般都会把大柜子分成一个一个的相对独立的"隔间"或"抽屉"。

硬盘的分区正如大柜子的使用,把它们分成一个个的逻辑分区(表现为一个个的逻辑盘符)。

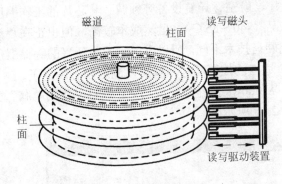

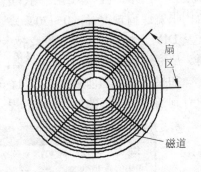

图 2.13　硬盘结构示意图　　　　图 2.14　硬盘盘面上的磁道和扇区示意图

新购买的空白硬盘或者已经分区的逻辑硬盘,还不能存放文件。

磁盘格式化的功能就是对磁盘进行格式设置,建立磁盘的磁道、扇区以及柱面,创建文件系统,建立数据读写的引导信息以及文件存取的配置信息等,完成接收信息的准备。因此,磁盘的格式化也称作"初始化"。

硬盘具有三个重要的参数,分别是接口、转速和容量。

硬盘接口:硬盘与主板的连接部分就是硬盘接口,常见的有 ATA(Advanced Technology Attachment,高级技术附件)、SATA(Serial ATA,串行高级技术附件)和 SCSI(Small Computer System Interface, 小型计算机系统接口)接口。ATA 和 SATA 接口的硬盘主要应用在个人计算机上,SCSI 接口的硬盘主要应用于中、高端服务器和高档工作站中。硬盘接口的性能指标主要是传输率,也就是硬盘支持的外部传输速率。以前常用的 ATA 接口采用传统的40 引脚并口数据线连接主板和硬盘,外部接口速度最大为 133MB/s。ATA 并口线的抗干扰性太差, 且排线占空间,不利于计算机散热,故其逐渐被 SATA 取代。SATA 又称串口硬盘,它采用串行连接方式,传输率为 150MB/s。SATA 总线使用嵌入式时钟信号,具备更强的纠错能力,而且还具有结构简单、支持热插拔等优点。目前最新的 SATA 标准是 SATA 3.0,传输率为 6GB/s。SCSI 是一种广泛应用于小型计算机上的高速数据传输技术。SCSI 接口具有应用范围广、带宽大、CPU 占用率低以及支持热插拔等优点。

硬盘转速:指硬盘电机主轴的旋转速度,也就是硬盘盘片在一分钟内旋转的最大转数。转速快慢是标志硬盘档次的重要参数之一, 也是决定硬盘内部传输率的关键因素之一, 在很大程度上直接影响硬盘的传输速度。硬盘转速单位为 rpm(Revolutions per Minute),即转/分钟。普通硬盘转速一般有 5400rpm 和 7200rpm 两种。其中, 7200rpm 高转速硬盘是台式计算机的首选,笔记本则以 4200rpm 和 5400rpm 为主。虽然已经发布了 7200rpm 的笔记本硬盘,但由于噪声和散热等问题,尚未广泛使用。服务器中使用的 SCSI 硬盘转速大多为 10000 rpm,最快为 15000rpm,性能远超普通硬盘。硬盘的容量有 320GB、500GB、750GB、1TB、2TB、3TB、4TB 等。

目前还有一种读取速度快、噪声小、轻便节能的硬盘,被称为固态硬盘(Solid State Drive),它是由固态电子存储芯片阵列而制成的硬盘,由控制单元和存储单元(Flash 芯片、DRAM 芯片)组成。固态硬盘在接口的规范和定义、功能及使用方法上与普通硬盘的完全相同，在产品外形和尺寸上也完全与普通硬盘一致，被广泛应用于军事、车载、工控、视频监控、网络监控、网络终端、电力、医疗、航空、导航设备等领域。其芯片的工作温度范围很宽：商规产品（0～70℃），工规产品（-40～85℃）。虽然成本较高，但也正在逐渐普及 DIY 市场。由于固态硬盘技术与传统硬盘技术不同，所以产生了不少新兴的存储器厂商。厂商只需购买 NAND 存储器，再配合适当的控制芯片，就可以制造固态硬盘了。

如果需要看当前硬盘的容量，可启动 Windows 操作系统成功后，通过"我的电脑"窗口看到当前计算机的外存储器列表，如图 2.15 所示。

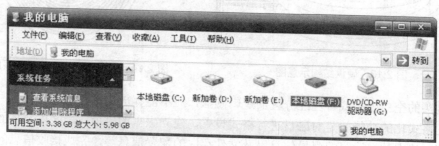

图 2.15　计算机的外存储器列表

在 Windows 操作系统中规定：第一个软盘驱动器为 A 盘（如果有，目前流行的计算机多数不再配置软盘驱动器）；第二个软盘驱动器（如果有）为 B 盘；硬盘的第一个分区为 C 盘；硬盘的第二个分区为 D 盘等，光盘驱动器排在最后。

例如，计算机有一个硬盘分了 4 个区，一个光驱，一个可移动硬盘（U 盘是作为一个可移动硬盘使用的），则它所具有的外存分别为 C 盘、D 盘、E 盘、F 盘、G 盘、H 盘，其中 G 盘为光盘，H 盘为可移动硬盘（或 U 盘），其他（C 盘、D 盘、E 盘、F 盘）为硬盘的各个分区。

格式化会把磁盘上已有的信息全部破坏，所以使用时一定要十分小心。明确要格式化的盘是哪个盘，并且确定其中没有有用的信息。由于 C 盘一般是作为系统盘使用的，因此对 C 盘的格式化更应该格外小心。

2）闪存

闪存（USB Flash Disk）又称 U 盘、优盘。是一种移动存储产品，可用于存储任何格式数据文件和在计算机间方便地交换数据。U 盘采用闪存存储介质（Flash Memory）和通用串行总线（USB）接口，它与传统的电磁存储技术相比有许多优点。首先，这种存储技术在存储信息的过程中没有机械运动，这使得它的运行非常稳定，从而提高了它的抗震性能，使它成为所有存储设备里面最不怕震动的设备；其次，由于它不存在类似硬盘、光盘等的高速旋转的盘片，所以它的体积往往可以做得很小，而现在的手机可以做得很小的原因就是因为采用了这种存储技术。U 盘最大的特点就是即插即用、小巧便于携带、存储容量大、价格便宜等。一般的 U 盘容量有 2GB、4GB、8GB 等，目前 U 盘容量有了很大程度的提高，如 16GB、32GB、64GB、128GB 的 U 盘。

3）光盘

光盘（Optical Disk）是一种电子数据存储介质，可以用低能量的激光束进行数据读写。信息存放在盘片中螺旋状的轨道上。轨道上有许多不连续的凹糟，是在对光盘写入信息时由激光"雕刻"而成的。光盘有两个重要参数，一个是容量，另一个是倍速。光盘容量：CD 光盘的最大容量大约是 700MB。DVD 光盘单面最大容量为 4.7GB、双面为 8.5GB。蓝光光盘单面单层为 25 GB、双面为 50 GB。倍速：衡量光盘驱动器传输速率的指标是倍速。光驱的读取速度以 150 kb/s 的单倍速为基准。后来驱动器的传输速率越来越快，就出现了倍速、4 倍速直至现在的 32 倍速、40 倍速甚至更高。

目前，用于计算机上使用的光盘可包括 CD，DVD 和蓝光光盘等。CD（Compact Disk）主要包括 CD-ROM、CD-R 和 CD-RW，容量通常为 700MB。CD-ROM（CD Read Only Memory）是只读光盘，里面的信息由制造者写入光盘中，用户可反复读，但不能写，VCD（Video-CD）也属于 CD-ROM，VCD 是激光视频光盘，在 VCD 影碟机中播放。CD-R（CD Recordable）是一次性可写光盘，仅允许用户使用刻录机录入一次信息，然后可反复读盘上信息。可擦写型光盘 CD-RW（CD Rewritable）的盘片上镀有银、铟、硒或碲材质以形成记录层，这种材质能够呈现出结晶和非结晶两种状态，用来表示数字信息 0 和 1。CD-RW 的刻录原理与 CD-R 大致相同，通过激光束的照射，材质可以在结晶和非结晶两种状态之间相互转换，这种晶体材料状态的互转换，形成了信息的写入和擦除，从而达到可擦除的目的。DVD（Digital Versatile Disk）称为数字万用光盘，DVD 光盘与 CD-ROM 光盘的外观很相似，存储方式主要有单面存储和双面存储两种。DVD 光盘主要包括 DVD-ROM、DVD-Video、DVD-R 和 DVD-RW。一般的 DVD 光盘存储容量为 4.7GB，还有一些为 8.5GB、9.4GB、17GB、30GB 等。

DVD-ROM 是只读光盘，用途类似 CD-ROM；DVD-Video 是家用的影音光盘，用途类似 VCD；DVD-R（或称 DVD-Write-Once）为只能写一次的 DVD，用途类似 CD-R；DVD 采用波长更短的红色激光、更有效的调制方式和更强的纠错方法，具有更高的密度，并支持双面双层结构。在与 CD 大小相同的盘片上，DVD 可提供相当于普通 CD 片 8～25 倍的存储容量及 9 倍以上的读取速度。

蓝光光盘（Blue-ray Disc，BD）是 DVD 之后的下一代光盘格式之一，用以存储高品质的影音以及高容量的数据存储。蓝光的命名是由于其采用波长为 405nm 的蓝色激光光束来进行读写操作。通常来说，波长越短的激光能够在单位面积上记录或读取的信息越多。因此，蓝光极大地提高了光盘的存储容量。

光盘信息的读取可以通过光盘驱动器来完成，也就是人们平常所说的激光头是光驱的中心部件，光驱都是通过它来读取数据的。光驱包括 CD 光驱和 DVD 光驱两种，分别用来读取 CD 光盘和 DVD 光盘，但是 DVD 光驱可以读取 CD 光盘，CD 光驱不能读取 DVD 光盘。

光盘信息的读取和写入可以通过光盘刻录机来完成，也就是人们平常说的刻录机，刻入数据时，利用高功率的激光束反射到盘片，使盘片上发生变化，模拟出二进制数据 0 和 1。刻录机可分为 CD 刻录机和 DVD 刻录机两种，其中，DVD 刻录机可以刻录和读取 CD/DVD 光盘，而 CD 刻录机则只能刻录和读取 CD 光盘。

上面介绍的各种存储器各有优劣，但都不能同时满足存取速度快、存储容量大和存储位价（存储每一位的价格）低的要求。为了解决这三个相互制约的矛盾，在计算机系统中通常采用多级存储器结构，即将速度、容量和价格上各不相同的多种存储器按照一定体系结构连接起来，构成存储器系统。若只单独使用一种或孤立使用若干种存储器，会大大影响计算机的性能。如图 2.16 所示，存储器层次结构由上至下，速度越来越慢，容量越来越大，价位越来越低。

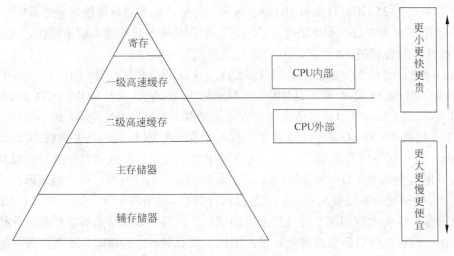

图 2.16　存储器层次结构

2.2.4　输入设备

输入（Input）设备能把程序、数据、图形、声音、控制现场的模拟量等信息，通过输入接口转成计算机可接收的形式。常用的输入设备有键盘、鼠标、扫描仪、卡片输入机、激光笔及各种模数（A/D）转换器等。以下介绍一些常见的输入设备。

1. 键盘

键盘是计算机中最基本的输入设备，也是迄今为止最常用、最普通的输入设备，它是人与计算机之间进行联系和对话的工具，键盘上排列了字母、数字、符号键等，通过按键操作，接通相应的按键开关，产生对应的代码并送入计算机主机。自 IBM PC 推出以来，键盘有了很大的发展。键盘的种类繁多，目前常见的键盘有 101 键、102 键、104 键、多媒体键盘、手写键盘、人体工程学键盘、红外线、遥感键盘、光标跟踪球的多功能键盘和无线键盘等。键盘接口规格有两种：PS/2 和 USB。

键盘的种类很多，一般可分为触点式和无触点式两大类，第一类借助于金属把两个触点接通或断开以输入信号；第二类借助于霍尔效应开关（利用磁场变化）和电容开关（利用电流和电压变化）产生输入信号。现在有一种为专业人士设计的键盘被称作机械键盘，采用类似金属接触式开关，工作原理是使触点导通或断开，具有工艺简单、噪音大、易维护、打字时节奏感强，长期使用手感不会改变等特点。

键盘上的字符分布是根据字符的使用频度确定的。人的 10 根手指的灵活程度是不一样的、灵活一点儿的手指分管使用频率较高的键位，反之，不太灵活的手指分管使用频率较低的键位。

2. 鼠标

鼠标是计算机中最常用的一种输入设备。它是一种"指点"设备，在 Windows 系统、菜单式软件、图形软件中，使用尤为方便灵活。

鼠标的外形如同一个长方形的小盒，上面有两个或三个按键，在专门软件的支持下，可对操作对象进行单击、双击、拖动等操作，以完成指定的功能。

IBM 公司的专利产品 TrackPoint 是专门使用在 IBM 笔记本上的点击设备。它在键盘的 B 键和 C 键之间安装了一个指点杆，上面套以红色的橡胶帽。它的优点是操作键盘时手指不必离开键盘区操作鼠标，而且少了鼠标占用桌面上的位置。

常用的鼠标有：机械鼠标、光学鼠标、光学机械鼠标、无线鼠标。

3．扫描仪

扫描仪是一种计算机外部设备，是通过捕获图像并将之转换成计算机可以显示、编辑、储存和输出的数字化输入设备。

照片、文本页面、图纸、美术图画、照相底片、电影胶片，甚至纺织品、标牌面板、印制板样品乃至实物，都可作为扫描对象。

衡量扫描仪主要有 4 个指标：扫描分辨率、扫描色彩精度、扫描幅面和扫描速度。

扫描分辨率的单位是 dpi，即每英寸能分辨的像素点。例如，某台扫描仪的扫描分辨率是 600dpi，则每英寸可分辨出 600 个像素点。dpi 的数值越大，扫描的清晰度就越高。

扫描仪在扫描时，把原稿上的每个像素用 R（红）、G（绿）、B（蓝）三基色表示，而每个基色又分成若干个灰度级别，这就是所谓的"色彩精度"。色彩精度越高，灰度级别就越多，图像越清晰、细节越细腻。

扫描幅面表示扫描图稿尺寸的大小，常见的有 A4、A3、A0 幅面等。

扫描速度是衡量扫描仪性能优劣的一个重要指标。扫描速度主要与扫描分辨率、扫描颜色模式和扫描幅面有关，扫描分辨率越低，幅面越小，单色，扫描速度越快。

4．其他输入设备

输入设备除了最常用的键盘、鼠标外，现在输入设备已有很多种类，而且越来越接近人类的器官，如条形码阅读器、光学字符阅读器（Optical Char Reader，OCR）、触摸屏、手写笔、语音输入设备（麦克风）和图像输入设备（数码相机、数码摄像机）等都属于输入设备。

条形码阅读器是一种能够识别条形码的扫描装置，连接在计算机上使用。当阅读器从左向右扫描条形码时，就把不同宽窄的黑白条纹翻译成相应的编码供计算机使用。许多自选商场和图书馆里都用它来帮助管理商品和图书。

光学字符阅读器（OCR）是一种快速字符阅读装置。它用许多的光电管排成一个矩阵，当光源照射被扫描的一页文件时，文件中空白的白色部分会反射光线，使光电管产生一定的电压；而有字的黑色部分则把光线吸收，光电管不产生电压。这些有、无电压的信息组合形成一个图案，并与 OCR 系统中预先存储的模板匹配，若匹配成功就可确认该图案是何字符。有些机器一次可阅读一整页的文件，称为读页机，有的则一次只能读一行。

触摸屏由安装在显示器屏幕前面的检测部件和触摸屏控制器组成。当手指或其他物体触摸安装在显示器前端的触摸屏时，所触摸的位置由触摸屏控制器检测，并通过接口（RS-232 串行接口或 USB 接口）送到主机。触摸屏将输入和输出集中到一个设备上，简化了交互过程。与传统的键盘和鼠标输入方式相比，触摸屏输入更直观。配合识别软件，触摸屏还可以实现手写输入。它在公共场所或展示、查询等场合应用比较广泛。但也具有一些缺点：一是价格因素，一个性能较好的触摸屏比一台主机的价格还要昂贵；二是对环境有一定要求，抗干扰的能力受限制；三是由于用户一般使用手指点击，所以显示的分辨率不高。

触摸屏有很多种类，按安装方式可分为外挂式、内置式、整体式、投影仪式；按结构和技术分类可分为红外技术触摸屏、电容技术触摸群、电阻技术触摸屏、表面声波触摸屏、压感触摸屏、电磁感应触摸屏。

语音输入设备和手写笔输入设备使汉字输入变得更为方便、容易，免去了计算机用户学习键盘汉字输入法的烦恼，语音或手写汉字输入设备在经过训练后，系统的语言输入正确率在90%以上。但语音或手写笔汉字输入设备的输入速度还有待提高。

光笔（Light Pen）是专门用来在显示屏幕上作图的输入设备。配合相应的软件和硬件，可以实现在屏幕上作图、改图和图形放大等操作。

将数字处理和摄影、摄像技术结合的数码相机、数码摄像机能够将所拍摄的照片、视频图像以数字文件的形式传送给计算机，通过专门的处理软件进行编辑、保存、浏览和输出。

2.2.5　输出设备

输出（Output）设备能把计算机的运行结果或过程，通过输出接口转换成人们所要求的直观形式或控制现场能接受的形式。常见的输出设备有显示器、打印机、绘图仪及各种数模（D/A）转换器等。

1. 显示器

显示器是计算机最基本的输出设备。常用的有阴极射线管显示器（简称 CRT）和液晶显示（简称 LCD）。CRT 显示器又有球面和纯平之分。纯平显示器大大改善了视觉效果，已取代球面 CRT 显示器。液晶显示器为平板式，体积小、重量轻、功耗少、辐射少，现在用于移动 PC 和笔记本、高档台式计算机中。显示器能在程序的控制下，动态地以字符、图形或图像的形式显示程序的内容和运行结果。

液晶显示屏（LCD）是用于数字型钟表和许多便携式计算机的一种显示器类型。LCD显示屏使用了两片极化材料，在它们之间是液体水晶溶液。电流通过该液体时会使水晶重新排列，以使光线无法透过它们。因此，每个水晶就像百叶窗，既能允许光线穿过又能挡住光线。目前科技信息产品都朝着轻、薄、短、小的目标发展，在计算机周边中拥有悠久历史的显示器产品当然也不例外。在以便于携带与搬运为前提下，传统的显示方式如 CRT映像管显示器及 LED 显示板等，皆受制于体积过大或耗电量多等因素，无法达成使用者的实际需求。而液晶显示技术的发展正好切合目前信息产品的潮流，无论是直角显示、低耗电量、体积小，还是零辐射等优点，都能让使用者享受最佳的视觉环境。

衡量显示器主要有三个指标：屏幕尺寸、分辨率、像素与点距。

屏幕尺寸按照屏幕对角线计算，通常以英寸（inch）作为单位，现在一般主流的尺寸有 17"、19"、20"、22"、23"、27"等。常用的显示器又有标屏与宽屏，标屏显示器的宽高比为 4：3，宽屏显示器的宽高比为 16：10 或 16：9。

分辨率指像素点与点之间的距离，像素数越多，其分辨率就越高。因此，分辨率通常是用 $m×n$ 表示。其中 m 表示荧光屏上每行共有 m 个点，n 表示荧光屏上的光点共有 n 行。

这两个数乘积越大，分辨率越高，显示器的图像越清晰。由于在图形环境中，高分辨率能有效地收缩屏幕图像，因此，在屏幕尺寸不变的情况下，其分辨率不能越过它的最大合理限度，否则就失去了意义。显示器尺寸与对应的最佳分辨率分别为：14 英寸 1024×768、15 英寸 1280×1024、17 英寸 1600×1280。

像素（Pixel）与点距（Pitch）：屏幕上图像的分辨率或清晰度取决于能在屏幕上独立显示点的直径，这种独立显示的点称作像素，屏幕上两个像素之间的距离叫点距，点距直接影响显示效果。像素越小，在同一个字符面积下像素数就越多，则显示的字符就越清晰。目前微型计算机常见的点距有 0.31mm、0.28mm、0.25mm 等。点距越小，分辨率就越高，显示器清晰度越高。

严格说来，显示器由监视器和显示适配卡（显卡）组成，但习惯上把监视器也称为显示器。要充分发挥监视器的性能，必须配备相应的显卡。

显示卡简称显卡或显示适配器（Display Adapter）。显示器是通过显示器接口（即显示卡）与主机连接的，所以显示器必须与显示卡匹配。不同类型的显示器要配用不同的显示卡。常见的显卡品牌有：七彩虹，影驰，MSI 微星，技嘉等。显示卡主要由显示芯片、显示内存、RAMDAC（Random Access Memory Digital/Analog Convertor，即随机访问内存数模转换器，其作用是将显存中的数字信号转换为显示器能够显示出来的模拟信号）等组成，这些组件决定了计算机屏幕上的输出，包括屏幕画面显示的速度、颜色以及显示分辨率。

根据采用的总线标准不同，显示卡有 ISA、VESA、PCI、VGA（Video Graphics Array）兼容卡（SVGA 和 TVGA 是两种较流行的 VGA 兼容卡）、AGP（Accelerated Graphics Porter，加速图形接口卡）和 PCI-Express 等类型，插在扩展槽上。早期微型计算机中使用的 ISA VESA 显示卡除了在原机器上使用外，在市场上已经很少能见到了。AGP 在保持了 SVGA 的显示特性的基础上，采用了全新设计的 AGP 高速显示接口，显示性能更加优良。AGP 是 Intel 公司推出的新一代图形显示卡专用数据通道，它只能安装 AGP 的显卡。它将显卡同主板上的内存芯片组直接相连，大幅提高了计算机对 3D 图形的处理速度，AGP 接口如图 2.17 所示。AGP 按传输能力有 AGP 2X、AGP 4X、AGP 8X。

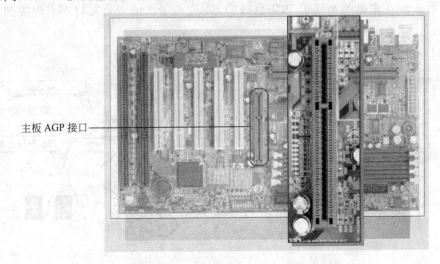

主板 AGP 接口

图 2.17　主板上的 AGP 接口

2．打印机

打印机是一种计算机输出设备，可以让计算机内储存的数据按照文字或图形的方式永久地输出到纸张或透明胶片上。衡量打印机好坏的指标有三项：打印分辨率、打印速度和噪声。分辨率越高，打印机的输出质量就越好。

目前常用的打印机有点阵式打印机、喷墨打印机和激光打印机三种。

点阵打印机又称为针式打印机，它是依靠一组像素或点的矩阵组合而形成更大的图像，用一组小针来产生精确的点，有9针和24针两种。针数越多，针距越密，打印出来的字就越美观。针打的主要优点包括：价格便宜，维护费用低，可复写打印，适合于打印蜡纸。缺点是：打印速度慢，噪声大，打印质量稍差。目前，针式打印机主要应用于银行、税务、商店等的票据打印。

喷墨打印机是通过喷墨管将墨水喷射到普通打印纸上来实现字符或图形的输出，对于喷墨打印机来说，墨盒是最贵的易耗品。其主要优点是：打印精度较高，噪声低，价格便宜；缺点是：打印速度慢，由于墨水消耗量大，使日常维护费用增加。

激光打印机可以把碳粉印在媒介上，这种打印机具有最佳的成本优势，优秀的输出效果，因此占有统治地位。由于它具有精度高、打印速度快、噪声低等优点，已越来越成为办公自动化的主流产品。随着普及性的提高，其价格也大幅度下降。

3．其他输入／输出设备

目前，不少设备同时集成了输入／输出两种功能。例如调制解调器（Modem），它是数字信号和模拟信号之间的桥梁。一台调制解调器能将计算机的数字信号转换成模拟信号，通过电话线传送到另一台调制解调器上，经过解调，再将模拟信号转换成数字信号送入计算机，实现两台计算机之间的数据通信。又如，光盘刻录机可作为输入设备，将光盘上的数据读入到计算机内存，也可作为输出设备将数据刻录到 CD-R 或 CD-RW 光盘。还有声卡，它是处理音频信号的 PC 插卡，也称音效卡，一般有 ISA 总线和 PCI 总线两种。现在常见的是基于 PCI 总线的 64 位声卡，或者直接将声卡集成到计算机的主板上。

声卡外部设备连接主要有以下几种端口（如图 2.18 所示）。

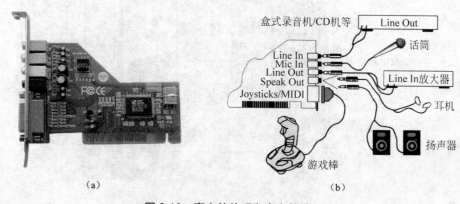

图 2.18　声卡的外观和声卡的接口

话筒输入口（MIC）：连接话筒，用于话筒输入信号。

扬声器输出口（Speaker）：连接扬声设备（音箱、耳机等），用于声音输出。

MIDI 和操纵杆端口：连接 MIDI 和标准 PC 操纵杆。

有的声卡还有线路输入（Line In）端口，用于连接音频输入设备。

2.3 计算机的软件系统

计算机软件系统就是指支持计算机运行或解决某些特定问题而需要的程序、数据以及相关的文档的集合。

计算机软件系统按其功能可划分为系统软件和应用软件两大类。硬件系统也称为裸机，裸机只能识别由 0 和 1 组成的机器代码。没有软件系统的计算机是无法工作的，它只是一台机器而已。实际上，用户所面对的是经过若干层软件"包装"的计算机，计算机的功能不仅取决于硬件系统，在更大程度上是由所安装的软件系统决定的。硬件系统和软件系统互相依赖，不可分割。如图 2.19 所示给出了计算机硬件、软件与用户之间的关系，是一种层次结构，其中硬件处于内层，用户在最外层，而软件则是在硬件与用户之间，用户通过软件使用计算机的硬件。本节介绍软件系统的相关概念和组成。

图 2.19　计算机系统的层次结构

2.3.1 软件的概念

软件是计算机的灵魂，没有软件的计算机毫无用处。软件是用户与硬件之间的接口，用户通过软件使用计算机硬件资源。

1. 程序

程序是按照一定顺序执行的、能够完成某一任务的指令集合。计算机的运行要有时有序、按部就班，需要程序控制计算机的工作流程，实现一定的逻辑功能，完成特定的设计任务。Pascal 之父、结构化程序设计的先驱 Niklaus Wirth 对程序有更深层的剖析，他认为"程序=算法+数据结构"。其中，算法是解决问题的方法，数据结构是数据的组织形式。人在解决问题时一般分为分析问题、设计方法和求出结果三个步骤。相应地，计算机解题也要完成模型抽象、算法分析和程序编写三个过程。不同的是计算机所研究的对象仅限于它能识别和处理的数据。因此，算法和数据的结构直接影响计算机解决问题的正确性和高效性。

2. 程序设计语言

在日常生活中，人与人之间交流思想一般是通过语言进行的，人类使用的语言一般称为自然语言，自然语言是由字、词、句、段、篇等组成。而人与计算机之间的"沟通"，或者说人们让计算机完成某项任务，也需要一种语言，这就是计算机语言，也称为程序设计语言，它由单词、语句、函数和程序文件等组成。程序设计语言是软件的基础和组成。随着计算机技术的不断发展，计算机所使用的"语言"也在快速地发展，并形成了体系。

1）机器语言

机器语言是一种以二进制代码"0"和"1"形式来表示的、能够被计算机直接识别和执行的语言。

例如，机器语言中指令"1011011000000000"的作用是让计算机进行一次加法运算；又如，"1011011000000001"的作用是让计算机进行一次减法运算。

由此可以看出，机器语言中的每条指令（即机器指令）用来控制计算机进行一个操作。它告诉计算机应进行什么运算，哪些数参与运算，到哪里去取数，计算结果应送到什么地方去，等等。

用机器语言编写的程序，计算机能够直接执行，而且速度快。但是，用机器语言编写程序是一项十分烦琐的工作，要记住各种代码和它的含义是不容易的，而且编出的程序全是由0和1组成的数字序列，直观性差；非常容易出错，程序的检查和调试都比较困难。另外，由于机器语言是面向机器的，即不同型号的计算机，其机器语言一般均不相同，所以按照一种计算机的机器指令编制的程序，不能在另一种计算机上执行。因此，机器语言不利于计算机的推广使用；机器语言是一种低级语言。

2）汇编语言及汇编程序

为了克服机器语言读写的困难，20世纪50年代初人们发明了汇编语言。汇编语言是一种用助记符表示的面向机器的程序设计语言。

由于汇编语言采用助记符来编程，因此比用机器语言中的二进制代码编写程序要方便一些，在一定程度上简化了编程工作，而且容易记忆和检查。例如，完成 x+y=k 的加法运算，用汇编语言编写的程序如下。

```
LD      x       （取 x）
ADD     y       （加 y）
STA     k       （送到 k）
```

但因汇编语言符号代码指令仍然是与特定的计算机或某一类系列机的机器指令一一对应，故仍属于一种面向机器的语言，或者说也仍是一种低级语言。用汇编语言书写的符号程序叫作源程序，计算机是不能直接接受和运行这种源程序的。因此，必须要用专门设计的汇编程序去加工和转换它们，以便把源程序转换成由机器指令组成的目标程序，然后才能到机器上去执行。这一转换过程又称为汇编过程，如图2.20所示。

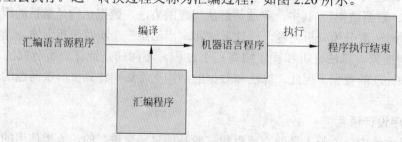

图 2.20　汇编过程

汇编语言有两个缺点：一是对不同型号的计算机，针对同一问题所编的汇编语言源程序互不相同；二是与自然语言差别较大，难以普及。

3）高级语言及编译或解释程序

不论是机器语言还是汇编语言，都不利于计算机的推广和使用，这就促使人们去寻找与自然语言相接近的、又能为计算机所"接受"，且语义确定、直观、通用、易学的语言，即高级语言。

高级语言（High-level Language）是一种完全符号化的语言，其中采用自然语言（英语）中的词汇和语法习惯，容易为人们理解和掌握；它完全独立于具体的计算机，具有很强的可移植性。用高级语言编写的程序称为源程序，源程序计算机不能直接执行，必须将它翻译或解释成目标程序后，才能为计算机所执行。将源程序翻译成目标程序，其翻译过程有两种方式，如图 2.21 所示。

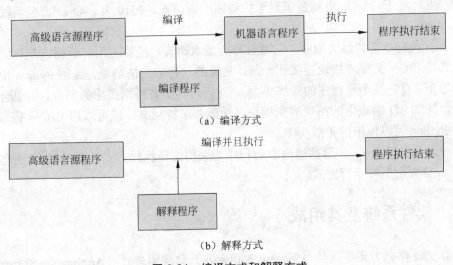

（a）编译方式

（b）解释方式

图 2.21　编译方式和解释方式

（1）编译方式：编译程序把高级语言的源程序整个地翻译成用机器指令生成的目标程序，然后再由计算机执行该目标程序并得到计算结果。

（2）解释方式：解释程序对源程序逐句地进行翻译，每翻译一句就由机器执行一句，即边解释边执行。

20 世纪 50 年代末，世界上诞生了第一个主要用于科学计算的高级语言——FORTRAN语言。自 FORTRAN 语言问世之后，各种高级语言不断涌现，发展极快。目前世界上使用的高级语言有几百种之多，常用的主要有以下几种。

FORTRAN 是一种适合科学和工程设计的计算机语言，它具有大量的工程设计计算程序库。

BASIC 语言是一种简单易学的计算机高级语言，尤其是 Visual Basic 语言，具有很强的可视化设计功能。给用户在 Windows 环境下开发软件带来了方便，是重要的多媒体编程工具语言。

C 语言是一门通用计算机编程语言，应用广泛。C 语言的设计目标是提供一种能以简易的方式编译、处理低级存储器、产生少量的机器码以及不需要任何运行环境支持便能运行的编程语言。尽管 C 语言提供了许多低级处理的功能，但仍然保持着良好跨平台的特性，以一个标准规格写出的 C 语言程序可在许多计算机平台上进行编译，甚至包含一些嵌入式处理器（单片机或称 MCU）以及超级计算机等作业平台。20 世纪 80 年代，为了避免各开发商用的 C 语言语法产生差异，由美国国家标准局为 C 语言制定了一套完整的国际标准语法，作为 C 语言最初的标准。

Java 是由 Sun Microsystems 公司推出的 Java 面向对象程序设计语言（以下简称 Java 语言）和 Java 平台的总称。由 James Gosling 和同事们共同研发，并在 1995 年正式推出。Java 最初被称为 Oak，是 1991 年为消费类电子产品的嵌入式芯片而设计的。1995 年更名为 Java，并重新设计用于开发 Internet 应用程序。用 Java 实现的浏览器（支持 Java Applet）显示了 Java 的魅力：跨平台、动态 Web、Internet 计算。从此，Java 被广泛接受并推动了 Web 的迅速发展，常用的浏览器均支持 Java Applet。另一方面，Java 技术也不断更新。Java 自问世之后就非常流行，发展迅速，对 C++语言形成了有力冲击。在全球云计算和移动互联网的产业环境下，Java 更具备了显著优势和广阔前景。2010 年，Oracle 公司收购 Sun Microsystems。

Python 具有丰富和强大的库，它常被称为胶水语言，能够把用其他语言制作的各种模块（尤其是 C/C++）很轻松地连接在一起。常见的一种应用情形是，使用 Python 快速生成程序的原型（有时甚至是程序的最终界面），然后对其中有特别要求的部分，用更合适的语言改写，比如 3D 游戏中的图形渲染模块，性能要求特别高，就可以用 C/C++重写，而后封装为 Python 可以调用的扩展类库。

其中，FORTRAN、C 等高级语言源程序均采用编译执行方式，而 BASIC 语言源程序和 Python 则采用解释执行方式。

2.3.2　软件系统及其组成

计算机软件分为系统软件（System Software）和应用软件（Application Software）两大类。

系统软件主要包括操作系统（Operating System，OS）、语言处理系统、数据库管理系统和系统辅助处理程序等。其中最主要的是操作系统，它提供了一个软件运行的环境，如在微型计算机中使用最为广泛的微软公司的 Windows 系统。如图 2.19 所示的系统软件处在计算机系统中的核心位置，它可以直接支持用户使用计算机硬件，也支持用户通过应用软件使用计算机。如果用户需要使用系统软件，如语言处理系统和工具软件，也要通过操作系统提供支持。

1. 系统软件

系统软件是软件的基础，所有应用软件都是在系统软件上运行的。系统软件主要分为以下几类。

操作系统（Operating System，OS）是介于用户和计算机硬件之间的操作平台，只有通过操作系统才能使用户在不必了解计算机系统内部结构的情况下正确使用计算机。所有的应用软件和其他的系统软件都是在操作系统下运行的。目前使用的操作系统有很多不同的版本，其功能各具特色，适用于不同的场合。目前在微机上运行的操作系统主要有 MS-DOS、Windows、UNIX、Linux 等。

计算机语言及汇编、编译、解释程序：人们相互之间为了交流思想，便形成了各种各样的语言，这些语言称为自然语言。自然语言是人们相互交流信息的工具。在用计算机解题时，必须使计算机懂得人的意图，接受人向它发出的命令和信息。人和计算机交流信息需要使用语言，这种语言称为计算机语言，或者称为程序设计语言。

数据库管理系统（Database Management System，DBMS）是有效地进行数据存储、共享和处理的工具。当今计算机已广泛应用于各种管理工作中，而进行这种管理工作的信息管理系统几乎都是以数据库为核心的。简单地说，数据库管理系统是管理系统中大量、持久、可靠、共享的数据的工具。它具有创建数据库、操作数据库、维护数据库和数据通信的功能。这些数据具有最小的冗余度和较高的独立性，而且数据库管理系统能保持数据的安全性，维护数据的一致性。常见的数据库管理系统有：FoxPro、Oracle、DB2、SQL Server、MySQL、Access 等。

系统辅助处理程序是指一些为计算机系统提供服务的工具软件和支撑软件，如编辑程序、调试程序、系统诊断程序等，这些程序主要是为了维护计算机系统正常运行，方便用户在软件开发和实施过程中的应用，如 Windows 中的磁盘整理工具程序等。还有一些著名的工具软件如 360，它集成了对计算机维护的各种工具程序。实际上，Windows 和其他操作系统都有附加的实用工具程序。因而随着操作系统功能的延伸，已很难严格划分系统软件和系统服务软件，这种对系统软件的分类方法也在变化之中。

2. 应用软件

在计算机硬件和系统软件的支持下，面向具体问题和具体用户的软件，称为应用软件。应用软件是一些具有一定功能、满足一定要求的应用程序的组合。应用软件可分为应用软件包（Package）和用户程序两种。

应用软件包通常由计算机专业人员与相关专业的技术人员共同开发完成，是为解决带有通用性问题而研制开发的程序。

用户程序则指用户针对特定问题而编制的程序。

随着计算机应用的日益广泛深入，各种应用软件的数量不断增加，质量日趋完善，使用更加灵活方便，通用性越来越强，人们只要略加学习一些基本知识和基本方法，就可以利用这些应用软件进行数据处理、文字处理、辅助设计等。目前，常用的应用软件大致有以下几类。

文字处理软件是一种专门用于各种文字处理的应用软件，它提供了文字的输入、编辑、格式处理，页面布置，图形插入，表格编辑等功能，使人们可以在它所提供的环境中轻松处理自己的文章、著作。常用的文字处理软件有 WPS、Microsoft Word 和 Latex 等。

表格处理软件是对文字和数据构成的表格进行编辑、计算、存储、打印等处理的应用软件。用户利用表格处理软件提供的功能可以快速方便地建立表格，使用公式和函数可以自动计算统计表格中的有关数据，格式编排可以使表格更具有吸引力，图表化操作使表格数据更简单明了，易于理解。常用的表格处理软件有 Microsoft Excel 等。

图形及图像处理软件：计算机已经广泛应用在绘图、图形图像处理等方面。除硬件设备的迅速发展外，还应归功于各种绘图软件和图像处理软件的发展。利用这些软件，人们才可以在虚拟的绘图板或画布上快速地制作出精确漂亮的工业图纸、五彩缤纷的图画以及动感入微的三维造型。图形图像处理软件应该属于计算机辅助设计软件，人机共同作用完成处理过程。目前此类软件很多，如常用的 AutoCAD、SolidWork、3ds Max、Photoshop 等。

其他专用软件等：用于输入、存储、修改、检索、报表制作等各种信息管理的软件，如财务管理系统、仓库管理系统、人事档案管理系统、设备管理系统、计划管理系统等。这类软件一般是用户自己或联合协作单位开发的应用程序。具有很强的针对性和实用性，广泛应用于各种管理信息系统（Management Information System，MIS）中。

2.4　操作系统概述

2.4.1　操作系统的概念

对于操作系统，至今尚无严格的定义，大都是用描述来定义。

从功能角度，即从操作系统所具有的功能来看，操作系统是一个计算机资源管理系统，负责对计算机的全部硬件、软件资源进行分配、控制、调度和回收。

从用户角度，即从用户使用来看，操作系统是一台比裸机功能更强、服务质量更高，用户使用更方便、更灵活的虚拟机，即操作系统是用户和计算机之间的界面（或接口）。

从管理者角度，即从机器管理者控制来看，操作系统是计算机工作流程的自动而高效的组织者，计算机硬软资源合理而协调的管理者。利用操作系统，可减少管理者的干预，从而提高计算机的利用率。

从软件角度，即从软件范围静态地看，操作系统是一种系统软件，是由控制和管理系统运转的程序和数据结构等内容构成。

由此，给出操作系统的定义如下。

操作系统（Operating System，OS）是计算机系统中的一个系统软件，它是这样一些程序模块的集合——它们管理和控制计算机系统中的软件和硬件资源，合理地组织计算机工作流程，以便有效地利用这些资源为用户提供一个功能强大、使用方便和可扩展的工作环境，从而在计算机与其用户之间起到接口的作用。

操作系统追求的目标主要有两点：一是方便用户使用计算机，一个好的操作系统应提供给用户一个清晰、简洁、易于使用的用户界面；二是提高系统资源的利用率，尽可能使计算机系统中的各种资源得到最充分的利用。

操作系统中的重要概念有进程、线程、内核态和用户态。

1．进程

进程（Process）是指进行中的程序，即：进程=程序+执行。进程是操作系统中的一个核心概念。

进程是程序的一次执行过程，是系统进行调度和资源分配的一个独立单位。或者说，进程是一个程序与其数据一道在计算机上顺利执行时所发生的活动，简单地说，就是一个正在执行的程序。一个程序被加载到内存，系统就创建了一个进程，程序执行结束后，该进程也就消亡了。进程和程序的关系犹如演出和剧本的关系。其中，进程是动态的，而程序是静态的；进程有一定的生命期，而程序可以长期保存；一个程序可以对应多个进程，而一个进程只能对应一个程序。

在 Windows、UNIX、Linux 等操作系统中，用户可以查看到当前正在执行的进程。有时"进程"又称"任务"。例如，如图 2.22 所示是 Windows 任务管理器，从图中可以看到记事本（notepad.exe）程序被同时运行了三次，因而内存中有三个这样的进程。利用任务管理器可以快速查看进程信息，或者强行终止某个进程。当然，结束一个应用程序的最好方式是在应用程序的界面中正常退出，而不是在进程管理器中删除一个进程，除非应用程序出现异常而不能正常退出时才这样做。

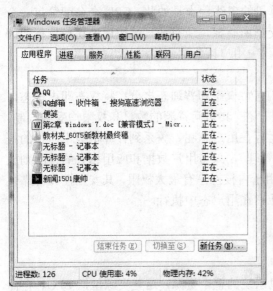

（a）

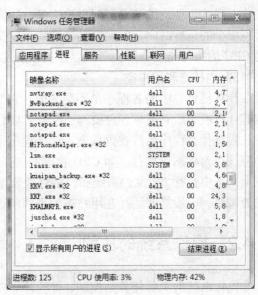

（b）

图 2.22　Windows 任务管理器

现代操作系统把进程管理归纳为："程序"成为"作业"进而成为"进程"，并被按照一定规则进行调度。程序是为了完成特定的任务而编制的代码，被存放在外存（硬盘或其他存储设备）上。根据用户使用计算机的需要，它可能会成为一个作业，也可能不会成为一个作业。作业是程序被选中到运行结束并再次成为程序的整个过程。显然，所有作业都是程序，但不是所有程序都是作业。进程是正在内存中被运行的程序，当一个作业被选中后进入内存运行，这个作业就成为进程。等待运行的作业不是进程。同样，所有的进程都是作业，但不是所有的作业都是进程。

2. 线程

随着硬件和软件技术的发展，为了更好地实现并发处理和共享资源，提高 CPU 的利用率，目前许多操作系统把进程再"细分"成线程（Threads）。这并不是一个新的概念，实际上它是进程概念的延伸。线程是进程的一个实体，是 CPU 调度和分派的基本单位，它是比进程更小的能独立运行的基本单位。线程基本不拥有系统资源，只拥有在运行中必不可少的资源（如程序计数器，一组寄存器和栈），但是它可与同属一个进程的其他的线程共享进程所拥有的全部资源。一个线程可以创建和撤销另一个线程，同一个进程中的多个线程之间可以并发执行。

使用线程可以更好地实现并发处理和共享资源，提高 CPU 的利用率。CPU 是以时间片轮询的方式为进程分配处理时间的。如果 CPU 有 10 个时间片，需要处理两个进程，则 CPU 利用率为 20%。为了提高运行效率，现将每个进程又细分为若干个线程（如当前每个线程都要完成三件事情），则 CPU 会分别用 20% 的时间来同时处理三件事情，从而 CPU 的使用率达到了 60%。例如，一家餐厅拥有一个厨师、两个服务员和两个顾客，每个顾客点了三道不同的菜肴，则厨师可视为 CPU、服务员可理解为两个线程、餐厅即为一个程序。厨师同一时刻只能做一道菜，但他可以在两个顾客的菜肴间进行切换，使得两个顾客都有菜吃而误认为他们的菜是同时做出来的。计算机的多线程也是如此，CPU 会分配给每一个线程极少的运行时间，时间一到当前线程就交出所有权，所有线程被快速地切换执行，因为 CPU 的执行速度非常快，所以在执行的过程中用户认为这些线程是"并发"执行的。

3．内核态和用户态

计算机世界中的各程序是不平等的，它们有特权态和普通态之分。特权态即内核态，拥有计算机中所有的软硬件资源；普通态即用户态，其访问资源的数量和权限均受到限制。

究竟什么程序运行在内核态，什么程序运行在用户态呢？关系到计算机根本运行的程序应该在内核态下执行（如 CPU 管理和内存管理），只与用户数据和应用相关的程序则放在用户态中执行（如文件系统和网络管理）。由于内核态享有最大权限，其安全性和可靠性尤为重要。一般能够运行在用户态的程序就让它在用户态中执行。

2.4.2　操作系统的功能

操作系统的主要任务是控制、管理计算机系统的整个资源，这些资源包括 CPU、存储器、外部设备和信息。由此，操作系统具有处理机管理、存储管理、设备管理和文件管理的功能，同时，为了合理地组织计算机的工作流程和方便用户使用计算机，还提供了作业管理的功能。

1．处理机管理

处理机，即中央处理器（CPU），它是计算机系统中最重要的硬件资源，相当于人的大脑。计算机的一切处理运算都是在 CPU 中完成的，只有得到了 CPU 的处理运算，用户的任务才能得以完成。处理机的占用和它的利用率直接关系到计算机和用户任务的处理效率。通常一台计算机只有一个 CPU，因此多个用户同时使用计算机时，操作系统就要负责分配处理机给哪个用户，以及占用处理机时间的调度工作，如图 2.23 所示。

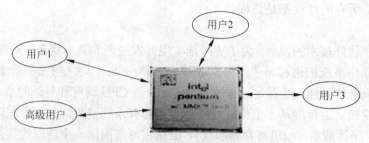

图 2.23　处理机的管理示意图

一个大型的操作系统通常提供丰富的处理机调度策略，并可由操作系统的系统管理员负责设置。通常的调度策略有：分时调度策略、优先级调度策略、排队调度策略等。以优先级调度策略为例，操作系统可以为不同的用户分配不同的优先级，优先级高的用户任务到来时，将中断优先级低的任务，而抢占处理机。同时，操作系统还可以为不同优先级的任务分配不同的占用处理机的时间。

2．存储管理

存储管理主要是内存管理，也包括内外存交换信息的管理，配合硬件做地址转换和存储保护的工作，进行存储空间的分配和回收。

内存对于计算机系统来说，是一种价格昂贵而数量不足的资源。只有当程序在内存时，它才有可能到处理机上执行。而且，用户的程序和数据都保存在外存，只有当运行或处理时，才能部分调入内存，不需要时，则调出去。

当多个用户程序共用一个计算机系统时，它们往往要共用计算机的内存储器，如何把各个用户的程序和数据隔离而互不干扰，又能共享一些程序和数据，这就需要进行存储空间分配和存储保护。

存储管理是用户与内存的接口。具体来说，存储管理主要具备下列功能。

（1）内存分配：多个进程同时进入内存，怎样合理分配内存空间？哪些区域是已分配的，哪些区域未分配？按什么策略和算法进行分配使得内存空间得到充分利用？当一个进程撤离或执行完后，系统必须回收它所占用的内存空间。

（2）地址转换和重定位：用户在程序中使用的是逻辑地址，而处理器执行程序时是按物理地址访问内存。存储管理软件必须配合硬件进行地址转换工作，把逻辑地址转换成物理地址，以保证处理器的正确访问。

（3）存储保护：每个程序都在自己所属的存储区内操作，必须保证它们之间不能相互干扰、相互冲突和相互破坏，特别要防止破坏系统程序。为此，一般由硬件提供保护功能，软件配合实现。

（4）内存共享：在多道程序系统中，同时进入内存执行的作业可能要调用相同的程序或数据。例如，调用编译程序进行编译，把这个编译程序存放在某个区域中，各作业要调用时就访问这个区域，因此这个区域就是共享的。

（5）存储扩充：指内存空间的扩充，提供虚拟存储技术，使用户编制程序时不必考虑内存的实际容量，使计算机系统似乎有一个比实际内存容量大得多的内存空间（虚拟空间）。

3．设备管理

设备管理是指计算机系统中除了 CPU 和内存以外的所有输入、输出设备的管理，实现设备的启动和控制，并合理地分配，确保安全使用。

在计算机系统的硬件中，除了 CPU 和内存，其余几乎都属于外部设备，外部设备种类繁多，物理特性相差很大。因此，操作系统的设备管理往往很复杂。设备管理主要包括以下几个方面。

（1）缓冲管理：由于 CPU 和 I/O 设备的速度相差很大，为缓和这一矛盾，通常在设备管理中建立 I/O 缓冲区，而对缓冲区的有效管理便是设备管理的一项任务。

（2）设备分配：根据用户程序提出的 I/O 请求和系统中设备的使用情况，按照一定的策略，将所需设备分配给申请者，设备使用完毕后及时收回。

（3）设备处理：设备处理程序又称设备驱动程序，对于未设置通道的计算机系统其基本任务通常是实现 CPU 和设备控制器之间的通信。即由 CPU 向设备控制器发出 I/O 指令，要求它完成指定的 I/O 操作，并能接收由设备控制器来的中断请求，给予及时的响应和相应的处理。对于设置了通道的计算机系统，设备处理程序还应能根据用户的 I/O 请求，自动构造通道程序。

（4）设备独立性和虚拟设备：设备独立性是指用户在编写程序时，无须关心系统具体配置了哪些设备，也无须了解各种设备的使用方法和特性，只需为所需设备起个逻辑设备名即可。运行程序时，操作系统会为用户的逻辑设备指派一个具体的物理设备。这样既可以按照用户的要求控制 I/O 设备工作，完成用户所希望的 I/O 操作，又可以减轻用户编制程序的负担。虚拟设备的功能是将低速的独占设备改造为高速的共享设备。

4．文件管理

文件是具有某种性质的信息集合。文件包括的范围很广，例如文本文件、程序文件、应用文件等。文件通常存放在外存储器（如磁盘）上，通过文件名则可对文件的内容进行读写操作。文件管理就是有效地组织、存储、保护文件，使用户方便、安全地访问它们。

处理机管理、存储管理和设备管理都属于硬件资源的管理。软件资源的管理称为信息管理，即文件管理。

现代计算机系统中，总是把程序和数据以文件的形式存储在文件存储器中（如磁盘、光盘、U 盘等）供用户使用。为此，操作系统必须具有文件管理功能。文件管理的主要任务是对用户文件和系统文件进行管理，并保证文件的安全。

文件管理包括以下内容。

（1）文件存储空间的管理：所有的系统文件和用户文件都存放在文件存储器上。文件存储空间管理的任务是为新建文件分配存储空间，在一个文件被删除后应及时释放所占用的空间。文件存储空间管理的目标是提高文件存储空间的利用率，并提高文件系统的工作速度。

（2）目录管理：为方便用户在文件存储器中找到所需文件，通常由系统为每一文件建立一个目录项，包括文件名、属性以及存放位置等，由若干目录项又可构成一个目录文件。目录管理的任务是为每一文件建立其目录项，并对目录项加以有效的组织，以方便用户按名存取。

（3）文件读、写管理：文件读、写管理是文件管理的最基本的功能。文件系统根据用户给出的文件名去查找文件目录，从中得到文件在文件存储器上的位置，然后利用文件读、写函数，对文件进行读、写操作。

（4）文件存取控制：为了防止系统中的文件被非法窃取或破坏，在文件系统中应建立有效的保护机制，以保证文件系统的安全性。

5．作业管理

所谓作业，就是在一次提交给计算机处理的程序和数据的集合或一次事务处理中，要求计算机系统所做的工作的集合。作业管理的主要内容是作业的组织、作业的控制以及作业的调度等。

作业管理不是所有的操作系统都拥有的功能，通常是在中、大型计算机系统上的多用户操作系统才具有的功能。一个用户可以有多个程序（称为任务）向计算机提交，并等待计算机的处理。对于一个用户的多个任务，在操作系统中称为一个作业。这样，在多用户的计算机系统中，就会有多个作业等待处理。如何进行作业的调度管理成为多用户计算机系统中的重要任务。著名的 UNIX 操作系统就具有作业管理的机制，而 Windows 和 DOS 操作系统就没有这种管理机制。

2.4.3　操作系统的发展

操作系统伴随着计算机技术及其应用的发展而逐渐发展和不断完善，它的功能由弱到强，在计算机系统中的地位不断提高，至今，它已成为计算机系统的核心。操作系统的发展历史如下。

1. 无操作系统时代

1946 年，世界上第一台多用途的电子计算机 ENIAC 诞生，计算机硬件主要采用电子管器件，手工操作，通过纸带或卡片输入程序和数据，通过电传打字机输出结果，在控制台上通过按键输入操作命令来控制 CPU 等的使用。

2. 第一代操作系统

20 世纪 50 年代初期，产生了第一个简单的批处理操作系统。

批处理操作系统：在晶体管计算机时代，产生了操作系统的雏形——批处理系统（监督程序），用来控制作业的运行。批处理操作系统的工作过程如下：用户将作业交到机房，操作员将一批作业输入到辅存（如磁带）上，形成一个作业队列。当需要调入作业时，监督程序从这一批中选一道作业调入内存运行。当这一道作业完成时，监督程序再调入另一道程序，直到这一批作业全部完成。

3. 第二代操作系统

20 世纪 60 年代中期，产生了多道操作系统、分时操作系统。

（1）多道操作系统：多道系统是控制多道程序同时运行的程序系统，由它决定在某一时刻运行哪一个作业，或者说，是在计算机内存中同时存放几道相互独立的程序，使它们在管理程序控制之下，相互穿插地运行，即使多道程序在系统内并行工作。

（2）分时操作系统：分时操作系统是指在一台主机上连接多个带有显示器和键盘的终端，同时允许多个用户通过自己的键盘，以交互的方式使用计算机，共享主机中的资源，如图 2.24 所示。

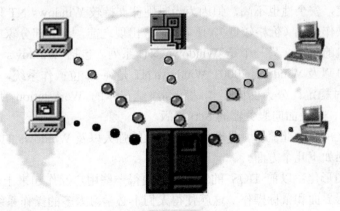

图 2.24　分时系统示意图

4．第三代操作系统

20 世纪 70 年代，通用计算机操作系统开始出现，如 UNIX、MS-DOS 等操作系统相继问世。

（1）UNIX 系统：UNIX 系统自 1969 年踏入计算机世界以来已有四十多年。虽然目前市场上面临各种操作系统（如 Windows NT）强有力的竞争，但是它仍然是笔记本、PC、PC 服务器、中小型计算机、工作站、大巨型计算机及群集等的通用操作系统，至少到目前为止还没有哪一种操作系统可以担此重任。而且以其为基础形成的开放系统标准（如 POSIX）也是迄今为止唯一的操作系统标准。从此意义上讲，UNIX 就不只是一种操作系统的专用名称，而成了当前开放系统的代名词。

（2）MS-DOS：MS-DOS 是 Microsoft Disk Operating System 的简称，即由美国微软公司（Microsoft）提供的磁盘操作系统。DOS 是微软公司与 IBM 公司共同开发的、广泛运行于 IBM PC 及其兼容计算机上的操作系统。MS-DOS 最早的版本是 1981 年 8 月推出的 1.0 版，至 1993 年 6 月推出了 6.0 版，微软公司推出的最后一个 MS-DOS 版本是 DOS 6.22，以后不再推出新的版本。MS-DOS 是一个单用户操作系统，从 4.0 版开始具有多任务处理功能。20 世纪 80 年代 DOS 最盛行时，全世界大约有一亿台个人计算机使用 DOS 系统，用户在 DOS 下开发了大量应用程序。由于这个原因，20 世纪 90 年代新的操作系统都提供对 DOS 的兼容性。

5．第四代操作系统

20 世纪 80、90 年代以后，出现 Windows 系列操作系统、网络操作系统、分布式操作系统等。

1）Windows 系列操作系统

微软自 1985 年推出 Windows 1.0 以来，Windows 系统经历了三十多年的风风雨雨。从最初运行在 DOS 下的 Windows 3.x，到风靡全球的 Windows 9x、Windows 2000、Windows XP、Windows 2003、Windows Vista、Windows 7、Windows10。

微软有两个相互独立的操作系统系列：一个是 Windows 9x 系列，包括 Windows 95，Windows 98，Windows 98 SE 以及 Windows ME。Windows 9x 的系统基层主要程序是 16 位的 DOS 源代码，它是一种 16 位/32 位混合源代码的准 32 位操作系统，故不稳定。虽然系统相对不太稳定，安全性也不高，但因为当时硬件支持较 Windows NT 佳、再加上微软将其定位成家用操作系统（价格较低），所以在 XP 出现之前，为大部分家庭所使用。其主要面向桌面计算机的系列。另一个是 Windows NT 系列，包括 Windows NT 3.1/3.5/3.51，Windows NT 4.0 以及 Windows 2000。Windows NT 是纯 32 位操作系统，使用较先进的 NT 内核技术，相对稳定。分为面向工作站和高级笔记本的 Workstation 版本（以及后来的 Professional 版），以及面向服务器的 Server 版。

Windows 之所以如此流行，是因为它功能上的强大以及 Windows 的易用性。Windows 的优点主要包括如下几个方面。

（1）界面图形化：以前 DOS 的字符界面使得一些用户操作起来十分困难，Windows 首先采用了图形界面和鼠标操作，这就使得人们不必学习太多的操作系统知识，只要会使用鼠标就能进行工作，就连几岁的小孩子都能使用。这就是界面图形化的好处。在 Windows 中的操作可以说是"所见即所得"，所有的东西都摆在眼前，只要移动鼠标，单击、双击即可完成。

（2）多用户、多任务：Windows 系统可以使多个用户用同一台计算机而不会互相影响。多任务是现在许多操作系统中都具备的，这意味着可以同时让计算机执行不同的任务，并且互不干扰。比如一边听歌一边写文章，同时打开数个浏览器窗口进行浏览等都是利用了这一点。这对现在的用户是必不可少的。

（3）网络支持良好：Windows 9x 及后续版本中内置了 TCP/IP 和拨号上网软件，用户只需进行一些简单的设置就能上网浏览、收发电子邮件等。同时它对局域网的支持也很出色，用户可以很方便地在 Windows 中实现资源共享。

（4）出色的多媒体功能：这也是 Windows 吸引人们的一个亮点。在 Windows 中可以进行音频、视频的编辑/播放工作，可以支持高级的显卡、声卡使其"声色俱佳"。MP3 以及 ASF、SWF 等格式的出现使计算机在多媒体方面更加出色，用户可以轻松地播放最流行的音乐或观看影片。

（5）硬件支持良好：Windows 95 以后的版本包括 Windows 2000 都支持"即插即用（Plug and Play）"技术，这使得新硬件的安装更加简单。用户将相应的硬件和计算机连接好后，只要有其驱动程序，Windows 就能自动识别并进行安装。几乎所有的硬件设备都有 Windows 下的驱动程序。

（6）众多的应用程序：在 Windows 下有众多的应用程序可以满足用户各方面的需求。Windows 下有数种编程软件，有无数的程序员在为 Windows 编写着程序。

2）网络操作系统

网络操作系统的特征：计算机网络是一个互连的计算机系统的群体；这些计算机是自治的，每台计算机有自己的操作系统，各自独立工作，它们在网络协议控制下协同工作；系统互连要通过通信设施（软、硬件）来实现；系统通过通信设施执行信息交换、资源共享、互操作和协作处理，实现多种应用要求。

3）分布式系统

在以往的系统中，其处理和控制功能都高度集中在一台主机上，所有的任务都由主机处理，这样的系统称为集中式处理系统。所谓分布式系统，是指由多个分散的处理单元经网络的连接而形成的系统。在分布式处理系统中，系统的处理和控制功能都分散在系统的各个处理单元上。系统中的所有任务可以动态地分配到各个处理单元中去。

6．第五代操作系统

第五代操作系统与硬件结合更加紧密，嵌入式操作系统（Embedded Operating System，EOS）是一种用途广泛的系统软件，例如 uClinux、WinCE、PalmOS、Symbian。过去它主要应用于工业控制和国防系统领域。嵌入式操作系统负责嵌入式系统的全部软、硬件资源的分配、调度工作，控制协调并发活动；它必须体现其所在系统的特征，能够通过装卸某些模块来达到系统所要求的功能。随着 Internet 技术的发展、信息家电的广泛应用及嵌入式操作系统的微型化和专业化，嵌入式操作系统开始从单一的弱功能向高专业化的强功能方向发展。

嵌入式操作系统的应用如图 2.25 所示。

嵌入式操作系统在系统实时高效性、硬件的相关依赖性、软件固态化以及应用的专用性等方面具有较为突出的特点。嵌入式操作系统是相对于一般操作系统而言的，它除具备了一般操作系统最基本的功能，如任务调度、同步机制、中断处理、文件功能等外，还具有以下特点。

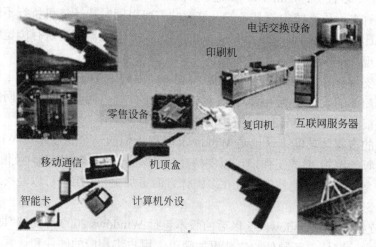

图 2.25　嵌入式操作系统的应用

（1）可装卸性：开放性、可伸缩性的体系结构。

（2）强实时性：EOS 实时性一般较强，可用于各种设备控制当中。

（3）统一的接口：提供各种设备驱动接口。

（4）操作方便：提供简单、友好的图形 GUI，图形界面，追求易学易用。

（5）提供强大的网络功能：支持 TCP/IP 及其他协议，提供 TCP/UDP/IP/PPP 支持及统一的 MAC 访问层接口，为各种移动计算设备预留接口。

（6）强稳定性，弱交互性：嵌入式系统一旦开始运行就不需要用户过多的干预，这就要负责系统管理的 EOS 具有较强的稳定性。嵌入式操作系统的用户接口一般不提供操作命令，它通过系统调用命令向用户程序提供服务。

（7）固化代码：在嵌入系统中，嵌入式操作系统和应用软件被固化在嵌入式系统计算机的 ROM 中。辅助存储器在嵌入式系统中很少使用，因此，嵌入式操作系统的文件管理功能应该能够很容易地拆卸，而用各种内存文件系统。

（8）更好的硬件适应性：也就是硬件兼容性。

近几年，随着手机行业的不断发展，手机操作系统能够与手机完美地结合起来，主流的智能手机系统有苹果的 iOS 和 Google 的 Android 等。

iOS 是运行于 iPhone、iPod Touch 以及 iPad 设备的操作系统，它由苹果的 PC 操作系统 Mac OS 分离而来，而 Mac OS 是首个在商用领域应用成功的图形用户界面操作系统。iOS 管理设备硬件并为手机本地应用程序的实现提供基础技术。根据设备不同，操作系统具有不同的系统应用程序，例如 Phone、Mail 以及 Safari，这些应用程序可以为用户提供标准系统服务。iPhone SDK 包含开发、安装及运行本地应用程序所需的工具和接口。本地应用程序使用 iOS 系统框架和 Objective-C 语言进行构建，并且直接运行于 iOS 设备。它与 Web 应用程序不同，一是它位于所安装的设备上，二是不管是否有网络连接它都能运行。可以说本地应用程序和其他系统应用程序具有相同的地位。本地应用程序和用户数据都可以通过 iTunes 同步到用户计算机。

　　Android 是一种基于 Linux 的自由及开放源代码的操作系统，主要使用于移动设备，如智能手机和平板电脑，由 Google 公司和开放手机联盟领导及开发。尚未有统一中文名称，中国大陆地区较多人使用"安卓"作为它的中文名字。Android 操作系统最初由 Andy Rubin 开发，主要支持手机。2005 年 8 月由 Google 收购注资。2007 年 11 月，Google 与 84 家硬件制造商、软件开发商及电信营运商组建开放手机联盟共同研发改良 Android 系统。随后 Google 以 Apache 开源许可证的授权方式，发布了 Android 的源代码。第一部 Android 智能手机发布于 2008 年 10 月。Android 逐渐扩展到平板电脑及其他领域上，如电视、数码相机、游戏机等。2011 年第一季度，Android 在全球的市场份额首次超过塞班系统，跃居全球第一。2013 年的第 4 季度，Android 平台手机的全球市场份额已经达到 78.1%。2013 年 9 月 24 日谷歌开发的操作系统 Android 迎来了 5 岁生日，全世界采用这款系统的设备数量已经达到 10 亿台。Android（安卓）是现在最流行的移动设备操作系统之一，主要流行于手机智能平台，同时还广泛地应用在智能手机和平板电脑以及智能电视上，在智能设备领域掀起了"Android 风暴"。Android 系统在不久的将来即将应用在智能汽车、微波炉、电冰箱等电器上，尤其是 Android 操作系统的可穿戴设备更是值得大家期待。

2.5　典型操作系统 Windows 7

　　今天，人们要使用计算机，必须要有操作系统的支持。Windows 7 是 Microsoft （微软）公司开发的，它具有操作简单、启动速度快、安全和连接方便的特点，为人们提供了高效易行的工作环境。Windows 7 操作系统是在 Windows XP、Windows 2003 基础上发展的桌面操作系统。本节内容包括认识 Windows 7、Windows 7 三大元素的操作、管理计算机、Windows 7 的常用附件等。

2.5.1　认识 Windows 7

1. Windows 7 的桌面

　　登录 Windows 7 后，在屏幕上即可看到 Windows 7 桌面。在默认情况下，Windows 7 的桌面如图 2.26 所示，是由桌面图标、鼠标指针、任务栏和语言栏 4 个部分组成。下面分别对这几个部分进行讲解。

　　1）桌面图标

　　桌面图标一般是程序或文件的快捷方式。图标下面是图标名，用来区别不同的程序或文件。安装新软件后，桌面上一般会增加相应的快捷图标，如迅雷的快捷图标为　，程序或文件的快捷图标左下角有一个小箭头。除了一些软件在安装后自动生成快捷图标外，在 Windows 7 桌面上还有一些系统图标，主要有如下几种。

　　"计算机"图标　：用于管理存储在计算机中的各种资源，包括磁盘驱动器、文件和文件夹等。

　　"网络"图标　：用于显示网络上的其他计算机，以访问网络资源。

　　"回收站"图标　：用于保存暂时删除的文件。

图 2.26　Windows 7 的桌面

"个人文件夹"图标：用于存储用户访问过的文档文件。

桌面图标的排列又可分为手动排列和自动排列。手动排列是指通过单击鼠标选中单个图标，或拖动鼠标选中多个图标后，将鼠标光标放到选中的图标上面，按住鼠标左键，拖动鼠标到目标位置后释放，图标便到了新的位置，如图 2.27 所示。自动排列图标是指在桌面上单击鼠标右键，在弹出的快捷菜单中将鼠标指针放到"排列方式"选项上，在弹出的下一级菜单中选择某一项，可按照一定规律将桌面图标自动排列，其中可选择按照名称、大小、项目类型或修改日期 4 种方式，如图 2.28 所示。

图 2.27　手动排列桌面图标

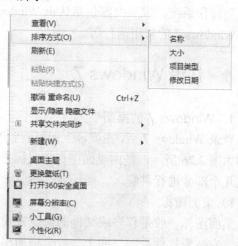

图 2.28　选择自动排列桌面图标的方式

双击桌面上的某个图标即可打开该图标对应的窗口。例如，双击"计算机"图标，将打开如图 2.29 所示的"计算机"窗口。

提示：安装好 Windows 7 后第一次进入操作系统界面时，桌面上只显示"回收站"图标，如果想将"计算机"图标、"网络"图标以及"个人文件夹"图标等显示在桌面上，可在桌面上单击鼠标右键，在弹出的快捷菜单中选择"个性化"命令，在打开

的 "个性化" 窗口中单击 "更改桌面图标" 超链接，在打开的 "桌面图标设置" 对话框的
"桌面图标" 栏中选中要在桌面上显示的系统图标复选框，单击"确定"按钮即可。

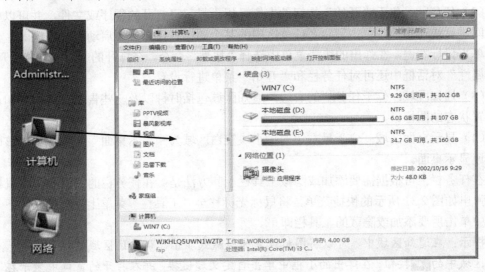

图 2.29 打开"计算机"窗口

2）鼠标光标

在 Windows 7 桌面上有一个小箭头，这就是鼠标光标。随着鼠标的移动，桌面上的光
标也跟着移动，并且光标在不同的状态下有不同的形状，这样能够直观地告诉用户当前可
进行的操作或系统状态。常见的鼠标光标形状及其对应的系统状态如表 2.1 所示。

表 2.1 鼠标光标形状及其对应的系统状态

鼠标光标	表示的状态	鼠标光标	表示的状态	鼠标光标	表示的状态
↖	准备状态	↕	调整对象垂直大小	＋	精确调整对象
↖?	帮助选择	↔	调整对象水平大小	I	文本输入状态
↖	后台处理	↘	等比例调整对象 1	⊘	禁用状态
○	忙碌状态	↗	等比例调整对象 2	✎	手写状态
✛	移动对象	↑	候选	☝	链接选择

3）任务栏

任务栏默认情况下位于桌面的最下方，它由 "开始" 按钮、任务区、通知区域和显示
桌面区域 4 个部分组成，如图 2.30 所示。

图 2.30 任务栏

任务栏各个部分的作用介绍如下。

（1）"开始"按钮 ：位于任务栏的最左边，单击该按钮可以打开"开始"菜单，用户可以从"开始"菜单中启动应用程序或选择所需的菜单命令。

（2）任务区：位于"开始"按钮的右侧，用于显示已打开的程序或文件，并可以在它们之间进行快速切换，单击锁定在任务区中的某个图标，还可立即启动相应程序。在任务区中单击鼠标右键，在弹出的快捷菜单中选择"属性"命令，在打开的"任务栏和【开始】菜单属性"对话框中还可对任务栏和"开始"菜单进行设置。

（3）通知区域：位于任务栏的右边，通知区域包括时钟以及一些告知特定程序和计算机设置状态的图标。

（4）显示桌面区域：位于最右边的一小块空白区域为"显示桌面"区域，单击该图标可快速显示桌面。

在任务栏上可根据需要添加或隐藏工具栏。其方法是：在任务栏的空白处单击鼠标右键，弹出如图 2.31 所示的快捷菜单，将鼠标光标移至"工具栏"菜单上，在弹出的下一级菜单中单击所要添加或隐藏的工具栏即可。

提示： 在通知区域中，可以将图标设置为隐藏或显示，调整该区域的视觉效果，单击通知区域中的 ▲ 按钮，在弹出的小框中单击自定义超链接，并在打开的窗口中显示在通知区域出现过的一些图标，单击需要设置的图标后面的下拉列表框选择显示或隐藏选项即可。

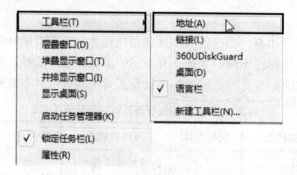

图 2.31　快捷菜单

4）语言栏

在 Windows 7 中，语言栏一般是浮动在桌面上的，用于选择系统所用的语言和输入法，如图 2.32 所示。

图 2.32　语言栏

在语言栏中可以进行如下几种操作。

（1）当鼠标光标移动到语言栏最左侧的 ■ 图标上时，其形状变成 ✛ ，这时可以在桌面上任意移动语言栏。

（2）单击语言栏中的"输入法"按钮 ▦ 可以选择合适的输入法。

（3）单击语言栏中的"帮助"按钮，打开语言栏帮助信息。

（4）单击语言栏右上角的"最小化"按钮，将语言栏最小化到任务栏上，且该按钮变为"还原"按钮，如图 2.33 所示。

（5）单击语言栏右下角的"选项"按钮，弹出语言栏的"选项"菜单，可以对语言栏进行设置。

图 2.33　语言栏最小到任务栏

2. Windows 7 的"开始"菜单

单击桌面左下角的"开始"按钮，即可打开"开始"菜单，计算机中几乎所有的操作都可以在"开始"菜单中执行。"开始"菜单是操作计算机的重要门户，即使桌面上没有显示的文件或程序，通过"开始"菜单也能轻松找到相应的程序。"开始"菜单的主要组成部分如图 2.34 所示。

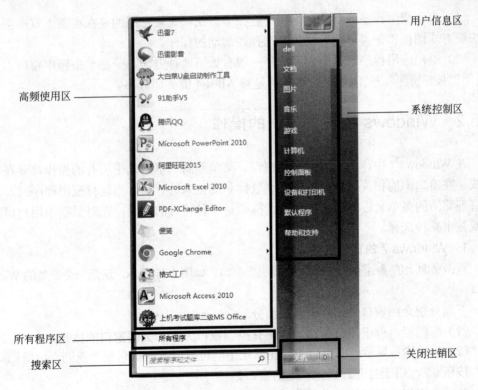

图 2.34　Windows 7 "开始"菜单

"开始"菜单各个部分的作用介绍如下。

（1）用户信息区：显示当前用户的图标和用户名，单击图标可以打开"用户账户"窗口，通过该窗口可更改用户账户信息，单击用户名将打开当前用户的用户文件夹。

（2）系统控制区：显示了"计算机"、"网络"和"控制面板"等系统选项，单击相应的选项可以快速打开或运行程序，便于用户管理计算机中的资源。

（3）关闭注销区：用于关闭、重启、注销计算机或进行用户切换、锁定计算机以及使计算机进入睡眠状态等操作，单击 关机 ▶ 按钮时将直接关闭计算机，单击右侧的 ▶ 按钮，在弹出的菜单中选择任意选项，可执行相应命令。

（4）高频使用区：根据用户使用程序的频率，Windows 会自动将使用频率较高的程序显示在该区域中，以使用户能快速地启动所需程序。

（5）所有程序区：选择"所有程序"命令，高频使用区将显示计算机中已安装的所有程序的启动图标或程序文件夹，单击某个选项可启动相应的程序，此时"所有程序"命令也会变为"返回"命令。

（6）搜索区：在搜索区的文本框中输入关键字后，系统将搜索计算机中所有相关的文件、程序等信息，搜索结果将显示在上方的区域中，单击即可打开相应程序。

3．启动与退出应用程序

在日常办公中对计算机应用最多的就是运行应用程序，如编辑 Word 文档要运行 Word 2010、进行平面设计要运行 Photoshop 等。下面讲解在 Windows 7 中运行应用程序的相关方法。

（1）启动应用程序：启动应用程序有很多方法，比较常用的是在桌面上双击应用程序的快捷方式图标和在"开始"菜单中选择需启动的程序。

（2）退出应用程序：退出应用程序一般有如下两种方法。一是单击程序窗口右上角的"关闭"按钮 ✕ ，关闭程序。第二种是按 Alt+F4 键关闭程序。

2.5.2　Windows 7 三大元素的操作

在 Windows 7 中，三大元素是指窗口、菜单和对话框。几乎所有的操作都要在窗口中完成，在窗口中的相关操作一般是通过鼠标和键盘来进行的。当运行应用程序时，常常会用直观简洁的菜单来进行操作。而对话框则是一种特殊的窗口，在对话框中用户可输入信息或做出某种选择。

1．Windows 7 的窗口组成

双击桌面上的 💻 图标，打开"计算机"窗口，如图 2.35 所示，这是一个典型的 Windows 7 窗口。

下面分别介绍窗口中的各个组成部分。

（1）标题栏：位于窗口顶部，右侧有控制窗口大小和关闭窗口的按钮。

（2）地址栏：显示当前窗口文件在系统中的位置。其左侧包括"返回"按钮 🔙 和"前进"按钮 🔜 ，用于打开最近浏览过的窗口。

（3）搜索栏：用于快速搜索计算机中的文件。

（4）工具栏：该栏会根据窗口中显示或选择的对象同步进行变化，以便于用户进行快速操作。其中，单击 组织 ▾ 按钮，可以在弹出的下拉菜单中选择各种文件管理操作，如复制、删除等。

（5）导航窗格：单击可快速切换或打开其他窗口。

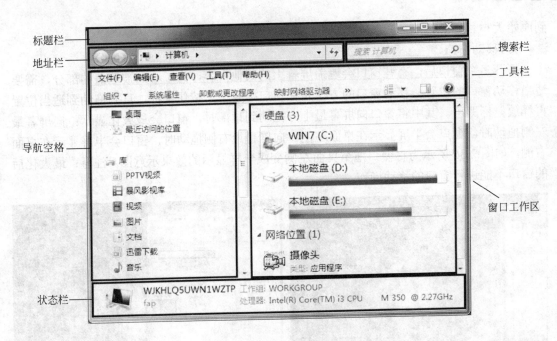

图 2.35 "计算机"窗口

（6）窗口工作区：用于显示当前窗口中存放的文件和文件夹内容。

（7）状态栏：用于显示计算机的配置信息或当前窗口中选择对象的信息。

2．窗口的操作

上面介绍了窗口的基本组成部分，那么该怎样管理和使用窗口呢？下面将具体讲解打开窗口及其中的对象、最小化/最大化窗口、移动窗口、缩放窗口、多窗口的重叠和关闭窗口的操作。

1）打开窗口

在 Windows 7 中，用户启动一个程序、打开一个文件或文件夹时都将打开一个窗口。打开对象窗口的具体方法有如下几种。

（1）双击一个对象，将打开对象窗口。

（2）选中对象后按 Enter 键即可打开该对象窗口。

（3）在对象图标上单击鼠标右键，在弹出的快捷菜单中选择"打开"命令。

2）打开窗口中的对象

一个窗口中包括多个对象，打开某个对象又将打开相应的窗口，该窗口中可能又包括其他不同的对象。这就像有一个小区，小区又分成几幢楼，每幢楼有许多房间，进入不同的房间将看到不同的摆设。

3）最大化或最小化窗口

最大化窗口可以把当前窗口放大到整个屏幕，这样可以看到更多的内容。最大化窗口的方法是单击该窗口右上角的"最大化"按钮，窗口最大化后"最大化"按钮将变成"还原"按钮，单击"还原"按钮即可将最大化窗口还原成原始大小。

最小化窗口的方法是单击窗口标题栏右上角的"最小化"按钮，最小化后的窗口以标题按钮的形式缩放到任务栏按钮区上。在任务栏上单击该窗口标题按钮后窗口将还原到原始大小。

4）移动窗口

打开多个窗口后，有些窗口会遮盖屏幕上的其他内容，为了看到被遮盖的部分，需要适当移动窗口的位置。移动窗口的方法是在窗口标题栏上按住鼠标，直到拖动到适当位置再释放鼠标即可。其中将窗口向屏幕最上方拖动到顶部时，窗口会最大化显示；向屏幕最左侧拖动时，窗口会半屏显示在桌面左侧；向屏幕最右侧拖动时，窗口会半屏显示在桌面右侧。如图2.36所示为将窗口拖至桌面左侧变成半屏显示的效果示意图。注意：最大化后的窗口不能进行窗口的移动操作。

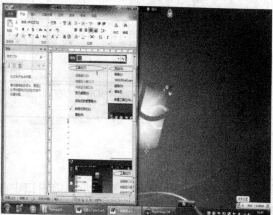

图2.36　将窗口移至桌面左侧变成半屏显示

5）改变窗口大小

当窗口没有处于最大化状态下时，可以随时改变窗口的大小。改变窗口大小的方法是：将鼠标光标移至窗口的外边框上，当光标变为⟷或↕形状时，按住鼠标不放拖动到窗口变为需要的大小时释放鼠标即可。要使窗口的长宽按比例缩放，可将鼠标光标移至窗口的4个角上，当光标变为⤢或⤡形状时，按住鼠标不放拖动到需要的大小时释放鼠标即可。

6）排列窗口

在使用计算机的过程中常常需要打开多个窗口，如既要用Word编辑文档，又要打开IE浏览器查询资料等。当打开多个窗口后，为了使桌面更加整洁，可以将打开的窗口进行层叠、横向、纵向和平铺等排列操作。排列窗口的方法是在任务栏空白处单击鼠标右键，弹出如图2.37所示的快捷菜单，其中用于排列窗口的命令有"层叠窗口"、"堆叠显示窗口"和"并排显示窗口"，各命令介绍如下。

（1）层叠窗口：选择该命令，可以以层叠的方式排列窗口，层叠的效果如图2.38所示。单击某一个窗口的标题栏即可将该窗口切换为当前窗口。

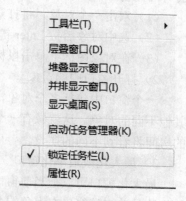

图2.37　快捷菜单

（2）堆叠显示窗口：选择该命令，可以以横向的方式同时在屏幕上显示几个窗口。

（3）并排显示窗口：选择该命令，可以以垂直的方式同时在屏幕上显示几个窗口。

图 2.38 层叠窗口

7）切换窗口

无论打开多少个窗口，当前窗口只有一个，且所有操作都是针对当前窗口进行的。要对某一个窗口进行操作就要先将其切换成当前窗口，切换窗口可以通过任务栏中的按钮、按 Alt +Tab 键和按 Win+Tab 键来切换。

（1）通过任务栏中的按钮切换：将鼠标光标移至任务按钮区中的某个任务按钮上，此时将展开所有打开的该类型文件的缩略图，单击某个缩略图即可切换到该窗口，在切换时其他同时打开的窗口将自动变为透明效果，如图 2.39 所示。

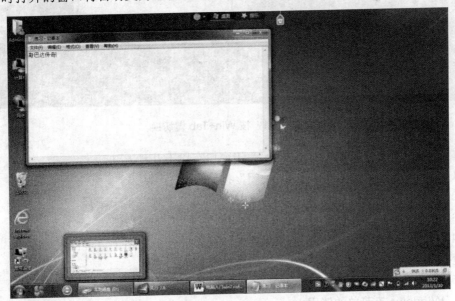

图 2.39 通过任务栏切换

（2）通过 Alt +Tab 键切换：按 Alt +Tab 键后，屏幕上将出现任务切换栏，系统当前打开的窗口都以缩略图的形式在任务切换栏中排列出来，如图 2.40 所示。此时按住 Alt 键，再反复按 Tab 键，有个蓝色方框将在所有图标之间轮流切换，当方框移动到需要的窗口图标上后释放 Alt 键，即可切换到该窗口。

图 2.40　按 Alt+Tab 键切换

通过 Win+Tab 键切换：按 Win+Tab 键后，此时按住 Win 键，再反复按 Tab 键可利用 Windows 7 特有的 3D 切换界面切换打开的窗口，如图 2.41 所示。

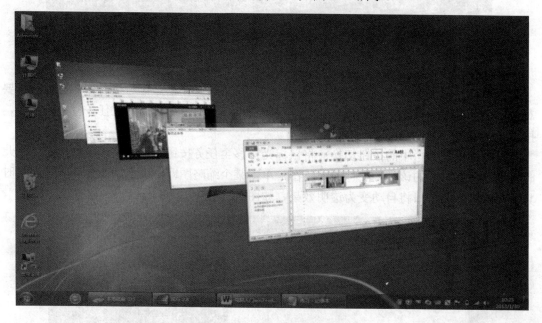

图 2.41　按 Win+Tab 键切换

对窗口的操作结束后要关闭窗口，关闭窗口有以下几种方法。

（1）单击窗口标题栏右上角的"关闭"按钮 ✕ 。

（2）在窗口的标题栏上单击鼠标右键，在弹出的快捷菜单中选择"关闭"命令。

（3）将鼠标光标指向某个任务缩略图后单击右上角的 ✕ 按钮。

（4）将鼠标光标移动到任务栏中需要关闭窗口的任务按钮上，单击鼠标右键，在弹出的快捷菜单中选择"关闭窗口"或"关闭所有窗口"命令。

（5）按 Alt +F4 键。

3．Windows 7 菜单的使用

菜单主要用于存放各种操作命令，要执行菜单上的命令，只需单击菜单项，然后在弹

出的菜单中单击某个命令即可执行。在 Windows 7 中，常用的菜单类型主要有子菜单、下拉菜单，如图 2.42 所示，以及快捷菜单，如图 2.43 所示。

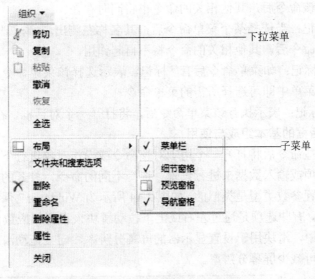

图 2.42　Windows 7 中的下拉菜单与子菜单

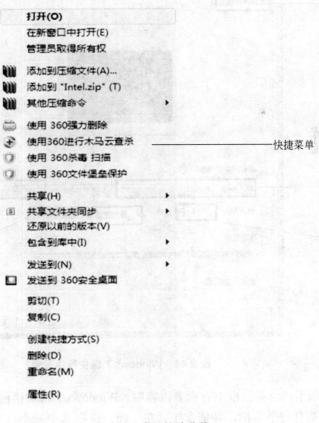

图 2.43　Windows 7 中的快捷菜单

在菜单中有一些常见的符号标记，它们分别代表的含义如下。

（1）字母标记：表示该菜单命令的快捷键。

（2）标记：当选择的某个菜单命令后出现☑标记，表示已将该菜单命令选中并应用的效果。选择该命令后，其他相关的命令也将同时存在。

（3）标记：当选择某个菜单命令后，其名称左侧出现·标记，表示已将该菜单命令选中。选择该命令后，其他相关的命令将不再起作用。

（4）▶标记：如菜单命令后有▶标记，表示选择该菜单命令，将弹出相应的子菜单，在弹出的子菜单中即可选择所需的菜单命令。

（5）标记：表示执行该菜单命令后，将打开一个对话框，在其中可进行相关的设置。

4．对话框的基本组成与使用

执行某些命令后将打开一个用于对该命令或操作对象进行下一步设置的对话框，可以通过选择选项或输入数据来进行设置。选择不同的命令，打开的对话框内容也不同，但其中包含的设置参数类型是类似的。如图 2.44 所示为 Windows 7 保护程序的对话框中各组成元素的名称。有些选项是通过左右或上下拉动滑块来设置相应数值的。如图 2.45 所示的三维文字设置中，滑块用于设置显示器的屏幕分辨率，向上拖动滑块可增加屏幕分辨率，向下拖动滑块可减少屏幕分辨率。

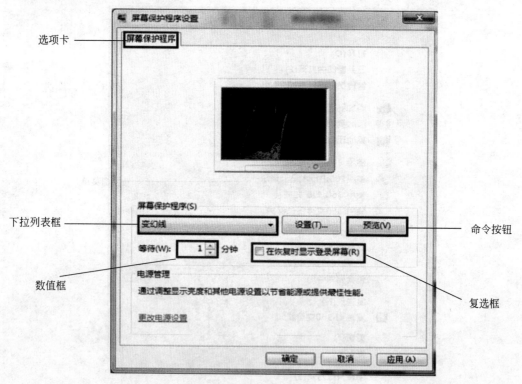

图 2.44　Windows 7 保护程序设置

（1）选项卡：当对话框中有很多内容时，Windows 7 将对话框按类别分成几个选项卡，每个选项卡都有一个名称，并依次排列在一起，选择其中一个选项卡，将会显示其相应的内容。

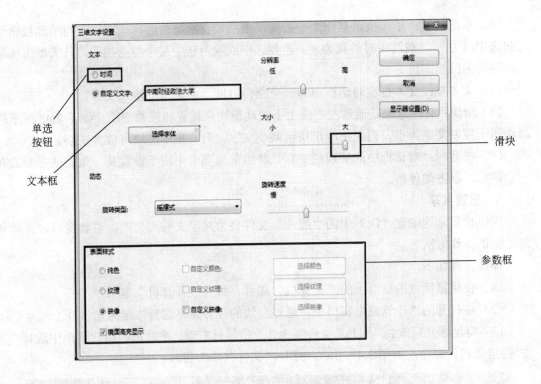

图 2.45　三维文字设置

（2）下拉列表框：下拉列表框中包含多个选项，单击下拉列表框右侧的 ▾ 按钮，将
弹出一个下拉列表，从中可以选择所需的选项。如图 2.46 所
示为单击"屏幕保护程序"下拉列表框右侧的 ▾ 按钮弹出
的下拉列表。

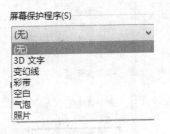

图 2.46　下拉列表

（3）命令按钮：命令按钮用于执行某一操作。如图 2.44
所示对话框中的 设置(T)... 、 预览(V) 和 应用(A) 等都是命
令按钮。单击某一命令按钮将执行与其名称相应的操作，一
般单击对话框中的 确定 按钮，表示关闭对话框，并保存
所做的全部更改；单击 取消 按钮表示关闭对话框，但不
保存任何更改；单击 应用(A) 按钮表示保存所有更改，但不关闭对话框。有的命令按钮的
名称带有省略号，单击这类按钮将打开另一个对话框，如单击如图 2.44 所示的 设置(T)... 按
钮，将打开相应的设置对话框。

（4）数值框：数值框用于输入具体数值。如图 2.44 所示的"等待"数值框用于输入
屏幕保护激活的时间。用户可以直接在数值框中输入具体数值，也可以单击数值框右侧
的"调整"按钮 ▲▼ 来调整数值。▲按钮是按固定步长增加数值，▼按钮是按固定步长减
小数值。

（5）复选框 ：复选框是一个小的方框，用来表示是否选择该选项。当复选框没有被
选中时外观为 □ ，被选中时外观为 ☑ 。若要选中或取消选中某个复选
框，只需单击该复选
框前的方框即可。

（6）单选按钮：单选按钮是一个小圆圈，也用来表示是否选择该选项。当单选按钮没有被选中时为 ○，被选中时外观为 ◉。若要选中或取消选中某个单选按钮，只需单击该单选按钮前的圆圈即可。

（7）文本框：文本框在对话框中为一个空白方框，主要用于输入文字。

（8）滑块：有些选项是通过左右或上下拉动滑块来设置相应数值的。如图 2.45 所示的滑块用于控制文字大小，向左拖动滑块可减小文字，向右拖动滑块可放大文字。

（9）参数栏：对话框中的参数栏主要是将当前选项卡中用于设置某一效果的参数放在一个区域，以方便使用。

5. 设置共享

现以设置本地磁盘（D:）中的"照片"文件夹为共享文件夹为例，讲解窗口、菜单和对话框的操作方法。

操作步骤如下。

（1）使用鼠标双击桌面上的"计算机"图标，打开"计算机"窗口。

（2）在打开的"计算机"窗口中，通过左边的任务窗格选择本地磁盘（D:）选项。

（3）将鼠标光标放到"照片"文件夹上，单击鼠标右键，在弹出的快捷菜单中选择"共享/特定用户"命令，如图 2.47 所示，打开"文件共享"窗口。

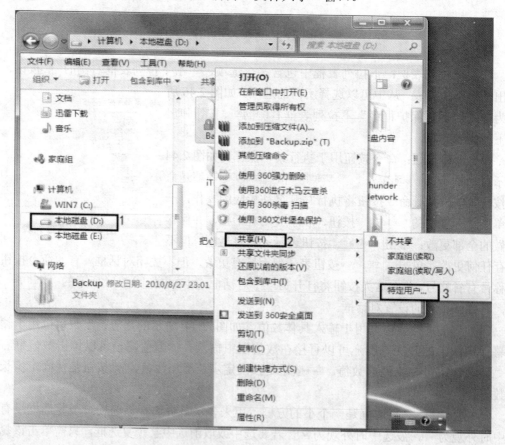

图 2.47　设置共享

（4）在用户下拉列表框中选择 Everyone 选项为共享对象。

（5）单击 添加(A) 按钮将其添加到共享列表中。

（6）选择 Everyone 选项，单击 共享(H) 按钮完成共享，如图 2.48 所示。

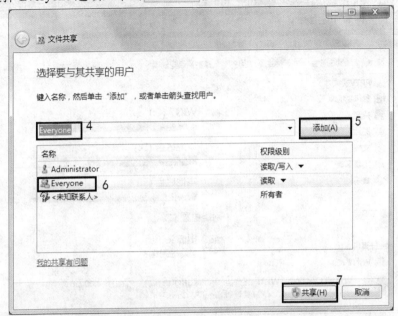

图 2.48　完成共享

（7）打开"共享成功"对话框，单击 完成(D) 按钮，关闭对话框完成设置。

2.5.3　管理计算机

1. 管理文件与文件夹

在使用计算机的过程中，文件与文件夹的管理是非常重要的操作。下面介绍在 Windows 7 中利用资源管理器来管理计算机中的文件及文件夹，包括对文件及文件夹进行新建、选定、打开、移动、复制、重命名及删除等操作。

计算机中的一切数据都是以文件的形式存放的，而文件夹则是文件的集合，文件和文件夹又都是存放在计算机的磁盘中。磁盘、文件和文件夹是 Windows 操作系统中的三个重要概念，这里就来认识什么是磁盘、文件和文件夹。

1）认识磁盘和文件夹

磁盘、文件和文件夹三者存在着包含和被包含的关系，下面将分别介绍这三者的相关概念和相互关系。

（1）磁盘

所谓磁盘，通常是指计算机硬盘上划分出的分区，用来存放计算机的各种资源。磁盘由盘符来加以区别，盘符通常由磁盘图标、磁盘名称和磁盘使用信息组成，磁盘名称用大写英文字母加一个冒号来表示，如 D:，简称为 D 盘。用户可以根据自己的需求在不同的磁盘上存放相应的内容，一般来说，C 盘是第一个磁盘分区，用来存放系统文件。各个磁盘在计算机上的显示状态如图 2.49 所示。例如，C 盘是操作系统的安装文件，D 盘是用于存放安装的应用程序，E 盘是保存工作学习中使用的文件。

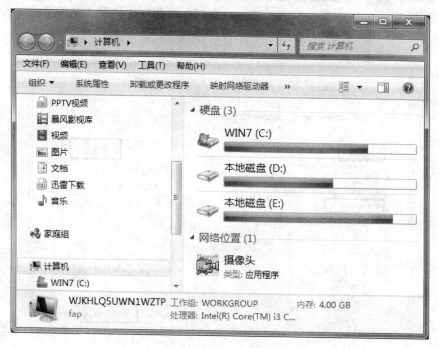

图 2.49　计算机中的各个磁盘

（2）文件

文件是各种保存在计算机磁盘中的信息和数据，如一个图片、一首歌、一部电影、一个应用程序等。在 Windows 7 系统中的平铺显示方式下，文件主要由文件名、文件扩展名、分隔点、文件图标及文件描述信息等部分组成，如图 2.50 所示。

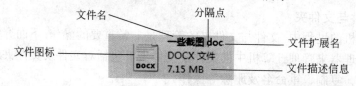

图 2.50　文件的组成

文件各组成部分的作用如下。

文件名：标识当前文件的名称，用户可以根据需要来自定义文件的名称。

文件扩展名："标识当前文件的系统格式，如图 2.50 所示文件扩展名为 docx，表示这个文件是一个 Word 文档文件。

分隔点：用来分隔文件名和文件扩展名。

文件图标：用图例表示当前文件的类型，是由系统中相应的应用程序关联建立的。

文件描述信息：用来显示当前文件的大小和类型等系统消息。

用户给文件命名时，必须遵循以下规则。

在文件和文件夹的名字中，用户最多可使用 255 个字符。

用户可使用多个间隔符 "." 的扩展名，如 fap.fap.doc。

文件名可以有空格但不能有 "\"、"/"、":"、"*"、"?"、"""、"<"、">"、"|" 等。

Windows 保留文件名的大小写格式，但不能利用大小写区分文件名。例如，FAP.TXT 和 fap.txt 被认为是同一文件名。

当搜索和显示文件时，用户可以使用通配符 "?" 和 "*"。其中，问号 "?" 代表一个任意字符，星号 "*" 代表任意个任意字符。

在 Windows 中常用的文件扩展名及其表示的文件类型如表 2.2 所示。

表 2.2 常用的 Windows 文件扩展名

扩 展 名	文 件 类 型	扩 展 名	文 件 类 型
AVI	视频文件	FON	字体文件
BAK	备份文件	HLP	帮助文件
BAT	批处理文件	INF	信息文件
BMP	位图文件	MID	乐器数字接口文件
COM	执行文件	MMF	Mail 文件
DAT	数据文件	RTF	文本格式文件
DCX	传真文件	exe	可执行文件
DLL	动态链接库	TTF	TureType 字体文件
DOC	Word 文件	TXT	文本文件
DRV	驱动程序文件	WAV	声音文件

（3）文件夹

为了便于管理文件，在 Windows 系列操作系统中引入了文件夹的概念。简单地说，文件夹就是文件的集合。如果计算机中的文件过多，则会显得杂乱无章，要想查找某个文件也不太方便，此时用户可将相似类型的文件整理起来，统一地放置在一个文件夹中，这样不仅可以方便用户查找文件，还能有效地管理好计算机中的资源。

文件和文件夹都是存放在计算机的磁盘里，文件夹可以包含文件和子文件夹，子文件夹内又可以包含文件和子文件夹，以此类推，即可形成文件和文件夹的树状关系，文件夹中可以包含多个文件和文件夹，也可以不包含任何文件和文件夹。不包含任何文件和文件夹的文件夹称为空文件夹，文件夹图标如图 2.51 所示。

文件夹图标 ————————  ———————— 文件夹名称

图 2.51 文件夹的组成

路径指的是文件或文件夹在计算机中存储的位置，当打开某个文件夹时，在地址栏中即可看到进入的文件夹的层次结构，如图 2.52 所示。由文件夹的层次结构可以得到文件夹的路径。

路径的结构一般包括磁盘名称、文件夹名称和文件名称，它们之间用 "\" 隔开。如在 D 盘下的 "歌曲" 文件夹里的 "你眼中的奇迹.mp3"，文件路径显示为 D:\歌曲\你眼中的奇迹.mp3。

图 2.52　地址栏

2）查看文件和文件夹

用户可通过 Windows 7 操作系统来查看计算机中的文件和文件夹，在查看的过程中可以更改文件和文件夹的显示方式与排列方式，以满足自己的需求。

Windows 7 系统一般用"计算机"窗口来查看磁盘、文件和文件夹等计算机资源，用户主要通过窗口工作区、地址栏和导航窗格这三种方式进行查看。

（1）通过窗口工作区查看

窗口工作区是窗口的最主要的组成部分，通过窗口工作区查看计算机中的资源是最直观最常用的查看方法。

（2）通过地址栏查看

Windows 7 的窗口地址栏用按钮的形式取代了传统的纯文本方式，并且在地址栏周围取消了"向上"按钮，而仅有"前进"和"后退"按钮。通过地址栏用户可以轻松跳转与切换磁盘和文件夹目录，地址栏只能显示文件夹和磁盘目录，不能显示文件。如果当前"计算机"窗口中已经查看过某个文件夹需要再次查看，用户可以单击地址栏最右侧的 ▼ 按钮或者"前进"、"后退"按钮左侧的 ▼ 按钮，在弹出的下拉列表中选择该文件夹即可快速打开。

（3）通过导航窗格查看

Windows 7"计算机"窗口里的导航窗格功能比 Windows XP 的更加强大实用，其中增加了"收藏夹"、"库"、"网络"等树状目录。用户可以通过导航窗格查看磁盘目录下的文件夹，以及文件夹下的子文件夹，同地址栏一样，它也无法直接查看文件。注意在导航窗格中也可对文件夹进行复制、粘贴和删除等操作。

在查看文件或文件夹时，系统提供了多种文件和文件夹的显示方式，用户可单击工具栏中的图标 ▼ ，在弹出的快捷菜单中有 8 种排列方式可供选择，如图 2.53 所示。

其中，"超大图标"、"大图标"和"中等图标"这三种方式类似于 Windows XP 中的"缩略图"显示方式。它们将文件夹中所包含的图像文件显示在文件夹图标上，以方便用户快速识别文件夹中的内容。"小图标"方式类似于 Windows XP 中的"图标"方式，以图标形式显示文件和文件夹，并在图标的右侧显

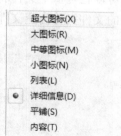

图 2.53　文件排列方式

示文件或文件夹的名称、类型和大小等信息。"列表"方式下，文件或文件夹以列表的方式显示，文件夹按纵向方式排列，文件或文件夹的名称显示在图标的右侧。"详细信息"方式下，文件或文件夹整体以列表形式显示，除了显示文件图标和名称外，还显示文件的类型、修改日期等相关信息。"平铺"方式类似于"中等图标"显示方式，但比"中等图标"方式

显示更多的文件信息，文件和文件夹的名称显示在图标的右侧。"内容"显示方式是"详细信息"显示方式的增强版，文件和文件夹将以缩略图的方式显示。

在 Windows 7 中使用资源管理器可以方便地对文件进行浏览、查看以及移动、复制等各种操作，在一个窗口中用户就可以浏览所有的磁盘、文件和文件夹。打开资源管理器的方法有多种，常用的是通过双击桌面上的"计算机"图标 或单击任务栏上的"Windows 资源管理器"按钮 打开。在"资源管理器"窗口中，可以通过窗口左侧的导航窗格来确定需要管理和查看的位置，选择位置后可在右侧的列表显示区中对其中的文件和文件夹进行管理，也可以通过窗口上方的地址栏来确定具体位置。如图 2.54 所示是选择了"计算机"选项的 Windows 资源管理器。

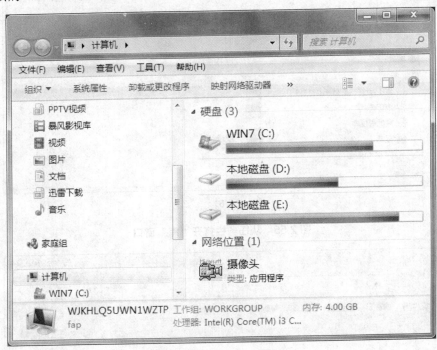

图 2.54　Windows 资源管理器

单击任务栏上的"Windows 资源管理器"图标，打开"库"窗口，如图 2.55 所示。

所谓"库"，就是专用的虚拟视图，用户可以将磁盘上不同位置的文件夹添加到库中，并在库这个统一的视图中浏览不同的文件夹内容。一个库中可以包含多个文件夹，而同时，同一个文件夹也可以被包含在多个不同的库中。另外，库中的链接会随着原始文件夹的变化而自动更新，并且可以以同名的形式存在于文件库中。

如果用户觉得系统默认提供库目录还不够使用，还可以新建库的目录。用户在"库"窗口空白处右击鼠标，在弹出的快捷菜单中选择"新建"→"库"命令，然后可以输入新建库的名称（如图 2.56 和图 2.57 所示）。

3）新建文件或文件夹

新建文件或文件夹是管理文件时的基本操作之一，也是非常重要的操作。

（a）

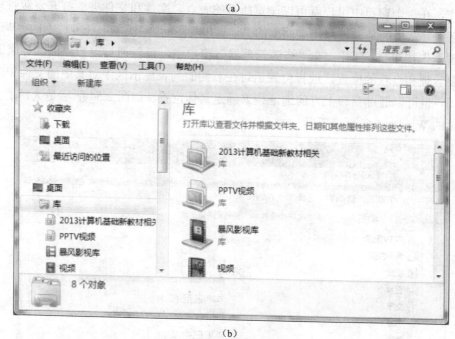

（b）

图 2.55　从任务栏打开"库"窗口

图 2.56　新建库

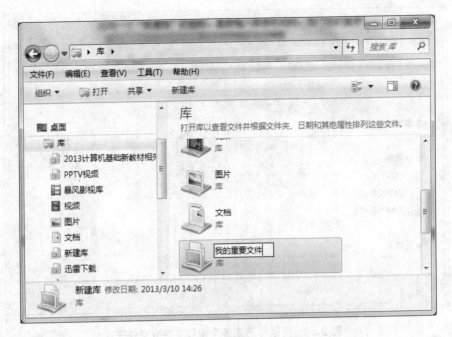

图 2.57　为新建库命名

（1）新建文件夹

在管理文档时，常常需要将一些文件分类整理在文件夹中以便日后管理，这就要用到新建文件夹的操作，其方法有如下几种。

① 在窗口的空白处单击鼠标右键，在弹出的快捷菜单中选择"新建"→"文件夹"命令。

② 直接单击工具栏中的 新建文件夹 按钮。

③ 在菜单栏中选择"文件"→"新建"→"文件夹"命令。

（2）新建文件

新建文件也可以在窗口空白处单击鼠标右键，在弹出的快捷菜单中选择"新建"命令，然后在弹出的子菜单中选择一种文件类型。新建一个文件后，双击新建的文件会启动相应的程序来打开它。

4）选定文件或文件夹

对文件或文件夹进行复制、移动等操作前要先选定文件或文件夹。

（1）选定单个文件或文件夹

直接用鼠标单击某个文件或文件夹即可将其选定，选定后的文件或文件夹以深色底纹显示。

（2）选定多个相邻文件或文件夹

选定多个相邻文件或文件夹主要有以下几种方法。第一种为：按住鼠标左键，向任一方向拖动，此时屏幕上鼠标拖动的区域会出现一个蓝色的矩形框，放开鼠标后，蓝色矩形框内所有的文件或文件夹都被选中，如图 2.58 所示。第二种为：先选定一组文件或文件夹的第一个，然后按住 Shift 键，再单击这组文件或文件夹的最后一个，则这两个文件或文件夹之间的所有文件都被选定。

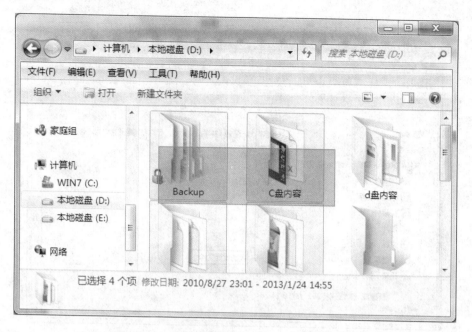

图 2.58　用鼠标选定多个相邻文件或文件夹

（3）选定多个不相邻的文件或文件夹

选定多个不相邻的文件或文件夹时，可按住 Ctrl 键，用鼠标逐个单击要选定的文件或文件夹。

提示：按住 Ctrl 键，再单击已选定的文件或文件夹则可取消选定文件或文件夹。

（4）选定全部文件

除了可以用按住 Shift 键单击第一个和最后一个文件或文件夹的方法选定全部文件外，还可以选择"编辑"→"全选"命令或按 Ctrl+A 键选定全部文件。

5）打开文件或文件夹

要查看文件或文件夹中的内容就要打开文件或文件夹。通过双击文件夹即可打开该文件夹窗口，打开文件的方法也是双击鼠标，另外还可以在要打开的文件上单击鼠标右键，在弹出的快捷菜单中选择"打开方式"命令，再在打开的"打开方式"对话框中选择一个程序来打开，如图 2.59 所示。建议尽量使用 Windows 推荐程序来打开。

6）移动文件或文件夹

有时需要把文件或文件夹移动到另一个文件夹中以便对文件和文件夹进行管理，这就要用到文件和文件夹操作。

其方法是选定要移动的文件或文件夹，按 Ctrl+X 键剪切到剪贴板中，在目标文件夹窗口中按 Ctrl+V 键进行粘贴，即可实现文件或文件夹的移动，如图 2.60 所示。也可以将选定的文件或文件夹用鼠标直接拖动到同一磁盘分区的其他文件夹中。

7）复制文件或文件夹

复制文件或文件夹操作一般用在保存重要资料时，利用复制操作给已有资料做一个备份，这样当原有的文件或文件夹内容被意外破坏或丢失时也不至于完全损失。其操作方法与移动文件或文件夹类似，不同的是复制后，原文件夹下的文件或文件夹仍然存在。

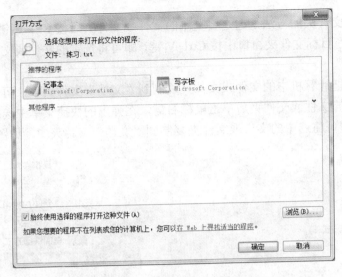

图 2.59　选择其他程序打开文件

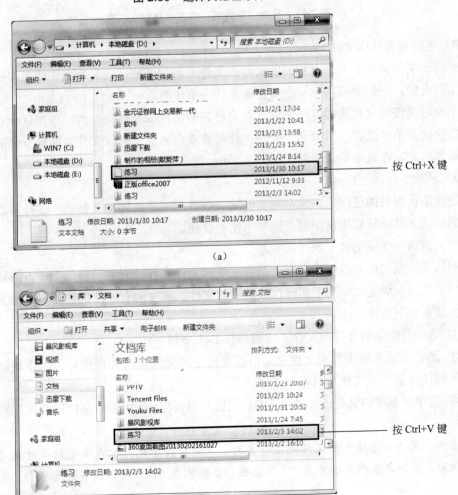

图 2.60　移动文件夹

　　复制文件或文件夹的方法是选定要复制的文件或文件夹后按 Ctrl+C 键，将该文件夹复制到剪切板中，在目标文件夹窗口中按 Ctrl+V 键，即可将选定的文件或文件夹复制到目标文件夹窗口中。

　　如果用户要把计算机中的文件或文件夹复制到"文档"文件夹中，可采用快捷方法，即先选定要复制的文件或文件夹后单击鼠标右键，在弹出的快捷菜单中选择"发送到"→"文档"命令，即可将选中的文件或文件夹复制到"文档"文件夹中，如图 2.61 所示。

图 2.61　采用"发送到"的方式复制文件夹

　　8）重命名文件或文件夹

　　在同一文件夹中不允许有相同的文件或文件夹名，若要将同名的文件或文件夹复制到同一文件夹中，则先要将其中一个文件或文件夹重命名。

　　重命名文件或文件夹的方法是选定要重命名的文件或文件夹，然后单击鼠标右键，在弹出的快捷菜单中选择"重命名"命令，此时要重命名的文件或文件夹图标下面的文字将呈可编辑状态，在其中输入新的名称后按 Enter 键即可。

　　9）删除文件或文件夹

　　在使用计算机的过程中，常常需要删除一些没有用的文件或文件夹，这样可以减少磁盘上的垃圾文件，释放磁盘空间，同时也便于管理。

　　（1）删除文件或文件夹到"回收站"

　　删除文件或文件夹的操作实际上是将文件或文件夹移动到"回收站"中，回收站是硬盘中分出来的一块区域，用于暂时存放删除的文件，其空间有一定的容量。删除文件或文件夹主要有以下几种方法。

　　① 选中要删除的文件或文件夹，然后按 Delete 键。

　　② 选中要删除的文件或文件夹，然后在选中的文件或文件夹图标上单击鼠标右键，在弹出的快捷菜单中选择"删除"命令。

　　③ 选中要删除的文件或文件夹，然后用鼠标将其拖动到桌面上的"回收站"图标中。

　　提示：用上述方法删除文件或文件夹时，系统会提示是否确定要把该文件或文件夹放入回收站，若确定要删除就单击"是"按钮，否则单击"否"按钮放弃删除操作，如图 2.62 所示。

　　执行删除操作后双击桌面上的"回收站"图标，即可看到被删除的文件或文件夹，如

图 2.63 所示。

图 2.62　"删除文件夹"对话框

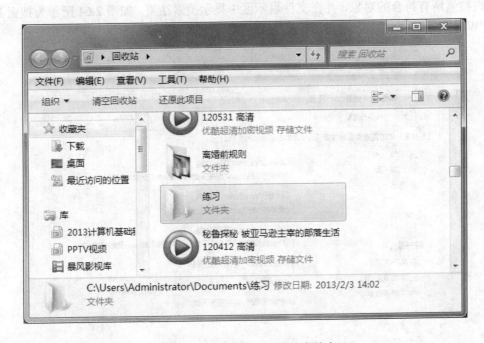

图 2.63　回收站中被删除的文件夹

（2）永久删除文件

在 Windows 7 中删除的文件都保存在"回收站"中，如果要彻底删除这些文件，在"回收站"窗口中单击工具栏中的 <u>清空回收站</u> 按钮，即可彻底删除回收站中的所有文件；如果只删除其中的部分文件或文件夹，则可在"回收站"窗口中选定要删除的文件或文件夹，然后单击鼠标右键，在弹出的快捷菜单中选择"删除"命令。

技巧：选定文件或文件夹后按 Shift+Delete 键，可直接将文件或文件夹彻底删除而不会放入回收站中。

10）恢复被删除的文件或文件夹

放入"回收站"中的文件或文件夹，当需要时用户可以随时进行恢复，其方法是在"回收站"窗口中选定要恢复的文件或文件夹，然后单击鼠标右键，在弹出的快捷菜单中选择

"还原"命令，这样即可将其还原到被删除前的位置。

2. 文件与文件夹的管理技巧

由于在磁盘中存储的文件或文件夹数量庞大，因此只有学会合理管理文件或文件夹的技巧，才能在进行文件或文件夹操作时得心应手。

1）搜索文件和文件夹

如果用户不知道文件或文件夹在磁盘中的位置，可以使用 Windows 7 的搜索功能来查找。Windows 7 的搜索功能非常强大，较之前的 Windows 操作系统，速度更快，搜索也更加方便。

用户只需要在"资源管理器"窗口中打开需要搜索的位置，如需要在所有磁盘中查找，则打开"计算机"窗口；如需要在某个磁盘分区或文件夹中查找，则打开想要的磁盘分区或文件夹窗口。然后在窗口地址栏后面的搜索框中输入相关信息，Windows 会自动在搜索范围内搜索所有符合的对象，并在文件显示区中显示搜索结果。如图 2.64 所示为搜索 E 盘中的"Windows 7"文件。

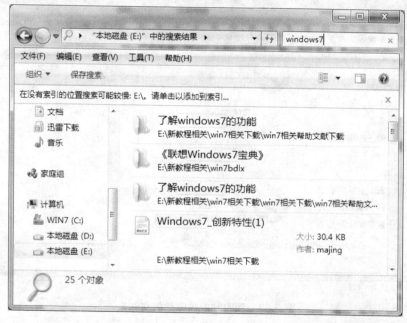

图 2.64　搜索 E 盘中的 Windows 7 相关文件

2）设置文件夹属性

用户可以根据不同的需要对文件夹的属性进行设置，这也是管理文件夹的重要技巧之一。例如，用户可以设置文件夹属性为只读和隐藏，还可以设置存档或对文件夹进行加密。方法是在目标文件夹上单击鼠标右键，在弹出的快捷菜单中选择"属性"命令，打开该文件夹的"属性"对话框，如图 2.65 所示。

在"常规"选项卡的"属性"栏中选中 □只读(仅应用于文件夹中的文件)(R) 或 ☑隐藏(H) 复选框后单击 应用(A) 按钮，将打开如图 2.66 所示的"确认属性更改"对话框，根据需要选择应用方式后单击 确定 按钮，可设置相应的文件夹属性。单击 高级(D)... 按钮则可打开"高级属性"对话框，在其中可以设置文件夹的存档和加密属性。

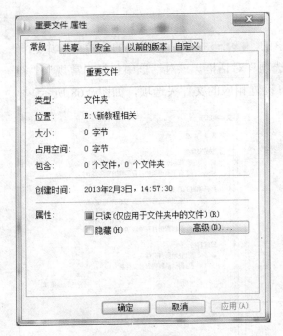

图 2.65　文件夹属性

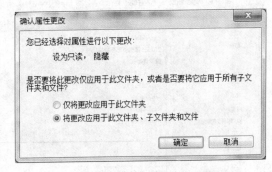

图 2.66　文件夹属性更改确认

3）创建文件或文件夹桌面快捷方式

当某个文件或文件夹需要经常使用时，用户可以为其在桌面上建立一个快捷方式，使用时只需在桌面上双击该快捷方式的图标即可。在桌面上创建文件或文件夹的快捷方式的方法是：在需要创建快捷方式的文件或文件夹图标上单击鼠标右键，在弹出的快捷菜单中选择"发送到"→"桌面快捷方式"命令即可。如图 2.67 所示为在桌面上创建"重要文件"的快捷方式。

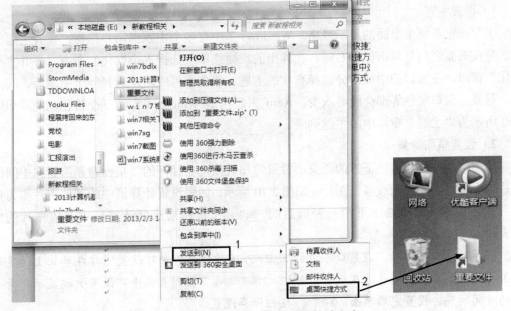

图 2.67　创建"重要文件"的快捷方式

4）设置文件夹选项

打开任意一个文件夹窗口，单击工具栏中的 按钮，在弹出的下拉菜单中选择"文件夹和搜索选项"命令，可打开"文件夹选项"对话框。该对话框中包括"常规"、"查看"和"搜索"三个选项卡，在各选项卡下可设置相应的文件夹选项，如图 2.68 所示。

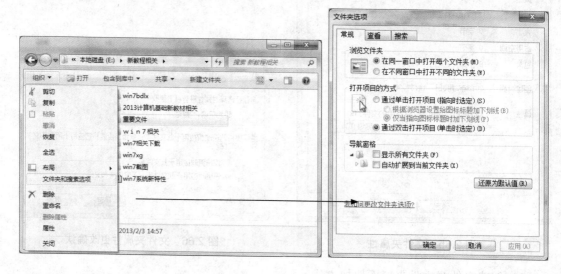

图 2.68　设置文件夹选项

3. 计算机个性设置

通过设置个性计算机显示方式，可以为计算机"换肤"，给用户以新鲜的感觉。主要包括设置主题、设置桌面背景、设置屏幕保护程序、设置屏幕分辨率、设置图标样式和设置桌面小工具等。

1）设置主题

主题决定着整个桌面的显示风格，Windows 7 中有多个主题供用户选择。设置主题的方法是在桌面空白处单击鼠标右键，在弹出的快捷菜单中选择"个性化"命令，打开"个性化"窗口，在窗口的中间部分选择喜欢的主题，单击即可应用。选择一个主题后，其声音、背景、窗口颜色等都会随着改变。Aero 主题也是 Windows 7 的一个特色功能。如图 2.69 所示为"主题"窗口中的主题列表。

2）设置桌面背景

单击"个性化"窗口下方的"桌面背景"超链接，在打开的"桌面背景"窗口中间的图片列表中可选择一张或多张图片，如图 2.70 所示。如需设置计算机中的其他图片作为桌面背景，可单击 图片位置(L): 下拉列表框后的 浏览(B)... 按钮来选择计算机中存放图片的文件夹。

提示：选择图片后，在窗口下方的 图片位置(P): 下拉列表框中可设置图片在屏幕上的显示位置，如果显示多张图片，在后面的 更改图片时间间隔(N): 下拉列表框中可设置更换显示背景图片的时间间隔，设置完后单击 保存修改 按钮保存设置。

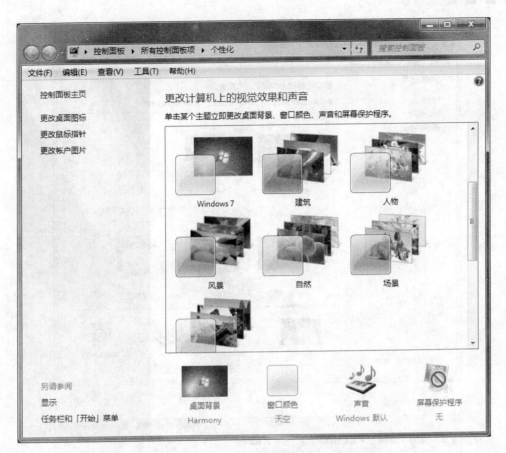

图 2.69　选择主题

3）设置屏幕保护程序

在一段时间不使用计算机时，通过屏幕保护程序可以使屏幕暂停显示或以动画显示，让屏幕上的图像或字符不会长时间停留在某个固定位置上，从而可以保护显示器屏幕。

屏幕保护程序的设置方法如下：

（1）在"个性化"窗口中单击"屏幕保护程序"超链接，打开"屏幕保护程序设置"对话框。

（2）在"屏幕保护程序"下拉列表框中选择一个程序选项，这里选择"三维文字"。

（3）在"等待"数值框中输入屏幕保护等待的时间，这里设置为 10 分钟。

（4）选中 ☑ 在恢复时显示登录屏幕(R) 复选框，单击 应用(A) 按钮应用，然后单击 确定 按钮关闭对话框，如图 2.71 所示。

注意：选中 ☑ 在恢复时显示登录屏幕(R) 复选框的作用是当需要从屏幕保护程序恢复正常显示时，将显示登录 Windows 屏幕，如果用户账户设置了密码，则需要输入正确的密码才能进入桌面。

4）设置窗口显示效果

用户可以自定义设置窗口的颜色、透明度和外观等，在"个性化"窗口中单击"窗口颜色"超链接，可打开"窗口颜色和外观"窗口，如图 2.72 所示。

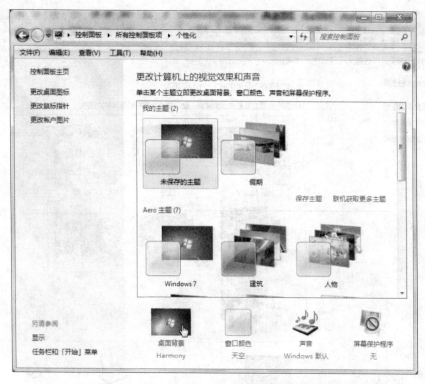

（a）

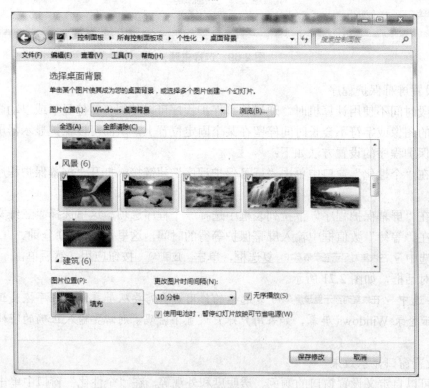

（b）

图 2.70　设置桌面背景

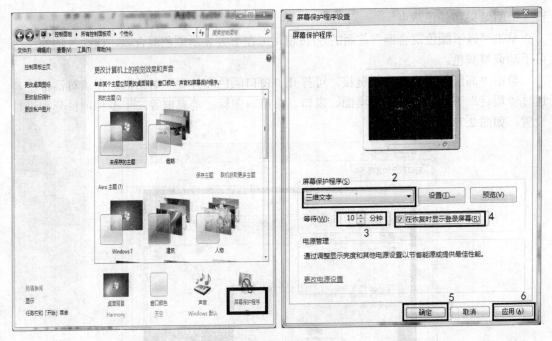

图 2.71　设置屏幕保护程序

图 2.72　"窗口颜色和外观"窗口

在窗口中单击某种颜色可快速更改窗口边框、"开始"菜单和任务栏的颜色,并且可设置透明效果和颜色浓度。

　　单击"显示颜色混合器"前面的 ⊙ 按钮，可在下方显示颜色混合器，拖动各项的滑块可手动调整颜色。

　　单击"高级外观设置"超链接，可打开"窗口颜色和外观"对话框。在该对话框中，通过"项目"下拉列表框可对桌面、窗口、菜单、图标、消息框等二十多种项目分别进行设置，如图 2.73 所示。

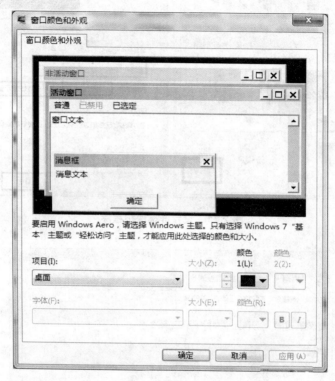

图 2.73　"窗口颜色和外观"对话框

　　提示：只有当前所选主题为 Aero 主题时，单击"窗口颜色"超链接，才会打开"窗口颜色和外观"窗口进行颜色和透明效果的设置。如果当前应用的是基本和高对比度主题，则单击"窗口颜色"超链接后会直接打开如图 2.73 所示的"窗口颜色和外观"对话框。

　　5）设置屏幕分辨率

　　设置不同的分辨率，屏幕上的显示效果也不一样，一般分辨率越高，屏幕上显示的像素越多，相应的图标也就越大。设置屏幕分辨率的方法很简单，只需在桌面空白处单击鼠标右键，在弹出的快捷菜单中选择"屏幕分辨率"命令，即可在打开的"屏幕分辨率"窗口中通过拖动"分辨率"下拉列表框下的滑块调整分辨率。

　　4．系统设置与管理

　　在 Windows 7 中还可以进行更多的系统设置与管理，如设置鼠标属性、设置日期和时间、设置用户账户以及添加和删除 Windows 组件等，下面分别进行讲解。

　　1）认识控制面板

　　控制面板其实是一个特殊的文件夹，里面包含不同的设置工具，用户可以通过控制面板对 Windows 7 系统进行设置。

单击"计算机"窗口工具栏中的 打开控制面板 按钮或选择"开始"→"控制面板"命令即可启动控制面板。在"控制面板"窗口中通过单击不同的超链接可以进入相应的设置窗口,将鼠标指针移动到分类标题上停留片刻会有一个提示框提示该超链接的作用,如图 2.74所示。

图 2.74 "控制面板"窗口

控制面板默认以"类别"方式显示,如果不习惯,可以将其设置为"大图标"或"小图标"方式显示。只需单击"查看方式"后面的 类别▼ 按钮,在弹出的下拉菜单中选择即可,如图 2.75 所示。

2)设置鼠标属性

在"控制面板"窗口中单击"硬件和声音"分类,打开"硬件和声音"窗口,然后在"设备和打印机"栏中单击"鼠标"超链接,打开"鼠标属性"对话框,如图 2.76 所示,在该对话框中可以对鼠标的属性进行设置。

在"鼠标属性"对话框中,选择各选项卡可以设置相应的鼠标属性。其中常用选项卡的作用分别介绍如下。

(1)"鼠标键"选项卡:可以设置鼠标键配置、双击速度和单击锁定属性。

(2)"指针"选项卡:可以为鼠标设置不同的指针方案。

(3)"指针选项"选项:可以设置指针的移动、对齐及可见性属性。

(4)"滑轮"选项卡:可以设置鼠标滑轮的滚动属性。

（a）

（b）

图 2.75　切换查看方式

3）设置日期和时间

在"控制面板"窗口中单击"时钟、语言和区域"分类，打开"时钟、语言和区域"窗口，然后在"日期和时间"栏中单击"设置时间和日期"超链接，在打开的"日期和时间"对话框中单击 更改日期和时间(D)... 按钮，可更改计算机的日期和时间，如图 2.77 所示。

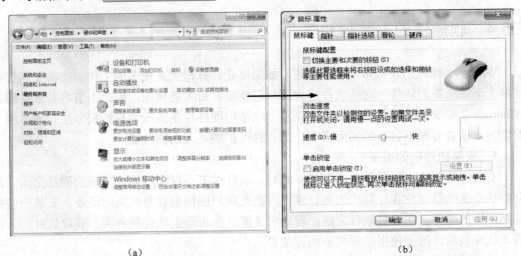

（a）　　　　　　　　　　　　　（b）

图 2.76　打开"鼠标属性"对话框

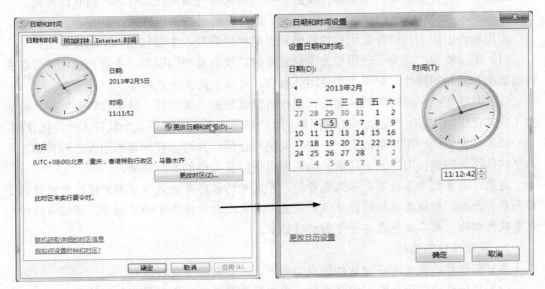

图 2.77　设置日期和时间

4）设置用户账户

在 Windows 7 中允许多个用户使用同一台计算机，只需为每个用户建立一个独立的账户，每个用户可以用自己的账号登录 Windows，并且多个用户之间的 Windows 设置是相对独立互不影响的。

创建账户：在"控制面板"窗口中单击"用户账户和家庭安全"分类下的"添加或删除用户账户"超链接，在打开的"管理账户"窗口中单击"创建一个新账户"超链接，即可按照提示创建一个新的标准用户或管理员账户。

更改账户：用上面的方法打开"管理账户"窗口，在"选择希望更改的账户"列表中单击需要更改的账户，在打开的"更改账户"窗口中即可进行更改账户名称、创建或修改密码、更改图片等操作。

2.5.4　软硬件的安装与卸载

Windows 操作系统自带的程序有限，如果要让计算机完成更多的工作，就需要购买或从网上下载所需的软件，这些软件绝大部分需要安装后才能使用，因此本节将着重讲解在 Windows 7 中安装与卸载软件的方法以及一些常用硬件设备的安装与卸载方法。通过本节的学习，读者可根据自身的实际需要，为计算机扩展某方面的功能。

1. 安装软件前的准备

安装在计算机中的软件并不是越多越好，软件过多不仅会占用计算机的磁盘空间，还会影响系统的稳定性和计算机的运行速度，因此用户应根据自身的实际需要，安装一些必需和常用的软件。在安装软件之前，首先应了解目前市场上软件的种类、获取软件的方法以及找安装软件时要使用的序列号的方法等。

1）常用软件的分类

常用软件的种类很多，根据其性质的不同，可大致分为系统软件和应用软件两类。

Windows 7、Windows 8 以及 Windows 10 是目前常用的系统软件。

应用软件中的工具软件是用户使用最频繁的软件类型，主要包括以下三种类型。

（1）演示软件：是为了让用户先了解软件的功能而发布的版本，主要介绍软件可以实现的功能和软件的特性。如果需要使用该软件，可以去购买正式版本。

（2）共享软件：是购买或注册前，用户可以试用的一类软件。这类软件有版权，可免费下载并使用，但是在一定的试用时间后，用户必须注册或者购买这个软件才能继续使用。

（3）免费软件：用户可以免费下载、安装和使用，并可以在同事和朋友之间传递。和共享软件不同的是，用户无须注册和购买即可使用其提供的所有功能。

注意：共享软件多数不是永久免费的，开发者的最终目的是希望用户通过对软件的了解而购买产品，所以共享软件往往限制了使用时间或者只提供了部分功能，不过与纯粹的免费软件相比，共享软件在安全方面要强很多。

2）获取软件的途径

要安装软件，首先应获取软件的安装程序，主要有以下几种途径。

（1）从软件销售商处购买安装光盘：光盘是存储软件和文件最好的媒体之一，用户可以从软件销售商处购买到所需的软件安装光盘。需要注意的是，不要购买盗版软件，因为盗版软件不能得到很好的售后服务，同时不能得到软件商的技术支持，最重要的是盗版软件的安全性差，购买的盗版光盘中可能存在危害计算机安全的计算机病毒等程序。另外，盗版软件还侵犯了软件开发者的知识产权。

（2）从网上下载安装程序：目前，许多共享软件和免费软件都将其安装程序放置在网络上，通过网络，用户可以将所需的软件程序下载下来使用。但在网络上下载程序时应选择知名度较高的网站，因为网络是计算机病毒和木马最重要的传播渠道，知名度较高的网站在安全性方面会做得更好。

（3）购买软件书时赠送：一些软件方面的杂志或书籍也常会以光盘的形式为读者提供一些小的软件程序，这些软件大都是免费的，且经过了测试，用户可放心使用。

3）查找安装序列号

在安装一些商业或共享软件的过程中，常常需要输入安装序列号（又叫注册码），如果没有正确的序列号将不能继续安装。获取安装序列号一般有以下几种方法。

（1）阅读安装光盘的包装，很多软件商都将安装序列号印刷在安装光盘的包装封面上，用户可以通过它来获取安装序列号。

（2）在安装共享软件或免费软件之前，应仔细阅读软件的安装说明书或随机文档资料。根据软件的大小或用途，其软件安装说明书的内容也各不相同，但一般都可通过它获取软件的安装序列号、软件的安装方法和步骤等，可注意其中以"CN"、"sn"、"README"或"序列号"等命名的文件。

2. 安装与卸载软件

在获取软件和安装序列号后，即可开始进行软件的安装。该过程其实并不复杂，只要掌握了安装软件的途径和一般步骤，即可按照安装程序的提示正确安装。

1）安装软件的两种途径

做好软件的安装准备工作后，即可开始安装软件。安装软件一般有以下几种方法。

（1）将安装光盘放入光驱，然后双击其中的 setup.exe 或 Install.exe 文件，打开安装向导对话框，再根据提示进行安装。某些安装光盘提供了智能化功能，即只需将安装光盘放入光驱，系统就会自动运行安装可执行文件，打开安装向导对话框。

（2）如果安装程序是从网上下载并存放在硬盘中，则可在资源管理器窗口中找到该安装程序的存放位置，双击其中的安装可执行文件，再根据提示进行操作即可。

注意：并不是所有安装文件的文件名都是 setup.exe 或 install.exe，有的软件将安装程序打包为一个文件，双击该文件也可进行安装，其文件名可能是该软件的名称。

2）安装软件

根据以上方法打开安装向导对话框后，根据提示操作即可完成软件的安装，这个过程通常会经历以下几个部分。

（1）阅读软件介绍：包括软件的主要功能和开发商等内容。

（2）阅读许可协议：即用户要使用该软件需要接受的相关协定。

（3）填写用户信息：如用户名、单位等内容。

（4）输入安装序列号：也称为 CD key，只有输入了正确的安装序列号后才能继续安装。

（5）选择安装位置：即指定软件程序安装在计算机中的文件夹。

（6）选择安装项目：有些大型软件包含多个功能或组件，用户可根据需要进行选择。

（7）开始安装：显示安装进度。

（8）安装完毕：显示安装成功等信息。

提示：上述步骤只是软件安装的一般步骤，并不是所有软件的安装过程都要经历以上每个步骤，根据软件的类型、大小的不同，其操作步骤或增或减，每个步骤的顺序也或前或后。在安装过程中，只需仔细阅读安装向导对话框中的提示，并按照其要求进行操作即可。

3）查看安装好的软件

如果用户需要了解计算机中安装的软件，可以查看它，其方法主要有三种，下面分别进行讲解。

（1）通过"开始"菜单查看

在安装过程中，如果用户选择默认的安装路径进行安装，大多数软件都将出现在"开始"菜单的"所有程序"列表中，因此用户可以在"所有程序"列表中查看已安装的软件。在相应程序文件夹下单击相应的命令项，即可启动软件。

提示：某些软件安装成功后还将自动在桌面上创建一个快捷方式图标，双击图标可快速启动软件。

（2）通过"计算机"窗口查看

软件安装成功后如果并未显示在"开始"菜单的"所有程序"列表中，也没有在桌面上创建该快捷方式，用户可以通过"计算机"窗口查找出该软件，并在桌面上创建一个快捷图标以方便使用。通常可以在"计算机"窗口中打开 C 盘（系统盘）中的 Program Files 文件夹，在该文件夹中显示了计算机中所有安装的软件。提示：一般安装软件的默认位置都在系统盘的 Program Files 文件夹中，如果安装时用户手动更改了其安装位置，则需要到指定的路径下才能找到该文件。

（3）通过控制面板查看

另外，还可通过控制面板查看计算机中安装了哪些程序，其方法是：打开"控制面板"窗口，单击 按钮，在打开的"程序"窗口中单击"程序和功能"超链接，在打开窗口的"卸载或更改程序"列表框中即可查看计算机中安装的所有程序，如图 2.78 所示。

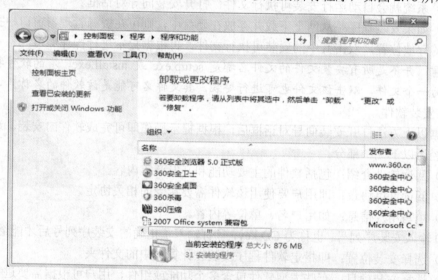

图 2.78 "程序和功能"窗口

4）卸载软件

对于不再需要使用的软件或由于程序错误导致不能再继续使用的软件，可以将其从计算机中卸载。卸载软件一般可通过下面两种方法实现。

（1）通过"开始"菜单卸载

对于本身就提供了卸载功能的软件，可以通过"开始"菜单直接将其删除，这是删除软件最简单的一种方法。

（2）通过控制面板卸载

如果"开始"菜单中没有"卸载"命令项，则可以在控制面板中完成删除操作。

3．添加与卸载硬件设备

Windows 7 支持即插即用型和非即插即用型硬件设备的安装。即插即用型硬件设备是指只需将该设备与计算机相连，然后可以直接使用的硬件设备；非即插即用型硬件设备是指将其与计算机正确连接后还需手动安装其驱动程序才能使用的硬件设备。下面分别对这两种类型硬件设备的安装与卸载进行介绍。

1）U 盘的安装与卸载

U 盘是目前使用最广、最方便的移动存储工具，其携带方便、操作简单，是一种典型的即插即用型硬件设备。使用 U 盘时只需将其插入计算机的 USB 接口中，Windows 检测到硬件后将自动查找并安装驱动程序，稍候即可使用。使用完后不能直接拔掉 U 盘，需要单击任务栏通知区域的 图标，在弹出的菜单中选中设备命令，如图 2.79 所示，待系统提示可以安全移除设备时，再拔出 U 盘，如图 2.80 所示。

图 2.79　弹出设备　　　　　　　　图 2.80　移除设备

2）打印机的安装

打印机的安装与卸载不同于 U 盘，除了正确连接线缆外，还需要在计算机上安装相应的驱动程序，否则将不能正确打印。

安装打印机时，需先将打印机的数据线与计算机相连，然后接通电源，开启电源开关，如果有随机的驱动程序光盘，则像安装其他软件一样安装驱动程序即可。如果没有光盘，可选择"开始"→"设备和打印机"命令，打开"设备和打印机"窗口，单击工具栏中的 添加打印机 按钮添加系统中自带的驱动程序，如图 2.81 所示。

提示：不同的打印机有不同类型的端口，常见的有 USB、LPT 和 COM 端口，只需将其端口插入到机箱后面相应的插口中，然后安装其驱动程序即可使用，安装时需注意驱动程序与设备的兼容性。

2.5.5　系统工具

Windows 7 为人们提供了一系列功能丰富的系统工具，如果能够充分利用这些工具，可以让自己的 Windows 7 功能得到充分的发挥。本节将主要介绍 Windows 7 自带的系统工具：资源监视器、备份和还原、磁盘清理、磁盘碎片整理程序、Windows 轻松传送、系统消息等。

1．系统资源随时监控——资源监视器

资源监视器可以用来实时监视 CPU、硬盘、网络和内存等系统资源的使用情况。Windows 资源监视器是一个功能强大的工具，可用于了解进程和服务如何使用系统资源。除了可以实时监视资源使用情况外，资源监视器还可以帮助分析没有响应的进程，确定哪些应用程序正在使用文件，以及控制进程和服务。打开"资源监视器"的方法是：选择"开始"→"所有程序"→"附件"→"系统工具"→"资源监视器"命令，打开"资源监视

器"窗口，如图 2.82 所示。如果系统提示用户输入管理员密码或进行确认，请输入该密码或提供确认。

图 2.81 "设备与打印机"窗口

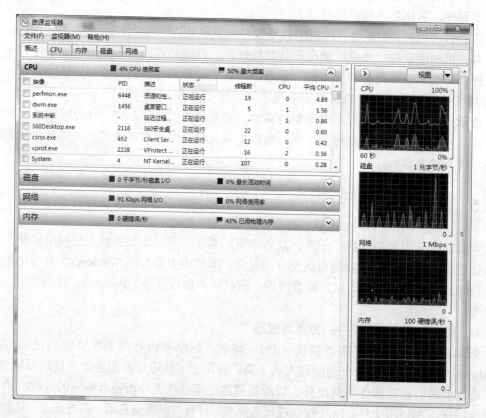

图 2.82 "资源监视器"窗口

提示：打开"资源监视器"的另一种方法是：单击"开始"按钮，在搜索框中输入"转移监视器"或者输入"resmon.exe"，然后在结果列表中单击"资源监视器"或者 resmon 就可以打开"资源监视器"了。

Windows 资源监视器包括下列元素和功能。

（1）选项卡：资源监视器包括 5 个选项卡：概述、CPU、内存、磁盘和网络。"概述"选项卡显示基本系统资源使用信息，其他选项卡显示有关各种特定资源的信息。通过单击选项卡标签可在选项卡之间进行切换。如果已筛选了某个选项卡上的结果，则只有选定进程或服务使用的资源才会显示在其他选项卡上。筛选结果由每个表标题栏下方的橙色栏表示，如图 2.83 所示。若要在查看当前选项卡时停止筛选结果，则在关键表中取消选中 ☐ 映像 复选框。

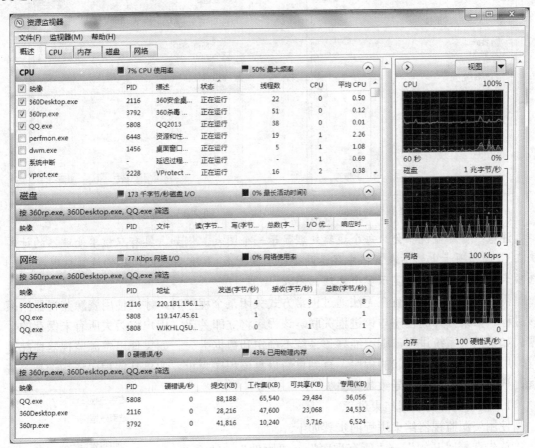

图 2.83　筛选结果由每个表标题栏下方的橙色栏表示

（2）表：资源监视器中的每个选项卡都包含多个表，这些表提供有关该选项卡上所提供资源的详细信息。若要展开或折叠表，则单击表标题栏右侧的箭头。默认情况下，不是所有的表都会展开。若要在表中添加或隐藏数据列，则使用鼠标右键单击任意列选项卡标签，然后在弹出的快捷菜单中选择【选择列】命令，打开图如 2.84 所示的对话框。在此对话框里选中或清除要显示的列所对应的复选框。默认情况下，不是所有的列都会显示。

（3）图表窗格：资源监视器中的每个选项卡都包括一个图表窗格（位于窗口右侧），

这些窗格显示该选项卡中所包括资源的图表。单击窗口右侧图表窗格的按钮，在打开的下拉菜单中可以选择不同的图标大小，从而更改视图中图标的大小。单击"视图"窗格顶部的箭头按钮⚪，可以隐藏图表窗格。

如果有多个逻辑处理器，则可以选择要在图表窗格中显示的处理器。方法是：首先切换到 CPU 选项卡，选择菜单栏上的"监视器"命令，打开下拉菜单，然后选择 选择处理器(C)... 命令，打开"选择处理器"对话框，如图 2.85 所示。在"选择处理器"对话框中，如果监视全部 CPU，则选中☑〈所有 CPU〉复选框，图表窗格中将会显示所有 CPU 的资源监视图表。如果选择某个或者某些 CPU，需要首先取消选中☐〈所有 CPU〉复选框，然后选中与要显示的逻辑处理器对应的复选框，即可对选中的 CPU 进行监视。

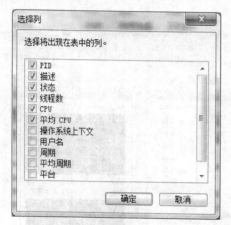

图 2.84　"选择列"对话框

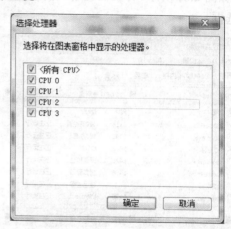

图 2.85　"选择处理器"对话框

注意：资源监视器会为每个逻辑处理显示一个图表。例如，具有双核单处理器的计算机在 CPU 选项卡上的图表窗格中显示两个处理器图表。具有多核处理器的计算机则在 CPU 选项卡上的图表窗格中显示多个处理器图表。

需要注意的是，只有在无法通过正常方式关闭某个程序时，才应使用资源监视器结束该进程。如果打开的程序与该进程关联，该程序将立即关闭，用户将丢失所有未保存的数据。如果结束系统进程，则可能导致系统不稳定和数据丢失。如果使用资源监视器挂起进程，用户将无法使用挂起的程序，直到重新恢复该程序为止。如果其他程序依赖于某个进程，挂起该进程可能会导致数据丢失。

1）使用资源监视器结束进程

使用资源监视器结束进程的步骤如下。

首先选择"开始"→"所有程序"→"附件"→"系统工具"→"资源监视器"命令，打开"资源监视器"窗口。

在资源监视器任意选项卡的关键表中的"映像"列中，右键单击要结束的进程的可执行文件名，然后在弹出的快捷菜单中选择"结束进程"命令，如图 2.86 所示。若要结束与选定进程有关的所有进程，可选择"结束进程树"命令。

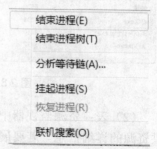

图 2.86　选择"结束进程"

在弹出的如图 2.87 所示的结束进程确认对话框中，确认是否要结束进程。如果要结束进程，则单击 结束进程 按钮，如果取消操作，则单击 取消 按钮。

2）使用资源监视器挂起进程

使用资源监视器挂起进程的步骤如下。

首先选择"开始"→"所有程序"→"附件"→"系统工具"→"资源监视器"命令，打开"资源监视器"窗口。

在资源监视器任意选项卡的关键表中的"映像"列中，右键单击要挂起的进程的可执行文件名，然后在弹出的快捷菜单中选择"挂起"命令。

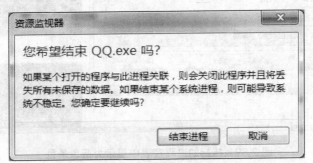

图 2.87　结束进程确认对话框

在弹出的如图 2.88 所示的挂起进程确认对话框中，确认是否要挂起进程即可。

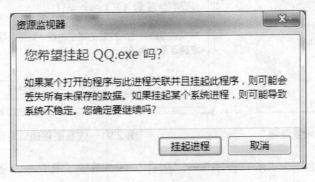

图 2.88　挂起进程确认对话框

注意：挂起的进程在表中显示为蓝色条目，如图 2.89 所示。

3）使用资源监视器恢复进程

如果要恢复挂起的进程，方法也很简单，恢复进程的步骤如下。

首先选择"开始"→"所有程序"→"附件"→"系统工具"→"资源监视器"命令，打开"资源监视器"窗口。

在资源监视器任意选项卡的关键表中的"映像"列中，右键单击要恢复的程序的可执行文件名，然后在弹出的快捷菜单中选择"恢复进程"命令，如图 2.90 所示。

在弹出的如图 2.91 所示的恢复进程确认对话框中，确认是否要恢复进程即可。

4）使用资源监视器控制服务

其他应用程序和服务可能依赖于正在运行的服务。停止或重新启动其他应用程序和服务而正确操作所需的服务可能会导致系统不稳定和数据丢失。用户可能无法使用资源监视器停止关键服务。使用资源监视器启动、停止或重新启动服务的步骤如下。

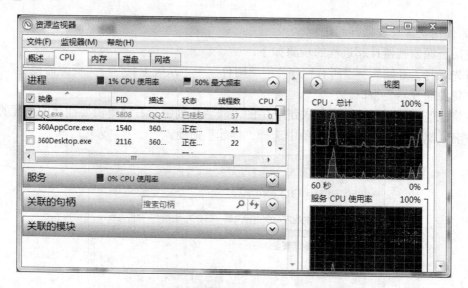

图 2.89　挂起的进程在表中显示为蓝色条目

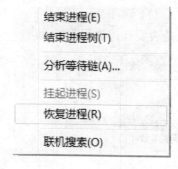

图 2.90　选择"恢复进程"

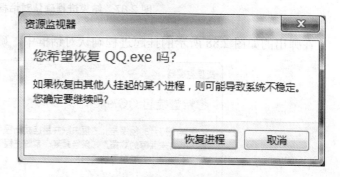

图 2.91　恢复进程确认对话框

首先选择"开始"→"所有程序"→"附件"→"系统工具"→"资源监视器"命令，打开"资源监视器"窗口。

在 CPU 选项卡中，单击"服务"的标题栏展开服务表。

在"名称"中，右键单击要更改的服务名称，然后在弹出的快捷菜单中根据实际需要选择"停止服务"、"启动服务"或"重新启动服务"命令即可。

注意：若要按照服务正在运行还是已经停止对服务进行排序，则单击"状态"列标签进行排序。

2．有备无患——备份

由于受到病毒或蠕虫攻击、软件或硬件故障，或者整个硬盘故障，可能会意外删除或替换文件而失去文件。要保护文件，可以创建备份：一组与原始文件存储在不同位置的文件副本。Windows 提供了备份文件、程序和系统设置的工具，可以随时手动备份文件或者设置自动备份。下面就来简单介绍如何利用 Windows 7 提供的备份工具来备份计算机上的文件和注册表以及如何还原备份的文件。

1）备份文件和计算机

文件备份是存储在与源文件不同位置的文件副本。如果希望跟踪文件的更改，则可以有文件的多个备份。备份文件的步骤如下。

选择"开始"→"控制面板"→"所有控制面板项"→"备份和还原"命令，打开"备份和还原"窗口，如图 2.92 所示。如果是首次进行备份，则需要进行设置。单击"设置备份"链接，打开如图 2.93 所示的"设置备份"对话框，选择备份位置建议将备份保存在外部硬盘上，以免系统盘损坏后备份数据也无法恢复和使用选择备份位置完毕后，单击 下一步(N) 按钮，在弹出的如图 2.94 所示的对话框中选中 ⊙ 让我选择 单选按钮，单击 下一步(N) 按钮，在弹出的对话框中选择备份内容，如图 2.95 所示。如果外部硬盘空间足够大，还可以选择 □ 包括驱动器 WIN7 (C:), (E:) 的系统映像(S) 复选框，这样可以将整个 Windows 7 操作系统备份到外部硬盘上。

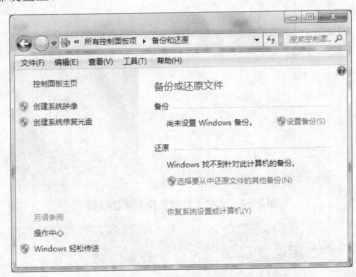

图 2.92 "备份和还原"窗口

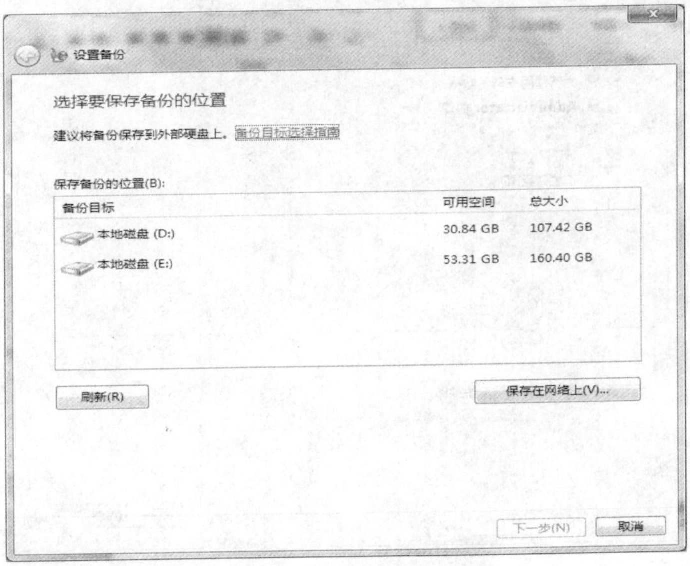

图 2.93 "设置备份"对话框

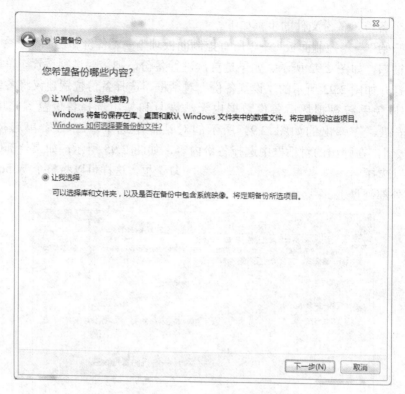

图 2.94　选中"让我选择"单选按钮

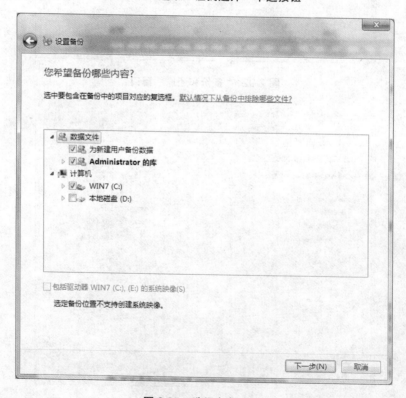

图 2.95　选择备份内容

选择完毕后，单击 下一步(N) 按钮，弹出如图 2.96 所示的【查看备份设置】对话框，确认后，单击 保存设置并运行备份(S) 按钮。系统开始备份操作，如图 2.97 所示。完成备份如图 2.98 所示。

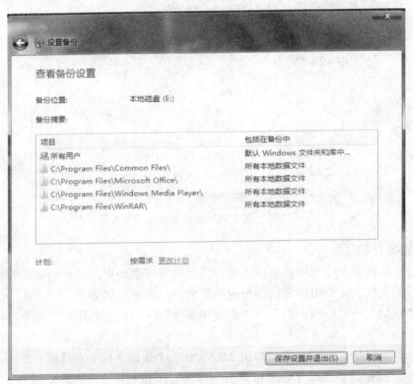

图 2.96　"查看备份设置"对话框

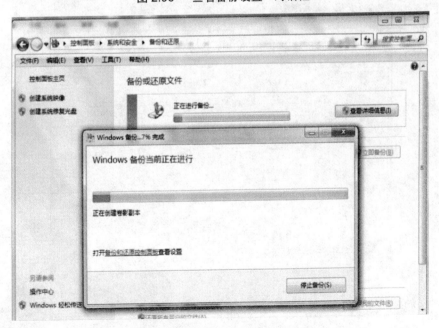

图 2.97　系统开始备份

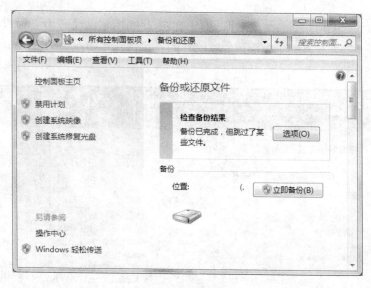

图 2.98　完成备份

2）备份文件和计算机

用户可以从备份和还原中心还原丢失、受到损坏或意外更改的各份版本的文件，还可以还原单独的文件、文件组或者已备份的所有文件。具体步骤如下。

选择"开始"→"控制面板"→"系统和安全"→"备份和还原"命令，打开"备份和还原"窗口。

单击 还原我的文件(R) 按钮，弹出如图 2.99 所示的"还原文件"对话框，要还原文件可单击 浏览文件(I) 按钮，要还原文件夹可单击 浏览文件夹(O) 按钮。

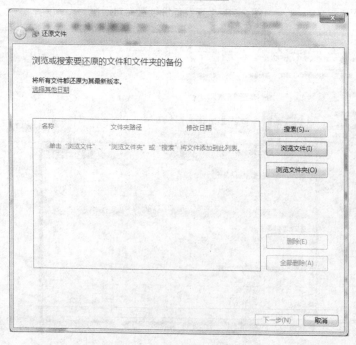

图 2.99　"还原文件"对话框

如图 2.100 所示，选择了要还原的文件后，单击 下一步(N) 按钮，弹出如图 2.101 所示的"您想在何处还原文件?"界面，选中 ⊙ 在原始位置(O) 单选按钮，然后单击 还原(R) 按钮，如果原始位置包含此文件，会弹出"复制文件"对话框，提示是否复制和替换，单击→复制和替换按钮即可完成复制和替换。

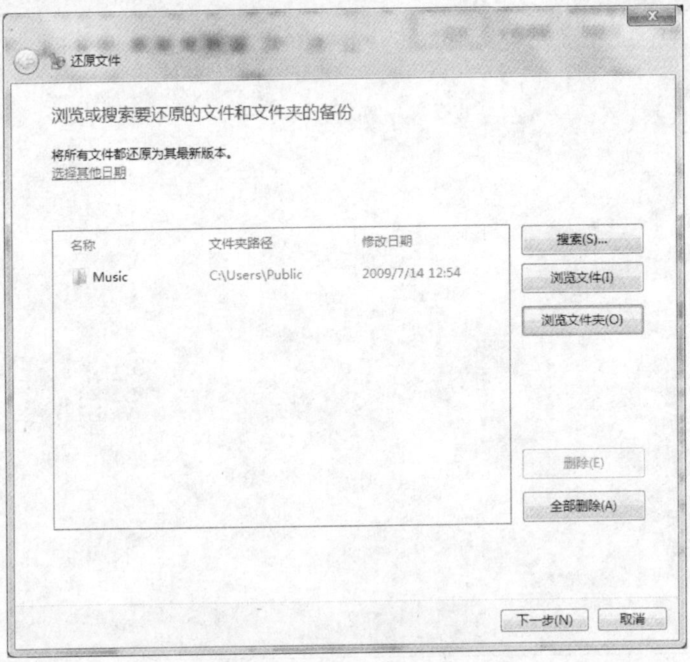

图 2.100　选择了要还原的文件

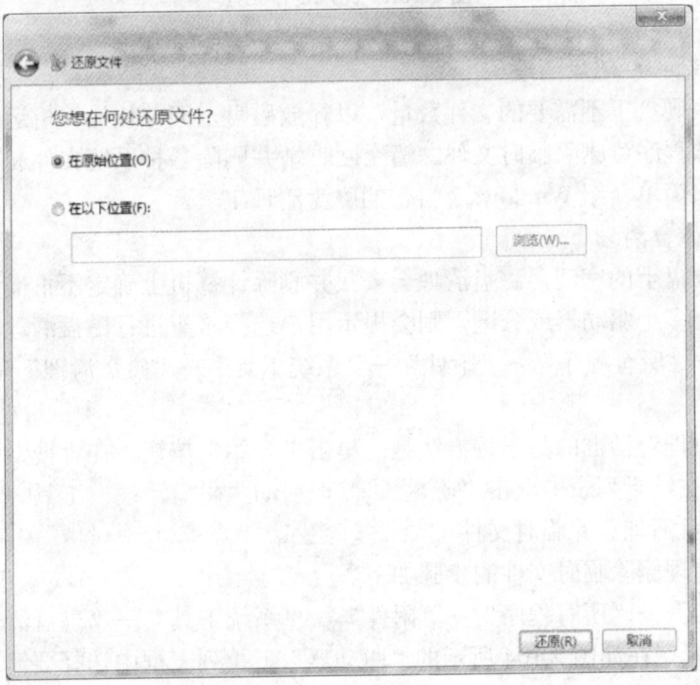

图 2.101　"还原文件"对话框

还原完成后，弹出如图 2.102 所示的完成提示信息。单击 完成(F) 按钮结束还原过程。

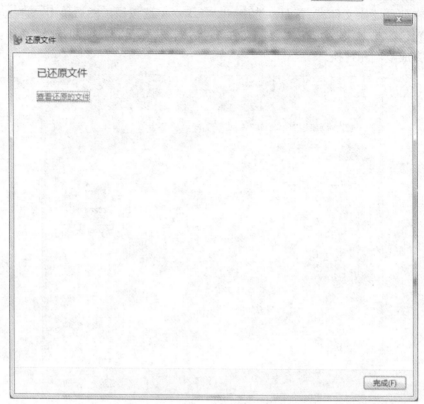

图 2.102　完成提示信息

3．整洁如新——磁盘清理

如果要减少硬盘上不需要的文件数量，以释放磁盘空间并让计算机运行得更快，可使用磁盘清理。该程序可删除临时文件、清空回收站并删除各种系统文件和其他不再需要的项目。下面就来简单介绍 Windows 7 自带的磁盘清理工具。

1）启动"磁盘清理"

为了释放硬盘上的空间，磁盘清理会查找并删除计算机上确定不再需要的临时文件。如果计算机上有多个驱动器或分区，则会提示用户选择希望进行磁盘清理的驱动器。通过选择"开始"→"所有程序"→"附件"→"系统工具"→"磁盘清理"命令，如图 2.103所示。

打开磁盘清理对话框的另一种方法是：单击"开始"按钮，在"搜索"框中输入"磁盘清理"，然后在结果列表中双击"磁盘清理"，启动"磁盘清理"工具。

2）使用磁盘清理删除临时文件

使用磁盘清理删除临时文件的步骤如下。

选择"开始"→"所有程序"→"附件"→"系统工具"→"磁盘清理"命令，打开"磁盘清理"工具，在如图 2.104 所示的"驱动器"下拉列表框中选择要清理的驱动器，然后单击 确定 按钮。

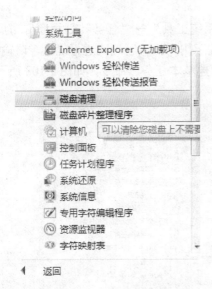

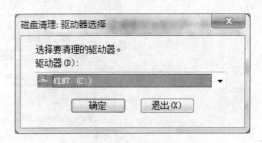

<table>
<tr><td>图 2.103　磁盘清理位置</td><td>图 2.104　"磁盘清理"对话框</td></tr>
</table>

弹出如图 2.105 所示的磁盘清理对话框。选中要删除的临时文件对应的复选框，单击 确定 按钮，弹出如图 2.106 所示的确认删除对话框。

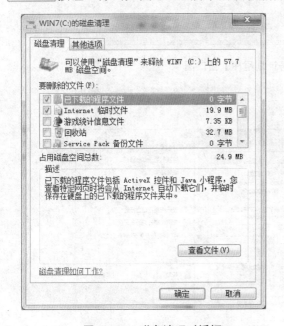

<table>
<tr><td>图 2.105　磁盘清理对话框</td><td>图 2.106　确认删除对话框</td></tr>
</table>

单击 删除文件 按钮，将会删除选择的临时文件，单击 取消 按钮，将会取消删除操作。

3）计划定期进行磁盘清理

磁盘清理是一种用于删除计算机上不再需要的文件并释放硬盘空间的方便途径。定期运行磁盘清理可以省去用户必须记住要运行磁盘清理的麻烦。要想定期运行磁盘操作步骤如下。

选择"开始"→"所有程序"→"附件"→"系统工具"→"任务计划程序"，打开"任务计划程序"窗口，如图 2.107 所示。如果系统提示用户输入管理或进行确认，请输入密码或提供确认。单击"操作"菜单，然后选择"创建基本任务"命令，如图 2.108 所示。

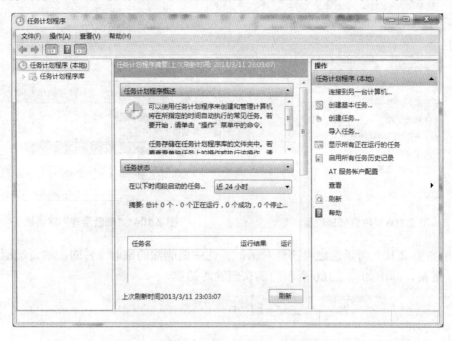

图 2.107　【任务计划程序】窗口图

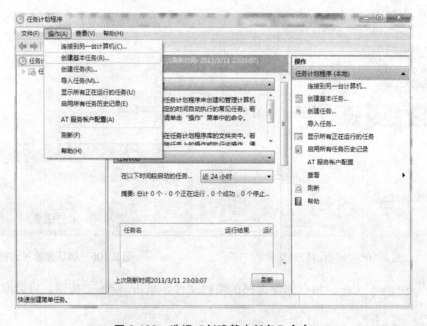

图 2.108　选择"创建基本任务"命令

弹出如图 2.109 所示的"创建基本任务"对话框，输入任务的名称和描述（可选），然后单击 下一步(N) > 按钮。弹出如图 2.110 所示的"任务触发器"对话框，若要根据日历选择计划选中⦿ 每天(D) 、◎ 每周(W) 、◎ 每月(M) 或◎ 一次(O) 单选按钮，然后单击 下一步(N) > 按钮。

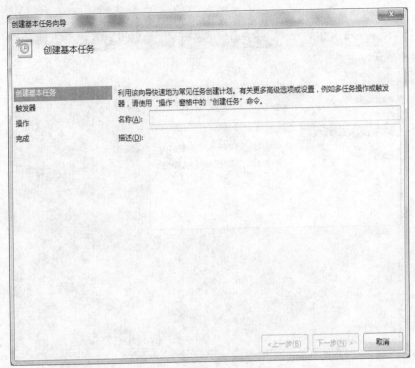

图 2.109　输入任务的名称和描述

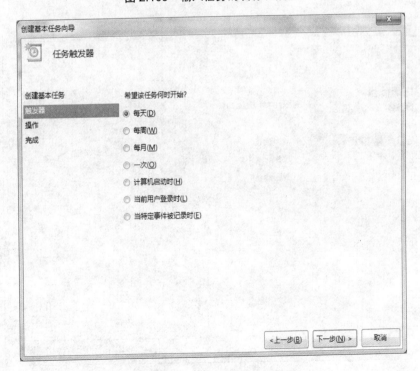

图 2.110　"任务触发器"对话框

弹出如图 2.111 所示的对话框，在此指定要使用的计划，然后单击 下一步(N) > 按钮。

弹出如图 2.112 所示的"操作"对话框，选中 ⊙ 启动程序(T) 单选按钮，然后单击 下一步(N) > 按钮。

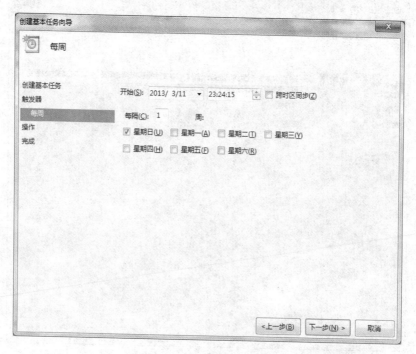

图 2.111　指定要使用的计划

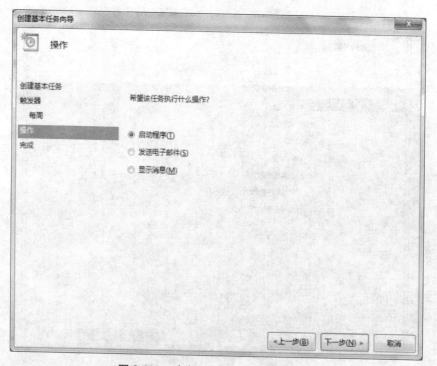

图 2.112　选中"启动程序"单选按钮

弹出如图 2.113 所示的"启动程序"对话框，单击"浏览"按钮，弹出"打开"对话框，在"文件名"下拉列表框中输入"cleanmgr.exe"，如图 2.114 所示，然后单击 下一步(N) > 按钮。

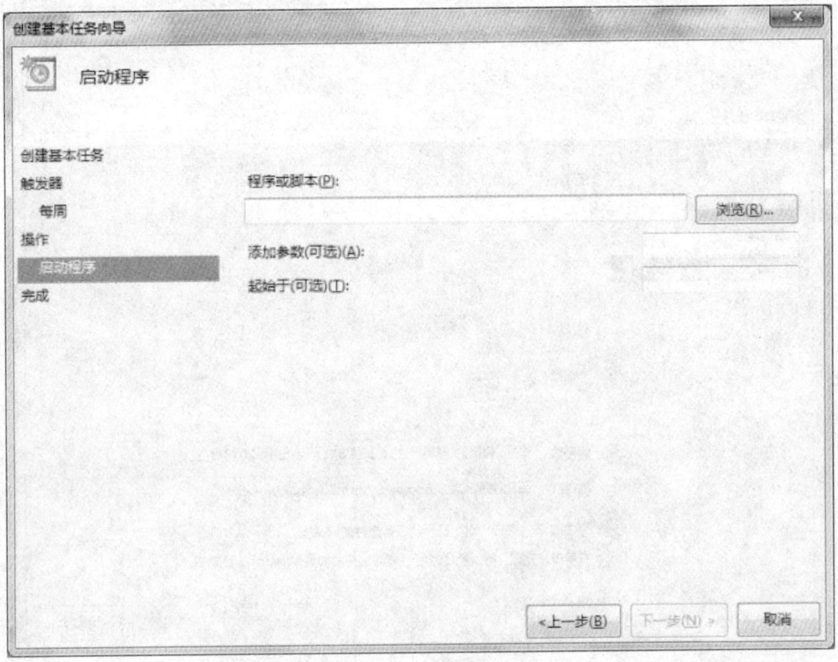

图 2.113　"启动程序"对话框

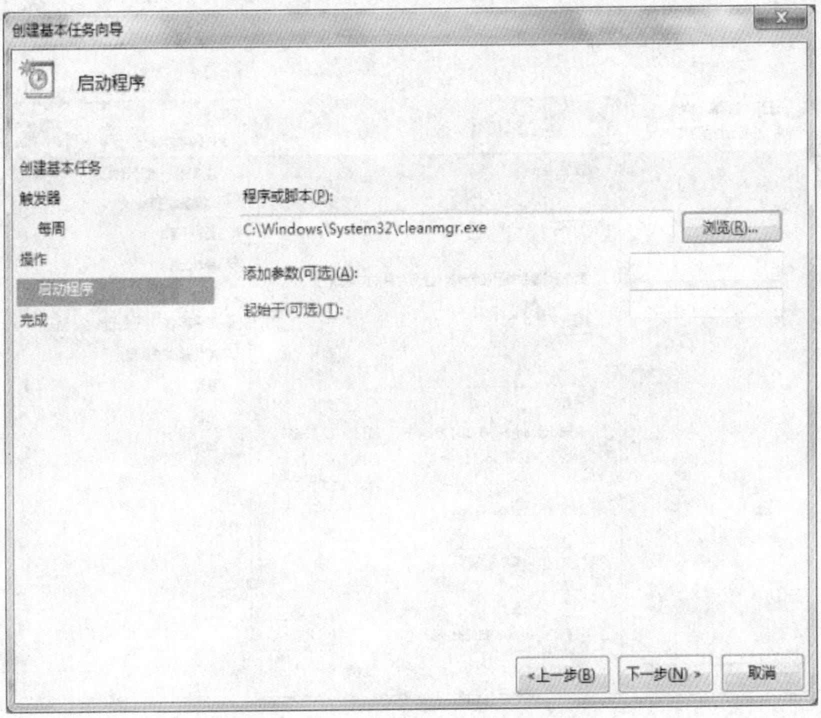

图 2.114　打开 cleanmgr.exe

在弹出的如图 2.115 所示的"摘要"对话框中单击 完成(F) 按钮完成计划，返回"任务计划程序"窗口，如图 2.116 所示。

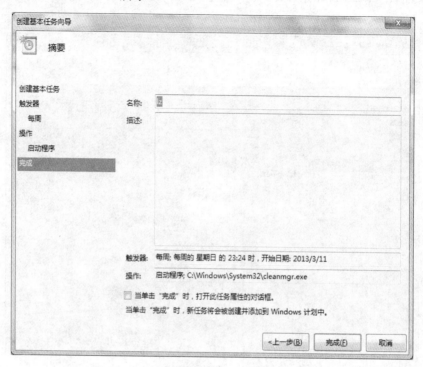

图 2.115　"摘要"对话框

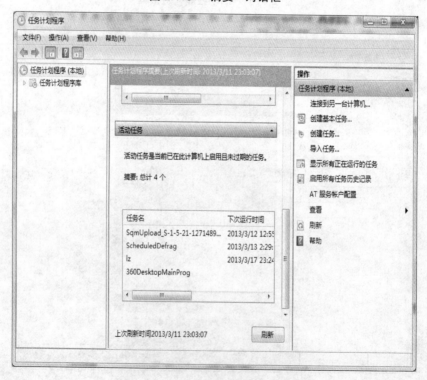

图 2.116　返回"任务计划程序"窗口

4．集腋成裘——磁盘碎片整理程序

随着保存、更改或删除文件的进行，硬盘需要进行碎片整理。对文件所做的更改便存储在硬盘上与原始文件不同的位置。其他更改甚至会保存到多个位置。随着时间的流逝，文件和硬盘本身都会成为碎片，当计算机必须在多个不同位置查找以打开文件时，其速度会降低。

磁盘碎片整理程序是一种工具，它可以重新排列硬盘上的数据并重新组合碎片文件，以便计算机能够更有效地运行。在此版本的 Windows 中，磁盘碎片整理程序会按计划运行，因此用户无须记住要运行它，尽管仍然可以手动运行它或更改其运行计划。

1）整理磁盘碎片

用户可以通过对硬盘进行碎片整理来提高计算机的性能。磁盘碎片整理程序可以重新排列碎片数据，以便硬盘能够更有效地工作。磁盘碎片整理程序会按计划运行，但也可以手动进行硬盘碎片整理。手动进行硬盘碎片整理的步骤如下。

选择"开始"→"所有程序"→"附件"→"系统工具"→"磁盘碎片整理程序"命令，打开"磁盘碎片整理程序"窗口，如图 2.117 所示。

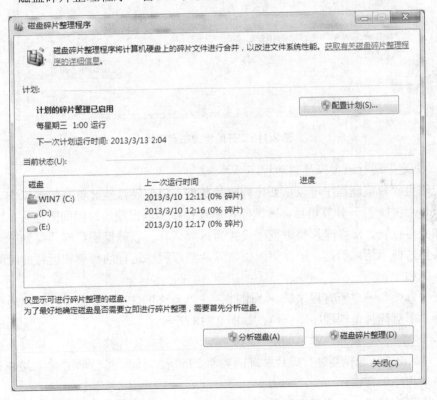

图 2.117 "磁盘碎片整理程序"窗口

首先选择要整理碎片的磁盘，然后单击 分析磁盘(A) 按钮，分析磁盘上的碎片情况，分析完成后，会将磁盘碎片百分比显示在【当前状态】区域中，单击 磁盘碎片整理(D) 按钮，则立即开始分析并进行磁盘碎片的整理工作，如图 2.118 所示。磁盘碎片整理程序可能需要几分

钟到几小时才能完成，具体取决于硬盘碎片的大小和程度。在磁盘碎片整理过程中，仍然可以使用计算机。

图 2.118　开始整理磁盘碎片

2）计划定期运行磁盘碎片整理程序

使用磁盘碎片整理程序可以重新排列碎片数据，以便硬盘能够更有效地工作。在此版本的 Windows 中，打开计算机后，磁盘碎片整理程序会以定期的时间间隔运行，因此用户无须记住要运行它。磁盘碎片整理程序设置为每周运行，以确保磁盘碎片得到整理。用户无须做其他任何事情。但是，可以更改磁盘碎片整理程序运行的频率和运行的时间，具体的操作步骤如下。

选择"开始"→"所有程序"→"附件"→"系统工具"→"磁盘碎片整理程序"命令，打开"磁盘碎片整理程序"窗口，如图 2.118 所示。

单击 配置计划(S)... 按钮，弹出如图 2.119 所示的"磁盘碎片整理程序：修改计划"对话框，在此对话框中，选择要进行碎片整理的频率、日期、时间，然后单击 确定(O) 按钮返回"磁盘碎片整理程序"窗口。

再次在"磁盘碎片整理程序"窗口中单击 确定(O) 按钮完成整个设置过程。

5．战地转移——Windows 轻松传送

Windows 轻松传送，如图 2.120 所示，指导用户完成将文件和设置从一台 Windows 计算机传送到另一台计算机的过程。使用 Windows 轻松传送，可以选择要传送到新计算机的内容和传送方式。

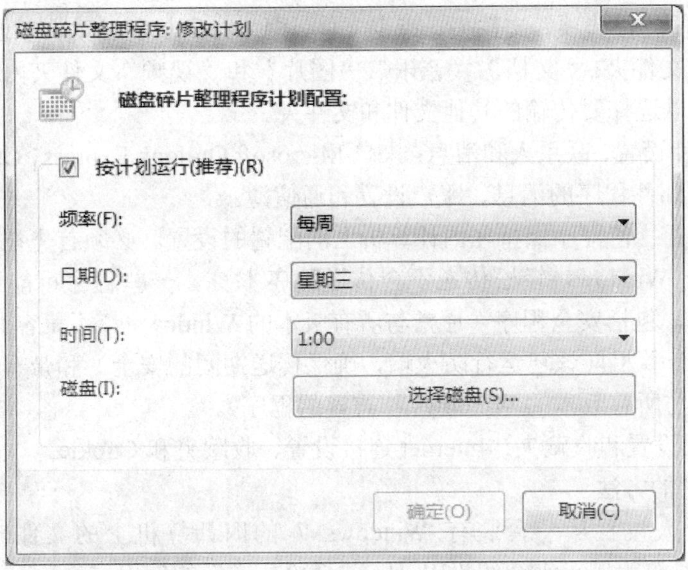

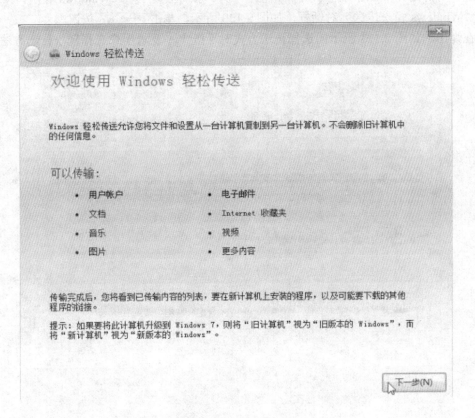

图 2.119　设置磁盘碎片整理计划

图 2.120　"Windows 轻松传送"对话框

1）传送的文件类型

使用 Windows 轻松传送可以传送大多数文件和程序设置。传送的具体文件类型如下。

（1）用户账户和设置：颜色主题、桌面背景、网络连接、屏幕保护程序、字体、"开始"菜单选项、任务栏选项、文件夹、特定文件、网络打印机和驱动器以及辅助功能选项。

（2）文件和文件夹："文档"、"音乐"、"图片"和"视频"文件夹内的全部内容。使用高级选项，可以选择要传输的其他文件和文件夹。

（3）电子邮件设置、联系人和消息：来自 Microsoft Outlook Express、Outlook、Windows Mail 和其他电子邮件程序的消息、账户设置和通信簿。

（4）程序设置：使程序保持在旧计算机上的配置的设置。必须首先在新计算机上安装这些程序，因为 Windows 轻松传送不会传送程序本身。一些程序可能无法在此版本的 Windows 上工作，包括安全程序（通常与所有版本的 Windows 都不兼容）、防病毒程序、防火墙程序（新计算机应该已运行防火墙，确保传送期间的安全）和带有软件驱动程序的程序（一些不是与所有版本的 Windows 都兼容的程序）。

（5）Internet 设置和收藏夹：Internet 连接设置、收藏夹和 Cookie。

2）传送文件的方法

下面以把个人设置从一台装有 Windows 7 的旧计算机上的文件转移到一台装有 Windows 7 新计算机为例，来介绍"Windows 轻松传送"的使用方法。

选择"开始"→"所有程序"→"附件"→"系统工具"→"Windows 轻松传"命令，打开"Windows 轻松传送"对话框，如图 2.120 所示，单击 下一步(N) > 按钮。

在弹出的如图 2.121 所示的选择传送方式对话框中，要求用户选择轻松传送方法。

图 2.121　选择传送方式对话框

用户可以根据实际情况进行选择。如果有串行口的双机连线，可以选用第一项"轻松传送电缆"；如果两台计算机在同一区域网络中，可以选择第二项"网络"；如果有 USB 闪

存盘、外接硬盘可以选择第三项"外部硬盘或 USB 闪存驱动器"。这里选择"外部硬盘或
USB 闪存驱动器"。弹出"您现在使用的是哪台计算机"界面，这里选择 ➡ 这是我的旧计算机 选
项，如图 2.122 所示。

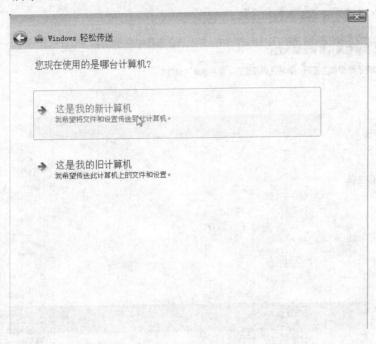

图 2.122　选择"这是我的旧计算机"

弹出"选择要从此计算机传送的内容"界面，如图 2.123 所示，在此选择要从此计算
机传送的内容，然后单击 下一步(N) > 按钮，弹出的对话框要求输入密码，如图 2.124 所示。
保存到本地硬盘中，如图 2.125 所示，最后系统提示保存完成，如图 2.126 所示。

图 2.123　选择要传送的内容

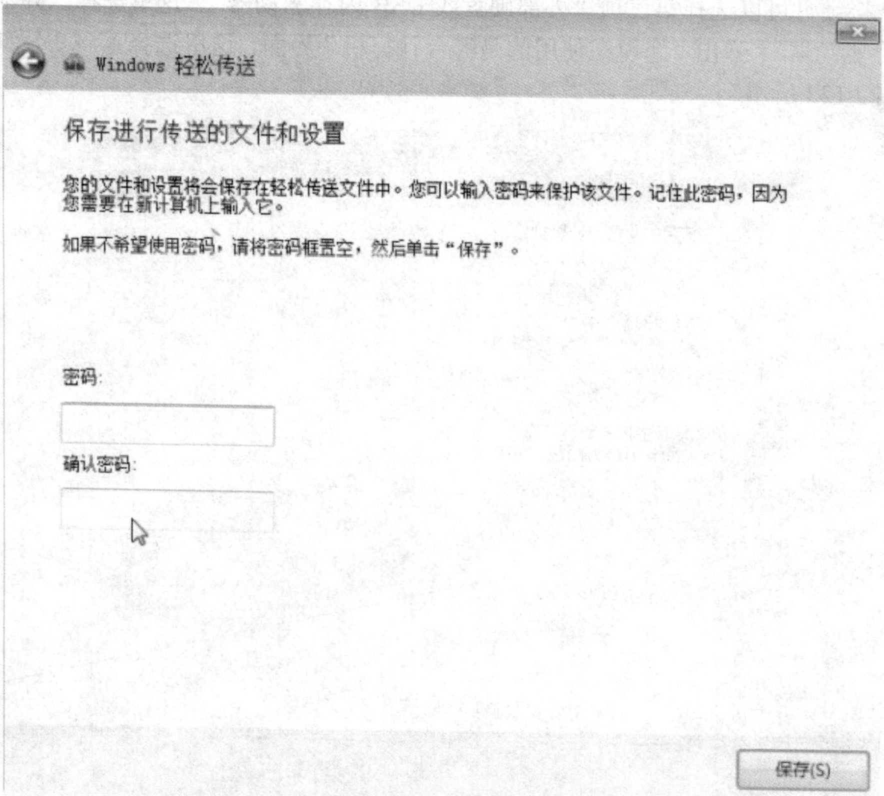

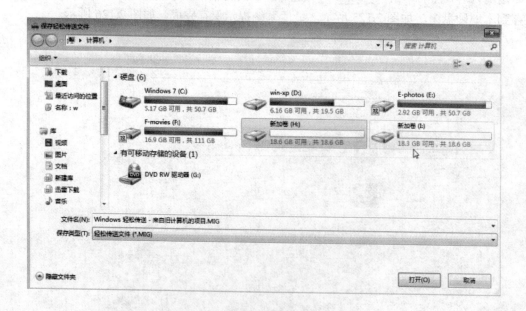

图 2.124　保存进行传送的文件和设置

图 2.125　"保存轻松传送文件"对话框

图 2.126 提示保存完成

单击 下一步(N) > 按钮，出现如图 2.127 所示的"传输文件已完成"提示界面。单击 下一步(N) > 按钮，出现如图 2.128 所示的"已在此计算机上完成 Windows 轻松传送"界面，单击 关闭 按钮，旧计算机上的个人设置和文件收集工作就结束了。下面讲解如何在新的计算机上使这些个人设置和文件生效。

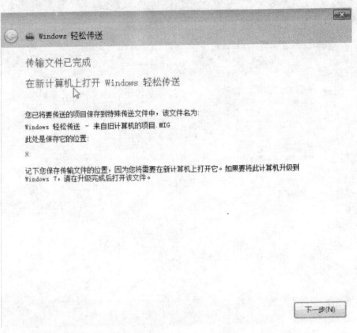

图 2.127 "传输文件已完成"提示界面

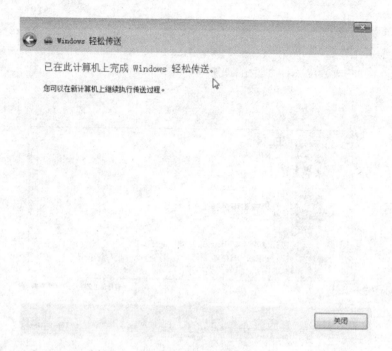

图 2.128　完成 Windows 轻松传送界面

在新计算机（操作系统为 Windows 7）上，选择"开始"→"所有程序"→"附件"→"系统工具"→"Windows 轻松传送"命令。经过类似图 2.120 所示的"Windows 轻松传送"和如图 2.121 所示的选择传送方法的对话框后，选择 → 这是我的新计算机 选项，如图 2.129 所示。

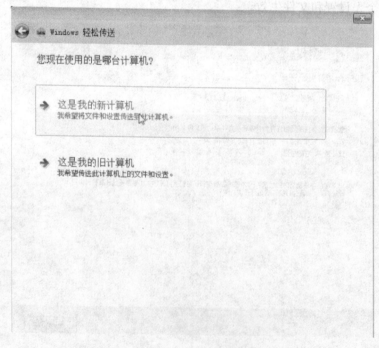

图 2.129　选择"这是我的计算机"选项

此时将弹出如图 2.130 所示的对话框，单击 → 是 选项。弹出如图 2.131 所示对话框，在此选择外接硬盘上保存的 Windows 轻松传送文件，单击 打开(O) 按钮，弹出如图 2.132 所示的"选择要传送到该计算机的内容"界面，在此选择要传送到该计算机上的内容。

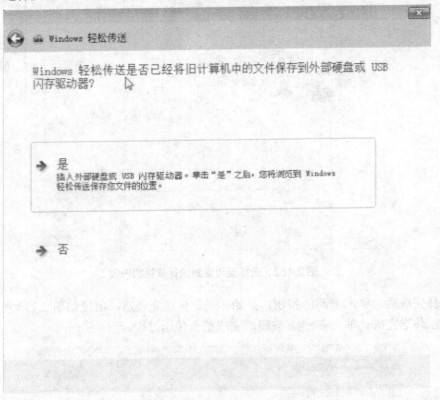

图 2.130 选择"是"选项

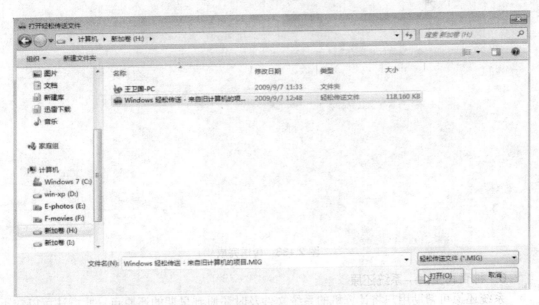

图 2.131 选择外接硬盘上保存的 Windows 轻松传送文件

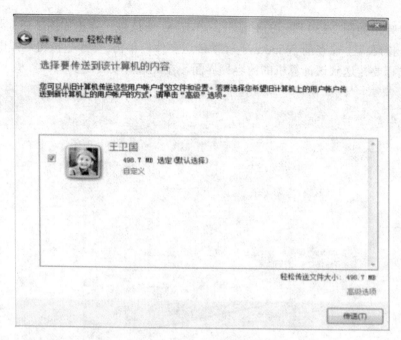

图 2.132　选择要传送到该计算机的内容

　　选择完成后，单击 传送(T) 按钮，开始传送。传送完成后，出现如图 2.133 所示的对话框，提示传送完成。单击　关闭　按钮，完成整个传送过程。

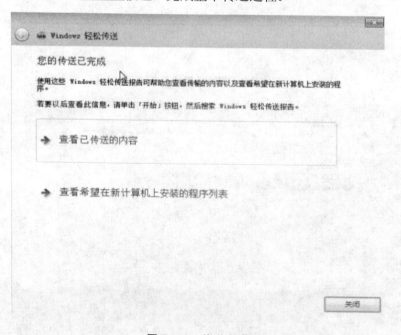

图 2.133　传送完成

6．神奇再生——系统还原

　　系统还原可帮助用户将计算机的系统文件及时还原到早期的还原点。此方法可以在不影响个人文件（例如电子邮件、文档或照片）的情况下，撤销对计算机的系统更改。系统还原会影响 Windows 系统文件、程序和注册表设置。它还可以更改计算机上的脚本、批处理文件和其他类型的可执行文件。它不影响个人文件，例如电子邮件、文档或照片，因此不能帮助用户还原已删除的文件。如果用户有文件的备份，则可以通过备份来还原文件。

　　有时，安装一个程序或驱动程序会导致对计算机的异常更改或 Windows 行为异常。通常情况下，卸载程序或驱动程序可以解决此问题。如果卸载并没有修复问题，则尝试将计算机系统还原到之前一切运行正常的日期。系统还原使用名为系统保护的功能定期创建和保存计算机上的还原点，这些还原点包含有关注册表设置和 Windows 使用的其他系统信息的信息，还可以手动创建还原点。系统还原并不是为了备份个人文件，因此它无法帮助用户恢复已删除或损坏的个人文件。用户应该使用备份程序定期备份个人文件和重要数据。

　　若要存储还原点，则在每个已打开"系统保护"的硬盘上至少需要 300MB 的可用空间。系统还原可能会占用每个磁盘 15%的空间。如果还原点占满了所有空间，系统还原将删除旧的还原点，为新还原点腾出空间。在小于 1GB 的硬盘上无法运行系统还原。

　　还原点会一直保存到系统还原可用的硬盘空间用完。随着新还原点的创建，旧还原点会被删除。如果关闭磁盘上的系统保护（创建还原点的功能），则所有还原点将从该磁盘中删除。如果重新打开系统保护，则会创建新的还原点。

　　1）打开或关闭系统还原

　　系统还原定期跟踪计算机中系统文件的更改，可使用名为系统保护的功能定期创建还原点。系统保护在默认情况下，会在计算机的所有硬盘上打开。用户可以选择在哪些磁盘上打开系统保护。

　　关闭磁盘的系统保护会删除该磁盘的所有还原点。在用户重新打开系统保护并创建还原点之前，无法还原磁盘。打开或关闭特定磁盘的系统保护的步骤如下。

　　选择"开始"→"所有程序"→"附件"→"系统工具"→"系统还原"命令，打开"系统还原"对话框，如图 2.134 所示。

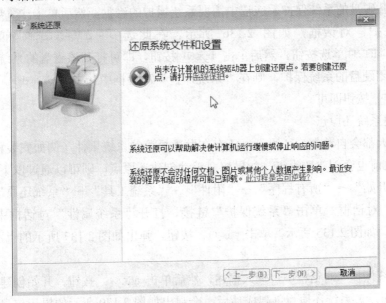

图 2.134　"系统还原"对话框

打开"系统属性"对话框，切换到"系统保护"选项卡，如图 2.135 所示；或者选择"开始"→"控制面板"→"系统和安全"→"系统"命令，打开"系统"窗口，单击左侧的"系统保护"选项，也可以打开"系统属性"对话框中的"系统保护"选项卡。

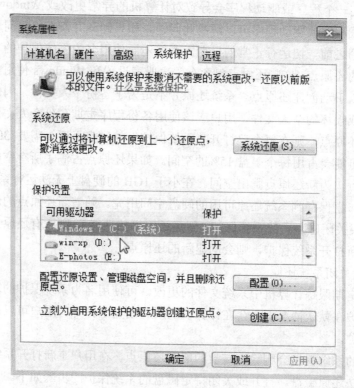

图 2.135　"系统属性"对话框

若要打开硬盘的系统保护，应选中需要系统保护的磁盘，然后单击 配置(0)... 按钮，打开"系统保护"对话框，如图 2.136 所示，在此选中 ⦿ 还原系统设置和以前版本的文件 或者 ⦾ 仅还原以前版本的文件单选按钮，然后单击 确定(0) 按钮，即可打开该磁盘的系统保护。

若要关闭硬盘的系统保护，则在"系统保护"对话框中选中 ⦾ 关闭系统保护 单选按钮，然后单击 确定(0) 按钮即可。

2）创建系统还原点

系统每天都会自动创建还原点，还有在发生显著的系统事件（例如安装程序或设备驱动 程序）之前也会创建还原点。如果想要手动创建还原点，则可以通过以下步骤实现。

选择"开始"→"所有程序"→"附件"→"系统工具"→"系统还原"命令，打开"系统保护"对话框。单击"系统保护"链接，打开"系统属性"对话框中的"系统保护"选项卡，如图 2.135 所示。单击 创建(C)... 按钮，弹出如图 2.137 所示的"系统保护"对话框。

在"系统保护"对话框中，输入描述，然后单击 创建(C)... 按钮，开始创建系统还原点，如图 2.138 所示。系统还原点创建成功后，会弹出如图 2.139 所示的提示信息。

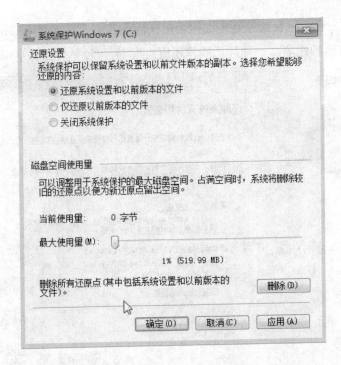

图 2.136 "系统保护"对话框

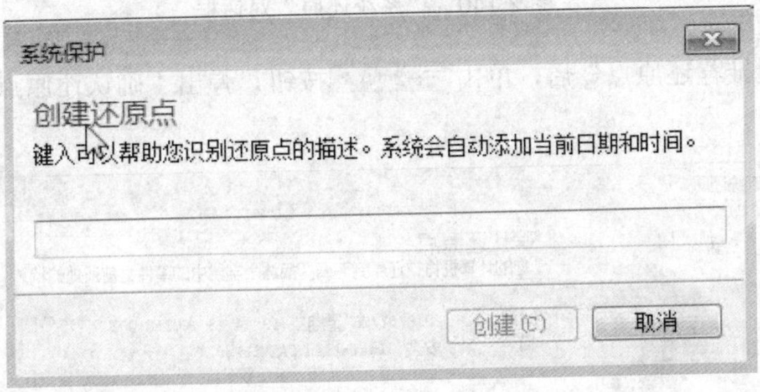

图 2.137 "系统保护"对话框

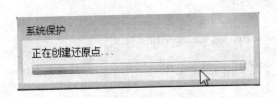

图 2.138 开始创建系统还原点

图 2.139 成功创建系统还原点

3）进行系统还原

如果尝试使用系统还原来修复问题，系统还原的操作步骤如下。选择"开始"→"所有程序"→"附件"→"系统工具"→"系统还原"命令，打开"系统还原"对话框，如图2.140所示，有两种选项，一种是"推荐还原点"，另一种是"选择另一还原点"。

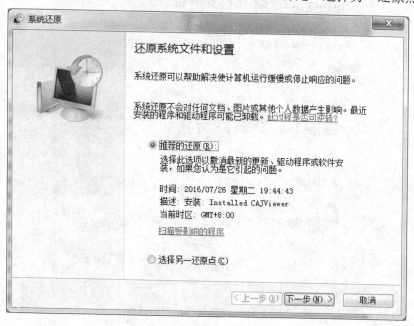

图 2.140　"系统还原"对话框

如果选择"推荐还原点"后，单击 下一步(N) > 按钮，弹出"确认还原点"对话框，如图2.141所示。

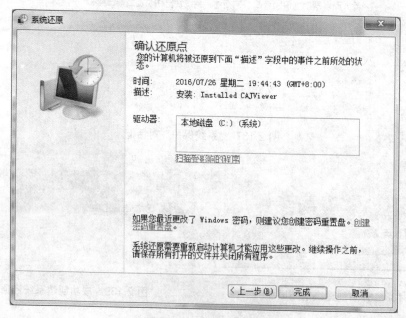

图 2.141　"确认还原点"对话框

然后单击 完成 按钮，计算机将重新启动，进行系统还原。系统还原完成后，可以看到成功完成系统还原的提示信息。

　　如果在图2.140中不选择"推荐还原点"，而选择"选择另一还原点"时，系统显示系统之前所有还原点的日期与描述信息，选择需要的还原点，如图2.142所示。

图 2.142　选择另一还原点

单击 下一步(N) > 按钮，同样可到达如图2.141所示的确认还原点对话框。

7．知己知彼——系统信息

　　系统信息（也称为 msinfo32.exe）显示有关用户计算机硬件配置、计算机组件和软件（包括 驱动程序）的详细信息。通过选择"开始"→"所有程序"→"附件"→"系统工具"→"系统信息"命令，打开"系统信息"窗口，如图2.143 所示。

图 2.143　"系统信息"窗口

　　系统信息在左窗格中列出了类别，展开后如图 2.144 所示，在右窗格中列出了有关每个类别的详细信息。这些类别的具体内容如下。

图 2.144　展开左侧类别列表

　　（1）系统摘要：显示有关用户计算机和操作系统的常规信息，如计算机名称和制造商、用户计算机使用的基本输入/输出系统（BIOS）的类型以及安装的内存数量。

　　（2）硬件资源：向 IT 专业人员显示有关用户计算机硬件的高级详细信息。

　　（3）组件：显示有关用户计算机上安装的磁盘驱动器、声音设备、调制解调器和其他组件的信息。

　　（4）软件环境：显示有关驱动程序、网络连接以及其他与程序有关的详细信息。

　　若要在系统信息中查找特定的详细信息，则在窗口底部的"查找什么"文本框中输入用户要查找的信息。例如，若要查找计算机的内存，则在"查找内容"框中输入"内存"，然后单击 查找(D) 按钮，开始查找。查找到内存后，显示结果在右侧窗格中，如图 2.145 所示。

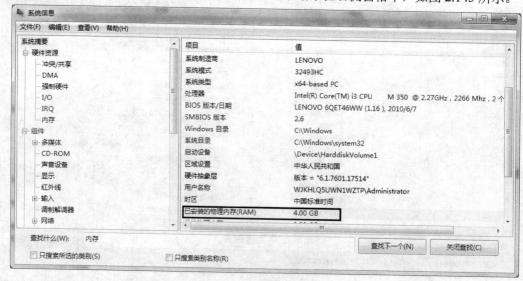

图 2.145　查找内存结果

小　结

　　计算机硬件是计算机软件系统的物质基础，它由主机和外部设备组成。主机主要包括中央处理器、内存条、主板、连接线、电源、硬盘驱动器、各种扩展卡等。而外部设备包括鼠标、键盘等。计算机软件是用户与硬件之间的接口，用户主要是通过软件与计算机进行交流，没有软件系统的机器无法使用，被称为"裸机"，软件是人们使用计算机必不可少的工具，软件可以方便用户，使计算机系统具有较高的总体效用，通常软件被分为应用软件与系统软件。操作系统是一个计算机资源管理系统，负责对计算机的全部硬件、软件资源进行分配、控制、调度和回收。

　　本章需要掌握的内容包括：计算机组成结构与基本原理，计算机硬件的组成，计算机软件系统，计算机的操作系统以及典型操作系统 Windows 7。学习计算机软硬件知识是进一步理解计算机工作原理的基础，而掌握好操作系统更是对于进一步学习应用软件（如 Office 系列）有着至关重要的作用。

第 3 章
计算机网络基础及 Internet

计算机网络的出现以及网络技术的广泛应用，改变了人们生活、学习和工作的方式，拓展和改变了人与人之间的沟通方式，颠覆了人们的传统思维。它已经成为现代社会人们生活和工作中必不可少的基本工具和基本技术。

3.1 概述

20 世纪 60 年代末 70 年代初，随着个人计算机的普及，人们对信息的需求越来越大，而计算机的各种外部设备的价格却很昂贵，不可能为每个用户重复配置相同的外部设备。因此，可以实现网络文件共享和设备共享的文件服务器和设备服务器应运而生。最初计算机网络的诞生，是为了实现资源共享。而随着计算机技术和网络技术的发展，今天，人们通过计算机网络不仅可以共享硬件资源、软件资源，而且可以共享大量的信息资源。特别是随着移动网络和无线网络的应用和普及，计算机网络渗透到了人们生活、学习以及社会的方方面面。可以说，现在的我们如果离开了网络，就会寸步难行。

3.1.1 计算机网络的定义

计算机网络的精确定义并未统一。

1. 计算机网络的最简单的定义

计算机网络是一些互相联接的、自治的计算机的集合。

"自治"指的是具有完整的软硬件系统，可以单独运行使用的独立的计算机；"互相联接"指的是计算机之间能进行数据通信和信息交换。

2. 更为准确的计算机网络的定义

将分布在不同位置的、具有独立功能的计算机，通过通信设备和通信线路连接起来，完成信息交换，以实现资源共享的协同工作的计算机集合。

更具体地说，计算机网络是由若干节点（Node）通过网络适配器（简称网卡），利用各种不同材质作为传输介质的通信线路，以各种形式的拓扑结构联接而成的网络。计算机网络中的节点可以是计算机、集线器、交换机和路由器等。

3.1.2　计算机网络的功能与作用

1．计算机网络面向用户提供的最重要的功能

1）连通性

所谓连通性，即使计算机网络上的用户之间可以交换信息，好像这些用户的计算机都可以彼此直接连通一样。用户之间的距离也因此而变得更近了。

2）共享

所谓共享就是资源共享。共享的含义是多方面的。可以是信息共享、软件共享，也可以是硬件共享。由于网络的存在，这些资源好像就在用户身边一样。

2．其他功能

1）提高系统的处理能力

计算机网络的出现，使得以前单个计算机无法处理和完成的事情，现在可以利用网络中的若干台机器来共同处理和完成，从而提高了系统的处理能力。

2）提高系统的可靠性

在没有计算机网络之前，在一个系统内，在单个部件或者计算机暂时失效时，必须通过更换资源的办法来维持系统的继续正常运行。而在计算机网络中，各种资源（尤其是程序与数据）可以存放在多个地点，用户可以通过多种途径来访问网内的某个资源。当计算机网络中的某台设备出现故障时，不会影响整个网络的运行，借助冗余和备份就可以提高系统的可靠性。

3．计算机网络的应用

由于计算机网络具有上述功能，因此在短短的四十几年的时间里，计算机网络得到了广泛而深入的应用。

银行利用计算机网络才可以实现现有的基本业务处理，用户可以实现不限地域的通存通兑，以及各种网络金融服务。

人们可以通过网络购买任何飞机票和火车票；预订餐馆、影院座位等。这就是计算机网络的典型应用领域——访问远程数据库。

计算机网络还广泛应用于交通管理控制、现代军事指挥系统、在线医疗服务等各个领域。

目前，IP 电话、网络实时通信、电子邮件和社交软件已经成为人们重要的通信手段。视频点播、网络游戏、网络教学、电子书店、网上购物、网络订票、网络直播视频服务、网上医院、网上证券交易以及虚拟现实等已经深入普通百姓的生活、学习和工作中。同时也改变着人们的工作、学习、生活甚至是思维方式。

3.1.3　数据通信

数据通信是通信技术与计算机技术相结合而产生的通信方式。数据通信是指在两个计算机或终端之间以二进制的形式进行信息交换、传输数据。下面介绍几个关于数据通信的常用术语。

1. 信道及信道的通信方式

信道（Channel）和电路并不等同。信道一般都是用来表示向某一个方向传送信息的媒体。因此，一条通信电路往往包含一条发送信道和一条接收信道。

从通信双方信息交互的方式来看，信道有以下三种基本方式。

（1）单向信道：又称为单工通信，即只能有一个方向的通信而没有反方向的交互。无线电广播或有线电广播及电视广播就属于这种类型。

（2）双向交替信道：又称为半双工通信，即通信的双方都可以发送信息，但不能双方同时发送（当然也不能同时接收）。这种通信方式是一方发送另一方接收，过一段时间再反过来。

（3）双向同时通信：又称为全双工通信，即通信的双方可以同时发送和接收信息。

2. 数字信号与模拟信号

数字信号是一种离散的脉冲序列，例如用户家中的计算机到调制解调器之间的电信号，分别用两种不同的电平表示 0 和 1。模拟信号是一种连续变化的信号，如电话线上传输的按照声音强弱幅度连续变化所产生的电信号，就是一种典型的模拟信号，可以用连续的电波表示。

3. 调制与解调

普通电话线是针对语音通话而设计的模拟信道，适用于传输模拟信号。但是计算机产生的是数字信号，因此要利用电话交换网实现计算机的数字脉冲信号的传输，就必须实现数字脉冲信号与模拟信号的转换。将发送端数字脉冲信号转换成模拟信号的过程称为调制（Modulation）；将接收端模拟信号还原成数字信号的过程称为解调（Demodulation）。将调制和解调两种功能结合在一起的设备称为调制解调器（Modem）。

4. 带宽与数据传输速率

带宽指的是信道的最高频率和最低频率之差，即频率的范围，其基本单位是赫兹（Hz）。信道的带宽越宽，可传输的数据量就越大。

在数字信道中，用数据传输速率（比特率）表示信道的传输能力，即每秒传输的二进制位数（b/s）。香农定理证明，最大数据传输速率与信道带宽之间存在着明确的正比关系，所以人们也经常用"带宽"来表示信道的数据传输速率。人们现在所说的带宽通常指的就是数据传输速率。

5. 误码率

误码率是指二进制比特在数据传输系统中传错的概率，是通信系统的可靠性指标。数据在通信信道传输中一定会因某种原因出现错误，传输错误是正常的和不可避免的，但是一定要控制在某个允许的范围内。在计算机网络系统中，一般要求误码率低于 10^{-6}（百万分之一）。

3.1.4　计算机网络的分类

计算机网络的分类方法有很多，下面简单介绍几种常见的分类。

1．按网络的作用范围进行分类

（1）广域网（Wide Area Network，WAN）：广域网的跨接很大，作用范围通常为几十到几千千米，因而有时也称为远程网。广域网是因特网的核心部分，其任务是通过长距离（例如，跨越不同的国家）运送主机所发送的数据。连接广域网各节点交换机的链路一般都是高速链路，具有较大的通信容量。

（2）城域网（Metropolitan Area Network，MAN）：城域网的作用范围一般是一个城市，可跨越几个街区甚至整个城市，其作用距离约为 5～50 km。城域网可以为一个或几个单位所拥有，也可以是一种公用设施，用来将多个局域网进行互联。目前，很多城域网采用的都是局域网技术，因此城域网有时也常纳入局域网的范围进行讨论。

（3）局域网（Local Area Network，LAN）：局域网一般用微型计算机或者工作站通过高速通信线路相连（现在速率通常都在 100Mb/s 以上），但地理范围上在几百米到十几千米内。局域网一般具有高数据传输率、低延迟和低误码率的特点。

2．按网络的使用者进行分类

（1）公用网（Public Network）：这是指对全社会开放并提供服务的网络。如国家电信部门出资建造的大型网络。公用的意思就是所有愿意按规定缴纳费用的人都可以使用这种网络。因此公用网也称为公众网，如 ChinaNET。

（2）专用网（Private Network）：这是某个部门、某个行业为各自的特殊业务工作需要而建造的网络。这种网络不对外人提供服务。如军队、政府、银行、铁路、电力、公安等系统的本系统的专用网。

3．按通信方式进行分类

1）客户/服务器方式

客户/服务器（Client/Server，C/S）这种方式在因特网上是最常用的，也是最传统的方式。人们在网上发送电子邮件或者在网站上查找资料的时候，都是使用客户/服务器方式。客户是服务请求方，服务器是服务提供方。

2）对等连接方式

对等连接方式是指两个主机在通信时并不区分服务请求方还是服务提供方。主要两个主机都运行了对等连接软件（P2P 软件），它们就可以进行平等的、对等连接通信。

3.1.5　计算机网络的拓扑结构

计算机网络拓扑结构是将构成网络的节点和连接节点的线路抽象成点和线，用几何关系表示网络结构，从而反映出网络中各实体的结构关系。常见的网络拓扑结构如图 3.1 所示，主要有总线型、星状、环状、树状和网状等几种。

1．总线型拓扑

各个节点由一根总线相连，数据在总线上由一个节点传向另一个节点。总线型的优点是：节点加入和退出网络都非常方便，总线上某个节点即使出现故障也不会影响其他节点之间的通信，不会造成网络瘫痪，可靠性较高，而且结构简单、成本低。因此，总线型拓扑结构是局域网普遍采用的一种拓扑结构形式。

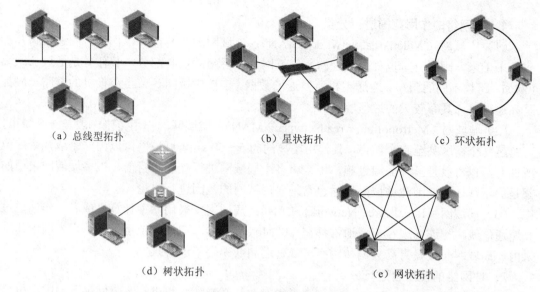

（a）总线型拓扑　　　　　　　　（b）星状拓扑　　　　　　　　（c）环状拓扑

（d）树状拓扑　　　　　　　　　　（e）网状拓扑

图 3.1　典型拓扑结构示意图

使用这种结构必须解决的一个重要问题就是，当几个节点同时使用总线发送数据时产生的冲突。因此，各个节点必须依据一定的规则分时地使用总线来传输数据，发送节点发送的数据帧沿着总线向两端传播，总线上的各个节点都能够接收到该数据帧，并判断是否是发送给本节点，如果是，则将该数据帧保留下来；否则，将该数据帧丢弃。

2．星状拓扑

每个节点与中心节点连接，中心节点控制全网的通信，任何两个节点之间的通信都要通过中心节点。因此，要求中心节点有很高的可靠性。

星状拓扑结构简单，易于实现和管理，但是由于其控制方式的结构对中心设备的依赖性很高，一旦中心节点出现故障，就会造成整网的瘫痪，可靠性较差。

3．环状拓扑

各个节点通过中继器连接到一个闭合的环路上，环中的数据沿着一个方向传输，由目的节点接收。环状拓扑结构简单，成本低，适用于数据不需要在中心节点上处理而主要在各自节点上进行处理的情况。但是环中任意一个节点的故障都可能造成网络瘫痪，成为环状网络可靠性的瓶颈。

4．树状结构

节点按层次进行连接，像树一样，有分支、根节点、叶子节点等。信息交换主要在上、下节点之间进行，树状拓扑可以看作是星状拓扑的一种扩展，主要适用于汇集信息的应用要求。

5．网状拓扑

网状拓扑没有上述 4 种拓扑那么明显的规则和规律，节点的连接是任意的。网状拓扑的优点是系统可靠性高，但是结构复杂，必须采用其他控制方法。广域网中采用的基本都是网状拓扑结构。

3.2　计算机网络的构建与网络互连

3.2.1　计算机网络的构建

组建计算机网络，需要依据组成网络的计算机数量决定组建网络的规模大小，即确定是组建局域网、城域网还是广域网。不同规模的网络将采用完全不同的组网技术和网络管理技术。当然，组建计算机网络还需要考虑的就是组成网络之间的物理连接方式以及通信特点，必要时还需要一些连接设备。

1．两台计算机的连接

建立网络进行通信的目的是进行信息的传递和交换。信息的传递是利用通信系统来实现的。信息传输需要有信源、载体和信宿。信源即信息的发送者，载体即传输信息的传输介质，信宿即信息的接收者。

两台计算机之间进行通信的典型方式是端到端连接。

每台接入网络的计算机都需要一个网络适配器（Network Interface Card，NIC），也就是人们常说的网卡，其主要作用是将计算机发送的数据转换成相应的格式通过传输介质发送出去，并将从传输介质上接收到的数据转换成计算机所能识别的格式。网卡通常插在计算机的扩展槽中（现在一般作为固件固化在计算机的主板上）。不同类型的设备、不同的网络结构、不同的传输介质对网卡的要求也不尽相同。

2．多台计算机组成局域网

当有多台计算机进行连接时，需要考虑这些计算机之间的物理连接方式以及通信特点，也需要一些连接设备（如连接器、交换机）。多台计算机在进行组网时，可以简单地用连接器和交换机将线缆与网卡连接起来。如图 3.2 所示为用交换机组网的示意图。

3．基于服务器的局域网

前面介绍的局域网连接中，所有计算机都处于平等的地位（对等模式）。在这种模式下，一台计算机既可以作为服务器使用，提供共享资源，也可以作为客户机使用，享受资源服务。对等模式虽然做到了资源共享，但对于所共享资源的管理往往是不够的，也是不安全的。因此，在一个组织内部，更多的情况是建立基于服务器的局域网，如图 3.3 所示。

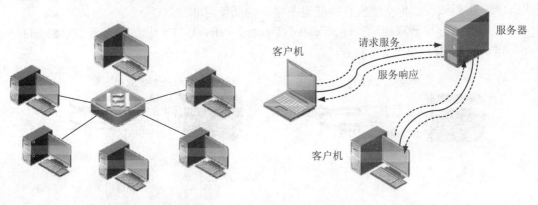

图 3.2　采用交换机组网示意图　　　　　图 3.3　客户/服务器模式网络

一台能够提供和管理共享资源的计算机称为"服务器（Server）"，而能够使用服务器提供可共享资源的计算机称为"客户机（Client）"，也称为工作站。服务器是网络的核心、控制计算机，主要作用是管理网络资源并协助处理其他设备提交的任务。它拥有可供共享的数据和文件，为网络中的客户提供服务。一旦服务器出现故障或者关闭，整个网络将无法正常工作，所以服务器一定要选用高性能高品质的计算机。服务器可以提供各种不同的服务。如 Web 服务器、E-mail 服务器、FTP 服务器等。

4．组建广域网

相距较远的计算机构建广域网。对于远距离计算机，一般借助于公共通信线路进行网络连接，而不是直接利用电缆线连接。最简单的广域网，一般是利用公共电话系统实现的，如图 3.4 所示。如果要利用公共网络建立远距离多台计算机之间的多对多的通信，需要利用交换技术进行复杂的广域网连接。

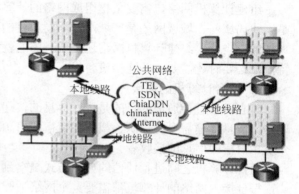

图 3.4　广域网连接示意图

3.2.2　传输介质

传输介质是网络中连接收发双方的物理通路，也是通信中用于传送信息的载体。传输介质通常分为有线传输介质（导向型介质）和无线传输介质（非导向型介质）。

1．有线传输介质

（1）双绞线

它是最古老但又是最常用的传输介质。双绞线由两根分别包有绝缘材料的铜线螺旋状地绞合在一起，芯线为软铜线，线径为 0.4～1.4mm。两线绞合的目的是为了减少相邻线对之间的电磁干扰。

双绞线可以用来传输模拟信号和数字信号。双绞线的通信距离一般为几到十几千米。距离太长时就要加放大器以便将衰减了的信号放大到合适的数值（对于模拟传输），或者加上中继器以便将失真了的数字信号进行整形（对于数字传输）。导线越粗，其通信距离就越远，但导线的价格也越高。在数字传输时，若传输速率为每秒几个兆比特，则传输距离可达几千米。由于双绞线价格便宜且性能也不错，因此使用非常广泛。

双绞线分为非屏蔽双绞线（Unshielded Twisted Pair，UTP）和屏蔽双绞线（Shielded Twisted Pair，STP），如图 3.5 所示。

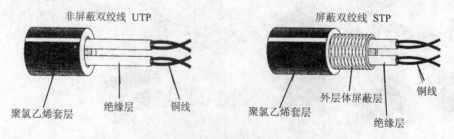

图 3.5　非屏蔽双绞线和屏蔽双绞线

2）同轴电缆

同轴电缆（Coaxial Cable）由一根内导体铜质芯线外加绝缘层、密集网状编织导电金属屏蔽层以及外包装保护塑橡材料组成，其结构如图 3.6 所示。

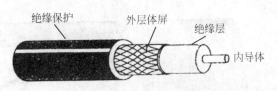

图 3.6　同轴电缆结构示意图

同轴电缆的特点是：高带宽及良好的噪声抑制性。同轴电缆的带宽取决于电缆长度，1km 的电缆可以达到 1b～2Gb/s 的数据传输速率。通常，根据特性阻抗系数不同，分为 50Ω 同轴电缆和 75Ω 同轴电缆。

（1）50Ω 同轴电缆：50Ω 同轴电缆又称为基带同轴电缆或细缆，直接传送基带数字信号，传输速率最高可达 10Mb/s。

（2）75Ω 同轴电缆：75Ω 同轴电缆又称为宽带同轴电缆、粗缆或 CATV 电缆。在计算机通信中，宽带系统是指采用了频分复用技术和模拟传输技术的同轴电缆网络。常用的 CATV 电缆，在传输模拟信号时，频带高达 300～450MHz，距离可达 100km。传输数字信号时，必须将其转换为模拟信号，1b 占 1～4Hz 的带宽。带宽为 300MHz 的 CATV 电缆可支持 150Mb/s，通常传输一路电视节目占用 6MHz 的信道。

3）光纤与光缆

光纤通信就是利用光导纤维（简称光纤）传递脉冲光来进行通信。由于可见光的频率非常高，约为 10^8MHz 的量级，因此一个光纤通信系统的传输带宽远远大于目前其他各种传输介质的带宽。

光纤通常由非常透明的石英玻璃拉成细丝，主要由纤芯和包层构成双层通信圆柱体。纤芯很细，直径只有 8～100μm。当光线从高折射率的介质射向低折射率的介质时，折射角将大于入射角，当折射角足够大时，就会出现反射，即光线碰到包层时就会折射回纤芯。这个过程不断重复，光也就沿着光纤传输下去，如图 3.7 所示。

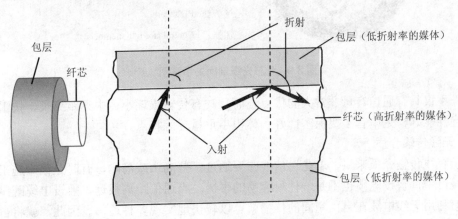

图 3.7　光线在光纤中的折射

图 3.8 画出了光波在纤芯中传播的示意图。

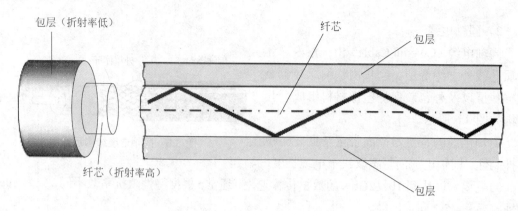

图 3.8　光波在光纤中的传播

光纤可分为多模光纤和单模光纤。使多条不同入射角的光线在一条光纤中传输，这种光纤就称为多模光纤（Multi-mode Fiber）。若光纤的直径减小到只有一个光的波长，则光纤就像一根波导那样，可使光线一直向前传播，而不会产生多次反射，这样的光纤称为单模光纤（Single-mode Fiber）。

由于光纤非常细，连包层一起的直径也不到 0.2mm，因此，必须将光纤制作成很结实的光缆。一根光缆少则只有一根光纤，多则可包括数十至数百根光纤，再加上加强芯和填充物就可以大大提高其机械强度。必要时还可放入远供电源线。最后加上包带层和外护套，就可以使抗拉强度达到几千克，完全可以满足工程施工的强度要求。图 3.9 为 5 芯光缆的剖面示意图。

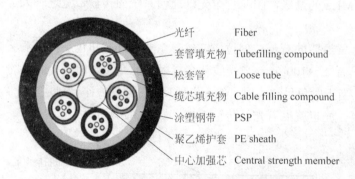

图 3.9　5 芯光缆剖面的示意图

光纤不仅具有通信容量非常大的优点，而且具有传输损耗小、中继距离长、抗雷电和电磁干扰性能好、无串音干扰保密性好、体积小重量轻等特点。

2. 无线传输介质

对于有线传输介质来讲，若是通信线路要通过一些高山或岛屿，有时是很难施工的。即使在城市中，敷设电缆也不是一件很容易的事情。当通信距离很远，敷设电缆既昂贵又费时。但利用无线电波在自由空间的传播就可以较快地实现多种通信。因此，就将自由空间称为无线传输介质（非导向型传输媒体）。

1）短波

短波通信主要是靠电离层的反射。通信频率范围为 3～30MHz，通常称为高频（HF）

段。由于电离层随季节、昼夜以及太阳黑子活动而变化，所以通信质量并不稳定。

2）微波

无线电微波通信在数据通信中占有重要地位。微波的频率范围为 300MHz～300GHz（波长 1m～10cm），但主要是使用 2～40GHz 的频率范围。微波在空间主要是直线传播，并且能够穿破电离层进入宇宙空间，因此它不像短波那样可以经电离层反射传播到地面上很远的地方。由于地球表面是一个曲面，所以一般在山顶建立微波中继站（简称"微波站"）。微波站的通信距离一般为 30～50km，当微波天线高达 100m 时，通信距离可以达到 100km。为实现远距离通信必须在一条微波通信信道的两个终端之间建立若干个中继站。中继站把前一站送来的信号经过放大后再发送到下一站，故称为"接力"。

微波通信的通信信道的容量很大，微波信号收到的干扰较小，传输质量较高。但是微波传播有时会受到恶劣气候的影响，其隐蔽性和保密性较差。

3）卫星

常用的卫星通信方法是利用位于三万六千千米高空的人造地球同步卫星作为中继器的一种特殊形式的微波接力通信。

和微波接力通信类似，卫星通信的频带很宽，通信容量很大，信号所受到的干扰也较小，通信比较稳定。并且卫星通信的通信费用与通信距离无关。卫星通信的另一特点就是具有较大的传播时延。

4）红外线通信和激光通信

红外线通信和激光通信就是把要传输的信号分别转换为红外光信号和激光信号直接在自由空间沿直线进行传播，它比微波通信具有更强的方向性，难以窃听、插入数据和进行干扰，但红外线和激光对雨雾等环境干扰特别敏感。

3.2.3　网络互连

网络互连指的是通过各种网络设备将各种不同类型的物理网连接在一起构成一个大网络。

网络的发展如同任何其他技术一样，各研究机构、各网络厂家研发各自的网络技术，因此，存在各种底层网络技术。使用多种网络导致的主要问题是，连接在一个给定网络的计算机只能同连接在同一网络的其他计算机通信，但不能与其他网络上的计算机通信。为了解决上述问题，就需要用一种技术把各种物理网络连接成一个无缝的整体，隐藏所有底层网络的不同技术，为用户提供一个统一、通用的服务。这就是网络互连技术（TCP/IP 就是这一技术的体现）。

网络互连时，通常不能简单地直接相连，而是需要通过网络互连设备进行连接。不同的网络互连设备的功能以及在网络互连中的作用都是不同的。典型的网络互连设备有交换机、路由器和网关。

1. 交换机

交换机（Switch）实质上就是一个多接口的透明网桥，是一种高性能的连接设备，如图 3.10 所示。

交换机的每个接口都直接与一个单个主机或者另外一台连接设备（其他交换机或路由器）相连，并且工作在全双工模式。交换机具有"自学习"能力，可以"学习"MAC地址和接口的对应关系，并把它们存放在内部的MAC地址表中。从而，可以在数据帧的发送者和接收者之间建立临时的数据交换路径，使数据帧直接由源地址到达目的地址，大大提高了数据传送的速度和效率。

图3.10　交换机

交换机主要工作在数据链路层和网络层，工作在数据链路层的交换机称为二层交换机，工作在网络层的交换机称为三层交换机。

2. 路由器

路由器（Router）是工作在网络层的设备，基本工作方式是先存储再转发。路由器实现网络层的互连，可以连接多个相同类型或者不同类型的网络（如局域网与广域网），如图3.11所示。

路由器还具有路径选择功能。当多于两个网络互连时，两节点之间可供选择的路径往往不止一条，路由器这时就按照事先约定的"路由算法"，自动为发送节点选择一条"最佳"的路径，将数据信息传送到接收节点。Internet就是依靠遍布全球的数量众多的路由器连接起来的。

图3.11　路由器

3. 网关

网络层以上的互连设备，统称网关或应用网关。网关是功能最强、最复杂的网络互连设备。网关是软件和硬件的结合产品，用于连接不同协议或物理结构的网络，即连接异种网络，使数据可以在这些网络之间传输。按照功能，网关大致分为以下三类。

（1）协议网关：能够将两个网络中使用不同传输协议的数据进行相互翻译转换。

（2）应用网关：是为特定应用而设置的网关，如各种代理服务器。

（3）安全网关：一般是使用了防火墙技术设置的网关，其用途是保护本地网络安全。

3.2.4　计算机网络体系结构

计算机网络是一个非常复杂的系统，因此其体系结构是用分层次的结构设计方法设计出来的。计算机网络的体系结构是计算机网络的各层及其协议的集合。计算机网络的体系结构就是这个网络及其构件所应完成的功能的精确定义。计算机网络的实现是在遵循这种体系结构的前提下用何种硬件或软件完成这些功能的问题。体系结构是抽象的，而实现是具体的，是真正在运行的计算机硬件和软件。

1. 协议

在计算机网络中要做到有条不紊地交换数据，就必须遵守一些事先约定好的规则。这些规则明确规定了所交换的数据的格式以及有关的同步问题。这些为网络中的数据交换而建立的规则、标准或约定称为网络协议（Network Protocol），简称为协议。网络协议主要由以下三个要素组成。

（1）语法，即数据与控制信息的结构或格式；

（2）语义，即需要发出何种控制信息，完成何种动作以及做出何种响应；

（3）同步，即事件实现顺序的详细说明。

由此可见，网络协议是计算机网络不可缺少的组成部分。协议通常有两种不同的形式，一种是使用便于人来阅读和理解的文字描述，另一种是使用让机器能够理解的程序代码。这两种不同形式的协议，都必须能够对网络上的信息交换过程做出精确的解释。

2．划分层次

ARPANET 的研制经验表明，对于非常复杂的计算机网络协议，其结构应该是层次式的。划分层次可以带来很多好处。

1）各层之间是独立的

某一层并不需要知道它的下一层是如何实现的，而仅需要知道该层通过层间的接口（即界面）所提供的服务。由于每一层只实现一种相对独立的功能，因而可以将一个难以处理的复杂问题分解为若干个较容易处理的更小一些的问题。这样，整个问题的复杂程度就下降了。

2）灵活性好

当任何一层发生变化时，只要层间的接口关系保持不变，则在这层以上或以下各层均不受影响。此外，对某一层提供的服务还可进行修改。当某层提供的服务不再需要时，也可将该层取消。

3）结构上可分隔开

各层都可以采用最适合的技术来实现。

4）易于实现和维护

这种结构使得实现和调试一个庞大而又复杂的系统变得易于处理，因为整个系统已被分解为若干个相对独立的子系统。

5）能促进标准化工作

分层时应该注意使每一层的功能非常明确。若层数太少，就会使每一层协议太复杂；但层数太多又会在描述和综合各层功能的系统工程任务时遇到较多的困难。

3．OSI 的 7 层协议体系结构

国际标准化组织 ISO 于 1977 年成立了专门机构研究网络通信的体系结构问题，并提出了开放系统互连参考模型（Open System Interconnection/Reference Model，OSI/RM），它是一个定义异构计算机网络连接标准的框架结构。"开放"是指任意两个系统只要遵守参考模型和有关标准，就能实现互连。

OSI 参考模型的系统结构分为 7 层，从高层到低层依次是：应用层、表示层、会话层、传输层、网络层、数据链路层和物理层，如图 3.12 所示。

1）物理层

物理层（Physical Layer）是 OSI 参考模型分层结构体系最基础的一层。它建立在传输介质之上，实现设备之间的物理接口。物理层主要解决在连接各种计算机的传输介质上传输非结构的比特流，而不是指连接涉及的具体物理设备或具体的传输介质。物理层为建立、维护和拆除物理链路提供所需的机械的、电气的、功能的和规程的特性，并提供链路故障

检测指示。

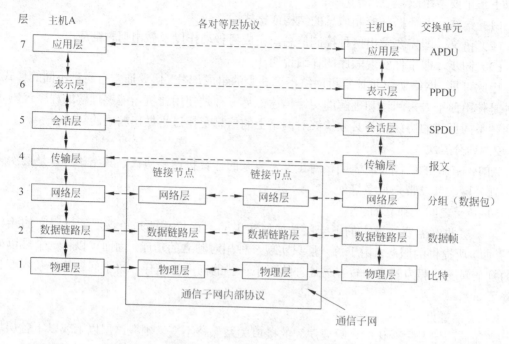

图 3.12　OSI/RM 体系结构图

物理层的功能是实现节点之间的按位传输，并向数据链路层提供一个透明的比特流传输。

2）数据链路层

数据链路层（Data-link Layer）的主要作用是通过一些数据链路层协议和链路控制规程，在不太可靠的物理链路上实现无差错的数据传输。数据链路层的功能是实现节点间二进制信息块的正确传输，检测和校正物理链路产生的差错，将不可靠的物理链路变成可靠的数据链路。

在数据链路层中，需要解决的问题包括信息模式、操作模式、差错控制、流量控制、信息交换过程控制规程。

3）网络层

网络层（Network Layer）的功能是向传输层服务，同时接受来自数据链路层的服务，提供建立、保持和释放通信连接的手段，包括交换方式、路径选择等，实现整个网络系统的连接，为传输层提供整个网络范围内两个终端用户之间数据传输的通路。

4）传输层

传输层（Transport Layer）建立在网络层和会话层之间，实质上，它是网络体系结构中高、低层之间衔接的一个接口层，为终端用户之间提供面向连接和无连接的数据传输服务。

传输层的功能是从会话层接收数据，根据需要把数据切成较小的数据片，并把数据传送至网络层，确保数据片正确到达网络层，从而实现两层间数据的透明传输；为面向连接的数据传输服务提供建立、维护和释放连接的操作；提供端到端的差错恢复和流量控制，实现可靠的数据传输；为传输数据选择网络层所提供的最适合的服务。

5）会话层

会话层（Session Layer）用于建立、管理以及终止两个应用系统之间的会话。会话最重要的特征是数据交换。

会话层的功能包括会话连接到传输连接的映射、会话连接的流量控制、数据传输、会话连接恢复与释放、会话连接管理与差错控制。

会话层提供给表示层的服务包括数据交换、隔离服务、交互管理、会话连接同步和异常报告。

6）表示层

表示层（Presentation Layer）向上对应用层服务，向下接受来自会话层的服务。

表示层的功能主要有不同数据编码格式的转换，提供数据压缩、解压缩、加密和解密等。

7）应用层

应用层（Application Layer）为网络应用提供协议支持和服务。应用层服务和功能因网络应用而异，种类繁多，主要有事务处理、文件传送、网络安全和网络管理等。

3.3 Internet 基础

Internet 产生于 20 世纪 70 年代后期，是美苏冷战时期的产物。当时，美国国防部高级计划研究署（DARPA），为了防止前苏联的核武器攻击唯一的军事指挥中枢，造成军事指挥瘫痪，导致不堪设想的后果，于 1969 年研究建立了世界上最早的计算机网络之一——ARPANET（Advanced Research Project Agency Network）。ARPANET 初步实现了各自独立的计算机之间数据的相互传输和通信，它就是 Internet 的前身。

20 世纪 80 年代，随着 ARPANET 规模的不断扩大，不仅在美国国内有很多网络和 ARPANET 相连，世界上也有许多国家通过远程通信，将本地的计算机和网络接入 ARPANET，使它成为世界上最大的互连网络——Internet。

3.3.1 TCP/IP 协议体系结构

尽管 OSI/RM 模型由 ISO 国际标准化组织制定推广，但是它过于复杂，很难实现商业使用。在因特网以及众多的局域网中使用的网络协议体系结构实质上都是 TCP/IP 模型。TCP/IP 模型如表 3.1 所示。

表 3.1 TCP/IP 协议体系结构

层 次	功 能 描 述
应用层	定义了 TCP/IP 应用协议及主机应用程序与网络运输层服务之间的接口
传输层	提供主机之间的通信会话管理。定义传输数据时的服务级别和连接状态
网际层	将数据装入 IP 数据报；包括用于在主机间及经过网络转发数据报时所用的源地址和目标地址信息；实现 IP 数据报的路由和寻址
网络接口层	通过网络，实现数据的实际物理传输；包括直接与传输介质接触的硬件设备，如何将比特流转换成电信号等

3.3.2　IP 地址与子网掩码

我们把整个 Internet 看成一个单一的、抽象的网络。IP 地址就是给每个连接在 Internet 上的主机（或路由器）分配的一个在全世界范围唯一的标识符。由 32 位二进制数组成的地址称为 IPv4 地址。在实际应用中，将这 32b 数分为 4 段，每段 8b，然后将这 4 段 8b 的二进制数转换为十进制数，十进制数之间用"."区隔。这种方法叫作点分十进制表示法。例如，地址 10000000 01100100 00000011 00001010 用点分十进制表示法为 128.110.3.10，比二进制地址要方便得多。

IP 地址采用层次结构，由网络号与主机号构成，其结构如图 3.13 所示。其中，网络号用来标识一个逻辑网络，主机号用来表示网络中的一个接口。一台 Internet 主机至少有一个 IP 地址，而且该 IP 地址是全球唯一的。如果一台 Internet 主机有两个或多个 IP 地址，则该主机属于两个或多个逻辑网络。

1. IP 地址的编码方案

传统的 IP 地址编码方案采用所谓的"分类 IP 地址"，分别称为 A 类、B 类、C 类、D 类和 E 类。其中，A、B 和 C 类由全球性的地址管理组织在全球范围内统一分配，D 类和 E 类属于特殊地址。

IP 地址采用高位字节的高位来标识地址类别。IP 地址编码方案如图 3.13 所示。

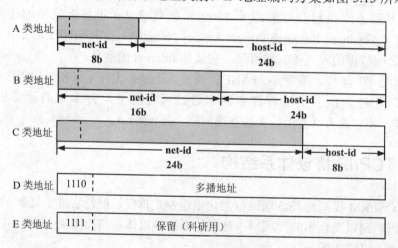

图 3.13　IP 地址分类编码方案

从图 3.13 可以看出：

（1）A 类地址的第一位为 0，B 类地址的前两位为 10，C 类地址的前三位为 110，D 类地址的前 4 位为 1110，E 类地址的前 4 位为 1111。

（2）A 类、B 类和 C 类地址的网络号字段分别为 1 个、2 个和 3 个字节长，A 类、B 类和 C 类地址的主机号字段分别为 3 个、2 个和 1 个字节。

路由器在转发分组的过程中，首先按照所要转发的分组中的 IP 地址中的网络号 net-id

找到目的网络，查询路由选择表，将分组从路由器端口转发出去；然后当分组到达目的网络后，再利用地址中的主机号 host-id 字段将数据报直接交付给目的主机。因此，按照整数字节划分 net-id（网络号）字段和 host-id（主机号）字段，就可以使路由器在收到一个分组时能够很快地将地址中的网络号取出来。

从 IP 地址结构来看，IP 地址并不仅仅是一个主机的编号，而是指出了连接到某个网络上的某个主机。如果一个主机的地理位置保持不变，但现在只改变连接的线路，即连接到另外一个网络，那么这个主机的 IP 地址就必须改变。

将 IP 地址划分为三个类别的原因是这样的：各种网络的差异很大，有的网络拥有很多主机，而有的网络上的主机很少。将 IP 地址划分为 A 类、B 类和 C 类可以更好地满足不同用户的要求。

当某个单位申请到一个 IP 地址时，实际上只是获得了一个网络号 net-id，具体的各个主机号 host-id 则由该单位自行分配，只要做到在该单位范围内无重复的主机号即可。

除了上述三类 IP 地址以外，还有两类使用的较少的地址，即 D 类和 E 类地址。D 类地址是多播地址，E 类地址保留给以后使用。

整个 A 类地址空间共有 2^{31}（即 2 147 483 648）个地址，而 IP 地址全部的地址空间共有 2^{32}（即 4 294 967 296）个地址。可见 A 类地址占有整个 IP 地址空间的 50%。

全 0 的 IP 地址是个保留地址，意思是"本网络"；值为 127（即 01111111）保留作为本地软件环回测试本主机之用。后三个字节是 host-id，每一个 A 类网络中的最大主机数量是 16 777 214（即 2^{24}–2）。减 2 的原因是：全 0 的 host-id 字段表示该 IP 地址是"本主机"所连接到的单个网络地址（例如，一主机的 IP 地址是 126.100.10.8，则该主机所在的网络地址就是 126.0.0.0），而 host-id 为全 1 表示"所有的（all）"，因此全 1 的 host-id 字段表示该网络上的所有主机，即本网内广播。

B 类地址的 net-id 字段有两个字节，但前面两位已经固定（10），只剩下 14 个位可以变化，因此 B 类地址的网络数为 16 384（2^{14}）。请注意，这里不需要减 2，因为这 14 位加上最前面固定的两位值 10，无论如何也构不成全 0 或者全 1。B 类地址的每一个网络上的最大主机数是 65 534（即 2^{16}–2）。这里减 2 和 A 类网络一样是因为要扣除全 0 和全 1 的主机号。整个 B 类地址空间共有 1 073 741 824（2^{30}）个地址，占整个 IP 地址空间的 25%。

C 类地址有三个字节的 net-id 字段，最前面三位的标识位是 110，还有 21 位可以变化，因此 C 类地址的网络总数是 2 097 152（即 2^{21}，这里也不需要减 2）。每一个 C 类地址的最大主机数是 254（即 2^8–2）。整个 C 类地址空间共有 536 870 912（即 2^{29}）个地址，占整个地址空间的 12.5%。

表 3.2 提供了所有 IP 地址的使用范围。

表 3.2 IP 地址的使用范围

网络类别	最大网络数	第一个可用的网络号	最后一个可用的网络号	每个网络中的最大主机数
A	126(2^7-2)	1	126	16 777 214
B	16 384(2^{14})	128.0	191.255	65 534
C	2 097 152(2^{21})	192.0.0	223.255.255	254

表 3.3 提供了一般不使用的特殊 IP 地址。

表 3.3　一般不使用的特殊 IP 地址

net-id	host-id	源地址使用	目的地址使用	代表的意思
0	0	可以	不可以	在本网络上的本主机
0	host-id	可以	不可以	在本网络上的某个主机
全 1	全 1	不可以	可以	只在本网络上进行广播（各路由器均不转发）
net-id	全 1	不可以	可以	对 net-id 上的所有主机进行广播
127	任何数	可以	可以	用作本地软件环回测试之用

2. IP 地址危机

随着 IP 网络爆炸性地发展，更重要的是全球 Internet 的飞速发展，可用的 IP 地址空间正在缩小，核心的 Internet 路由器处理能力也逐渐耗尽。Internet 面临着必须尽早解决的问题，这就是：

（1）IPv4 网络地址的耗尽问题。

（2）由于 Internet 的发展，Internet 的路由选择表的大小在迅速、大量地增加。随着更多的 C 类地址加入到 Internet 上，新网络信息的大量充斥威胁到 Internet 路由器的处理能力。

在 IPv4 地址结构下，A 类和 B 类地址构成了 75% 的 IPv4 地址空间，但只有少数公司和组织能够分配到一个 A 类或 B 类网络号。C 类网络比 A 类和 B 类网络号要多得多，但它们仅占了可能的 4 亿个（2^{32}）IP 地址的 12.5%，如图 3.14 所示。

截止到 2010 年，IPv4 地址空间已经全部耗尽。

人们一直在寻求解决 IPv4 地址危机的办法，常用的方法有以下几个。

（1）无类域间路由（CIDR）和可变长子网掩码（VLSM）。

（2）私有 IP 地址与网络地址转换（NAT）。

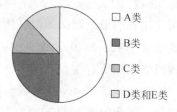

图 3.14　各类地址所占比例

我们在 A 类、B 类和 C 类地址段中各取了一部分地址空间作为私有地址。这部分规划保留的地址是：A 类 IP 地址中的 10.0.0.0～10.255.255.255；B 类 IP 地址中的 172.16.0.0～172.16.255.255；C 类 IP 地址中的 192.168.0.0～192.168.255.255。私有地址不能直接接入 Internet，也不会被 Internet 路由。使用了私有 IP 地址的本地网络中的计算机如果需要连接 Internet，需要借助于专门的技术，即网络地址转换技术（Network Address Translation，NAT）。

NAT 允许一个整体的本地网络在其内部均使用私有 IP 地址，在 Internet 上只使用一个或少量的公用 IP 地址。当内部节点需要与外部网络进行通信时，NAT 可将内部私有 IP 地址翻译成外部公有 IP 地址，从而得以正常访问 Internet。这样一来，就可以使用较少的公有 IP 地址，解决更多内部节点机器的 Internet 访问问题，从而有效地缓解了 IP 地址不足的问题。

（3）IPv6（彻底的根本解决方法）。

3. 静态 IP、动态 IP 和 DHCP

将一台计算机连接到 Internet，不管它是哪种机型，也不管它是通过什么连接方式与 Internet 相连，都必须首先配置一个 IP 地址。对于所制定并配置的 IP 地址，可以有两种选择：静态 IP 地址配置或动态 IP 地址配置。

　　静态 IP 地址配置就是将一个 IP 地址"永久地"、"固定地"分配给某一台主机，其他的主机不再可能使用该 IP 地址。此种情况通常出现在为多路用户访问的网络设备配置 IP 地址时。例如，网络服务器或网络打印机等。此类设备不宜经常地变更 IP 地址，以避免用户每次访问它们时需要频繁地更换 IP 地址。

　　静态 IP 地址配置情况下，IP 地址不能重复用。另外，网络管理员应该妥善记录和保存设备与其配置的 IP 地址的对应关系，以便于网络维护。

　　动态 IP 地址配置就是按照一定的规则，将可分配使用的全部或部分的 IP 地址集中管理起来，当网络中的某主机需要连接和访问其他设备进行数据通信时，由网络管理系统自动地分配给该主机（计算机、打印机等）一个 IP 地址。这种 IP 地址的分配与使用不是固定的。当某主机中断网络连接时，可以收回已分配的 IP 地址，进行重新地址分配；而且某台主机每次网络连接所拥有和使用的 IP 地址可能不同。

　　动态 IP 地址配置的最大特点就是提高了有限个 IP 地址的使用效率，并减少了网管人员的维护工作量。

　　在指定网络中主机 IP 地址的配置方案时，除了对必须采用静态 IP 地址的设备配置静态 IP 外，一般都应采用动态 IP 地址的配置方式。

　　动态 IP 地址配置通常是由 DHCP 服务器分配。它可以是网络中的一台计算机或其他一些硬件设备，例如路由器。动态主机配置协议（Dynamic Host Configuration Protocol，DHCP）提供了一种自动分配 IP 地址、子网掩码、默认网关等地址信息以及其他配置信息的服务。在需要 IP 地址动态配置的方式中，网络中至少有一台服务器安装了 DHCP 服务。

　　DHCP 是一个客户/服务器协议。需要服务时，DHCP 客户端将首先向 DHCP 服务器发出服务请求，申请一个 IP 地址；服务器接收到该请求后，将按照预先制定好的方式，进行回应并最终向客户端分配和提供一个 IP 地址。该客户端主机在使用完毕，即将退出网络连接时，将再次联系 DHCP 服务器，交还 IP 地址。

　　不管是动态 IP 地址配置还是静态 IP 地址配置，IP 地址配置是否正确将影响到网络的运行。IP 地址的配置除了要避免重复之外，还应遵守以下规则。

　　（1）每个网络的网络号必须是唯一的。

　　（2）网络号不能为全"0"（网络号为全"0"表示一个本地网）。

　　（3）网络号不能为全"1"。

　　（4）网络号不能以 127 开头（127 是环回地址）。

　　（5）一个网络中，每台主机的主机号必须是唯一的。

　　（6）主机号不能全为"1"（主机号全为"1"表示广播地址）。

　　（7）主机号不能全为"0"（主机号全为"0"表示网络地址）。

4．子网掩码

　　当我们获得了一个 IP 网络后，可能会根据自己的网络设计与规划的需要，进行内部下级子网的划分。而 IP 地址中的网络号是不可以改变的，那就只能从自己可以分配的主机号中拿出一部分作为下级子网的子网号，这就是子网划分。

　　从一个 IP 数据报的首部没有办法判断源主机或目的主机所连接的网络是否进行了子网划分。这是因为 32 位的 IP 地址本身以及数据报的首部都没有包含任何有关子网划分的信息。因此就必须另外想办法获得子网划分的信息，这个办法就是子网掩码。

子网掩码中的 1 对应于 IP 地址中的网络号和子网号，而子网掩码中的 0 对应于 IP 地址中的主机号。请注意，虽然在 RFC 文档中并没有规定子网掩码必须是由连续的 1 组成的，但是在实际应用中我们选择连续的 1 以免出现可能发生的差错。

网络地址（在划分子网的情况下常称为子网地址）就是将主机号 host-id 置为 0 的 IP 地址。这也就是将子网掩码和 IP 地址按位相"与"（AND）的结果。使用子网掩码的好处就是：不论网络是否划分了子网，不论网络号 net-id 的长度是 1B、2B 还是 3B，只要将子网掩码和 IP 地址进行按位"与"运算，就会立即得出网络地址来。这样在路由器处理到来的分组时就采用这样的算法获得网络号。

那么，为什么在没有划分子网的时候还要使用子网掩码呢？这么做的目的是为了简化路由器的路由选择算法。因此，Internet 的标准规定，所有的网络都必须有一个子网掩码，同时在路由器的路由选择表中也必须有子网掩码这一栏。如果一个网络不划分子网，那么该网络的子网掩码就使用默认子网掩码。默认子网掩码中的 1 比特的位置和 IP 地址中的网络号字段正好一一对应。因此，若将默认的子网掩码和某个不划分子网的 IP 地址按位"与"，就得出该 IP 地址的网络地址来。这样做可以不用查找该地址的类别比特就能知道这是哪一类的 IP 地址。显然，A 类地址的默认子网掩码是 255.0.0.0，B 类地址的默认子网掩码是 255.255.0.0，C 类地址的默认子网掩码是 255.255.255.0。

子网掩码是一个网络或一个子网的重要属性。路由器在和相邻路由器交换路由信息时，必须将自己所在网络（或子网）的子网掩码告诉相邻路由器。在路由器的路由选择表中的每一个项目，除了要给出目的网络地址外，还必须同时给出该网络的子网掩码。若一个路由器连接在两个子网上就拥有两个网络地址和两个子网掩码。

5. IPv6

IPv4 是 Internet 的核心协议，是 20 世纪 70 年代设计的。从计算机本身发展以及从 Internet 的规模和网络传输速率来看，IPv4 已经远远不能满足时代的要求。最主要的原因就是 IPv4 地址不够用。为了解决 IPv4 地址不够用的问题，我们采用了多种技术（私有地址、无类域间路由、VLSM 等），但是最根本的解决办法就是采用具有更大地址空间的下一代网际协议 IPv6。

IPv6 把原来的 IPv4 地址增大到了 128b，其地址空间大约是 3.4×10^{38}，是原来 IPv4 地址空间的 2^{96} 倍。IPv6 并没有完全抛弃原来的 IPv4，并且在若干年内都会与 IPv4 共存。IPv6 使用一系列固定格式的扩展首部取代了 IPv4 中可变长度的选项字段。IPv6 对 IP 数据报协议单元的头部进行了简化，仅包含 7 个字段（IPv4 有 13 个）。这样，当数据报文经过中间的各个路由器时，各个路由器对其处理的速度可以更快，从而可以提高网络吞吐率。IPv6 内置了支持安全选项的扩展功能，如身份验证、数据完整性和数据机密性等。

3.3.3　域名系统

1. 域名系统基础

域名系统（Domain Name System，DNS）是因特网使用的命名系统，用来把便于人们使用的机器名字转换为 IP 地址。域名系统其实就是名字系统。

用户与因特网上某个主机通信时，必须知道对方的 IP 地址。然而用户很难记住长达 32 位的二进制主机地址。即使是点分十进制表示的 IP 地址也并不太容易记忆。但在应用层为了方便用户记忆各种网络应用，更多的是使用主机名字。那为什么机器在处理 IP 数据报时要使用 IP 地址而不使用域名呢？这是因为 IP 地址的长度是固定的 32 位（IPv6 地址就是 128 位），而域名的长度是不固定的，机器处理起来比较困难。

因特网的域名系统被设计成为一个联机分布式数据库系统，并采用客户/服务器方式。DNS 大多数名字都在本地进行解析，仅少量解析需要在因特网上通信，因此 DNS 的效率很高。由于 DNS 是分布式系统，即使单个计算机出了故障，也不会妨碍整个 DNS 的运行。

域名到 IP 地址的解析过程的要点如下：当某一个应用进程需要把主机名解析为 IP 地址时，该应用进程就调用解析程序，并成为 DNS 的一个客户，把待解析域名放在 DNS 请求报文中，以 UDP 用户数据报方式发给本地域名服务器（使用 UDP 是为了减少开销）。本地域名服务器在查找域名后，把对应的 IP 地址放在回答报文中返回。应用进程获得目的主机的 IP 地址后即可进行通信。

若本地域名服务器不能回答该请求，则此域名服务器就暂时成为 DNS 中的另一个客户，并向其他域名服务器发出查询请求。这种过程直到能够回答该请求的域名服务器为止。

2. Internet 的域名结构

因特网域名结构采用层次树状结构的命名方法。任何一个连接在因特网上的主机或者路由器，都有一个唯一的层次机构的名字，即域名。这里，"域"指的是名字空间中一个可被管理的划分。域还可以划分为子域，而子域还可继续划分为子域的子域，这样就形成了顶级域、二级域、三级域等，如图 3.15 所示。

从语法上讲，每一个域名都是由标号序列组成，而各标号之间用"."隔开。例如，如图 3.15 所示的域名就是中央电视台的邮件服务器的域名，它由三个标号组成，其中标号 com 是顶级域名，标号 cctv 是二级域名，标号 mail 是三级域名。

mail.cctv.com

三级域名　　二级域名　　顶级域名

图 3.15　多级多层次域名结构

DNS 规定，域名中的标号都由英文字母和数字组成，每一个标号不超过 63 个字母（但为了记忆方便，最好不要超过 12 个字母），也不区分大小写。标号中除了连字符（-）外不能使用其他的标点符号。级别最低的域名写在最左边，而级别最高的顶级域名则写在最右边。由多个标号组成的完整域名总共不能超过 255 个字符。

DNS 既不规定一个域名需要包含多少个下级域名，也不规定每一级的域名代表什么意思。各级域名由其上一级的域名管理机构管理，而最高的顶级域名则由 ICANN（The Internet Corporation for Assigned Names and Numbers，互联网名称与数字地址分配机构）进行管理。用这种方法可使每一个域名在整个因特网范围内是唯一的，并且也容易设计出一种查找域名的机制。

需要特别注意的是，域名只是个逻辑概念，并不代表计算机所在的物理地点。变长的域名和使用有助记忆的字符串，是为了便于人来使用。而 IP 地址的定长的数字则非常有利于机器进行处理。

3. 顶级域名

原来的顶级域名共分为以下三大类。

（1）国家顶级域名 nTLD：采用 ISO 3166 规定。例如：cn 表示中国，us 表示美国，uk 表示英国，等等。国家顶级域名又常记为 ccTLD（cc 代表国家代码）。

（2）通用顶级域名 gTLD：最先确定的通用顶级域名有 7 个，即 com（公司企业）；net（网络服务机构）；org（非盈利性组织）；int（国际组织）；edu（美国专用的教育机构）；gov（美国的政府部门）；mil（美国的军事部门）。

截止到 2011 年年初，又陆续增加了 13 个通用顶级域名：aero（航空运输企业）；asia（亚太地区）；biz（公司和企业）；cat（使用加泰隆人的语言和文化团体）；coop（合作团体）；info（各种情况）；jobs（人力资源管理者）；mobi（移动产品与服务的用户和提供者）；museum（博物馆）；name（个人）；pro（有证书的专业人员）；tel（Telnic 股份有限公司）；travel（旅游业）。

（3）基础结构域名：这种顶级域名只有一个，即 arpa，用于反向域名解析，因此又称为反向域名。

值得特别注意的是，2011 年 6 月 20 日在新加坡会议上正式批准新顶级域名（New gLTD），因此任何公司、机构都有权向 ICANN 申请新的顶级域名。新顶级域名的后缀特点，使企业域名具有了显著的、强烈的标志特征。因此，新顶级域名被认为是真正的企业网络商标。新顶级域名是企业品牌战略发展的重要内容，其申请费用很高（约 18 万美元）。新顶级域名已经于 2013 年开始启用。

在国家顶级域名下注册的二级域名均由该国家自行规定。例如，顶级域名为 jp 的日本，将其教育和企业机构的二级域名定义为 ac 和 co，而不是 edu 和 com。

4. 我国的二级域名

我国把二级域名划分为"类别域名"和"行政区域名"两大类。

类别域名共 7 个，分别为 ac（科研机构）；com（工、商、金融等企业）；edu（教育机构）；gov（政府机构）；mil（国防机构）；net（提供互联网络服务的机构）；org（非盈利性的组织）。

行政区域名一共 34 个，适用于我国的各省、自治区和直辖市。

我国修订的域名体系允许直接在 cn 的顶级域名下注册二级域名。这显然给我国的因特网用户提供了极大的方便。关于我国的互联网络发展现状以及各种规定（包括申请域名的手续），均可在中国互联网络信息中心 CNNIC 的网址上找到。

5. 域名服务器

上述的域名体系是抽象的，具体实现域名系统使用的则是分布在各地的域名服务器。从理论上讲，可以让每一级的域名都有一个相对应的域名服务器，是所有域名服务器构成相对应的"域名服务器树"的机构。但是这样做会使得域名服务器的数量太多，使域名系统的运行效率下降。因此 DNS 就采用划分区的办法来解决这个问题。

一个服务器所负责管辖的（或有权限的）范围叫作区。各单位根据具体情况来划分自己管辖范围的区。但在一个区中的所有节点必须是能够连通的。每一个区设置相应的权限域名服务器，用来保存该区中的所有主机的域名到 IP 地址的映射。

图 3.16 给出了 DNS 域名服务器树状结构图。图中的每一个域名服务器都能够进行域名到 IP 地址的解析。当某个 DNS 服务器不能进行域名到 IP 地址的转换时，它就设法找因特网上别的域名服务器进行解析。

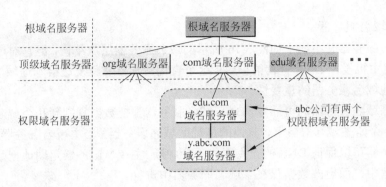

图 3.16　树状结构的 DNS 域名服务器

从图 3.16 可以看出，因特网上的 DNS 域名服务器也是按照层次安排的。每一个域名服务器都只对域名体系中的一部分进行管辖。根据域名服务器所起的作用，可以把域名服务器划分为以下 4 种不同的类型。

1）根域名服务器

根域名服务器是最高层次的域名服务器，也是最重要的域名服务器。所有的根域名服务器都知道所有的顶级域名服务器的域名和 IP 地址。不管是哪一个本地域名服务器，若要对因特网上的任何一个域名进行解析，只要自己无法解析，就需要求助于根域名服务器。假定所有的根域名服务器都瘫痪了，那么整个 DNS 系统就无法工作。

在因特网上共有 13 个不同 IP 地址的根域名服务器，名字是用一个英文字母命名的，从 a 到 m。这些根域名服务器的域名分别是 a.rootservers.net，…，m.rootservers.net。但是，这些根域名服务器并不是简单地由 13 个机器所组成（因为仅依靠 13 个机器，是不可能为全世界的因特网用户提供令人满意的服务的），而是 13 套装置。全球在全世界的不同地点安装了几百个根域名服务器机器。为了提供更可靠的服务，在每一个地点的域名服务器还可以由多台机器组成（为了安全起见，有些根域名服务器的具体地点还是保密的）。世界上大部分 DNS 服务器都能就近找到一个根域名服务器。

必须指出的是，目前根域名服务器的分布仍然是很不合理的。在北美，平均每 370 万个网民就可以分摊到一个根域名服务器，而在亚洲，平均超过 2000 万个网民才分摊到一个，这样就会使亚洲的上网速度明显低于北美。

需要注意的是，在许多情况下，根域名服务器并不直接把待查询的域名直接转换成 IP 地址（根域名服务器也根本没有存放这样的信息），而是告诉本地域名服务器下一步应当找哪一个顶级域名服务器进行查询。

2）顶级域名服务器

这些域名服务器负责管理在该顶级域名服务器注册的所有的二级域名。当收到 DNS 查询请求时，就给出相应的回答（可能是最后的结果，也可能是下一步应当找的域名服务器的 IP 地址）。

3）权限域名服务器

这就是负责一个区的域名服务器。当一个权限域名服务器还不能给出最后的查询回答时，就会告诉发出查询请求的 DNS 客户，下一步应当找哪一个权限域名服务器。

4）本地域名服务器

本地域名服务器并不属于如图 3.16 所示的域名服务器层次结构，但它对域名系统非常重要。当一个主机发出 DNS 查询请求时，这个查询请求报文就发送给本地域名服务器。由此可看出本地域名服务器的重要性。

为了提高域名服务器的可靠性，DNS 域名服务器都把数据复制到几个域名服务器来保存，其中的一个是主域名服务器，其他的是辅助域名服务器。当主域名服务器出现故障时，辅助域名服务器可以保证 DNS 的查询工作不会中断。主域名服务器定期地把数据复制到辅助域名服务器中，而更改数据只在主域名服务器中进行。

3.3.4　协议端口号

协议端口号（Protocol Port Number），通常简称为端口（Port）。使用端口以后，只要把要传送的报文交到目的主机的某一个合适的目的端口，剩下的工作就由 TCP 来完成。这种协议端口是软件端口，和路由器或交换机上的硬件端口是完全不同的概念。硬件端口是不同硬件设备进行交互的接口，而软件端口是应用层的各种协议进程与运输实体进行层间交互的一种地址。

我们用一个 16 位端口号来标志一个端口。但请注意，端口号只具有本地意义，它只是为了标志本地计算机应用层中的某个进程在和运输层交互时的层间接口。在 Internet 中的不同计算机中，相同的端口号是没有关联的。16 位端口号可以允许有 65 536 个（0～65 535）不同的端口号，这个数目对于一个计算机来说是足够的。

由此可见，两个计算机的进程要相互通信，不仅必须知道对方的 IP 地址（为了找到对方的计算机），而且要知道对方的端口号（为了找到对方计算机中的应用进程）。这和我们寄信的过程类似。当我们要给某人写信时，就必须知道他的通信地址。在信封上还要写明自己的地址。当收信人回信时，很容易在信封上找到发件人的地址。Internet 上的计算机通信是采用客户/服务器方式。客户在发起通信请求时，必须先知道对方服务器的 IP 地址和端口号。因此端口号分为以下两大类。

1. 服务器端使用的端口号

这类端口号又分为两类，最重要的一类叫作熟知端口号或系统端口号，数值为 0～1023。这些数值可在 www.iana.ort 中查到。IANA 把这些端口号指派给了 TCP/IP 最重要的一些应用程序，让所有的用户都知道。当一种新的应用程序出现后，IANA 必须为它指派一个熟知端口，否则 Internet 上的其他应用进程就无法和它进行通信。表 3.4 给出了一些常用的熟知端口号。

表 3.4　常用的熟知端口号

应用程序	FTP	Telnet	SMTP	DNS	POP3	TFTP	HTTP	SNMP	SNMP(trap)
熟知端口号	21	23	25	53	110	69	80	161	162

另一类叫作登记端口号，数值为 1024～49 151。这类端口号是为没有熟知端口号的应用程序使用的。使用这类端口号必须在 IANA 按照规定的手续登记，以防止重复。例如，腾讯 QQ 服务器使用的端口号是 8000。

2．客户端使用的端口号

数值为 49 152～65 535。由于这类端口号仅在客户进程运行时才动态选择，因此又叫作短暂端口号。这类端口号是留给客户进程选择暂时使用。当服务器进程收到客户进程的报文时，就知道了客户进程所使用的端口号，因而可以把数据发送给客户进程。通信结束后，刚才已使用过的客户端口号就不复存在，这个端口号就可以供其他客户进程使用。

3.3.5　Internet 的接入

用户连接到 Internet，必须先连接到某个 ISP，以便获得上网所需的 IP 地址。因此，我们把用户接入到 Internet 的这一部分称为接入网。接入网的覆盖范围一般为几百米到几千米，因而被形象地称为"最后一千米"。目前的接入技术主要是宽带接入技术。宽带接入是指上、下行速率分别不低于 512kb/s 和 2Mb/s 的接入技术。基于传输介质类型，接入技术分为有线接入和无线接入两大类，有线方式包括铜线（普通电话线）接入、光纤接入、光纤同轴电缆混合接入、以太网接入及电力线接入等；无线接入包括 WLAN、GPRS、CDMA 及 LTE 等方式。

1．宽带有线接入技术

1）ADSL

ADSL（Asymmetric Digital Subscriber Line，非对称数字用户线）技术是用数字技术对现有的模拟电话用户线进行改造，使它能够承载宽带数字业务。ADSL 的传输距离取决于数据率和用户线的线径（线径越细，衰减越大，传输距离越短）。ADSL 在用户线的两端各安装一个 ADSL 调制解调器，采用自适应调制技术使用户线能够传送尽可能高的数据率。ADSL 的上行信道带宽低于下行信道带宽。

2）光纤同轴混合网

光纤同轴混合网（Hybrid Fiber Coax，HFC）是在目前覆盖面很广的有线电视网络基础上开发的一种居民宽带接入网，除可传送电视节目外，还能提供电话、数据和其他宽带交互型业务。

3）光纤接入技术

光纤通信具有通信容量大、质量高、性能稳定、防电磁干扰、保密性强等优点。在干线通信中，光纤扮演着重要角色。在接入网中，光纤接入也是发展的重点。

光纤接入方式可分为如下几种：FTTB（Fiber To The Building，光纤到大楼）、FTTC（Fiber To The Curb，光纤到路边）、FTTZ（Fiber To The Zone，光纤到小区）、FTTF（Fiber To The Floor，光纤到楼层）和 FTTH（Fiber To The Home，光纤入户）等。

4）以太网接入

传统以太网不属于接入网范畴，而属于用户驻地网络领域，然而其应用领域正在向包括接入网在内的其他公用网领域扩展。对于企事业用户而言，以太网一直是最流行的组网技术，利用以太网作为接入手段的主要原因为：① 以太网已有巨大的网络基础和长期的经验知识；② 目前所有流行的操作系统和应用都与以太网兼容；③ 性价比高、可扩展性强、容易安装开通即高可靠性；④ 以太网计入方式与 IP 网相适应，同时以太网容量可以根据用户需要按实际情况设计以及升级。

2．3G/4G 接入

随着智能手机、平板电脑等无线通信终端被广泛使用，越来越多的用户通过无线移动接入技术接入 Internet。其中的 3G 和 4G 技术是目前的主流及热点技术。

1）3G 技术

3G 是指第三代移动通信系统，最早由 ITU 于 1985 年提出，可提供多种类型、高质量多媒体业务，特别是支持 Internet 的能力；可实现全球无缝覆盖，具有全球漫游能力，与固定网络相兼容；可以以小型便携式终端在任何时候、任何地点进行任何种类通信。

3G 与 2G 相比主要是在传输声音和数据的速度上的提升，它能够在全球范围内更好地实现无线漫游，并处理图像、音乐、视频流等多种媒体形式，提供包括网页浏览、电话会议、电子商务等多种信息服务。

目前 3G 主要有以下三种标准。

（1）WCDMA

WCDMA（Wideband Code Division Multiple Access，宽频码分多址）是一种基 GSM 技术发展起来的 3G 标准，技术规范源于欧洲和日本多种技术的融合。WCDMA 与 GSM 网络具有良好的兼容性和互操作性，因此是当前世界上采用最广泛的、终端种类最丰富的一种 3G 标准。

（2）CDMA2000

CDMA2000 是由美国高通北美公司为主导提出的，韩国已经成为该标准的主导者。CDMA2000 和 WCDMA 没有本质区别，都起源于 CDMA（IS-95）系统技术。

（3）TD-SCDMA

TD-SCDMA（Time Division – Synchronous CDMA，时分同步 CDMA）标准是由中国制定的 3G 标准。该标准于 1999 年 6 月 29 日由原中国邮电部电信科学技术研究院（大唐电信科技集团）向 ITU 提出，但技术发明始于 Siemens 公司。TD-SCDMA 的无线传输方案综合 FDMA、TDMA 和 CDMA 等基本传输方法，通过与联合检测方法相结合，使得它在传输容量方面表现非凡。TD-SCDMA 通过最佳自适应资源的分配和最佳频谱效率，可支持速率 8kb/s～2Mb/s 的语音、Internet 等所有的 3G 业务。

2）4G 技术

4G 是 3G 的延伸，ITU 对 4G 的定义是静态传输速率达到 1Gb/s，用户在高速移动状态下可以达到 100Mb/s。与 3G 相比，4G 技术具有很多超越之处。其特点主要有高速率、以数字宽带技术为主、良好的兼容性、较强的灵活性、多类用户共存、多种业务的融合、高度自组织、自适应的网络等。

目前，4G 标准主要有以下两大标准。

（1）LTE 标准

LTE 技术标准是 3G 的演进，其主要特点是在 20MHz 频谱带宽下能够提供下行 326Mb/s 与上行 86Mb/s 的峰值速率。与 3G 网络相比，4G 网络不仅大大提高了小区的容量，而且降低了网络延迟。

（2）WiMAX 标准

WiMAX 标准（Worldwide Interoperability for Microwave Access，全球微波互连接入）是一种基于 IEEE 802.16 标准的宽带无线接入城域网技术，是针对微波和毫微波频段提出的空中接口标准。采用 2GHz～11GHz 无须授权频段的宽带无线接入系统，其频道带宽可根据需求在 1.5～20Mb/s 范围进行调整，所以 WiMAX 目前所使用的频谱可能比其他任何无线技术都要丰富。

3.4　Internet 的基本服务

3.4.1　信息浏览服务与万维网

信息浏览服务是目前应用最广泛的一种基本 Internet 应用。信息浏览服务是 Internet 资源共享的最好体现。

用户通过单击鼠标就可以浏览到各种类型的信息，来自于一个庞大的信息资源系统，这个系统称为环球信息网（World Wide Web，WWW），可以简称为 Web，中文翻译为"万维网"。它的正式定义为"WWW is a wide-area hypermedia information retrieval initiative to give universal access to large universe of documents"。万维网不是普通意义上的物理网络，而是一张附着在 Internet 上的覆盖全球的"信息网"，是一个大规模的、联机式的信息储藏所。严格来讲，万维网是一个技术系统，使用链接的方法能非常方便地从 Internet 上的一个站点访问另一个站点（也就是所谓的"链接到另一个站点"），如图 3.17 所示。

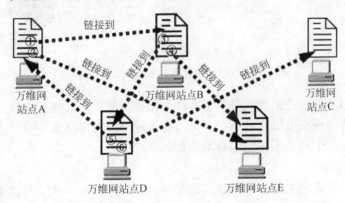

图 3.17　万维网提供分布式服务

万维网有着以下几个方面的重要意义。

（1）万维网是一个支持多媒体的信息检索服务系统；

（2）万维网是一种基于超文本和超链接的信息处理技术；

（3）万维网是一种信息服务站点建设的规矩、规则和标准架构；

（4）万维网是 Internet 上提供共享信息资源站点的集合。

提供共享信息资源的站点称为"Web 网站"；承载资源信息内容的服务器称为"Web 服务器"。Web 服务器、超文本传输协议 HTTP、浏览器是构成万维网的三个要素。在万维网上资源信息使用专门的文档形式——网页（称为 Web 网页）记录、表示和存储；使用专门的语言——HTML，规范网页的设计制作；使用专门的技术——超链接技术管理和组织众多的信息资源；使用专门的方法——统一资源定位器 URL，标识和寻址分布在整个 Internet 上的信息资源；使用专门的应用层协议——HTTP，实现数据信息的传送；信息检索服务采用 C/S（客户/服务器）工作模式；在客户机上使用"浏览器"（如微软的 IE 浏览器）应用软件，实现信息浏览和检索。

1. 超文本传输协议

HTTP（Hyper Text Transfer Protocol）是 Internet 上应用最为广泛的网络应用层协议，所有在客户端与 Web 服务器之间的信息传输都必须遵守这个标准。

HTTP 是一种请求/应答协议，定义了 Web 客户如何从 Web 服务器请求 Web 页面，以及 Web 服务器如何把用户需要的 Web 页面传送给客户。HTTP 还定义了 Web 页面的不同内容的实现顺序（如文本先于图形）等。当 Web 服务器对客户的请求做出应答以后，连接便撤销，直到客户发送下一个请求才重新建立连接。HTTP 下的 WWW 浏览服务，如图 3.18 所示。

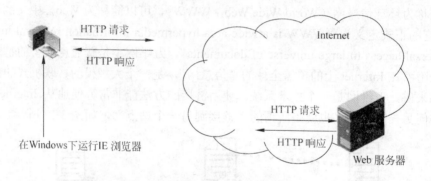

图 3.18　HTTP 协议下的 WWW 浏览服务

HTTP 要求用户传递的信息只是请求方法和路径，整个协议规范比较简单，通信运行速度比较快，服务器规模可以比较小，并可以有效地处理大量请求。因此，HTTP 得到了广泛的应用，成为万维网数据传输的标准协议。

2. 网页

用户通过浏览器看到的信息组织形式就是网页，称为 Web 网页。网页通常使用超文本标记语言（Hyper Text Mark-up Language，HTML）设计制作，文件扩展名为.html、.htm、.asp、.aspx、.php、.jsp 等。网页是构成网站的基本元素，是网站中的一"页"，多个相关的网页合在一起，便组成了 Web 网站，如图 3.19 所示。从硬件角度来说，Web 网站是提供 Web 功能的服务程序。如果把 WWW 比喻成 Internet 的一个大型图书馆，Web 网站就像图书馆中的一本书，Web 网页就是书中的一页。

一个 Web 网站上存放着许多网页，其中最受关注的是主页（Home Page）。主页是一个 Web 网站的首页，从该页出发可以连接到本网站中的其他网页，也可以连接到其他的网站。这样，就可以方便地接通 WWW 中任何一个 Internet 节点。主页文件名一般为 index、default。

图 3.19　Web 网站

Web 网页采用超文本的格式，可以包含文字、图像、声音、视频等信息，使 Web 网页的画面生动活泼，还可以含有指向其他 Web 网页或页面本身某特殊位置的超链接，这种包含链接的文件称为超文本文件。

超链接首先是从一个网页指向一个目标的连接关系。这个目标可以是另一个网页，也可以是相同网页上的不同位置，还可以是一个图片、一个电子邮件地址、一个文件，甚至是一个应用程序。而在一个网页中用来超链接的对象（称为超链接源），可以是一段文本或者一个图片。当浏览者单击已经链接的文字或图片时，链接目标将显示在浏览器上，并且根据目标的类型来打开或运行。

超链接同时也是一种新型的、区别于线性方式的信息搜索技术。信息按线性方式搜索网页时，只能按网页的物理页码编号顺利地进行；这显然不适用于庞大的 Internet 搜索。超链接技术支持使用交叉的方式，借助于网页中包含着的"超链接源"，通过鼠标单击等方式，进行信息的快速搜索，大大提高了信息搜索的速度，如图 3.20 所示。

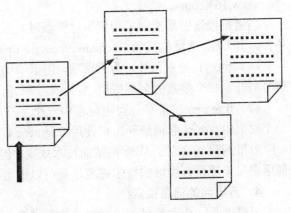

3．统一资源定位器

URL（Uniform Resource Location）是万维网中各种信息资源的编址标准，用于完整地描述 Internet 上网页和其他资源地址的命名和标识。万维网中信息资源是

图 3.20　超链接

巨大的，同时也是具体的。每个承载着信息内容的网页都必须具有一个唯一的名称标识，通常称为 URL 地址，俗称"网址"，否则信息再丰富也不能实现便捷地访问浏览。

为保证信息资源命名的唯一性，URL 制定了统一的格式和规则。

URL 的一般使用格式如下：

scheme://host:port/path/filename

（1）scheme：通信协议，指示该信息资源服务的协议类型。常用的通信协议名称及意义如表 3.5 所示。如果为 HTTP 服务，可省略"http://"。

表 3.5　URL 中通信协议名称

协议名称	功　　能
File	本地计算机上的文件资源
ftp	通过 FTP 访问的信息资源
Gopher	通过 Gopher 访问的信息资源
http	通过 HTTP 访问的信息资源
https	通过安全的 HTTP 访问的信息资源
mailto	资源为电子邮件地址，通过 SMTP 访问
News	通过 NNTP 访问的信息资源

（2）host：主机名，只是提供信息服务的服务器域名或 IP 地址。

（3）port：端口号，为可选项。指的是提供信息服务所使用的端口号。如果使用的是 Internet 上信息服务的默认端口，此项可以省略。例如，http 服务的默认端口为 80，如不重新设置改变端口，则端口号 80 就可以省略。

（4）path：路径。指示资源文件在服务器中存放的路径。

（5）filename：文件名。指示要访问的存放在服务器中指定路径下的资源文件的文件名。如果要访问的资源文件为网站的主页，则一般可省略此项。

例如，http://wellan.znufe.edu.cn/2016/0316/c1668a34676/page.htm

http://mail.163.com/js6/main.jsp?sid=GAmNNEpBFwlGvqTDdfBBAyVwECBlEgAp&df=email163#module=welcome.WelcomeModule%7C%7B%7D

www.163.com

当通过搜索引擎搜索某指定信息资源时，显示搜索结果列表的网页地址中将包含搜索条件，其 URL 地址格式为：scheme://host:port/path?query#fragment。

（6）query：搜索条件，为可选项。用于给动态网页传递参数。可有多个参数，用 "&" 符号隔开，每个参数的名和值用 "=" 符号隔开。

（7）fragment：信息片段定位，为一个字符串。指定网络资源中的某个片段。例如，一个网页中有多个名词解释，可使用 fragment 直接定位到某一个。

万维网只是建立了 Web 网站的技术规则，但并没有制定对信息内容的约束。因此，任何用户只要遵循万维网的技术规范，都可以把自己建立的信息发布到 Internet 上去。

4．万维网的信息检索

万维网是一个大规模的、联机式的信息储藏所。如果已经知道所需信息的存放网点，那么只要在浏览器的地址框内输入该网点的 URL，按回车键就可以进入该网点。但是，若是不知道要找的信息在何网点，那就要使用万维网的搜索工具。

在万维网中用来进行搜索的工具叫作搜索引擎。搜索引擎的种类很多，大体上可以分为两大类，即全文检索搜索引擎和分类目录搜索引擎。

全文检索搜索引擎是一种纯技术型的检索工具。它的工作原理是通过搜索软件（Spider 程序）到 Internet 上的各网站收集信息，找到一个网站后可以从这个网站再链接到另一个网站，像蜘蛛爬行一样。然后，按照一定的规则建立一个很大的在线数据库供用户查询。用户在查询时只要输入关键词，就从已经建立的索引数据库上进行查询（并不是实时的在 Internet 上检索到的信息）。因此很可能有些查到的信息已经是过时的。建立这种索引数据库的网站必须定期对已经建立的数据库进行更新维护。现在最著名的全文检索搜索引擎就是 Google，它搜集的网页数量超过百亿，图片超过 10 亿个。中文搜索引擎中，最著名的是百度。

分类目录搜索引擎并不采集网站的任何信息，而是利用各网站向搜索引擎提交网站信息时填写的关键词和网站描述等信息，经过人工审核编辑后，如果认为符合网站登录的条件，则输入到分类目录的数据库中，供网上用户查询。因此，分类目录搜索引擎也叫作分类网站搜索。分类目录的好处就是用户可根据网站设计好的目录有针对性地逐级查询所需要的信息，查询时不需要使用关键词，只需要按照分类（先找大类，再找下面的小类），因而查询的准确性较好。但分类目录查询的结果并不是具体的页面，而是被收录网站主页的 URL 地址，因而所得到的内容就比较有限。相比之下，全文检索可以检索出大量的信息，但缺点是查询结果不够准确，往往是罗列了海量的信息，使用户无法迅速找到所需的信息。在分类目录搜索引擎中最著名的是雅虎。

从用户的角度来看，使用这两种不同的搜索引擎都能够实现自己查询信息的目的。但用户得到的信息的形式并不一样。全文检索搜索引擎往往可以直接检索到相关内容的网页，但分类目录搜索引擎一般只能检索到相关信息的网址。为了使用户能够更加方便地搜索到有用信息，目前许多网站往往同时具有全文检索搜索引擎和分类目录搜索引擎的功能。在 Internet 上搜索信息需要经验的积累，要多实践才能掌握从 Internet 获取信息的技巧。

目前，出现了垂直搜索引擎，它针对某一特点领域、特定人群或某一特点需求提供搜索服务。垂直搜索也是提供关键字进行检索的，但被放到了一个行业知识的上下文中，返回的结果更倾向于信息、消息、条目等。例如，对于寻找美食吃饭的人来说，他希望查找的是美食的具体信息（位置、价格、风格等），而不是有关于美食的一般性介绍或新闻、政策等。目前生活服务类是对垂直搜索需求最为旺盛的行业之一。还有一种是元搜索引擎，它把用户提交的检索请求发送到多个独立的搜索引擎上去搜索，并把检索结果集中统一处理，以统一的格式提供给用户，因此是搜索引擎上的搜索引擎。它的主要精力放在提高搜索速度、智能化处理搜索结果、个性化搜索功能的设置和用户检索界面的友好性上。元搜索引擎的查全率和查准率都比较高。

3.4.2　电子邮件

电子邮件（Electronic Mail，E-mail）是一种基于计算机网络的通信方式。它可以把信息从一台计算机传送到另一台计算机。像传统的邮政服务系统一样，会给每个用户分配一个邮箱，电子邮件发送到收信人的邮箱中，等待收信人去阅读。

电子邮件通过 Internet 与其他用户进行通信，往往在几秒或几分钟内就可以将电子邮件送达目的地，是一种快捷、简介、高效和价廉的现代化通信手段。

在 Internet 中，电子邮件的传送、收发涉及一系列的协议，如 SMTP、POP3、IMAP 和 MIME 等。SMTP 用于邮件服务器之间发送和接收邮件；MIME 用于对邮件及附件进行编码，实现在一封电子邮件中附加各种其他格式的文件；POP3 用于用户从该邮件服务器接收邮件；IMAP 提供了一个在远程服务器上管理邮件的手段。

SMTP 是其中关键的一个协议。SMTP（Simple Mail Transfer Protocol，简单邮件传送协议）是简单的基于文本的协议，其目标是可靠、高效地传送邮件。其协议端口号为 25。作为应用层的服务，SMTP 并不关心它下面采用的是哪一种传输服务，只要求有一条可以保证传送数据的通道。

邮件发送之前必须确定好邮件的发送者和接收者（即邮件地址）。用户并不是直接把邮件发给对方的邮件服务器，而是首先"联系"自己的邮件服务器，邮件服务器把邮件存放在缓冲队列当中。SMTP 客户通过定时扫描，发现队列中有待发送的邮件时，就和接收方的 SMTP 服务器建立 TCP 连接，并把邮件传送过去；如果在一定时间内邮件不能发送成功，则把邮件退还给发件人。

一个完整的电子邮件地址是由用户账号和电子邮件服务域名两部分组成，中间使用"@"相连，表示我的邮箱归属于以域名标记的电子邮件服务系统，如 hanmberg@163.com、 liuqi1980@znufe.edu.cn 等。

用来收发电子邮件的软件工具有很多，在功能和界面等方面各有特点，但它们都具有以下几个基本的功能，这些功能和人们日常生活中的邮政服务基本一致。

（1）发送邮件：将编辑好的邮件连同邮件携带的附件一起发送到指定电子邮件地址。

（2）阅读邮件：可以选择某一邮件，查看其内容。

（3）存储邮件：可将邮件转储在一般文件中。

（4）转发邮件：用户如果觉得邮件内容需要提供给他人，可在信件编辑结束后，根据有关的提示转寄给其他用户。邮件服务及邮件传送如图 3.21 所示。

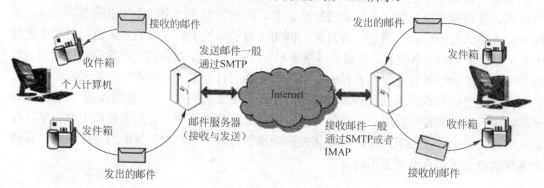

图 3.21　邮件服务及邮件传送

3.4.3　文件传输

文件传输（File Transfer Protocol，FTP）是 Internet 上最早、使用最广泛的应用之一。FTP 服务是以它所使用的文件传输协议命名的，主要用于通过文件传送的方式实现信息共享。目前，Internet 上几乎所有的计算机系统中都带有 FTP 工具。常用的 FTP 工具有 CuteFTP、FlashFTP 和 SmartFTP 等。用户通过 FTP 工具可以将文档从一台计算机传输到另外一台计算机上。

FTP 服务需要将共享的信息以文件的形式组织在一起，配置成 FTP 服务器。Internet 上的其他用户就可以通过 FTP 工具来访问和下载各种共享的文档资料。

FTP 服务一般会要求用户在访问 FTP 服务器时输入用户名和口令进行验证，只有验证通过的用户才可以进入；而在 Internet 上最受欢迎的是匿名访问的 FTP 服务，即用户在登录这些服务器的时候不需要事先注册一个用户名和口令，而是以"anonymous"或"ftp"作为用户名，无须口令即可登录。目前，匿名 FTP 服务是 Internet 上进行资源共享的主要途径之一，其特点是访问方便、操作简单、管理容易。当前，Internet 上的许多资源（包括各种文档、软件等）都是以匿名 FTP 的形式提供给大家使用的。

访问 FTP 服务器可以使用 FTP 工具软件，也可以像访问 Web 服务器一样，通过浏览器来访问，即在地址栏中输入要访问的 FTP 服务器的地址。

还有一种访问 FTP 服务器的方式，即通过 Windows 系统自带的 FTP 程序来访问 FTP 服务器。此时，只需要在命令提示符下输入 FTP，就可以进入 FTP 的命令行操作环境，然后可以通过输入相应的 FTP 命令来操作。一般只有专业人士才会使用这种方法。

　　使用 FTP 在不同的主机和不同的操作系统间传输文件时，FTP 客户与服务器之间要建立双重连接，一个是控制连接，另一个是数据连接。客户每次调用 FTP，都会与服务器建议一个会话，会话以控制连接来维持，该链接一直保持到客户退出 FTP 为止。在此基础上，客户每提出一个数据传输请求，服务器就再与客户建立一个数据连接，进行实际的数据传输。也就是说，每传输一个文件，就要建立一个新的数据连接。当数据传输结束时，发送文件的乙方主动关闭数据连接，但控制连接可以继续使用，直到用户退出 FTP 服务，发出撤销控制连接的操作命令为止。FTP 服务及文件传输如图 3.22 所示。

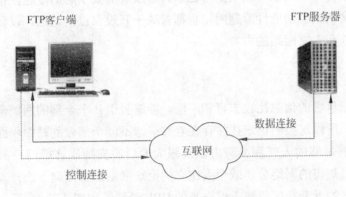

图 3.22　FTP 服务及文件传输

3.4.4　远程登录

　　远程登录（Remote Login）是 Internet 提供的基本信息服务之一。它可以使用户计算机登录到 Internet 上的另一台计算机上，一旦登录成功，用户计算机就成为目标计算机的一个终端，可以使用目标计算机上的资源。远程登录服务基于 Telnet 远程终端仿真协议，提供了大量的命令；使用这些命令可以建立本地用户计算机与远程主机之间的交互式对话，可使本地用户执行远程主机的命令。

　　与其他 Internet 信息服务一样，Telnet 采用客户/服务器模式。在用户登录的远程系统上必须运行 Telnet 服务程序，在用户的本地计算机上需要安装 Telnet 客户软件。本地用户只能通过 Telnet 客户程序进行远程访问。

　　远程登录时，用户通过本地的计算机终端或键盘跟客户程序打交道。用户输入的信息会通过 TCP/IP 连接传动到远程计算机上，服务器程序接收后，自动执行处理并将输出信息传送给用户。因此，远程系统和本地系统的计算机都必须支持 TCP/IP。

3.4.5　BBS

　　BBS 的英文全称是 Bulletin Board System。翻译为中文就是"电子布告栏系统"。BBS 最早是用来公布股市价格等类信息的，当时 BBS 连文件传输的功能都没有，而且只能在苹果计算机上运行。早期的 BBS 与一般街头和校园内的公告板性质相同，只不过是通过网络来传播或获得消息而已。一直到开始普及之后，有些人尝试将苹果计算机上的 BBS 转移到个人计算机上，BBS 才开始渐渐普及开来。近些年来，由于爱好者们的努力，BBS 的功能得到了很大的扩充。通过 BBS 系统可随时取得各种最新的信息；也可以通过 BBS 系统来和别人讨论计算机等各种有趣的话题；还可以利用 BBS 系统来发布一些"征友"、"廉价转让"、"招聘人才"及"求职应聘"等启事；更可以召集亲朋好友到聊天室内高谈阔论。

论坛的发展也如同网络雨后春笋般出现，并迅速发展壮大。论坛几乎涵盖了人们生活的各个方面，几乎每一个人都可以找到自己感兴趣或者需要了解的专题性论坛，而各类网站，综合性门户网站或者功能性专题网站也都青睐于开设自己的论坛，以促进网友之间的交流，增加互动性和丰富网站的内容。

1. 按论坛专业性划分

1）综合类

综合类的论坛包含的信息比较丰富和广泛，能够吸引几乎全部的网民来到论坛，但是由于广便难于精，所以这类的论坛往往存在着弊端即不能全部做到精细和面面俱到。通常大型的门户网站有足够的人气和凝聚力以及强大的后盾支持能够把门户类网站做到很强大，但是对于小型规模的网络公司或个人建立的论坛网站，就倾向于选择专题性的论坛，来做到精致。著名的天涯社区就属于综合类的 BBS 论坛，如图 3.23 所示。

图 3.23　天涯社区

2）专题类

此类论坛是相对于综合类论坛而言，专题类的论坛，能够吸引真正志同道合的人一起来交流探讨，有利于信息的分类整合和搜集，专题性论坛对学术科研教学都起到重要的作用，例如购物类论坛、军事类论坛、情感倾诉类论坛、计算机爱好者论坛、动漫论坛，这样的专题性论坛能够在单独的一个领域里进行版块的划分设置，甚至有的论坛，把专题性直接做到最细化，这样往往能够取到更好的效果。如图 3.24 所示是计算机爱好者专题论坛。

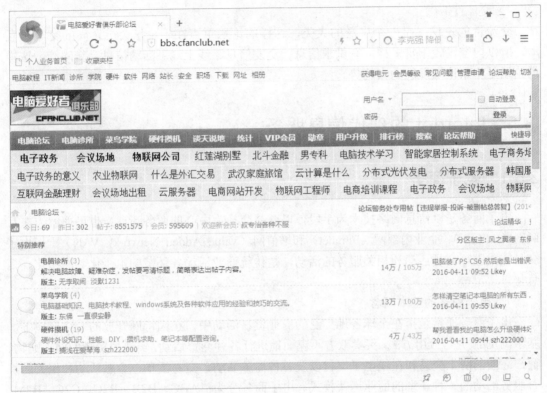

图 3.24　电脑爱好者论坛

2．按交流类型划分

1）教学型

这类论坛通常如同一些教学类的博客，或者是教学网站，中心放在对一种知识的传授和学习上。在计算机软件等技术类的行业，这样的论坛发挥着重要的作用，通过在论坛里浏览帖子，发布帖子能迅速地与很多人在网上进行技术性的沟通和学习，譬如金蝶友商网。

2）推广型

这类论坛通常不是很受网民的欢迎，因其生来就注定是要作为广告的形式，为某一个企业或某一种产品进行宣传推广服务，从 2005 年起，这样形式的论坛很快建立起来，但是往往这样的论坛，很难具有吸引人的性质，单就其宣传推广的性质，很难有大作为，所以这样的论坛寿命经常很短，论坛中的会员也几乎是由受雇佣的人员非自愿地组成。

3）地方性

地方性论坛是论坛中娱乐性与互动性最强的论坛之一。不论是大型论坛中的地方站，还是专业的地方论坛，都有很热烈的网民反响，例如百度的长春贴吧、北京贴吧或者是清华大学论坛、运城论坛、海内网、长沙之家论坛等，地方性论坛能够更大距离地拉近人与人的沟通，另外由于是地方性的论坛，所以对其中的网民也有了一定的局域限制，论坛中的人或多或少都来自于相同的地方，这样既有那么点儿的真实的安全感，也少不了网络特有的朦胧感，所以这样的论坛常常受到网民的欢迎。

4）交流性

交流性的论坛又是一个广泛的大类，这样的论坛重点在于论坛会员之间的交流和互动，所以内容也较丰富多样，有供求信息、交友信息、线上线下活动信息、新闻等，这样的论坛是将来论坛发展的大趋势。

3.5　Internet 的现代信息服务

3.5.1　电子商务

电子商务是以信息网络技术为手段，以商品交换为中心的商务活动；也可理解为在互联网（Internet）、企业内部网（Intranet）和增值网（Value Added Network，VAN）上以电子交易方式进行交易活动和相关服务的活动，是传统商业活动各环节的电子化、网络化、信息化。

1. 电子商务的基本概念

电子商务通常是指在全球各地广泛的商业贸易活动中，在因特网开放的网络环境下，基于浏览/服务器应用方式，买卖双方不谋面地进行各种商贸活动，实现消费者的网上购物、商户之间的网上交易和在线电子支付以及各种商务活动、交易活动、金融活动和相关的综合服务活动的一种新型的商业运营模式。电子商务分为：ABC、B2B、B2C、C2C、B2M、M2C、B2A（即 B2G）、C2A（即 C2G）、O2O 等。

电子商务包括电子货币交换、供应链管理、电子交易市场、网络营销、在线事务处理、电子数据交换（EDI）、存货管理和自动数据收集系统。首先将电子商务划分为广义和狭义的电子商务。无论是广义的电子商务概念还是狭义的电子商务概念，电子商务都涵盖了两个方面：一是离不开互联网这个平台，没有了网络，就称不上电子商务；二是通过互联网完成的是一种商务活动。

狭义上讲，电子商务（Electronic Commerce，EC）是指通过使用互联网等电子工具（这些工具包括电报、电话、广播、电视、传真、计算机、计算机网络、移动通信等）在全球范围内进行的商务贸易活动。是以计算机网络为基础所进行的各种商务活动，包括商品和服务的提供者、广告商、消费者、中介商等有关各方行为的总和。人们一般理解的电子商务是指狭义上的电子商务。

广义上讲，电子商务一词源自于 Electronic Business，就是通过电子手段进行的商业事务活动。通过使用互联网等电子工具，使公司内部、供应商、客户和合作伙伴之间，利用电子业务共享信息，实现企业间业务流程的电子化，配合企业内部的电子化生产管理系统，提高企业的生产、库存、流通和资金等各个环节的效率。

联合国国际贸易程序简化工作组对电子商务的定义是：采用电子形式开展商务活动，它包括在供应商、客户、政府及其他参与方之间通过任何电子工具。如 EDI、Web 技术、电子邮件等共享非结构化商务信息，并管理和完成在商务活动、管理活动和消费活动中的各种交易。

2．电子商务的构成要素

电子商务由 4 个要素构成：商城、消费者、产品、物流。这 4 个构成要素形成了电子商务的重要的三个方面的功能。

（1）买卖：各大网络平台为消费者提供质优价廉的商品，吸引消费者购买的同时促使更多商家的入驻。

（2）合作：与物流公司建立合作关系，为消费者的购买行为提供最终保障，这是电商运营的硬性条件之一。

（3）服务：电商三要素之一的物流主要是为消费者提供购买服务，从而实现再一次的交易。

3．电子商务的关联关系

电子商务的形成与交易离不开以下 4 方面的关系。

1）交易平台

第三方电子商务平台（以下简称第三方交易平台）是指在电子商务活动中为交易双方或多方提供交易撮合及相关服务的信息网络系统总和。

2）平台经营者

第三方交易平台经营者（以下简称平台经营者）是指在工商行政管理部门登记注册并领取营业执照，从事第三方交易平台运营并为交易双方提供服务的自然人、法人和其他组织。

3）站内经营者

第三方交易平台站内经营者（以下简称站内经营者）是指在电子商务交易平台上从事交易及有关服务活动的自然人、法人和其他组织。

4）支付系统

支付系统（Payment System）是由提供支付清算服务的中介机构和实现支付指令传送及资金清算的专业技术手段共同组成，用以实现债权债务清偿及资金转移的一种金融安排，有时也称为清算系统（Clear System）。

4．移动电子商务

移动电子商务就是利用手机、PDA 及掌上电脑等无线终端进行的 B2B、B2C 或 C2C 的电子商务。它将因特网、移动通信技术、短距离通信技术及其他信息处理技术完美结合，使人们可以在任何时间、任何地点进行各种商贸活动，实现随时随地、线上线下的购物与交易、在线电子支付以及各种交易活动、商务活动、金融活动和相关的综合服务活动等。

移动电子商务是在无线传输技术高度发达的情况下产生的，比如经常提到的 4G 技术。技术是移动电子商务的载体。除此之外，WiFi 和 Wapi 技术，也是无线电子商务的选项之一。及时利用手机快速召开电话会议的移动电话会议解决方案。借助 4G/WiFi 网络体验全新概念的移动会议，在会议的同时随时利用手机来管理会议，最大限度地提高了人们的工作效率。

5. 电子商务的类型

按照商业活动的运行方式，电子商务可以分为完全电子商务和非完全电子商务。

按照商务活动的内容，电子商务主要包括间接电子商务（有形货物的电子订货和付款，仍然需要利用传统渠道如邮政服务和商业快递送货）和直接电子商务（无形货物和服务，如某些计算机软件、娱乐产品的联机订购、付款和交付，或者是全球规模的信息服务）。

按照开展电子交易的范围，电子商务可以分为区域化电子商务、远程国内电子商务、全球电子商务。

按照使用网络的类型，电子商务可以分为基于专门增值网络（EDI）的电子商务、基于互联网的电子商务、基于 Intranet 的电子商务。

按照交易对象，电子商务可以分为代理商、商家和消费者（Agent、Business、Consumer，ABC）；企业对企业（**Business-to-Business**，B2B）；企业对消费者（**Business-to-Consumer**，B2C）；个人对消费者(**Consumer-to-Consume**，C2C)；企业对政府（**Business-to-Government**，B2G）；线上对线下（**Online to Offline**，O2O）；商业机构对家庭（**Business to Family B2F**）；供给方对需求方（**Provide to Demand P2D**）；门店在线（**Online to Partner**，O2P）等 8 种模式，其中主要的有企业对企业和企业对消费者两种模式。消费者对企业（Consumer-to-Business，C2B）也开始兴起。

1）ABC

ABC（Agent、Business、Consumer）模式是新型电子商务模式的一种，被誉为继阿里巴巴 B2B 模式、京东商城 B2C 模式以及淘宝 C2C 模式之后电子商务界的第 4 大模式。它是由代理商、商家和消费者共同搭建的集生产、经营、消费为一体的电子商务平台，三者之间可以转化。大家相互服务，相互支持，你中有我，我中有你，真正形成一个利益共同体。

2）B2B

商家（泛指企业）对商家的电子商务，即企业与企业之间通过互联网进行产品、服务及信息的交换。通俗的说法是指进行电子商务交易的供需双方都是商家（或企业、公司），他们使用 Internet 的技术或各种商务网络平台（如拓商网），完成商务交易的过程。这些过程包括：发布供求信息，订货及确认订货，支付过程，票据的签发、传送和接收，确定配送方案并监控配送过程等。

3）B2C

B2C 模式是中国最早产生的电子商务模式，如今的 B2C 电子商务网站非常多，比较大型的有天猫商城、京东商城、一号店、亚马逊、苏宁易购、国美在线等。

4）C2C

C2C 同 B2B、B2C 一样，都是电子商务的几种模式之一。不同的是 C2C 是用户对用户的模式，C2C 商务平台就是通过为买卖双方提供一个在线交易平台，使卖方可以主动提供商品上网拍卖，而买方可以自行选择商品进行竞价。著名的淘宝基本以 C2C 为主。

5）B2M

B2M 是相对于 B2B、B2C、C2C 的电子商务模式而言，是一种全新的电子商务模式。

而这种电子商务相对于以上三种有着本质的不同，其根本的区别在于目标客户群的性质不同，前三者的目标客户群都是作为一种消费者的身份出现，而 B2M 所针对的客户群是该企业或者该产品的销售者或者为其工作者，而不是最终消费者。

6）B2G

B2G 模式是企业与政府管理部门之间的电子商务，如政府采购、海关报税的平台、国税局和地税局报税的平台等。

7）M2C

M2C 是针对于 B2M 的电子商务模式而出现的延伸概念。B2M 环节中，企业通过网络平台发布该企业的产品或者服务，职业经理人通过网络获取该企业的产品或者服务信息，并且为该企业提供产品销售或者提供企业服务，企业通过经理人的服务达到销售产品或者获得服务的目的。

8）O2O

O2O 是新兴起的一种电子商务新商业模式，即将线下商务的机会与互联网结合在了一起，让互联网成为线下交易的前台。这样线下服务就可以用线上来揽客，消费者可以用线上来筛选服务，还有成交可以在线结算，很快达到规模。该模式最重要的特点是：推广效果可查，每笔交易可跟踪。以 e 袋洗的 O2O 模式为例，其通过搜索引擎和社交平台建立海量网站入口，将在网络的一批洗衣类日常生活服务消费者吸引到 e 袋洗，进而引流到当地的 e 袋洗的线下体验馆。

9）C2B

C2B 是电子商务模式的一种，即消费者对企业。最先由美国流行起来的 C2B 模式也许是一个值得关注的尝试。C2B 模式的核心，是通过聚合分散分布但数量庞大的用户形成一个强大的采购集团，以此来改变 B2C 模式中用户一对一出价的弱势地位，使之享受到以大批发商的价格买单件商品的利益。

10）其他新型模式

（1）P2D：P2D（Provide to Demand）是一种全新的、涵盖范围更广泛的电子商务模式，强调的是供应方和需求方的多重身份，即在特定的电子商务平台中，每个参与个体的供应面和需求面都能得到充分满足，充分体现特定环境下的供给端报酬递增和需求端报酬递增。

（2）B2B2C：所谓 B2B2C（Business To Business To Customer）是一种新的网络通信销售方式。第一个 B 指广义的卖方（即成品、半成品、材料提供商等），第二个 B 指交易平台，即提供卖方与买方的联系平台，同时提供优质的附加服务，C 即指买方。卖方可以是公司，也可以是个人，即一种逻辑上的买卖关系中的卖方。

（3）C2B2S：C2B2S（Customer to Business-Share）模式是 C2B 模式的进一步延升，该模式很好地解决了 C2B 模式中客户发布需求产品初期无法聚集庞大的客户群体而致使与邀约的商家交易失败的问题。全国首家采用该模式的平台是晴天乐客。

（4）B2T：B2T（Business To Team）是继 B2B，B2C，C2C 后的又一电子商务模式。即为一个团队向商家采购。B2T 本来是"团体采购"的定义，而今，网络的普及让团购成为很多中国人参与的消费革命。网络成为一种新的消费方式。所谓网络团购，就是互不认识的消费者，借助互联网的"网聚人的力量"来聚集资金，加大与商家的谈判能力，以求得最优的价格。尽管网络团购的出现只有短短两年多的时间，却已经成为在网民中流行的一种新消费方式。据了解，网络团购的主力军是年龄 25～35 岁的年轻群体，在城市消费中十分普遍。

6．电子商务的特点

从电子商务的含义及发展历程可以看出电子商务具有如下基本特点。

1）普遍性

电子商务作为一种新型的交易方式，将生产企业、流通企业以及消费者和政府带入了一个网络经济、数字化生存的新天地。

2）方便性

在电子商务环境中，人们不再受地域的限制，客户能以非常简捷的方式完成过去较为繁杂的商业活动。如通过网络银行能够全天候地存取账户资金、查询信息等，同时使企业对客户的服务质量得以大大提高。在电子商务商业活动中，有大量的人脉资源开发和沟通，从业时间灵活。

3）整体性

电子商务能够规范事务处理的工作流程，将人工操作和电子信息处理集成为一个不可分割的整体，这样不仅能提高人力和物力的利用率，也可以提高系统运行的严密性。

4）安全性

在电子商务中，安全性是一个至关重要的核心问题，它要求网络能提供一种端到端的安全解决方案，如加密机制、签名机制、安全管理、存取控制、防火墙、防病毒保护等，这与传统的商务活动有着很大的不同。

5）协调性

商业活动本身是一种协调过程，它需要客户与公司内部、生产商、批发商、零售商间的协调。在电子商务环境中，它更要求银行、配送中心、通信部门、技术服务等多个部门的通力协作，电子商务的全过程往往是一气呵成的。

电子商务已经成为人们日常首选的商务交易方式，仅 2015 年 11 月 11 日一天，淘宝+天猫的交易额就达到了 912 亿元。电子商务必将更为深入人们的生活。

3.5.2　电子政务

20 世纪 90 年代电子政务产生。电子政务是运用计算机、网络和通信等现代信息技术手段，实现政府组织结构和工作流程的优化重组，超越时间、空间和部门分隔的限制，建成一个精简、高效、廉洁、公平的政府运作模式，以便全方位地向社会提供优质、规范、透明、符合国际水准的管理与服务。

政府通过信息通信技术手段的密集性和战略性应用组织公共管理的方式，旨在提高效率、增强政府的透明度、改善财政约束、改进公共政策的质量和决策的科学性，建立良好的政府之间、政府与社会、社区以及政府与公民之间的关系，提高公共服务的质量，赢得广泛的社会参与度。

电子政务是一个系统工程，应该符合以下三个基本条件。

第一，电子政务是必须借助于电子信息化硬件系统、数字网络技术和相关软件技术的综合服务系统。硬件系统包括内部局域网、外部互联网、系统通信系统和专用线路等；软件技术部分包括大型数据库管理系统、信息传输平台、权限管理平台、文件形成和审批上传系统、新闻发布系统、服务管理系统、政策法规发布系统、用户服务和管理系统、人事及档案管理系统、福利及住房公积金管理系统等数十个系统。

第二，电子政务是处理与政府有关的公开事务，内部事务的综合系统。除包括政府机关内部的行政事务以外，还包括立法、司法部门以及其他一些公共组织的管理事务，如检务、审务、社区事务等。

第三，电子政务是新型的、先进的、革命性的政务管理系统。电子政务并不是简单地将传统的政府管理事务原封不动地搬到互联网上，而是要对其进行组织结构的重组和业务流程的再造。因此，电子政府在管理方面与传统政府管理之间有显著的区别。

1．电子政务的类别与特点

1）电子政务的类别

（1）G2G：政府间电子政务。

（2）G2B：政府-商业机构间电子政务。

（3）G2C：政府-公民间电子政务。

（4）G2E：政府-雇员间电子政务。

2）电子政务的主要内容

（1）政府从网上获取信息，推进网络信息化。

（2）加强政府的信息服务，在网上设有政府自己的网站和主页，向公众提供可能的信息服务，实现政务公开。

（3）建立网上服务体系，使政务在网上与公众互动处理，即"电子政务"。

（4）将电子商业用于政府，即"政府采购电子化"。

（5）充分利用政务网络，实现政府"无纸化办公"。

（6）政府知识库。

3）电子政务的特点

相对于传统行政方式，电子政务的最大特点就在于其行政方式的电子化，即行政方式的无纸化、信息传递的网络化、行政法律关系的虚拟化等。

电子政务使政府工作更公开、更透明、更有效、更精简，电子政务为企业和公民提供更好的服务，电子政务重构政府、企业、公民之间的关系，使之比以前更协调，便于企业和公民更好地参政议政。

电子政务是政府部门/机构利用现代信息科技和网络技术，实现高效、透明、规范的电子化内部办公，协同办公和对外服务的程序、系统、过程和界面。与传统政府的公共服务相比，电子政务除了具有公共物品属性，如广泛性、公开性、非排他性等本质属性外，还具有直接性、便捷性、低成本性以及更好的平等性等特征。

2．电子政务的内涵与实质

1）电子政务的内涵

电子政务就是将政府的主要职能（经济调节、市场监管、社会管理和公共服务）电子化、网络化，利用现代信息和通信技术对政府进行信息化改造，实现政府组织结构和工作流程的重组优化，超越时间、空间和部门分隔的制约，全方位地向社会提供优质、规范、透明的服务，是政府管理手段的变革。

2）电子政务的实质

以信息技术为基础，以信息资源共享为核心，面向公众提供个性化服务，代表着政府的角色转变、结构重组、流程再造。

电子政务的主体是政府机关，电子政务的重点是"政务"而非"电子"。

如图 3.25 所示是武汉市东湖新技术开发区的政务网。

图 3.25　东湖新技术开发区政务网

3. 实施电子政务的意义

首先，提高政府运作效率，降低运作成本。电子政务有利于帮助提高政府在行政、服务和管理方面的效率，同时实施电子政务可积极推动政府优化办公流程和机构的精简等工作。政府的信息网络覆盖面宽，能够为社会公众提供更快捷、更优质的多元化服务。

其次，加强监管、促进政务公开。可以加强政府和社会公众对各权力机构业务运行的监管，并可以实现政府相关信息和业务处理流程的公开化。实施电子政务后，政府的业务流程通过电子政务平台自动实现，其处理过程、处理的时间、处理的结果、处理的依据对上级领导、相关公众、政府工作人员都是可知的，从而减少了传统政务过程中可能的暗箱操作，实现了政务的公开化、透明化。

第三，改善公众服务、提升政府形象。通过实施电子政务，可以提高为公众的服务水平，全面提升政府形象，电子政务使政府从被动服务转变为主动服务。

第四，促进政府改革。实施电子政务是当前政府信息化的主要形式。目前，各级政府内部政务的信息化已经初步形成，随着网络化的发展，实施电子政务，即以数字网络为基础将政府政务集成起来，向公众开放并提供服务已经成为当前政府信息化最主要的特征。

第五，通过政府信息化，推动社会信息化，促进国民经济发展。政府率先信息化对一个地区信息化起着重要的推进作用，政府率先实现信息化才会带动企业、社会公众的信息化应用步伐。同时，实施电子政务也是促进国民经济发展的重要举措。

3.5.3　网络流媒体服务

现在，由于人们将时间更多地花在网上冲浪而不是电视机前，再加上宽带和光纤技术大大提高了流媒体（音频和视频）节目的传输速度，网上流媒体服务迎来了勃勃生机。

流媒体是指以流方式在网络中传送音频、视频和多媒体文件的媒体形式。相对于下载后观看的网络播放形式而言，流媒体的典型特征就是把连续的音频和视频信息压缩后放到网络服务器上，用户边下载边观看，而不必等待整个文件下载完毕。由于流媒体的优越性，该技术广泛应用于视频点播、视频会议、远程教育、远程医疗和在线直播系统中。作为新一代互联网应用的标志，流媒体技术在近几年得到了飞速的发展。

提供网上流媒体服务的公司有很多，例如百度、迅雷、爱奇艺等。百度音乐实例如图 3.26 所示。

图 3.26　百度音乐

3.5.4　即时通信服务

即时通信（Instant Messaging，IM）是一个终端服务，允许两人或多人使用网络即时地传递文字信息、文件、语音与视频交流。相对于传统的电话、E-mail 等通信方式来说，即时通信不仅有效地节省了沟通双方的时间和经济成本，而且效率更高。即时通信系统不仅成为人们沟通交流的工具，还成为人们进行电子商务、工作、学习等交流的平台。即时通信可以说是继电子邮件、WWW 之后，Internet 上最"具杀伤力"的应用。即时通信按使用用途分为企业即时通信和网站即时通信，根据装载的对象又可以分为手机即时通信和 PC 即时通信。手机即时通信的代表是短信、陌陌、微信；PC 即时通信的代表如 ICQ、QQ、MSN、Skype 等。

微信（WeChat）是腾讯公司于 2011 年 1 月 21 日推出的一个为智能终端提供即时通信服务的免费应用程序，微信支持跨通信运营商、跨操作系统平台通过网络快速发送免费（需消耗少量网络流量）语音短信、视频、图片和文字，同时，也可以使用通过共享流媒体内容的资料和基于位置的社交插件"摇一摇"、"漂流瓶"、"朋友圈"、"公众平台"、"语音记事本"等服务插件。截止到 2016 年第一季度，微信已经覆盖中国 90% 以上的智能手机，月活跃用户达到 5.49 亿，用户覆盖二百多个国家、超过二十种语言。此外，各品牌的微信公众账号总数已经超过 1000 万个，移动应用对接数量超过 85 000 个，微信支付用户则达到了 4 亿左右。

微信提供公众平台、朋友圈、消息推送等功能，用户可以通过"摇一摇"、"搜索号码"、"附近的人"、扫二维码方式添加好友和关注公众平台，同时微信可将内容分享给好友以及将用户看到的精彩内容分享到微信朋友圈。

1. 微信的数据增长

2012 年 3 月 29 日，微信用户破 1 亿，耗时 433 天。

2012 年 9 月 17 日，微信用户破 2 亿，耗时缩短至不到 6 个月。

2013 年 1 月 15 日，微信用户达 3 亿。

2013 年 7 月 25 日，微信的国内用户超过 4 亿；8 月 15 日，微信的海外用户超过了 1 亿。

2013 年 8 月 5 日，微信 5.0 上线，"游戏中心"、"微信支付"等商业化功能推出。

2013 年第 4 季度，微信月活跃用户数达到 3.55 亿（活跃定义：发送消息、登录游戏中心、更新朋友圈）。

2014 年 1 月 28 日，微信 5.2 发布，界面风格全新改版，顺应了扁平化的潮流。

2014 年 2 月 20 日，腾讯宣布推出 QQ 浏览器微信版。

2014 年 3 月 19 日，微信支付接口正式对外开放。

2014 年 4 月 4 日，微信学院正式成立。

2014 年 4 月 8 日，微信智能开放平台正式对外开放。

2014 年 12 月 24 日，微信团队正式宣布面向商户开放微信现金红包申请。只要商户（公众号、App 或者线下店皆可）开通了微信支付，就可以申请接入现金红包。

2015 年 3 月 9 日，微信开放连 WiFi 入口，用户无须账号密码即可上网。

2015 年 6 月 30 日，腾讯以 17.6 亿元投得广州琶洲地块以建设微信总部大楼。

2016 年 3 月 1 日起，微信支付对转账功能停止收取手续费。同日起，对提现功能开始收取手续费。

2．功能服务

2014 年 8 月 28 日，微信支付正式公布"微信智慧生活"全行业解决方案。具体体现在以微信公众号+微信支付为基础，帮助传统行业将原有商业模式"移植"到微信平台。

微信提供的闭环式移动互联网商业解决方案中，涉及的服务能力包括：移动电商入口、用户识别、数据分析、支付结算、客户关系维护、售后服务和维权、社交推广等。这也预示着微信再次加大商业化开放步伐，为合作伙伴提供连接能力，助推企业用户商业模式的移动互联网化转型。

通过为合作伙伴提供"连接一切"的能力，微信正在形成一个全新的"智慧型"生活方式。其已经渗透进入以下传统行业，如微信打车、微信交电费、微信购物、微信医疗、微信酒店等。为医疗、酒店、零售、百货、餐饮、票务、快递、高校、电商、民生等数十个行业提供标准解决方案。

1）基本功能

聊天：支持发送语音短信、视频、图片（包括表情）和文字，是一种聊天软件，支持多人群聊。

添加好友：微信支持查找微信号（具体步骤：单击微信界面下方的朋友们→添加朋友→搜号码，然后输入想搜索的微信号码，然后单击"查找"即可）、查看 QQ 好友添加好友、查看手机通讯录和分享微信号添加好友、摇一摇添加好友、二维码查找添加好友和漂流瓶接受好友等 7 种方式。

实时对讲机功能：用户可以通过语音聊天室和一群人语音对讲，但与在群里发语音不同的是，这个聊天室的消息几乎是实时的，并且不会留下任何记录，在手机屏幕关闭的情况下也仍可进行实时聊天。

2）微信支付

微信支付是集成在微信客户端的支付功能，用户可以通过手机完成快速的支付流程。微信支付向用户提供安全、快捷、高效的支付服务，以绑定银行卡的快捷支付为基础。

支持支付场景：微信公众平台支付、APP（第三方应用商城）支付、二维码扫描支付、刷卡支付，用户展示条码，商户扫描后，完成支付。

用户只需在微信中关联一张银行卡，并完成身份认证，即可将装有微信 APP 的智能手机变成一个全能钱包，之后即可购买合作商户的商品及服务，用户在支付时只需在自己的智能手机上输入密码，无须任何刷卡步骤即可完成支付，整个过程简便流畅。

微信支付支持以下银行发放的贷记卡：深圳发展银行、宁波银行。此外，微信支付还支持以下银行的借记卡及信用卡：招商银行、建设银行、光大银行、中信银行、农业银行、广发银行、平安银行、兴业银行、民生银行。

微信支付规则如下。

（1）绑定银行卡时，需要验证持卡人本人的实名信息，即姓名，身份证号的信息。

（2）一个微信号只能绑定一个实名信息，绑定后实名信息不能更改，解卡不删除实名绑定关系。

（3）同一身份证件号码最多只能注册 10 个（包含 10 个）微信支付。

（4）一张银行卡（含信用卡）最多可绑定三个微信号。

（5）一个微信号最多可绑定 10 张银行卡（含信用卡）。

（6）一个微信账号中的支付密码只能设置一个。

（7）银行卡无须开通网银（中国银行、工商银行除外），只要在银行中有预留手机号码，即可绑定微信支付。

3）微信提现

4）其他功能

（1）朋友圈：用户可以通过朋友圈发表文字和图片，同时可通过其他软件将文章或者音乐分享到朋友圈。用户可以对好友新发的照片进行"评论"或"赞"，用户只能看相同好友的评论或赞。

（2）语音提醒：用户可以通过语音告诉他提醒打电话或是查看邮件。

（3）通讯录安全助手：开启后可上传手机通讯录至服务器，也可将之前上传的通讯录下载至手机。

（4）QQ 邮箱提醒：开启后可接收来自 QQ 邮件的邮件，收到邮件后可直接回复或转发。

（5）私信助手：开启后可接收来自 QQ 微博的私信，收到私信后可直接回复。

（6）漂流瓶：通过扔瓶子和捞瓶子来匿名交友。

（7）查看附近的人：微信将会根据用户的地理位置找到在用户附近同样开启本功能的人。

（8）语音记事本：可以进行语音速记，还支持视频、图片、文字记事。

（9）微信摇一摇：是微信推出的一个随机交友应用，通过摇手机或单击按钮模拟摇一摇，可以匹配到同一时段触发该功能的微信用户，从而增加用户间的互动和微信黏度。

（10）群发助手：通过群发助手把消息发给多个人。

（11）微博阅读：可以通过微信来浏览腾讯微博内容。

（12）流量查询：微信自身带有流量统计的功能，可以在设置里随时查看微信的流量动态。

（13）游戏中心：可以进入微信玩游戏（还可以和好友比分数）。

（14）微信公众平台：通过这一平台，个人和企业都可以打造一个微信的公众号，可以群发文字、图片、语音三个类别的内容。

（15）账号保护：微信与手机号进行绑定，该绑定过程需要 4 步：① 在"我"的栏目里进入"个人信息"，单击"我的账号"；② 在"手机号"一栏输入手机号码；③ 系统自动发送 6 位验证码到手机，成功输入 6 位验证码后即可完成绑定；④ 让"账号保护"一栏显示"已启用"，即表示微信已启动了全新的账号保护机制。

5）微信网页版

微信网页版指通过手机微信（4.2 版本以上）的二维码识别后在网页上登录微信，微信网页版能实现和好友聊天，传输文件等功能，但不支持查看附近的人以及摇一摇等功能。

QQ 浏览器微信版的登录方式保留了网页版微信通过二维码登录的方式，但是微信界面将不再占用单独的浏览器标签页，而是变成左侧的边栏。这样方便用户浏览网页的同时，使用微信。

6）拦截系统

2014 年 8 月 7 日，微信已为抵制谣言建立了技术拦截、举报人工处理、辟谣工具这三大系统。在相关信息被权威机构判定不实，或者接到用户举报并核实举报内容属实后，微信会积极提供协助阻断信息的进一步传播。

在日常运营中，腾讯有一支专业的队伍负责处理用户的举报内容。根据用户的举报，查证后一旦确认存在涉及侵权、泄密、造谣、骚扰、广告及垃圾信息等违反国家法律法规、政策及公序良俗、社会公德等，微信团队会视情况严重程度对相关账号予以处罚。

7）城市服务

2015 年 7 月 21 日，微信官方宣布，"城市服务"正式接入北京市。用户只要定位在北京，即可通过"城市服务"入口，轻松完成社保查询、个税查询、水电燃气费缴纳、公共自行车查询、路况查询、12369 环保举报等多项政务民生服务。未来，接入城市数量必将成倍增长。

3.5.5　博客与微博

1. 博客

博客（Blog）是一个网页，通常由简短且经常更新的帖子构成，这些帖子一般是按照年份和日期倒序排列的。而博客的内容，可以是纯粹的个人生活感悟和心得，也可以是某一主题的创作内容，也可以是某一共同领域的人群集体创作的内容。简单地说，博客就是以网络作为载体，简单迅速地发布自己的体会，及时有效轻松地与他人进行交流沟通，再集丰富多彩的个性化展示于一体的综合性平台。

网络上的博客人发表和张贴博客的目的有很大的差异，但是由于其沟通方式比电子邮件、讨论组更简单和容易，博客已经成为家庭、公司、部门和团队之间比较盛行的沟通工具，因此，它也被应用在企业内部网络中。

2. 微博

微博，即微型博客（Microblog），是一个基于用户关系分享、传播以及获取的平台。用户可以通过 Web、WAP 等各种客户端组建个人社区，更能表达出每时每刻的思想和最新动态。而博客则更偏重于梳理自己在一段时间内的所见、所闻、所感。

微博草根性更强，且广泛分布在桌面、浏览器、移动终端等多个平台上。2009 年，新浪率先推出"新浪微博"，微博正式进入中文网络主流人群的视野中。

3.5.6　互联网金融

互联网金融（ITFIN）是指传统金融机构与互联网企业利用互联网技术和信息通信技术实现资金融通、支付、投资和信息中介服务的新型金融业务模式。互联网金融 ITFIN 不是互联网和金融业的简单结合，而是在实现安全、移动等网络技术水平上，被用户熟悉接受后（尤其是对电子商务的接受），自然而然为适应新的需求而产生的新模式及新业务。是传统金融行业与互联网技术相结合的新兴领域。

1．互联网金融的定义

互联网金融（ITFIN）就是互联网技术和金融功能的有机结合，依托大数据和云计算在开放的互联网平台上形成的功能化金融业态及其服务体系，包括基于网络平台的金融市场体系、金融服务体系、金融组织体系、金融产品体系以及互联网金融监管体系等，并具有普惠金融、平台金融、信息金融和碎片金融等相异于传统金融的金融模式。

中国互联网金融发展历程要远短于美欧等发达经济体。截至目前，中国互联网金融大致可以分为三个发展阶段：第一个阶段是 20 世纪 90 年代～2005 年左右的传统金融行业互联网化阶段；第二个阶段是 2005—2011 年前后的第三方支付蓬勃发展阶段；而第三个阶段是 2011 年以来至今的互联网实质性金融业务发展阶段。

2．发展模式

1）众筹

众筹大意为大众筹资或群众筹资，是指用团购预购的形式，向网友募集项目资金的模式。众筹的本意是利用互联网和 SNS 传播的特性，让创业企业、艺术家或个人对公众展示他们的创意及项目，争取大家的关注和支持，进而获得所需要的资金援助。众筹平台的运作模式大同小异——需要资金的个人或团队将项目策划交给众筹平台，经过相关审核后，便可以在平台的网站上建立属于自己的页面，用来向公众介绍项目情况。

2）P2P 网贷

P2P(Peer-to-Peerlending)，即点对点信贷。P2P 网贷是指通过第三方互联网平台进行资金借、贷双方的匹配，需要借贷的人群可以通过网站平台寻找到有出借能力并且愿意基于一定条件出借的人群，帮助贷款人通过和其他贷款人一起分担一笔借款额度来分散风险，也帮助借款人在充分比较的信息中选择有吸引力的利率条件。

两种运营模式，第一是纯线上模式，其特点是资金借贷活动都通过线上进行，不结合线下的审核。通常这些企业采取的审核借款人资质的措施有通过视频认证、查看银行流水账单、身份认证等。第二种是线上线下结合的模式，借款人在线上提交借款申请后，平台通过所在城市的代理商采取入户调查的方式审核借款人的资信、还款能力等情况。

3）第三方支付

第三方支付(Third-Party Payment)狭义上是指具备一定实力和信誉保障的非银行机构，借助通信、计算机和信息安全技术，采用与各大银行签约的方式，在用户与银行支付结算系统间建立连接的电子支付模式。

根据央行 2010 年在《非金融机构支付服务管理办法》中给出的非金融机构支付服务的定义，从广义上讲第三方支付是指非金融机构作为收、付款人的支付中介所提供的网络支付、预付卡、银行卡收单以及中国人民银行确定的其他支付服务。第三方支付已不仅局限于最初的互联网支付，而是成为线上线下全面覆盖，应用场景更为丰富的综合支付工具。

4）数字货币

除去蓬勃发展的第三方支付、P2P 贷款模式、小贷模式、众筹融资、余额宝模式等形式，以比特币为代表的互联网货币也开始露出自己的面目。

以比特币等数字货币为代表的互联网货币爆发，从某种意义上来说，比其他任何互联网金融形式都更具颠覆性。在 2013 年 8 月 19 日，德国政府正式承认比特币的合法"货币"地位，比特币可用于缴税和其他合法用途，德国也成为全球首个认可比特币的国家。这意味着比特币开始逐渐"洗白",从极客的玩物,走入大众的视线。也许,它能够催生出真正的互联网金融帝国。

比特币炒得火热,也跌得惨烈。无论怎样,这场似乎曾经离我们很遥远的互联网淘金盛宴已经慢慢走进我们的视线,它让人们看到了互联网金融最终极的形态就是互联网货币。所有的互联网金融只是对现有的商业银行、证券公司提出挑战,将来发展到互联网货币的形态就是对央行的挑战。也许比特币会颠覆传统金融成长为首个全球货币,也许它会最终走向崩盘,不管怎样,可以肯定的是,比特币会给人类留下一笔永恒的遗产。

5)大数据金融

大数据金融是指集合海量非结构化数据,通过对其进行实时分析,可以为互联网金融机构提供客户全方位信息,通过分析和挖掘客户的交易和消费信息掌握客户的消费习惯,并准确预测客户行为,使金融机构和金融服务平台在营销和风险控制方面有的放矢。

基于大数据的金融服务平台主要指拥有海量数据的电子商务企业开展的金融服务。大数据的关键是从大量数据中快速获取有用信息的能力,或者是从大数据资产中快速变现利用的能力。因此,大数据的信息处理往往以云计算为基础。

6)信息化金融机构

所谓信息化金融机构,是指通过采用信息技术,对传统运营流程进行改造或重构,实现经营、管理全面电子化的银行、证券和保险等金融机构。金融信息化是金融业发展趋势之一,而信息化金融机构则是金融创新的产物。

从金融整个行业来看,银行的信息化建设一直处于业内领先水平,不仅具有国际领先的金融信息技术平台,建成了由自助银行、电话银行、手机银行和网上银行构成的电子银行立体服务体系,而且以信息化的大手笔——数据集中工程在业内独领风骚,其除了基于互联网的创新金融服务之外,还形成了"门户"、"网银、金融产品超市、电商"的一拖三的金融电商创新服务模式。

7)金融门户

互联网金融门户是指利用互联网进行金融产品的销售以及为金融产品销售提供第三方服务的平台。它的核心就是"搜索比价"的模式,采用金融产品垂直比价的方式,将各家金融机构的产品放在平台上,用户通过对比挑选合适的金融产品。

互联网金融门户多元化创新发展,形成了提供高端理财投资服务和理财产品的第三方理财机构,提供保险产品咨询、比价、购买服务的保险门户网站等。这种模式不存在太多政策风险,因为其平台既不负责金融产品的实际销售,也不承担任何不良的风险,同时资金也完全不通过中间平台。

3. 主要特点

1)成本低

互联网金融模式下,资金供求双方可以通过网络平台自行完成信息甄别、匹配、定价和交易,无传统中介、无交易成本、无垄断利润。一方面,金融机构可以避免开设营业网点的资金投入和运营成本;另一方面,消费者可以在开放透明的平台上快速找到适合自己的金融产品,削弱了信息不对称程度,更省时省力。

2）效率高

互联网金融业务主要由计算机处理，操作流程完全标准化，客户不需要排队等候，业务处理速度更快，用户体验更好。如阿里小贷依托电商积累的信用数据库，经过数据挖掘和分析，引入风险分析和资信调查模型，商户从申请贷款到发放只需要几秒钟，日均可以完成贷款一万笔，成为真正的"信贷工厂"。

3）覆盖广

互联网金融模式下，客户能够突破时间和地域的约束，在互联网上寻找需要的金融资源，金融服务更直接，客户基础更广泛。此外，互联网金融的客户以小微企业为主，覆盖了部分传统金融业的金融服务盲区，有利于提升资源配置效率，促进实体经济发展。

4）发展快

依托于大数据和电子商务的发展，互联网金融得到了快速增长。以余额宝为例，余额宝上线 18 天，累计用户数达到 250 多万，累计转入资金达到 66 亿元，成为规模最大的公募基金。

5）管理弱

一是风控弱。互联网金融还没有接入人民银行征信系统，也不存在信用信息共享机制，不具备类似银行的风控、合规和清收机制，容易发生各类风险问题，已有众贷网、网赢天下等 P2P 网贷平台宣布破产或停止服务。

二是监管弱。互联网金融在中国处于起步阶段，还没有监管和法律约束，缺乏准入门槛和行业规范，整个行业面临诸多政策和法律风险。

6）风险大

一是信用风险大。现阶段中国信用体系尚不完善，互联网金融的相关法律还有待配套，互联网金融违约成本较低，容易诱发恶意骗贷、卷款跑路等风险问题。特别是 P2P 网贷平台由于准入门槛低和缺乏监管，成为不法分子从事非法集资和诈骗等犯罪活动的温床。2015年以来，淘金贷、优易网、安泰卓越等 P2P 网贷平台先后曝出"跑路"事件。

二是网络安全风险大。中国互联网安全问题突出，网络金融犯罪问题不容忽视。一旦遭遇黑客攻击，互联网金融的正常运作会受到影响，危及消费者的资金安全和个人信息安全。

4．监管政策

中国人民银行正与银行业、证券业及保险业监管机构联手，试图落实相关监管措施，防止消费者信息被盗用或误用，确保互联网投资产品的风险得到充分披露，并禁止非法融资活动。

管理层人士曾多次对互联网金融监管表态。央行就表示，对于互联网金融进行评价，尚缺乏足够的时间序列和数据支持，要留有一定的观察期。要鼓励互联网金融创新和发展，包容失误。但同时绝不姑息欺诈、诈骗等违法犯罪活动。同时强调，互联网金融不能触碰非法集资、非法吸收公众存款两条法律红线，尤其 P2P 平台不可以办资金池，也不能集担保、借贷于一体。传统线下金融业务转到线上开展，要遵守线下金融业务的监管规定。互联网金融需要监管，因为金融行业是高风险行业，比 IT 产业的风险更大。

互联网金融的三条不能碰的红线：第一，不能碰乱集资的红线；第二，吸收公众存款的红线；第三，诈骗的红线。

3.5.7　基于网络的云服务

自 2006 年谷歌推出"Google 101 计划"并正式提出了"云"的概念和理论之后，Amazon、Microsoft、HP、Yahoo、Intel、IBM 等知名 IT 公司都宣布了自己的"云计划"。云安全、云存储、云计算、内部云、外部云、公共云、私有云等一堆让人眼花缭乱的概念在不断冲击人们的神经。这些所有的云服务，都离不开云计算。要了解云服务，一定要先了解云计算。

1．云计算概念

云计算（Cloud Computing）是由分布式计算（Distributed Computing）、并行处理（Parallel Computing）、网格计算（Grid Computing）发展而来的，是一种新兴的商业计算模型，是基于互联网的相关服务的增加、使用和交付模式，通常涉及通过互联网来提供动态易扩展且经常是虚拟化的资源。云是网络、互联网的一种比喻说法。

对云计算的定义有多种说法。对于到底什么是云计算，至少可以找到 100 种解释。现阶段广为接受的是美国国家标准与技术研究院（NIST）的定义：云计算是一种按使用量付费的模式，这种模式提供可用的、便捷的、按需的网络访问，进入可配置的计算资源共享池（资源包括网络，服务器，存储，应用软件，服务），这些资源能够被快速提供，只需投入很少的管理工作，或与服务供应商进行很少的交互。

狭义的云计算指厂商通过分布式计算和虚拟化技术搭建数据中心或超级计算机，以免费或按需租用方式向技术开发者或者企业客户提供数据存储、分析及科学计算等服务，如亚马逊数据仓库出租服务。广义的云计算指厂商通过建立网络服务器集群，向各种不同类型业务客户提供在线软件服务、硬件租借、数据存储、计算分析等不同类型的服务。广义的云计算包括更多的厂商和服务类型，如国内用友、金蝶等管理软件厂商推出的在线财务软件、谷歌发布的 Google 应用程序套装等。

通俗的理解是，云计算的"云"就是存在于互联网上的服务器集群的各种资源，包括硬件资源（服务器、存储器、CPU 等）和软件资源（如应用软件、集成开发环境等），本地计算机只要通过互联网发送需求信息，云端就会有成千上万的计算机为用户提供需要的资源并将处理结果返回本地计算机。这样，本地计算机可以尽量简化，因为所有的处理都由"云"来完成。

2．云计算服务形式

云计算的表现形式是多样的，主要包括软件服务（Software as a Service，SaaS）、平台服务（Platform as a Service，PaaS）和基础设施服务（Infrastructure as a Service，IaaS），三者的比较如表 3.6 所示。

表 3.6　IaaS、PaaS、SaaS 的比较

类型	服务内容	服务对象	使用方式	关键技术	实例
IaaS	提供基础设施部署服务	需要硬件资源的用户	使用者上传数据、程序代码、环境配置	数据中心管理技术	Amazon EC2
PaaS	提供应用程序部署与管理服务	程序开发者	使用者上传数据、程序代码	海量数据处理技术、资源管理与调度技术	Google App Engine

续表

类型	服务内容	服务对象	使用方式	关键技术	实例
SaaS	提供基于互联网的应用程序服务	企业和需要软件应用的用户	使用者上传数据	Web 服务技术、互联网应用开发技术	Google Apps

1）IaaS

IaaS 服务把厂商的由多台服务器组成的"云端"基础设施，作为计量服务提供给客户。它将内存、I/O 设备、存储和计算能力整合成一个虚拟的资源池为整个业界提供所需要的存储资源和虚拟化服务器等服务。只是一种托管型硬件服务方式，用户付费试用厂商的硬件设施。IaaS 的优点是用户只需低成本硬件，按需租用相应计算能力和存储能力，大大降低了用户在硬件上的开销。

2）PaaS

PaaS 把开发环境作为一种服务来提供，这是一种分布式平台服务，厂商提供开发环境、服务器平台、硬件资源等服务给用户，用户在其平台基础上定制开发自己的应用程序并通过其服务器和互联网传递给其他客户。PaaS 能够给企业或个人提供研发的中间件平台，提供应用程序开发、数据库、应用服务器、试验、托管及应用服务。

3）SaaS

SaaS 是服务提供商将应用软件统一部署在自己服务器上，用户根据需求通过互联网向厂商订购应用软件服务，服务提供商根据客户所订购软件的数量、时间的长短等因素收费，并且通过浏览器向客户提供软件的服务模式。这种服务模式的优点是，由服务提供商维护和管理软件、提供软件运行的硬件设施，用户只需拥有能够接入互联网的终端即可随时随地使用软件。对于小型企业而言，SaaS 是采用先进技术的最好途径。

3. 云计算核心技术

云计算系统中应用了许多技术，其中以编程模型、数据管理、数据存储、虚拟化和平台管理最为关键。

1）编程模型

严格的编程模型将使云计算环境下的编程非常简单。MapReduce 是 Google 开发的 Java、Python、C++编程模型，它是一种简化的分布式编程模型和高效的任务调度模型，用于大规模数据集（大于 1TB）的并行运算。MapReduce 模型的思想是将要执行的问题分解成 Map（映射）和 Reduce（化简）的方式，先通过 Map 程序将数据切割成不相关的区块，分配给不同计算机处理，达到分布式运算的效果；然后通过 Reduce 程序将结果汇合、整理后输出。

2）数据存储

云计算系统由大量服务器组成，同时为大量用户服务，因此云计算系统采用分布式方式存储海量数据，用冗余存储的方式保证数据的可靠性。广泛使用的数据存储系统是 Google 的 GFS 和 Hadoop 团队开发的 GFS 的开源实现 HDFS。

3）数据管理

云计算需要对分布的海量数据进行分析和处理。因此，数据管理技术必须能够高效地管理大量的数据。云计算系统中的数据管理技术主要是 Google 的 BT（Big Table）数据管理技术和 Hadoop 团队提供的开源数据管理模块 Hbase。

4）虚拟化

通过虚拟化技术可以实现软件应用与底层硬件的隔离，它包括将单个资源划分成多个虚拟资源的裂分模式，也包括将多个资源整合成一个虚拟资源的聚合模式。虚拟化技术根据对象可分成存储虚拟化、计算虚拟化、网络虚拟化等。计算虚拟化又分为系统虚拟化、应用及虚拟化和桌面虚拟化。

5）平台管理

云计算资源规模庞大，服务器数量众多并分布在不同的地点，同时运行着数百种应用，如何有效地管理这些服务器，保证整个系统提供不间断的服务是巨大的挑战。云计算系统的平台管理技术能够使大量的服务器协同工作，方便地进行业务部署和开通，快速发现和恢复系统故障，通过自动化、智能化的手段实现大规模系统的可靠运营。

4. 云计算平台

与云计算服务形式相对应，云计算平台也分为 IaaS、PaaS 和 SaaS 三种类型。

1）IaaS 平台

典型的 IaaS 平台包括 Amazon EC2、Eucalyptus 和东南大学云计算平台。

Amazon EC2 为公众提供基于 Xen 虚拟机的基础设施服务。Amazon EC2 的虚拟机分为标准型、高内存型、高性能型多种类型，用户可以根据自身应用的特点与虚拟机价格定制虚拟机的硬件配置和操作系统。

Eucalyptus 是加利福尼亚大学圣芭芭拉分校开发的开源 IaaS 平台，其设计目标是成为研究和发展云计算的基础平台。为了实现这个目标，Eucalyptus 的设计强调开源化、模块化，以便研究者对各功能模块升级、改造和更换。

2）PaaS 平台

典型的 PaaS 平台包括 Google APP Engine、Hadoop 和 Microsoft Azure。

Google App Engine 是基于 Google 数据中心的开发、托管 Web 应用程序的平台。通过该平台，程序开发者可以构建规模可扩展的 Web 应用程序，而不用考虑底层硬件基础设施的管理。

Hadoop 是开源的分布式处理平台，其 HDFS、Hadoop MapReduce 和 Pig 模块实现了 GFS、MapReduce 和 Sawzall 等数据处理技术。

Microsoft Azure 以 Dryad 作为数据处理引擎，允许用户在 Microsoft 的数据中心上构建、管理、扩展应用程序。目前，Microsoft Azure 支持按需付费，并免费提供 750h 的计算时长和 1GB 数据库空间，期服务范围已经遍布 41 个国家和地区。

3）SaaS 平台

典型的 SaaS 平台包括 Google Apps、Salesforce CRM 等。

Google Apps 包括 Google Docs、Gmail 等一系列 SaaS 应用。Google 将传统的桌面应用程序（如文字处理软件、电子邮件服务等）迁移到互联网，并托管这些应用程序。用户通过 Web 浏览器便可以随时随地访问 Google Apps，而不需要下载、安装或维护任何硬件或软件。Google Apps 为每个应用提供编程接口，使各应用之间可以随意组合。

Salesforce CRM 部署于 Force.com 云计算平台，为企业客户提供客户关系管理服务，包括销售云、服务云、数据云等部分。通过租用 CRM 的服务，企业可以拥有完整的企业管理系统，用于管理内部员工、生产销售、客户业务等。

5. 云计算面临的问题

尽管云计算模式具有许多优点，但是在部署和应用中也面临一些技术问题，如数据隐私问题、数据安全性问题、软件许可证问题、网络传输问题以及用户使用习惯问题等。

（1）数据隐私问题：如何保证存放在云服务提供商的数据的隐私性，以及不被非法利用，不仅需要技术的改进，也需要法律的进一步完善。

（2）数据安全性问题：有些数据是企业的商业机密，数据的安全性关系到企业的生存和发展。云计算数据的安全性问题会影响云计算在企业中的应用。

（3）软件许可证问题：云计算机能够摆脱物理机器和局域网的限制，这种全新的服务模式与传统的开发商许可做法完全不同，给许可证购买方和授权方都带来了软件许可证兼容方面的问题，并经常导致高昂的设施许可费用。

（4）网络传输问题：云计算服务依赖网络，云计算的普及依赖网络传输技术的发展。

（5）用户使用习惯问题：如何改变用户的使用习惯，使用户适应网络化的软硬件应用是长期而艰巨的挑战。

3.5.8 物联网

过去的十几年间，互联网技术及其应用取得巨大突破。随着全球信息技术革命的摄入和4G网络的建设，"物联网"（Internet of Things，IOT）越来越受到业界的广泛关注。物联网被称为世界信息产业的第三次浪潮，代表下一代信息发展的重要方向，被世界各国当作应对国际金融危机的重点技术领域。

1. 物联网的概念

物联网可以从技术和应用两个层面来定义。

1）技术层面定义

物联网是指物体通过智能感应装置，经过传输网络，到达指定的信息处理中心，最终实现物与物、人与物之间的自动化信息交互与处理的智能网络。

2）应用层面定义

物联网指把世界上所有的物体都连接到一个网络中，形成物联网，然后物联网与现有的互联网结合实现人类社会与物理系统的整合，以更加精细和动态的方式管理生产和生活。

基于业界对物联网的理解和定义，图3.27给出了物联网的基本结构，从图中可以看出，物联网具有以下三个重要特征。

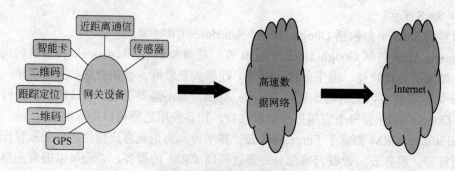

图3.27 物联网的基本结构

（1）全面感知：利用智能卡、传感器、二维码等随时随地获取物体的信息。

（2）可靠传递：通过各种电信网络与互联网的融合，将物体的信息实时准确地传递出去。

（3）智能处理：利用云计算、模糊识别等各种智能技术，对海量数据和信息进行分析和处理，对客观"物"实施智能化的控制。

2. 物联网的关键技术

通过对物联网的实质分析，发现物联网的真正实现需要信息采集、近程通信、信息远程传播、海量信息智能分析与处理等技术的相互配合和完善。

1）信息采集技术

信息采集是物联网的基础，目前的信息采集主要采用传感器和电子标签等方式完成。传感器用于感知采集点的环境参数，如温度、振动等；电子标签用于对采集点的信息进行"标准化"标识。目前市面上已经有大量门类齐全且技术成熟的传感器，如光亮传感器、温度传感器、重力传感器、压力传感器、湿度传感器、加速度传感器、位置传感器等。

2）近程通信技术

近程通信是新兴的短距离连接技术，由很多无接触式的认证和互联技术演化而来，RFID、蓝牙技术和 ZigBee 是其中的重要代表。

3）信息远程传播技术

在物联网的机器到机器、人到机器以及机器到人的信息远程传输中，包括有线和无线在内有多种技术可供选择。

4）海量信息智能分析与处理技术

依托先进的软件技术，对各种物联网信息进行海量存储与快速处理，并将处理结果实时反馈给物联网的各种"控制"功能部件，如云计算就是一种满足物联网海量信息处理需求的计算模型。

3. 物联网面临的问题

当前，物联网在其发展过程中仍然面临以下 5 个技术问题困扰。

1）技术标准问题

物联网涉及多种技术的标准，而世界各国对不同技术制定了不同的标准。例如，中国信息技术标准化委员会于 2006 年成立了无线传感器网络标准项目组。2009 年，传感器网络标准工作组正式成立了 PG1（国际标准化）、PG2（标准体系与系统机构）、PG3（通信与信息交互）、PG4（协同信息处理）、PG5（标识）、PG6（安全）、PG7（接口）和 PG8（电力行业应用调研）8 个专项工作组，开展具体的国家标准的制订工作。

2）安全问题

物联网中的信息采集频繁，其数据传输与存储的安全问题也必须重点考虑。

3）协议问题

物联网是互联网的延伸，物联网的核心层面是基于 TCP/IP 的，但在接入方面，协议类别多种多样，具有 GPRS/CDMA、短信、传感器、有线等多种通道，物联网需要一个统一的通信协议栈。

4）IP 地址问题

每个自然"物"要在物联网中能够被寻址，就需要一个地址标识。物联网需要更多的

IP 地址，在 IPv4 地址资源耗尽时，需要 IPv6 来支撑。IPv4 向 IPv6 过渡是一个漫长的过程，因此一旦物联网使用 IPv6 地址，就必然存在与 IPv4 的兼容性问题。

5）终端问题

物联网终端除了具有本身功能外还拥有传感器和网络接入等功能，且不同行业需求千差万别，如何满足终端产品的多样性需求，对于运营商来说是一大挑战。

4．物联网的应用

目前，物联网在行业信息化、家庭保健、城市安防、物流跟踪等方面有着广泛应用。图 3.28 给出了物联网的应用领域。

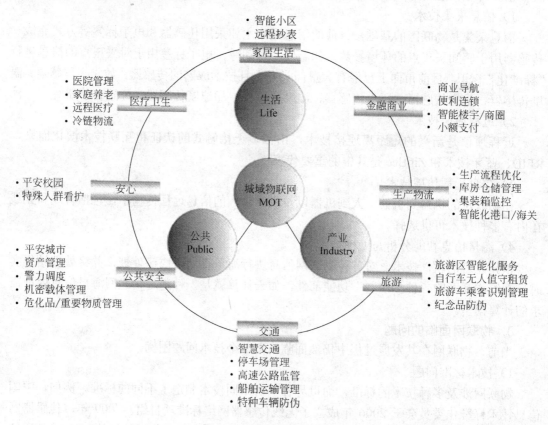

图 3.28　物联网的应用领域

小　结

计算机网络已经成为人们生活和工作中必不可少的基本工具和基本技术，了解计算机网络的基本原理，掌握计算机网络的基本技术以及应用，是一个当代人必备的素质。

Internet 是一个逻辑的遍布全球的网络，是最大的广域网（WAN），还有我们每天都在使用的校园网，是一个典型的本地的局域网（LAN）。

网络设备和计算机依靠通信介质互相连接，通信介质分为有线介质和无线介质。

　　Internet 采用的是 TCP/IP 协议体系结构，从面向用户的应用层，到承担端到端透明运输的运输层，再到实现网络互连互通的网际层，最后是实现物理传输的网络接口层。

　　要想能够上 Internet 冲浪，每一台网络上的主机都必须有一个可以标明自己身份的地址：IP 地址。IP 地址是唯一确定 Internet 上主机的标识符，可是这个 32 位的地址很难记忆，域名解决了这个问题，由域名系统来将符号化的域名翻译成为上网所需的 IP 地址。可是如此多的功能都是依靠各个不同的服务器来完成的，如何识别网络上的服务器以及和服务器通信的主机呢？那就是协议端口号。

　　Internet 提供的信息浏览、电子邮件、文件传输以及远程登录是最基础的网络应用。信息社会，微信连接了你我，微博表达了心情，博客抒发了情怀。还有人们生活工作离不开的电子商务、电子政务；移动互联网络离不开的流媒体服务；方兴未艾的不断规范向前发展的互联网金融；应用越来越广泛和深入的云服务；还有改变人们生活方式的物联网。在这里，都可以找到答案。

第 4 章

Word 2010

Office 是 Microsoft 公司开发并推出的办公套装软件，主要版本有 Office 97/2000/2003/XP/2007/2010/2013/2015 等，它包括 Word、Excel、Access、PowerPoint 等应用软件。

Microsoft 公司推出的 Word 应用程序凭借其友好的界面、方便的操作、完善的功能和易学易用等诸多优点已成为众多用户进行文档创建的主流软件之一。Word 2010 中，提供了功能更为全面的文本和图形编辑工具，同时采用了以结果为导向的全新用户界面，以此来帮助用户创建、共享更具专业水准的文档。全新的工具可以节省大量格式化文档所消耗的时间，从而使用户能够将更多的精力投入到内容的创建工作上。

通过本章的学习，读者应掌握以下内容。

- 创建并编辑文档；
- 美化文档的外观；
- 长文档的编辑与管理；
- 文档的修订与共享；
- 使用邮件合并技术批量处理文档。

4.1 认识 Word 2010

为了使用户更加容易地按照人们日常事务处理的流程和方式操作软件功能，Office 2010 应用程序提供了一套以工作成果为导向的用户界面，让用户可以用更高效的方式完成日常工作。全新的用户界面覆盖所有 Office 2010 的组件，包括 Word 2010、Excel 2010、PowerPoint 2010 等。本节将通过某公司办公室秘书王丽的日常工作，介绍 Word 2010 的操作界面和概念。

4.1.1 Office 2010 新特性

2010 年 5 月 12 日，微软公司在美国纽约正式发布了 Office 2010。Office 2010 所包括的全部应用有：Microsoft Access 2010（数据库管理系统，用来创建数据库和程序来跟踪管理信息）；Microsoft Excel 2010（数据处理程序，用来执行计算、分析信息以及可视化电子表格中的数据）；Microsoft InfoPath Designer 2010（用来设计动态表单，以便在整个组织中收集和重用信息）；Microsoft InfoPath Filler 2010（用来填写动态表单，以便在整个组织中收集和重用信息）；Microsoft Project 2010（计划、跟踪和管理项目，以及与工作组进行交流）；Microsoft Visio 2010（创建、编辑和共享图表）；Microsoft OneNote 2010（笔记程序，用来搜索、组织、查找和共享笔记和信息）；Microsoft Outlook 2010（电子邮件客户端，用来发送和接收电子邮件，管理日程、联系人和任务，以及记录活动）；Microsoft PowerPoint 2010（幻灯片制作程序，用来创建和编辑用于幻灯片播放、会议和网页的演示文稿）；Microsoft Publisher 2010（出版物制作程序，用来创建新闻稿和小册子等专业品质出版物及营销素材）；Microsoft SharePoint Workspace 2010（网站/网页制作工具）Microsoft Word 2010（图文编辑工具，用于创建和编辑具有专业外观的文档，如信函、论文、报告和小册子等）；Office Communicator 2010（统一通信客户端）等。

相对之前的 Office 版本，Office 2010 为了使用户能够更轻松地写作、使用和浏览长文档，为了提升影响力，新增了许多很实用的功能，下面将简单介绍 Office 2010 新增的部分功能。

1. 全新的 BackStage 视图

Office 2010 全新的视图模式取代了传统的"文件"菜单，用户只需单击鼠标，就能够完成保存、共享、打印与发布文档。例如，在"信息"选项中，除了可以看到文件的详细信息，还可以设置文件的权限、准备共享和版本管理，"打印"选项更是结合低版本的页面布局与打印预览的设置，极大地方便了对文档的管理，如图 4.1 所示。

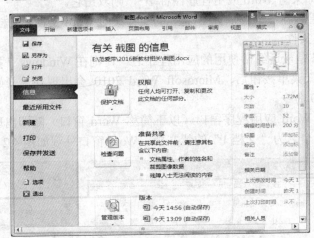

图 4.1 全新的 BackStage 视图

2. 大幅改良导航和搜索体验

在 Office 2010 中新增了"文档导航"窗格和搜索功能，让用户轻松应对长文档，当用户需要重新整理大型的文档结构时，可以在导航窗格中选择要调整位置的标题，按住鼠标拖动，即可调整文档的结构。另外，还可以在导航窗格中直接搜索需要的内容，程序自动将其进行突出显示。

3. 快速轻松地捕获屏幕截图功能将其插入文档中

用户可以利用屏幕截图功能向 Office 文档中插入屏幕截图。只需单击"屏幕截图"按钮，在弹出的下拉列表中选择截取的程序窗口图标，程序会自动执行截取整个屏幕的操作，并且将截图插入到文档中。

4. 全新的图片编辑工作

Office 2010 全新的图片编辑工作能够营造出特别的图片效果，如将图片设置为默认的书法标记、铅笔灰度、线条图、影印等效果，让文档中的图片呈现不同的风格。

5. 带有图片的 SmartArt 图形更加可视化

在 Office 2010 中为图形新增了一种图片布局，可以在这种布局中使用照片阐述案例，创建此类图形非常简单，只需要插入图形图片布局，然后添加照片，并撰写说明性的文本即可。

4.1.2　启动 Word

启动 Word 的常用方法有下列两种。

1. 常规方法

常规启动 Word 的过程本质上就是在 Windows 下运行一个应用程序。具体步骤如下。

将鼠标指针移至屏幕左下角的"开始"菜单按钮，执行"开始"→"所有程序"→Microsoft Office→Microsoft Word 2010 命令。

2. 快捷方式

用快捷键启动 Word 有以下三种方式。

（1）在桌面上如果有 Word 应用程序图标，则双击它。

（2）在"资源管理器"中找带有图标的文件（即 Word 文档，文档名后缀为"docx"或"doc"），双击该文件。

（3）如果 Word 是最近经常使用的应用程序之一，则在 Windows 7 操作系统下，单击屏幕左下角"开始"菜单按钮后，Microsoft Word 2010 会出现在"开始"菜单中，单击 Microsoft Word 2010 命令。

Word 启动后，Word 应用程序窗口（以下简称 Word 窗口）随即出现在屏幕上，同时 Word 会自动创建一个名为"文档1"的新文档。Word 窗口外观如图 4.2 所示。

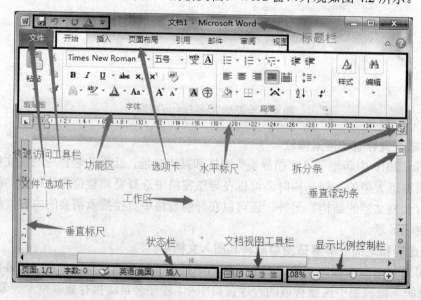

图 4.2　word 窗口界面

4.1.3　Word 2010 的操作界面

启动 Word 2010 程序，图 4.2 为 Word 2010 的操作界面。打开的主窗口中包括"文件"选项卡、快速访问工具栏、标题栏、功能区、工作区以及状态栏等部分。

1．功能区与选项卡

在 Word 2010 中，传统的菜单和工具栏已被功能区（Ribbon 即功能区，是新的 Microsoft Office Fluent 用户界面 (UI) 的一部分）所代替。功能区是一种全新的设计，它以选项卡（标签）的方式对命令进行分组和显示。同时，功能区上的选项卡在排列方式上与用户所要完成任务的顺序相一致，并且选项卡中命令的组合方式更加直观，大大提升了应用程序的可操作性。

例如，在 Word 2010 功能区中拥有"开始"、"插入"、"页面布局"、"引用"、"邮件"和"审阅"等编辑文档的选项卡（如图 4.3 所示）。这些选项卡可引导用户开展各种工作，简化了应用程序中多种功能的使用方式，并能够根据用户正在执行的任务来显示相关命令。功能区显示的内容不是一成不变的，Office 2010 会根据应用程序窗口的宽度自动调整在功能区中显示的内容。当功能区较窄时，一些图标会相对缩小以便节省空间，如果功能区进一步变窄，则某些命令分组就会只显示图标。

图 4.3　Word 2010 中的功能区

2．上下文选项卡

有些选项卡只有在编辑、处理某些特定对象的时候才会在功能区中显示出来，以供用户使用。例如，在 Word 2010 中，用于编辑图片的命令只有当 Word 中存在图片并且用户选中该图片时才会显示出来，如图 4.4 所示。上下文选项卡仅在需要时显示，从而使用户能够更加轻松地根据正在进行的操作来获得和使用所需要的命令。这种工具不仅智能、灵活，同时也保证了用户界面的整洁性。

3．实时预览

当用户将鼠标指针移动到相关的选项后，实时预览功能就会将指针所指的选项应用到当前所编辑的文档中来。这种全新的、动态的功能可以提高布局设置、编辑和格式化操作的执行效率，因此，用户只需花费很少的时间就能获得较好的效果。

例如，当用户希望在 Word 文档中更改表格样式时，只需将鼠标在各个表格样式集选项上滑过而无须执行单击操作进行确认，即可实时预览到该样式集对当前表格的影响，如图 4.5（a）所示，从而便于用户迅速做出最佳决定。

4．增强的屏幕提示

全新的用户界面大大提升了访问命令和工具相关信息的效率。同时，Office 2010 还提供了比以往版本显示面积更大，容纳信息更多的屏幕提示。这些屏幕提示还可以直接从某个命令的显示位置快速访问其相关帮助信息。

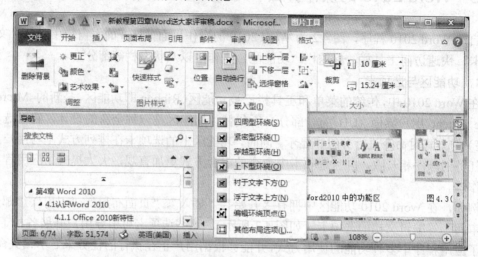

图 4.4　上下文选项卡仅在需要时显示出来

当将鼠标指针移至某个命令时，就会弹出相应的屏幕提示（如图 4.5（b）所示），它所提供的信息对于想快速了解该功能的用户往往已经足够。如果用户想获得更加详细的信息，可以利用该功能所提供的相关辅助信息的链接（这种链接已被置入用户界面当中），直接从当前命令仅对其进行访问，而不必打开帮助窗口进行搜索了。

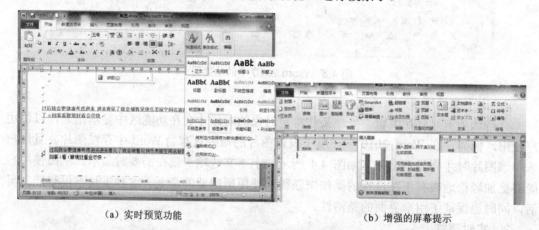

（a）实时预览功能　　　　　　　　　　　　　　（b）增强的屏幕提示

图 4.5　实时预览及增强的屏幕提示

5. 快速访问工具栏

有些命令使用的相当频繁，例如保存、撤销等命令。此时就希望无论目前处于哪个选项卡下，用户都能够方便快捷地执行这些命令，这就是快速访问工具栏的意义所在。快速访问工具栏位于 Office 2010 各应用程序标题栏的左侧，默认状态只包含"保存"、"撤销"等三个基本的常用命令，用户可以根据自己的需要把一些常用命令添加到其中，以方便使用。

　　例如，王丽的领导经常需要将秘书提供的 Word 文档进行一些批示（批注），则可以在 Word 2010 快速访问工具栏中添加所需的命令，操作步骤如下。

　　（1）单击 Word 2010 快速访问工具栏右侧的小三角符号，在弹出的菜单中包含一些常用命令，如果希望添加的命令恰好位于其中，选择相应的命令即可；否则选择"其他命令"选项，如图 4.6 所示。

　　（2）打开"Word 选项"对话框，并自动定位在"快速访问工具栏"选项组中。在左侧的命令列表中选择所需要的命令，并单击"添加"按钮，将其添加到右侧的"自定义快速访问工具栏"命令列表中，如图 4.7 所示。设置完成后单击"确定"按钮。

　　此时，即可在 Word 应用程序的快速访问工具栏中出现所选择的命令。

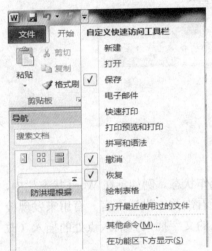

图 4.6　自定义快速访问工具栏

图 4.7　选择出现在快速访问工具栏中的命令

6. 自定义 Office 功能区

　　Office 2010 根据大多数用户的操作习惯来确定功能区中选项卡以及命令的分布，然而这些仍然不能完全满足各种不同的使用需求。因此，用户可以根据自己的使用习惯自定义 Office 2010 应用程序的功能区，操作步骤如下。

　　（1）在功能区空白处单击鼠标右键，执行"自定义功能区"命令。

　　（2）打开"Word 选项"对话框，并自动定位在"自定义功能区"选项组中。此时用户可以在该对话框右侧区域中单击"新建"选项卡标签或"新建组"按钮，创建所需要的选项卡或命令组，并将相关的命令添加到其中即可，如图 4.8 所示。设置完成后单击"确定"按钮。

7. 标题栏

　　位于快速访问工具栏的右侧，在标题栏中从左至右依次显示了当前打开的文档名称、程序名称、窗口操作按钮（"最小化"、"最大化"和"关闭"按钮）。

8. 编辑区

　　白色区域是 Word 窗口中最大的区域，用户可以在内容编辑区中输入文字、数值，插入图片、绘制图形、插入表格和图表，还可以设置页眉页脚的内容、设置页码等。通过对内容编辑区进行编辑，可以使 Word 文档丰富多彩。

图 4.8　自定义功能区

9. 滚动条

拖动滚动条可以浏览文档的整个页面的内容。

10. 状态栏

位于主窗口的底部，可以通过状态栏了解当前的工作状态。例如，在 Word 状态栏中，可以通过单击状态栏上的按钮快速定位到指定的页、查看次数、设置语言。有用来发现校对错误的图标及对应校对的语言图标，还有用于将输入的文字插入到插入点处的插入（改写）图标等。

11. 文档视图工具栏

所谓"视图"，简单地说就是查看文档的方式。同一个文档可以在不同的视图下查看，虽然文档的显示方式不同，但是文档的内容不变。Word 2010 提供了页面视图、阅读版式视图、Web 版式视图、大纲视图和草稿视图。使用不同的视图模式，可以满足用户不同情况下查看或编辑文档的需求。灵活地使用这些文档视图模式，对查看或者编辑文档等操作起到了事半功倍的效果，不同视图下，用户可以进行不同的操作，方便输入和排版。

1）页面视图

在此视图下，显示的文档与打印出来的结果几乎是完全一致的，也就是所见即所得，文档中的页眉、页脚、脚注、分栏等项目显示在实际打印的位置。在页面视图下，不再以一条虚线表示分页，而是直接显示页边距。

2）草稿视图

在此模式下，可以完成大多数录入和编辑工作，也可以设置字符和段落的格式，但是只能将多栏显示为单栏格式，页眉、页脚、脚注、页号以及页边距等显示不出来。

3）大纲视图

此模式用于创建文档的大纲，查看以及调整文档的结构。切换到大纲视图后，屏幕上会显示"大纲"选项卡，通过此选项卡可以选择仅查看文档的标题、升降各标题的级别或移动标题来重新组织文档。

4）Web 版式视图

此视图用于创建 Web 页，它能够模拟 Web 浏览器来显示文档，在 Web 版式视图下，能够看到给文档添加的背景，文本将自动折行以适应窗口的大小。

5）阅读版式视图

此模式最大的特点是便于用户阅读文档。它模拟书本阅读的方式，让人感觉在翻看书籍，并且可以利用工具栏上的工具，在文档中以不同颜色突出显示文本或者插入批注内容。

不同视图之间进行切换的操作方法有以下两种。

（1）选择"视图"选项卡，在"文档视图"栏中选择需要使用的视图方式，如图 4.9（a）所示。

（2）在状态栏的右边有一排视图快捷方式按钮，通过单击这些按钮可以进行相应视图的切换，如图 4.9（b）所示。

（a）选择"视图"的方式　　　　　　　　　　　（b）视图切换按钮

图 4.9　切换视图的方法

12．显示比例控制栏

显示比例控制栏由"缩放级别"按钮和"缩放滑块"组成，用于更改正在编辑文档的显示比例。

13．标尺

标尺有水平标尺和垂直标尺两种。在草稿视图下，只能显示水平标尺，只有在页面视图下才能显示水平和垂直两种标尺。

标尺除了显示文字所在的实际位置、页边距尺寸外，还可以用来设置制表位、段落、页边距尺寸、左右缩进、首行缩进等。

有以下两种方法可以隐藏/显示标尺。

方法一：执行"视图"→"标尺"命令可显示/隐藏标尺。

方法二：单击位于滚动条滑块上方的"标尺"按钮 ，可显示/隐藏标尺。

隐藏了功能区和标尺后，窗口的工作区达到了最大。

14．插入点

在 Word 启动后自动创建一个名为"文档 1"的文档，其工作区是空的，只是在第一行第一列处有一个闪烁的黑色竖条（或称光标），称为插入点。输入文本时，它指示下一个字符的位置。每输入一个字符插入点自动向右移到一格。在编辑文档时，可以移到"I"状的鼠标指针并单击一下来移到插入点的位置。也可以使用光标移动键来移动插入点到所希望的位置。在草稿视图下，还会出现一小段水平横条，称为文档结束标记。

4.1.4　退出 Word

退出 Word 的常用方法有以下几种。

（1）执行"文件"→"退出"命令。

（2）执行"文件"→"关闭"命令。

（3）单击标题栏右边的"关闭"按钮 ✕ 。

（4）双击 Word 窗口左上角的控制按钮 W 。

（5）单击 Word 窗口左上角的控制按钮 W 或右击标题栏，在弹出的菜单中选择"关闭"。

（6）单击任务栏上的 Word 文档按钮 W ，在展开的文档窗口缩略图中单击"关闭"按钮 ✕ 。

（7）光标移至任务栏中的 Word 文档按钮 W 并停留片刻，在展开的文档窗口缩略图中单击"关闭"按钮 ✕ 。

（8）按快捷键 Alt+F4。

在执行退出 Word 操作时，如有文档输入或修改后尚未保存，那么 Word 将会给出一个对话框，询问是否要保存未保存的文档，若单击"保存"按钮，则保存当前输入或修改的文档，接着，Word 还会给出另一个对话框询问文件夹名、文档名和文档类型；若单击"不保存"按钮，则放弃当前所输入或修改的内容，退出 Word；若单击"取消"按钮，则取消本次操作，继续工作。

4.2　创建并编辑文档

众所周知，作为非常流行的 Office 组件的核心应用程序之一，Word 提供了许多易于使用的文档创建工具，同时为创建复杂的文档提供了丰富的功能。王丽作为秘书，她的主要工作之一就是给领导起草一些发言稿及文件，她必须能够创建新文档及编辑原有的文档。

4.2.1　使用模板快捷创建文档

用户可以在 Word 2010 中通过以下方式新建文档。

1. 创建空白的新文档

如果创建一个空白的 Word 文档，其操作步骤如下。

（1）单击 Windows 任务栏中的"开始"按钮，执行"所有程序"命令。

（2）在展开的程序列表中，执行 Microsoft Office→Microsoft Office Word 2010 命令，启动 Word 2010 应用程序。

（3）此时，系统会自动创建一个基于 Normal 模板的空白文档，用户可以直接在该文档中输入并编辑内容。

如果用户此前已经启动了 Word 2010 应用程序，在编辑文档的过程中还需要创建一个新的空白文档，则可以通过"文件"选项卡的后台视图来实现，其操作步骤如下。

（1）在 Word 2010 程序中单击"文件"选项卡标签，在打开的后台视图中执行"新建"命令。

（2）在"可用模板"选项区中选择"空白文档"选项，如图 4.10 所示。

（3）单击"创建"按钮，即可创建出一个空白文档。

2. 利用模板创建新文档

使用模板可以快速创建出外观精美、格式专业的文档，Word 2010 提供了多种模板，用户可以根据具体的需要运用不同的模板,对于不熟悉 Word 2010 的初级用户而言,模板的使用能够有效减轻工作负担。另外,Office 2010 已将 Office Online 上的模板嵌入到了应用程序中,这样用户可以在新建文档时快速浏览并选择合适的模板。

利用模板创建新文档的操作步骤如下。

(1)Word 2010 程序中单击"文件"选项卡标签,在打开的后台视图中执行"新建"命令。

(2)在"可用模板"选项区中选择"样本模板"选项即可打开在计算机中已经安装的 Word 模板类型,选择需要的模板后,在窗口右侧将显示利用本模板创建的文档外观,如图 4.11 所示。

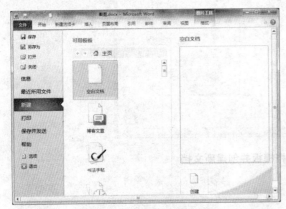

图 4.10　创建空白文档

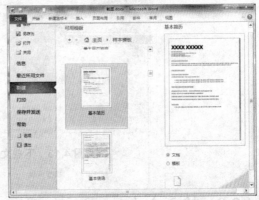

图 4.11　通过已安装的模板创建新文档

(3)单击"创建"按钮,即可快速创建出一个带有格式和内容的文档。

如果本机上已安装的模板不能满足用户的需要,还可以到微软公司网站的模板库中挑选。在 Office Online 上,用户可以浏览并下载将近四十个分类、上万个文档模板。通过使用 Office Online 上的模板可以节省创建标准化文档的时间,有助于用户提高处理 Office 文档的水准。

如果用户的计算机已经连接到了互联网上,则可以在打开"新建"文档的后台视图时,便可浏览并搜索 Office Online 上的模板类型,如图 4.12 所示。

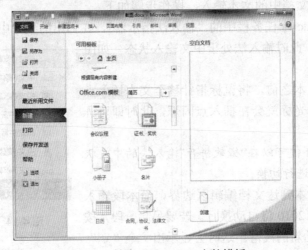

图 4.12　搜索 Office.com 上的模板

浏览到需要的文档模板后，选中该模板，在后台视图的右侧将出现本文档的预览效果，如图 4.13 所示。用户可以单击"下载"按钮将其下载到本地计算机，并利用该模板创建一个新的文档。

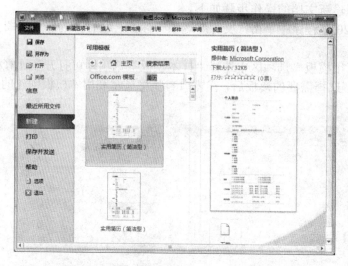

图 4.13　下载文档模板并创建新文档

4.2.2　输入文本

创建了新文档后，在文本的编辑区域中将会出现一个闪烁的光标，它表明了目前文档的输入位置，用户可在此开始输入文档内容。

安装了语言支持的功能，就可以在文档中输入各种语言的文本。在 Word 程序中输入文本时，不同内容的文本输入方法会有所不同，而针对普通文本（例如汉字、英文、阿拉伯数字等）通过键盘就可以直接输入。

在安装了 Office 2010 后，"微软拼音"输入法将会被自动安装，用户可以使用"微软拼音"输入法完成文档中的文本输入，操作步骤如下。

（1）单击 Windows 任务栏中的"输入法指示器"，在弹出的菜单中执行"微软拼音-新体验 2010"命令，此时输入法处于中文输入状态，如图 4.14 所示。

（2）在输入文本之前，将鼠标指针移至文本插入点并单击鼠标，这时光标就会在插入点闪烁，此时即可开始输入。

提示：按 Shift 键可以在"微软拼音"输入法的中文状态和英文状态之间进行切换。

（3）输入的文本到达文档编辑区边界，而本段输入又未结束时，Word 2010 将自动换行。若要另起一段，按 Enter 键，即可开始新的段落。这时会显示出一个"↵"

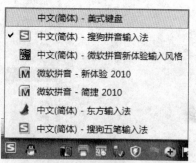

图 4.14　微软拼音输入法

符号，称为硬回车符，又称段落标记，它能够使文本强制换行而开始一个新的段落。

4.2.3　选择并编辑文本

我们应该注意到，要想对文本内容进行格式设置和更多操作，首先需要先选择文本。熟练掌握文本选择的方法，将有助于提高工作效率。

1. 拖曳鼠标选择文本

这种方法是最基本、最灵活、最常用的方法。用户只需将鼠标指针停留在所要选定的内容的开始部分，然后按住鼠标左键拖动，直到所要选定部分的结尾处，即所有需要选定的内容都已成高亮状态，松开鼠标即可，如图 4.15 所示。

提示：选择文本时，可以隐藏或显示一个方便、微型、半透明的工具栏，它被称为浮动工具栏。将指针悬停在浮动工具栏上时，该工具栏即会变清晰。它可以帮助用户迅速地使用字体、字形、字号、对齐方式、文本颜色、缩进级别和项目符号等功能，如图 4.16 所示。

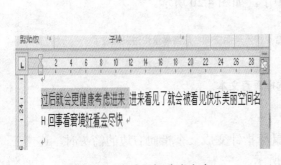

图 4.15　拖动鼠标选定文本

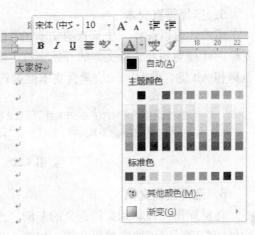

图 4.16　浮动工具栏

2. 选择一行

将鼠标指针移动到该行的左侧，当鼠标指针变为一个指向右边的箭头时，单击鼠标左键，即可选中这一行，如图 4.17 所示。

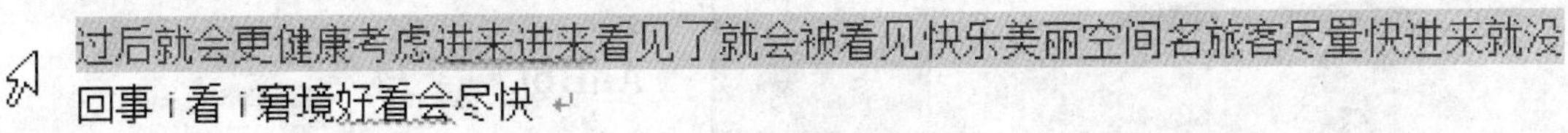

图 4.17　选择一行

3. 选择一个段落

将鼠标指针移动到该段落的左侧，当鼠标指针变成一个指向右边的箭头时，双击鼠标左键即可选定该段落，如图 4.18 所示。另外，还可以将鼠标指针放置在该段中的任意位置，然后连击三次鼠标左键，即可选定该段落。

图 4.18　选择一个段落

4. 选择不相邻的多段文本

按照上述任意方法选择一段文本后，按住 Ctrl 键，再选择另外一处或多处文本，即可将不相邻的多段文本同时选中，如图 4.19 所示。

图 4.19　选择不相邻的多段文本

5. 选择垂直文本

用户还可以选择一块垂直的文本（表格单元格中的内容除外）。首先，按住 Alt 键，将鼠标指针移动到要选择文本的开始字符，然后拖到鼠标，直到要选择文本的结尾处，松开鼠标和 Alt 键。此时，一块垂直文本就被选中了，如图 4.20 所示。

过后就会更健康考虑进来　进来看见了就会被看见快乐美丽空间名旅客尽量快进来就没了
H 回事 i 看 i 窘境好看会尽快

图 4.20　选择垂直文本

6. 选择整篇文档

将鼠标指针移动到文档正文的左侧，当鼠标指针变成一个指向右边的箭头时，连击三次鼠标左键，即可选定整篇文档，如图 4.21 所示。

提示：在"开始"选项卡的"编辑"选项组中，单击"选择"按钮，在弹出的下拉列表中执行"全选"命令（如图 4.22 所示），也可以选择整篇文档。

图 4.21　选择整篇文档　　　　　　图 4.22　通过执行命令选择整篇文档

以上主要介绍了 6 种利用鼠标（或与键盘按键结合）选择文本的方法，还有一些其他选择文本的方法，简要介绍如下。

（1）选择一个单词：双击该单词。

（2）选择一个句子（指一个以句号结束的部分）：按住 Ctrl 键，然后单击该句中的任何位置。

（3）选择较大文本块：单击要选择内容的起始处，拖动到要选择内容的结尾处，然后按住 Shift 键，同时在要结束选择的位置单击。

7．使用键盘选择文本

虽然大多数时间我们都是通过鼠标进行选择操作，但是仍有必要掌握一些常用的文本操作快捷键，如表 4.1 所示。

表 4.1　使用键盘选择文档中的文本

选　择	操　作
右侧的一个字符	按 Shift+向右方向键
左侧的一个字符	按 Shift+向左方向键
一个单词(从开头到结尾)	将插入点放在单词开头，再按 Shift+Ctrl+向右方向键
一个单词(从结尾到开头)	将指针移动到单词结尾，再按 Shift+Ctrl+向左方向键
一行(从开头到结尾)	按 Home 键，然后按 Shift+End 键
一行(从结尾到开头)	按 End 键，然后按 Shift+Home 键
下一行	按 End 键，然后按 Shift+向下方向键
上一行	按 Home 键，然后按 Shift+向上方向键
一段(从开头到结尾)	将指针移动到段落开头，再按 Shift+Ctrl+向下方向键
一段(从结尾到开头)	将指针移动到段落结尾，再按 Shift+Ctrl+向上方向键
一个文档(从结尾到开头)	将指针移动到文档结尾，再按 Shift+Ctrl+Home 组合键
一个文档(从开头到结尾)	将指针移动到文档开头，再按 Shift+Ctrl+End 组合键
从窗口的开头到结尾	将指针移动到窗口开头，再按 Shift+Alt+Page Down 组合键
整篇文档	按 Ctrl+A 键
垂直文本块	按 Shift+Ctrl+F8 组合键，进入垂直选择模式，然后使用箭头键。按 Esc 键可关闭选择模式
最近的字符	按 F8 键打开选择模式，再按向左方向键或向右方向键；按 Esc 键可关闭选择模式
单词、句子、段落或文档	按 F8 键打开选择模式，再按一次 F8 键选择单词，按两次选择句子，按三次选择段落，按 4 次选择文档。按 Esc 键可关闭选择模式

4.2.4　复制与粘贴文本

在编辑文档的过程中，往往会应用许多相同的内容。如果一次次地重复输入将会浪费大量的时间，同时还有可能在输入的过程中出现错误。使用复制功能可以很好地解决这一问题，既提升了效率又提高了准确性。复制文本就是将原有的文本变为多份相同的文本。首先选择要复制的文本，然后将内容复制到目标位置。

1．通过键盘复制文本

首先选中要复制的文本，按 Ctrl+C 键进行复制，然后将鼠标指针移动到目标位置，按

Ctrl+V 键进行粘贴。这是最简单和最常用的复制文本的操作方法。

被复制的文本会被放入"剪贴板"任务中（如图 4.23 所示），用户可以反复按 Ctrl+V 键，将该文本复制到文档中的不同位置。另外，"剪贴板"任务窗格中最多可存储 24 个对象，用户在执行粘贴操作时，可以从剪贴板中进行选择。

提示：在"开始"选项卡中的"剪贴板"选项组中，单击"对话框启动器"按钮，可以打开"剪贴板"任务窗格。

2．通过命令操作复制文本

用户可以通过在 Word 2010 的功能区中以执行命令的方式来轻松复制文本，操作步骤如下。

（1）在 Word 文档中，选中要复制的文本。

（2）在 Word 2010 功能区的"开始"选项卡中，单击"剪贴板"选项组中的"复制"按钮。

（3）将鼠标指针移动到目标位置。

（4）在"开始"选项卡的"剪贴板"选项组中，单击"粘贴"按钮，进行粘贴。

（5）此时，在步骤（1）中选中的文本就被复制到了指定的目标位置。

3．格式复制

格式复制就是将文本的字体、字号、段落设置等重新应用到目标文本。首先，选中已经设置好格式的文本。然后，在"开始"选项卡中单击"剪贴板"选项组中的"格式刷"按钮。最后，当鼠标指针变为带有小刷子的形状时，选中要应用该格式的目标文本即可完成格式的复制。

4．选择性粘贴

选择性粘贴提供了更多的粘贴选项，该功能在跨文档之间进行粘贴时非常实用。复制选中的文本后，将鼠标指针移动到目标位置。然后，在"开始"选项卡的"剪贴板"选项组中，单击"粘贴"按钮下方的下三角按钮，在弹出的下拉列表中执行"选择性粘贴"命令。在随后打开的"选择性粘贴"对话框中，选中"粘贴"单选按钮，最后单击"确定"按钮即可，如图 4.24 所示。

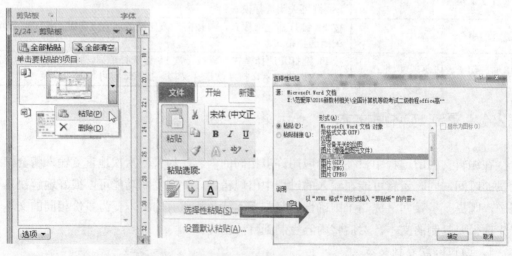

图 4.23　"剪贴板"任务窗格　　　　　　图 4.24　选择性粘贴

4.2.5　删除与移动文本

Word 可以采用多种方法删除文本。针对不同的删除内容，可采用不同的删除方法。

如果在输入过程中删除单个文字，最简便的方法是按 Delete 键或 Back Space 键。这两个键的使用方法是不同的：Delete 键将删除光标所在位置右边的内容；而 Back Space 键将删除光标所在位置左边的内容。

对于大段文本的删除，可以先选中所要删除的文本，然后再按 Delete 键即可。

用户在编辑文档的过程中，可能发现某段已输入的文字放在其他位置会更合适，这时就需使用移动文本功能。移动文本最简便的方法就是用鼠标拖动，操作步骤如下。

（1）选择要移动的文本。

（2）将鼠标指针放在被选定的文本上，鼠标指针会变成一个箭头。此时按住鼠标左键，鼠标箭头的旁边会有竖线（虚线），同时鼠标箭头的尾部会有一个小方框（虚线），该竖线显示了文本移动后的位置。拖动竖线到新的插入文本的位置。

（3）释放鼠标左键，被选取的文本就会移动到新的位置。

4.2.6　查找与替换文本

在编辑文档的过程中，用户可能会发现某个词语输入错误或使用不够妥当。这时，如果在整篇文档中通过拖动滚动条，人工逐行搜索该词语，然后手工逐个地修改，将是一件极其浪费时间和精力的事，而且也不能确保万无一失。

Word 为用户提供了强大的查找和替换功能，可以帮助用户从烦琐的人工修改中解脱出来，从而实现高效率的工作。

1．查找文本

查找文本功能可以帮助用户快速找到指定的文本以及这个文本所在的位置，同时也能帮助核对该文本是否存在。查找文本的操作步骤如下。

（1）在 Word 2010 功能区的"开始"选项卡中，单击"编辑"选项组中的"查找"按钮。

（2）打开"导航"任务窗格，在"搜索文档"区域中输入需要查找的文本，如图 4.25 所示。

（3）此时，在文档中查找到的文本便会以黄色突出显示出来。

2．替换文本

使用"查找"功能，可以迅速找到特定文本或格式的位置。而若要将查找到的目标进行替换，就要使用"替换"命令。替换文本的操作步骤如下。

（1）在 Word 2010 功能区的"开始"选项卡中，单击"编辑"选项组中的"替换"按钮。

（2）打开如图 4.26 所示的"查找和替换"对话框，在"替换"选项卡中的"查找内容"文本框中输入用户需要查找的文本，在"替换为"文本框中输入要替换的文本。

（3）单击"全部替换"按钮。用户也可以连续单击"替换"及"查找下一个"按钮，逐个进行查找并替换。

（4）此时，Word 会弹出一个提示性对话框，说明已完成对文档的搜索和替换工作，单击"确定"按钮。

（5）文档中的文本替换工作自动完成。

此外，用户还可以在"查找和替换"对话框中单击左下角的 更多(M) >> 按钮(此时 更多(M) >> 按钮变为 << 更少(L) 按钮)，打开如图 4.27 所示的对话框，进行高级查找和替换设置。

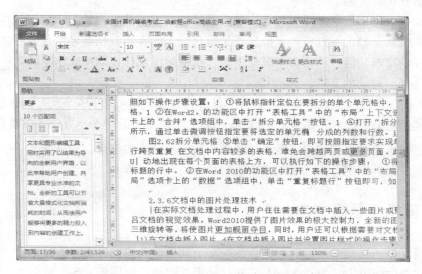

图 4.25　在"导航"任务窗格中查找文本

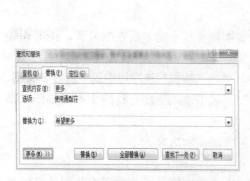

图 4.26　"查找和替换"对话框

图 4.27　高级查找和替换设置

4.2.7　检查文档中文字的拼写和语法

在编辑文档时，用户经常会因为疏忽而造成一些错误，很难保证输入文本的拼写和语法都完全正确。Word 2010 的拼写和语法功能开启后，将自动在它认为有错误的字句下面加上波浪线，从而提醒用户。如果出现拼写错误，则用红色波浪线进行标记；如果出现语法错误，则用绿色波浪线进行标记。开启此项检查功能的操作步骤如下。

（1）Word 2010 应用程序中，单击"文件"选项卡标签，打开 Office 后台视图。

（2）单击执行"选项"命令。

（3）打开"Word 选项"对话框，切换到"校对"选项卡。

（4）在"在 Word 中更正拼写和语法时"选项区域中选中"键入时检查拼写"和"键入时标记语法错误"复选框，如图 4.28 所示。用户还可以根据具体需要，选中"使用上下文拼写检查"等其他复选框，设置相关功能。

（5）最后，单击"确定"按钮，拼写和语法检查功能的开启工作完成。

拼写和语法检查功能的使用十分简单，在 Word 2010 功能区中打开"审阅"选项卡，单击"校对"选项组中的"拼写和语法"按钮，打开"拼写和语法"对话框，然后根据具体情况进行忽略或更改等操作，如图 4.29 所示。

图 4.28　设置自动拼写和语法检查功能

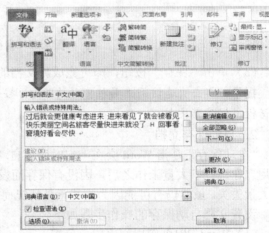

图 4.29　使用拼写和语法检查功能

4.2.8　保存文档

完成对一个文档的新建并输入相应的内容之后，往往需要随时对文档进行保存，以保留工作成果。

保存文档不仅指的是一份文档在编辑结束时才将其保存，同时也指在编辑的过程中进行保存。因为文档的信息随着编辑工作的不断进行，也在不断地发生改变，必须时刻让 Word 有效地记录这些变化。

1．手动保存新文档

在文档的编辑过程中，应及时对文档进行保存，以避免由于一些意外情况导致文档内容丢失。手动保存文档的操作步骤如下。

（1）Word 2010 应用程序中，单击"文件"选项卡标签，在打开的 Office 后台视图中执行"保存"命令。

（2）打开"另存为"对话框，选择文档所要保存的位置，在"文件名"文本框中输入文档的名称，如图 4.30 所示。

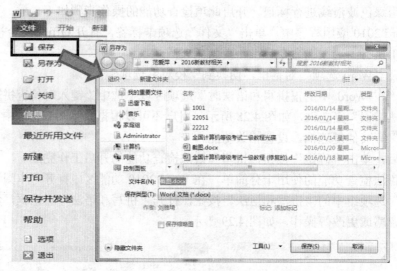

图 4.30　保存文档

（3）单击"保存"按钮，即可完成新文档的保存工作。

提示：单击快速访问工具栏中的"保存"按钮，或者按 Ctrl+S 键也可以打开"另存为"对话框，保存新文档。

2．自动保存文档

"自动保存"是指 Word 会在一定时间内自动保存一次文档。这样的设计可以有效地防止用户在进行了大量工作之后，因没有保存而发生意外（停电、死机等）所导致的文档内容大量丢失。虽然仍有可能因为一些意外情况而引起文档内容丢失，但损失可以降到最小。

设置文档自动保存的操作步骤如下。

（1）Word 2010 应用程序中，单击"文件"选项卡标签，在打开的 Office 后台视图中执行"选项"命令。

（2）打开"Word 选项"对话框，切换到"保存"选项卡。

（3）在"保存文档"选项区域中，选中"保存自动恢复信息时间间隔"复选框，并指定具体分钟数（可输入 1~120 的整数）。默认自动保存的时间间隔是 10 分钟，如图 4.31 所示。

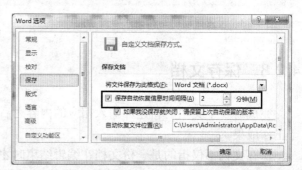

图 4.31　设置文档自动保存选项

（4）最后单击"确定"按钮，自动保存文档设置完毕。

4.2.9　打印文档

打印文档在日常办公中是一项很常见而且很重要的工作。在打印 Word 文档之前，可以通过打印预览功能查看一下整篇文档的排版效果，确认无误后再打印。用户编辑完文档之后，可以通过如下操作步骤完成文档打印。

（1）在 Word 2010 应用程序中，单击"文件"选项卡标签，在打开的 Office 后台视图中执行"打印"命令。

（2）打开如图 4.32 所示的"打印"后台视图。在视图的右侧可以即时预览文档的打印效果。同时，用户可以在打印设置区域中对打印机或打印页面进行相关调整，例如页边距、纸张大小等。

（3）设置完成后，单击"打印"按钮，即可将文档打印输出。

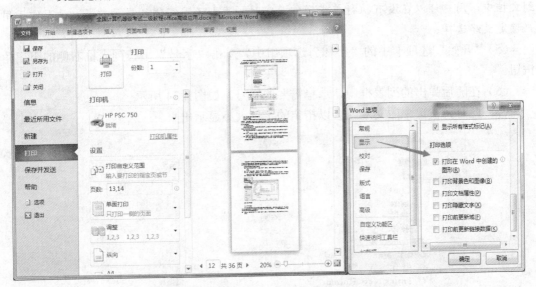

图 4.32　打印文档后台视图及打印属性的设置

4.3　美化文档外观

当完成了文档的基本起草工作后，必须能够按照公司或者文档阅读者的格式要求或者喜好对文档进行必要的格式设置，这样才能够让起草的文档易于阅读者接受。

4.3.1　设置文本格式

如果想要让文本变得醒目美观，就需要对其格式进行多方面的设置，如字体、字号、字形、颜色、字符间距等。恰当的格式设置不仅有助于美化文档，还能够在很大程度上增强信息的传递力度，从而帮助用户更加轻松自如地阅读文档。

1．设置字体和字号

如果用户在编辑文本的过程中通篇采用相同的字体和字号，那么文档就会变得毫无特色。

下面就来介绍如何通过设置文本的字体和字号，以使文档变得美观大方、层次鲜明，操作步骤如下。

（1）首先，在 Word 文档中选中要设置字体和字号的文本。

（2）在"开始"选项卡中的"字体"选项组中，单击"字体"下拉列表框右侧的下三角按钮。

（3）在随后弹出的列表框中，选择需要的字体选项，例如"微软雅黑"，如图 4.33 所示。

（4）此时，被选中的文本就会以新的字体显示出来。

提示：当鼠标在"字体"下拉列表框中滑动时，凡是经过的字体选项都会实时地反映到文档中，用户可以在没有执行单击操作前实时预览到不同字体的显示效果，从而便于用户确定最终选择。

（5）"开始"选项卡中的"字体"选项组中，单击"字号"下拉列表框右侧的下三角按钮。

（6）在随后弹出的列表框中，选择需要的字号，如图 4.34 所示。

（7）此时，被选中的文本就会以指定的字体大小显示出来。

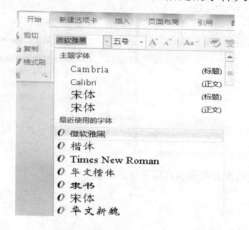

图 4.33　设置文本字体

图 4.34　设置文本字号

2. 设置字形

在 Word 2010 中，用户还可以对字形进行修饰，例如可以将粗体、斜体、下画线、删除线等多种效果应用于文本，从而使内容在显示上更为突出。下面举例说明如何将文本设置为粗体，并为其添加下画线，操作步骤如下。

（1）首先，在 Word 文档中选中要设置字形的文本。

（2）在"开始"选项卡中的"字体"选项组中，单击"加粗"按钮 **B**，此时被选中的文本就显示为粗体了。

（3）然后，在"开始"选项卡中，单击"字体"选项组中的"下画线"按钮 **U**，为所选文本添加下画线。

（4）单击"下画线"按钮旁边的下三角按钮，在弹出的下拉列表中执行"下画线颜色"命令，可以进一步设置下画线的颜色。此外，用户还可以在弹出的下拉列表中为文本添加不同样式的下画线，如图 4.35 所示。

提示: 如果用户需要把粗体字或带有下画线的文本变回正常文本, 只需选中该文本, 然后单击"字体"选项组中的"加粗"按钮或"下画线"按钮即可。或者也可以通过直接单击"清除格式"按钮 来还原文本格式。

3. 设置"字体颜色"

单击"字体"选项组中"字体颜色"按钮旁边的下三角按钮, 在弹出的下拉列表中选择自己喜欢的颜色即可, 如图 4.36 所示。如果系统提供的主题颜色和标准色不能满足用户的个性需求, 可以在弹出的下拉列表中执行"其他颜色"命令, 打开"颜色"对话框。然后在"标准"选项卡和"自定义"选项卡中选择合适的字体颜色, 如图 4.37 所示。

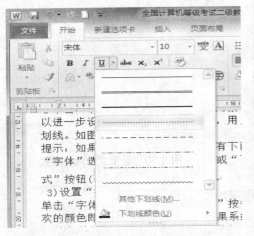

图 4.35 设置文本下画线   图 4.36 设置字体颜色

另外, Word 2010 还为用户提供了一些其他字体效果, 这些设置都在"字体"对话框中。用户可以通过在"开始"选项卡中单击"字体"选项组中的对话框启动器按钮打开该对话框, 在"字体"选项卡的"效果"选项区域中自行设置即可, 如图 4.38 所示。

用户还可以在"字体"对话框中, 单击"文字效果"按钮, 打开如图 4.39 所示的"设置文本效果格式"对话框, 在该对话框中设置文本的填充方式、文本边框类型、轮廓样式以及其他特殊的文字效果。

提示: 用户也可以在 Word 2010 功能区中的"开始"选项卡中, 单击"字体"选项组中的"文本效果"按钮, 为选中的文本套用文本效果格式或自定义文本效果格式, 如图 4.40 所示。

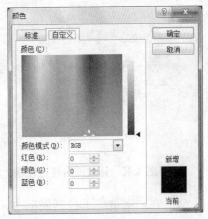

图 4.37 "颜色"对话框的"标准"选项卡和"自定义"选项卡

4. 设置字符间距

Word 2010 允许用户对字符间距进行调整。在 Word 2010 功能区中的"开始"选项卡中, 单击"字体"选项组中的对话框启动器按钮打开"字体"对话框。然后, 切换到"高级"选项卡，如图 4.41 所示。在该对话框中的"字符间距"选项区域中包括诸多选项设置，用户可以通过这些选项设置来轻松调整字符间距。

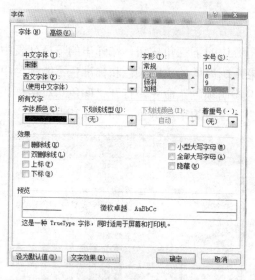

图 4.38　设置字体其他效果

图 4.39　设置文本效果格式

图 4.40　通过即时预览设置文本效果

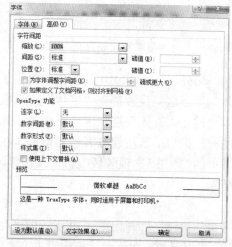

图 4.41　设置字符间距

（1）在"缩放"下拉列表框中，有多种字符缩放比例可供选择，用户也可以直接在下拉列表框中输入想要设定的缩放百分比数值（可不必输入"%"）对文字进行横向缩放。

（2）在"间距"下拉列表框中，有"标准"、"加宽"和"紧缩"三种字符间距可供选择。"加宽"方式将使字符间距比"标准"方式宽 1 磅，"紧缩"方式使字符间距比"标准"方式窄 1 磅。用户也可以在右边的"磅值"微调框中输入合适的字符间距。

（3）在"位置"下拉列表框中，有"标准"、"提升"和"降低"三种字符位置可选，用户也可以在"磅值"微调框中输入合适的字符位置来控制所选文本相对于基准线的位置。

（4）"为字体调整字间距"复选框用于调整文字或字母组合间的距离，以使文字看上去更加美观、均匀。用户可以在其右边的微调框中输入数值进行设置。

（5）选中"如果定义了文档网格，则对齐到网格"复选框，Word 2010 将自动设置每行字符数，使其与"页面设置"对话框中设置的字符数相一致。

4.3.2　设置段落格式

段落是指以特定符号作为结束标记的一段文本，用于标记段落的符号是不可打印的字符。在编排整篇文档时，合理的段落格式设置，可以使内容层次有致、结构鲜明，从而便于用户阅读。Word 2010 的段落排版命令总是适用于整个段落的，因此要对一个段落进行排版，可以将光标移到该段落的任何地方，但如果要对多个段落进行排版，则需要将这几个段落同时选中。

1. 段落对齐方式

Word 2010 提供了 5 种段落对齐方式：文本左对齐、居中、文本右对齐、两端对齐和分散对齐。在"开始"选项卡中的"段落"选项组中可以看到与之相对应的按钮："文本左对齐"按钮、"居中"按钮、"文本右对齐"按钮、"两端对齐"按钮和"分散对齐"按钮，如图 4.42 所示。

图 4.42　段落对齐方式

2. 段落缩进

众所周知，文本的输入范围是整个页面除去页边距以外的部分。但有时为了美观，文本还要再向内缩进一段距离，这就是段落缩进。增加或减少缩进量时，改变的是文本和页边距之间的距离。默认状态下，段落左、右缩进量都是零。

在 Word 2010 功能区中的"开始"选项卡中，单击"段落"选项组中的对话框启动器按钮打开"段落"对话框，如图 4.43 所示。在"缩进"选项区域中即可对选中的段落详细设置缩进方式和缩进量。

所谓首行缩进就是每一个段落中第一行第一个字符的缩进空格位。中文段落普遍采用首行缩进两个字符。

提示：设置首行缩进之后，当用户按 Enter 键输入后续段落时，系统会自动为后续段落设置与前面段落相同的首行缩进格式，无须重新设置。

悬挂缩进是指段落的首行起始位置不变，其余各行一律缩进一定距离。这种缩进方式常用于如词汇表、项目列表等文档。

左缩进是指整个段落都向右缩进一定距离，而右缩进一般是向左拖动，使段落的右端均向左移动一定距离。

此外，用户还可以通过在"开始"选项卡中单击"段落"选项组中的"减少缩进量"按钮 和"增加缩进量"按钮，来快速减少或增加段落的缩进量。要注意的是，这时的缩进是段落整体进行缩进，即左缩进。

3．行距和段落间距

行距决定了段落中各行文字之间的垂直距离。"开始"选项卡上"段落"选项组中的"行距"按钮 便可以用来设置行距（默认的设置是1倍行距）。单击"行距"按钮旁边的下三角按钮，就会弹出一个下拉列表，如图4.44所示。

用户在这个下拉列表中可以选择所需要的行距，如果用户执行"行距选项"命令，将打开"段落"对话框的"缩进和间距"选项卡。在"间距"选项区域中的"行距"下拉列表框中，用户可以选择其他行距选项并可在"设置值"微调框中设置具体的数值，如图4.45所示。

段落间距是指段落与段落之间的距离。在某些情况下，为了满足排版的需要，会对段落之间的距离进行调整。用户可以通过以下三种方法来调整段落间距。

（1）执行"行距"下拉列表中的"增加段前间距"和"增加段后间距"命令，迅速调整段落间距。

（2）在"段落"对话框中的"间距"选项区域中，单击"段前"和"段后"微调框中的微调按钮，可以精确设置段落间距。

（3）打开"页面布局"选项卡，在"段落"选项组中，单击"段前"和"段后"微调框中的微调按钮同样可以完成段落间距的设置工作，如图4.46所示。

提示： 如果用户设置了新的行距，在后面的段落中该设置将被继承，用户无须重新设置。

图4.43　段落设置选项

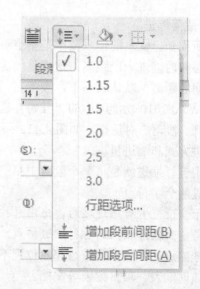

图4.44　"行距"下拉列表

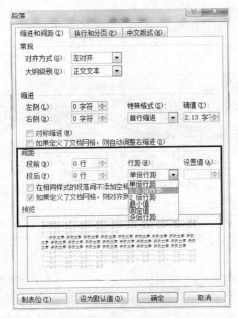

图 4.45　设置行距　　　　图 4.46　在"页面布局"选项卡中设置段落间距

4．设置边框和底纹

有时，对文章的某些重要段落或文字加上边框或底纹，可使其更为突出和醒目。

（1）添加边框。为了使文档更加清晰、漂亮，可以在文档的周围设置各种边框。根据需要用户可以为选中的一个或多个文字添加边框，也可以为选中的段落、表格、图像或整个页面的四周或任意一边添加边框。

① 利用"字符边框"按钮 A 给文字加单线框，具体步骤如下。

- 在"开始"选项卡中，单击字体组中的 A 按钮，如图 4.47 所示。
- 此按钮可以方便地为选中的一个文字或多个文字添加单线边框，如图 4.48 所示。

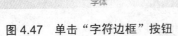

图 4.47　单击"字符边框"按钮　　　图 4.48　添加单线边框后的效果

② 利用"边框和底纹"对话框给段落或文字添加边框。使用段落组中的相应按钮或"边框和底纹"对话框，还可以给现在的文字添加其他样式的边框，操作步骤如下。

- 选中要添加边框的文本，在"开始"选项卡中单击"段落"组中的"下框线"按钮 田 右侧的下三角按钮 ，在弹出的下拉列表中选择所需要的边框线样式，如图 4.49 所示。
- 选择完成后即可为选中的文本添加边框，如图 2.50 所示。

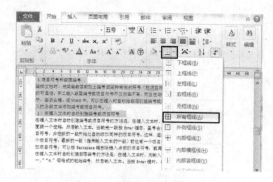
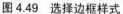

图 4.49　选择边框样式

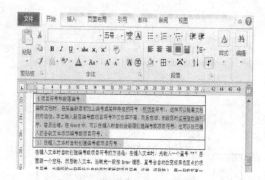

图 4.50　文本添加边框后的效果

- 在"开始"选项卡中单击"段落"组中的"下框线"按钮 右侧的下三角按钮，在弹出的下拉列表中选择"边框和底纹"选项，弹出"边框和底纹"对话框，如图 4.51 所示。
- 在"边框"选项卡中根据需要进行设置，如图 4.52 所示。

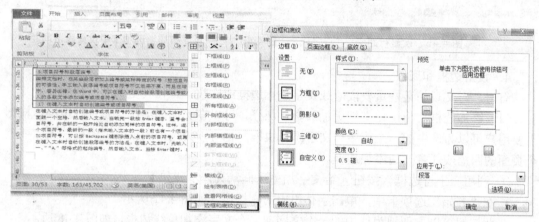

图 4.51　选择"边框和底纹"选项　　　　　图 4.52　"边框和底纹"对话框的"边框"选项卡

- 设置完成后单击"确定"按钮，如图 4.53 所示为完成后的效果。

在边框和底纹对话框中，各种选项的作用如下。

无：不设边框。若选中的文本或段落原来有边框，则边框将被去掉。

方框：给选中的文本或段落加上边框。

阴影：给选中的文本或段落加上具有阴影效果的边框。

三维：给选中的文本或段落加上具有三维效果的边框。

自定义：只是在给段落添加边框时有效。利用该选项可以给段落的一条或几条边加上边框线。

"样式"列表框：可以从中选择需要的边框样式。

"颜色"和"宽度"列表：可设置边框的颜色和宽度。

"应用于"列表框：可从中选择添加边框的应用对象。若选择文字选项，则在选中的一个或多个文字的四周加封闭的边框。如果选中的是多行文字，则给每行文字加上封闭边框。若选择"段落"选项，则给选中的所有段落加边框。

（2）添加页面边框。除了线型边框外，还可以在页面四周添加艺术型边框，添加页面边框的操作步骤如下。

① 选择需要加边框的段落，在"开始"选项卡中单击"段落"组中的"下框线"按钮 右侧的下三角 按钮，在弹出的下拉列表中选择"边框和底纹"选项。

② 在弹出的"边框和底纹"对话框中选择"页面边框"选项卡，从中设置需要的选项，如图 4.54 所示。

图 4.53　为段落加边框后的效果　　　图 4.54　"页面边框"选项卡及"边框和底纹选项"对话框

设置线型边框，可分别从"样式"和"颜色"下拉列表中选择边框的线型和颜色。

设置艺术型边框，从"艺术型"下拉列表中选择一种图案。

在"页面边框"选项卡中单击"宽度"下拉列表框右侧的 按钮，可以在弹出的下拉列表中选择边框的宽度。

在"页面边框"选项卡中单击"应用于"下拉列表框右侧的 按钮，可以在弹出的下拉列表中选择添加边框的范围。

在"页面边框"选项卡中单击"选项"按钮，将弹出"边框和底纹选项"对话框。在"边框和底纹选项"对话框中，可以改变边框与边界或正文的距离。

③ 设置完成后单击"确定"按钮，即可应用页面边框，如图 4.55 所示。

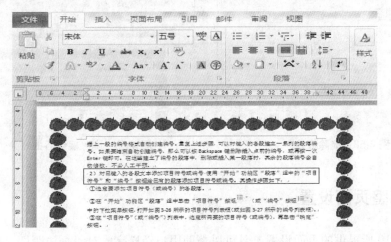

图 4.55　添加页面边框后的效果

（3）添加及删除底纹。

① 给文字或段落添加底纹，操作步骤如下。

- 选中要添加底纹的文字或段落，在"开始"选项卡中单击"段落"组中的"下框线"按钮 右侧的下三角 按钮，在弹出的下拉列表中选择"边框和底纹"选项。
- 弹出"边框和底纹"对话框，打开"底纹"选项卡，在"填充"下拉列表框中选择底纹的填充色，在"样式"下拉列表框中选择底纹样式，在"颜色"下拉列表框中选择底纹内填充点的颜色，在"预览"区可预览设置的底纹效果，如图 4.56 所示。
- 单击"确定"按钮，即可应用底纹效果，如图 4.57 所示。

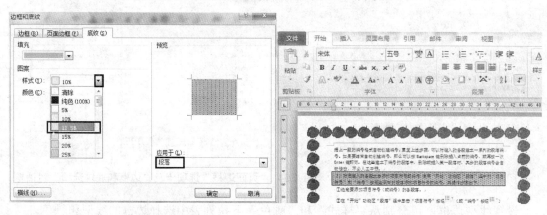

图 4.56 "底纹"选项卡

图 4.57 添加底纹的效果

② 删除底纹，操作步骤如下。

在"底纹"选项卡中将"填充"设为"无颜色"，将"样式"设为"清除"，然后单击"确定"按钮即可，如图 4.58 所示。

设置完成后即可将底纹删除，如图 4.59 所示。

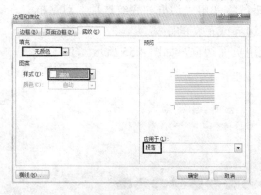

图 4.58 删除底纹

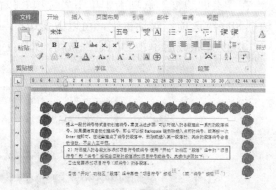

图 4.59 删除底纹后的效果

4.3.3 调整页面设置

Word 2010 所提供的页面设置工具可以帮助用户轻松完成对"页边距"、"纸张大小"、

"纸张方向"、"文字排列"等诸多选项的设置工作。下面将主要介绍如何对文档页面进行设置。

1. 设置页边距

Word 2010 提供了页边距设置选项，用户可以使用默认（预定义设置）的页边距，也可以自己指定页边距，以满足不同的文档版面要求。设置页边距的操作步骤如下。

（1）在 Word 2010 的功能区中，打开"页面布局"选项卡。

（2）在"页面布局"选项卡中的"页面设置"选项组中，单击"页边距"按钮。

（3）在弹出的下拉列表中，提供了"普通"、"窄"、"宽"等预定义的页边距，用户可以从中进行选择以迅速设置页边距，如图 4.60 所示。

（4）如果用户需要自己指定页边距，可以在弹出的下拉列表中执行"自定义边距"命令。打开"页面设置"对话框中的"页边距"选项卡，如图 4.61 所示。在"页边距"选项区域中，用户可以通过单击微调按钮调整"上"、"下"、"左"、"右" 4 个页边距的大小和"装订线"的大小位置，在"装订线位置"下拉列表框中选择"左"或"上"选项。

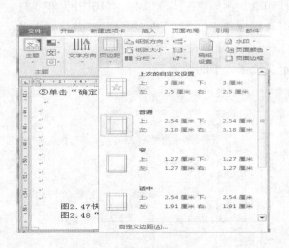

图 4.60　快速设置页边距　　　　　　图 4.61　"页面设置"对话框

在该对话框中有"应用于"下拉列表框，其中有"整篇文档"和"所选文字"两个选项可供用户选择。若选择"整篇文档"选项，则用户设置的页面就应用于整篇文档，这是默认的状态。如果只想设置部分页面，则需要将光标移到这部分页面的起始位置，然后在该对话框中的"应用于"下拉列表框中选择"所选文字"选项，这样从起始位置之后的所有页都将应用当前的设置。

（5）单击"确定"按钮即可完成自定义页边距的设置。

2. 设置纸张方向

"纸张方向"决定了页面所采用的布局方式，Word 2010 提供了纵向（垂直）和横向（水平）两种布局供用户选择。更改纸张方向时，与其相关的内容选项也会随之更改。例如封面、页眉、页脚样式库中所提供的内置样式便会始终与当前所选纸张方向保持一致。如果需要更改整个文档的纸张方向，操作步骤如下。

（1）在 Word 2010 的功能区中，打开"页面布局"选项卡。

（2）在"页面布局"选项卡中的"页面设置"选项组中，单击"纸张方向"按钮。

（3）在弹出的下拉列表中，提供了"纵向"和"横向"两个方向，用户可根据实际需要任选其一即可。

3. 设置纸张大小

同页边距一样，Word 2010 为用户提供了预定义的纸张大小设置，用户既可以使用默认的纸张大小，又可以自己设定纸张大小，以满足不同的应用要求。设置纸张大小的操作步骤如下。

（1）在 Word 2010 的功能区中，打开"页面布局"选项卡。

（2）在"页面布局"选项卡中的"页面设置"选项组中，单击"纸张大小"按钮。

（3）在弹出的下拉列表中，提供了许多种预定义的纸张大小，如图 4.62 所示，用户可以从中进行选择以迅速设置纸张大小。

（4）如果用户需要自己指定纸张大小，可以在弹出的下拉列表中执行"其他页面大小"命令。打开"页面设置"对话框中的"纸张"选项卡，如图 4.63 所示。在"纸张大小"下拉列表框中，用户可以选择不同型号的打印纸，例如"A3"、"A4"、"16 开"和"自定义大小"等。当选择"自定义大小"纸型时，可以在下面的"宽度"和"高度"微调框中自己定义纸张的大小。

（5）单击"确定"按钮即可完成自定义纸张大小的设置。

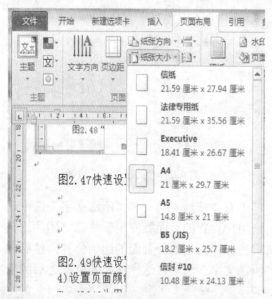

图 4.62　快速设置纸张大小

图 4.63　自定义纸张大小

4. 设置页面颜色和背景

Word 2010 为用户提供了丰富的页面背景设置功能，用户可以非常便捷地为文档应用水印、页面颜色和页面边框的设置。

例如，用户可以通过页面颜色设置，为背景应用渐变、图案、图片、纯色或纹理等填充效果，其中渐变、图案、图片和纹理将以平铺或重复方式来填充页面，从而让用户可以针对不同应用场景制作专业美观的文档。为文档设置页面颜色和背景的操作步骤如下。

（1）在 Word 2010 的功能区中，打开"页面布局"选项卡。

（2）在"页面布局"选项卡中的"页面背景"选项组中，单击"页面颜色"按钮。

（3）在弹出的下拉列表中，用户可以在"主题颜色"或"标准色"区域中单击所需颜色。如果没有用户所需的颜色还可以执行"其他颜色"命令，在随后打开的"颜色"对话框中进行选择。如果用户希望添加特殊的效果，可以在弹出的下拉列表中执行"填充效果"命令。这里执行"填充效果"命令。

（4）打开如图 4.64 所示的"填充效果"对话框，在该对话框中有"渐变"、"纹理"、"图案"和"图片" 4 个选项卡用于设置页面的特殊填充效果。

（5）设置完成后，单击"确定"按钮，即可为整个文档中的所有页面应用美观的背景。

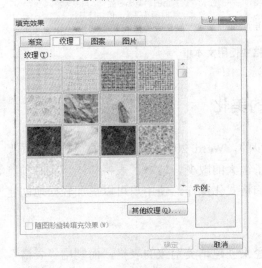

图 4.64　设置页面填充效果　　　　图 4.65　内置的文本框样式

4.3.4　在文档中使用文本框

Word 2010 中提供了特别的文本框编辑操作，它是一种可移动位置，可调整大小的文字或图形容器。使用文本框，可以在一页上放置多个文字块内容，或使文字按照与文档中其他文字不同的方式排布。

如需在文档中插入文本框，操作步骤如下。

（1）在 Word 2010 的功能区中，打开"插入"选项卡。

（2）在"插入"选项卡中的"文本"选项组中，单击"文本框"按钮。

（3）在弹出的下拉列表中用户可以在内置的文本框样式中选择合适的文本框类型，如图 4.65 所示。

（4）单击选择的文本框类型后，就可在文档中插入该文本框，并将其处于编辑状态，用户直接在其中输入内容即可，如图 4.66 所示。

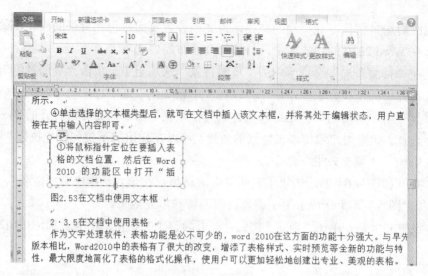

图 4.66　在文档中使用文本框

4.3.5　在文档中使用表格及表格的美化

作为文字处理软件，表格功能是必不可少的，Word 2010 在这方面的功能十分强大。与早先的版本相比，Word 2010 中的表格有了很大的改变，增添了表格样式、实时预览等全新的功能与特性，最大限度地简化了表格的格式化操作，使用户可以更加轻松地创建出专业、美观的表格。

1. 使用即时预览创建表格

在 Word 2010 中，用户可以通过多种途径来创建精美别致的表格，而利用"表格"下拉列表插入表格的方法既简单又直观，并且可以让用户即时预览到表格在文档中的效果。其操作步骤如下。

（1）将鼠标指针定位在要插入表格的文档位置，然后在 Word 2010 的功能区中打开"插入"选项卡。

（2）在"插入"选项卡上的"表格"选项组中，单击"表格"按钮。

（3）在弹出的下拉列表中的"插入表格"区域，以滑动鼠标的方式指定表格的行数和列数。与此同时，用户可以在文档中实时预览到表格的大小变化，如图 4.67 所示。确定行列数目后，单击鼠标左键即可将指定行列数目的表格插入到文档中。

（4）此时，在 Word 2010 的功能区中会自动打开"表格工具"中的"设计"上下文选项卡。用户可以在表格中输入数据，然后在"表样式"选项组中的"表格样式库"中选择一种满意的表格样式，以快速完成表格格式化操作，如图 4.68 所示。

2. 使用"插入表格"命令创建表格

在 Word 2010 中还可以使用"插入表格"命令来创建表格。该方法可以让用户在将表格插入文档之前选择表格尺寸和格式，其操作步骤如下。

（1）将鼠标指针定位在要插入表格的文档位置，然后在 Word 2010 的功能区中打开"插入"选项卡。

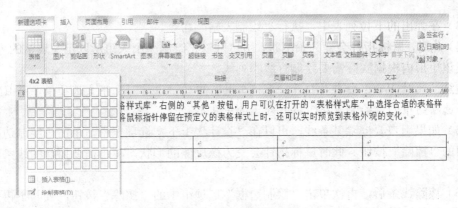

图 4.67　插入并预览表格

（2）在"插入"选项卡上的"表格"选项组中，单击"表格"按钮。

（3）在弹出的下拉列表中，执行"插入表格"命令。

（4）打开如图 4.69 所示的"插入表格"对话框，用户可以通过在"表格尺寸"选项区域中单击微调按钮分别指定表格的"列数"和"行数"，例如，5 列、6 行。用户还可以在"'自动调整'操作"选项区域中根据实际需要选中相应的单选按钮（其中包括"固定列宽"、"根据内容调整表格"和"根据窗口调整表格"），以调整表格尺寸。如果用户选中了"为新表格记忆此尺寸"复选框，那么在下次打开"插入表格"对话框时，就默认保持此次的表格设置了。设置完毕后，单击"确定"按钮，即可将表格插入到文档中。用户同样可以在Word 自动打开的"表格工具"中的"设计"上下文选项卡上进一步设置表格外观和属性。

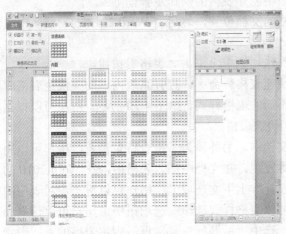

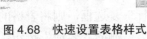

图 4.68　快速设置表格样式

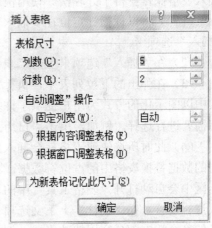

图 4.69　"插入表格"对话框

3．手动绘制表格

如果要创建不规则的复杂表格，则可以采用手动绘制表格的方法。此方法使创建表格操作更具灵活性，操作步骤如下。

（1）首先将鼠标指针定位在要插入表格的文档位置，然后在 Word 2010 的功能区中打开"插入"选项卡。

（2）在"插入"选项卡上的"表格"选项组中，单击"表格"按钮。

（3）在弹出的下拉列表中，执行"绘制表格"命令。

（4）此时，鼠标指针会变为铅笔状，用户可以先绘制一个大矩形以定义表格的外边界。然后在该矩形内根据实际需要绘制行线和列线。

注意：此时 Word 会自动打开"表格工具"中的"设计"上下文选项卡，并且"绘图边框"选项组中的"绘制表格"按钮处于选中状态。

（5）如果用户要擦除某条线，可以在"设计"上下文选项卡中，单击"绘制边框"选项组中的"擦除"按钮。此时鼠标指针会变为橡皮擦的形状，单击需要擦除的线条即可将其擦除。

（6）擦除线条后，再次单击"绘制边框"选项组中的"擦除"按钮，使其不再处于选中状态。这样，用户就可以继续在"设计"选项卡中设计表格的样式，例如，在"表格样式库"中选择一种合适样式应用到表格中。

提示：在"表格工具"中的"设计"上下文选项卡上，用户可以在"绘图边框"选项组中的"笔样式"下拉列表框中选择为绘制边框应用不同的线型，在"笔画粗细"下拉列表框中选择为绘制边框应用不同的线条宽度，在"笔颜色"下拉列表中更改绘制边框的颜色。

4．使用快速表格

快速表格是作为构建基块存储在库中的表格，可以随时被访问和重用。Word 2010 提供了一个"快速表格库"，其中包含一组预先设计好格式的表格，用户可以从中选择一种样式来迅速创建表格。这样大大节省了用户创建表格的时间，同时减少了用户的工作量，使插入表格操作变得十分轻松。使用快速表格创建表格的操作步骤如下。

（1）先将鼠标指针定位在要插入表格的文档位置，然后在 Word 2010 的功能区中打开"插入"选项卡。

（2）在"插入"选项卡上的"表格"选项组中，单击"表格"按钮。

（3）在弹出的下拉列表中，执行"快速表格"命令，打开系统内置的"快速表格库"，其中以图示化的方式为用户提供了许多不同的表格样式，如图 4.70 所示，用户可以根据实际需要进行选择。例如，单击"日历 1"快速表格。

（4）此时所选快速表格就会插入到文档中。另外，为了符合特定需要，用户可以用所需的数据替换表格中的占位符数据。不难发现，在文档中插入表格后，在 Word 2010 的功能区中会自动打开"表格工具"中的"设计"上下文选项卡，用户可以进一步对表格的样式进行设置。在"设计"上下文选项卡的"表格样式选项"选项组中，用户可以选择为表格的某个特定部分应用特殊格式，例如，选中"标题行"复选框，则将表格的首行设置为特殊格式。在"表样式"选项组中单击"表格样式库"右侧的"其他"按钮，用户可以在打开的"表格样式库"中选择合适的表格样式。当将鼠标指针停留在预定义的表格样式上时，还可以实时预览到表格外观的变化。

5．将文本转换成表格及将表格转换为文本

除了创建完成表格，然后在表格中输入信息外，用户还可以将事先输入好的文本转换成表格，只需在文本中设置分隔符即可。下面就举例说明如何利用"制表符"作为文字分隔的依据，从而轻松地将文本转换成表格。其操作步骤如下。

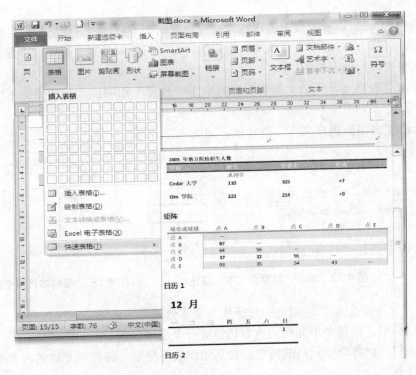

图 4.70　快速表格库

（1）首先在 Word 文档中输入文本，并在希望分隔的位置按 Tab 键，在希望开始新行的位置按 Enter 键。然后，选择要转换为表格的文本。

（2）在 Word 2010 的功能区中，打开"插入"选项卡，并单击"表格"选项组中的表格按钮。

（3）在弹出的下拉列表中，执行"文本转换成表格"命令。

（4）打开如图 4.71 所示的"将文字转换成表格"对话框，在"文字分隔位置"选项区域中，包括"段落标记"、"逗号"、"空格"、"制表符"和"其他字符"单选按钮。通常，Word 会根据用户在文档中输入的分隔符，默认选中相应的单选按钮，本例默认选中"空格"单选按钮。同时，Word 会自动识别出表格的尺寸，本例为 2 列、4 行。用户可根据实际需要，设置其他选项。确认无误后，单击"确定"按钮。

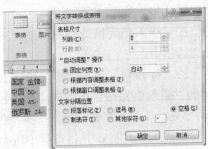

图 4.71　将文字转换为表格

（5）这样，原先文档中的文本就被转换成表格了。用户可以再进一步设置表格的格式。

在 Word 中也可以将表格中的内容转换为普通的文本段落，并将转换后各单元格中的内容用段落标记、逗号、制表符或用户指定的特定字符分隔开来。其操作步骤如下。

① 选中要转换的表格。

② 单击"表格工具"的"布局"选项卡下"数据"组中的"转换为文本"按钮，如图 4.72 所示。

③ 弹出"表格转换成文本"对话框，如图 4.73 所示。

图 4.72　单击"转换为文本"按钮　　　　图 4.73　"表格转换成文本"对话框

④ 在"文字分隔符"选项组中选择作为文本分隔符的选项。

- 段落标记：把每个单元格的内容转换成一个文本段落。
- 制表符：把每个单元格的内容转换后用制表符分隔，每行单元格的内容成为一个文本段落。
- 逗号：把每个单元格的内容转换后用逗号分隔，每行单元格的内容成为一个文本段落。
- 其他字符：可在对应的文本框中输入用作分隔符的半角字符。把每个单元格的内容转换后用输入的文本分隔符隔开，每行单元格的内容成为一个文本段落。

⑤ 单击"确定"按钮，即可将表格转换为文本。

此外，用户还可以将某表格置于其他表格内，包含在其他表格内的表格称作嵌套表格。通过在单元格内单击，然后使用任何创建表格的方法就可以插入嵌套表格。当然，将现有表格复制和粘贴到其他表格中也是一种插入嵌套表格的方法。

6. 管理表格中的单元格、行和列

当用户创建好表格后，往往会根据实际需求进行一些改动，例如向表格中添加单元格、添加行，或者从表格中删除列等。

如果用户要向表格中添加单元格，操作步骤如下。

（1）首先将鼠标指针定位在要插入单元格处的右侧或上方的单元格中，然后打开"表格工具"中的"布局"上下文选项卡。

（2）在"布局"选项卡上的"行和列"选项组中，单击对话框启动器按钮。

（3）打开如图 4.74 所示的"插入单元格"对话框，其中包括 4 个单选按钮选项，分别是"活动单元格右移"、"活动单元格下移"、"整行插入"和"整列插入"。如果用户选中"活动单元格右移"单选按钮，则会插入单元格，并将该行中所有其他的单元格右移，此时，Word 不会插入新列，使用该选项可能会导致该行的单元格比其他行的单元格多；如果用户选中"活动单元格下移"单选按钮，则会插入单元格，并将现有单元格下移一行，此时表格底部会添加一新行；如果用户选中"整行插入"单选按钮，则会在鼠标所在单元格的上方插入一行；如果用户选中"整列插入"单选按钮，则会在鼠标所在单元格的左侧插入一列。用户可以根据实际需要选中相应的单选按钮。

（4）单击"确定"按钮即可按照指定要求完成插入单元格操作。

用户还可以通过单击相应的命令按钮来轻松地在单元格的上方或下方添加新的一行，其操作步骤如下。

① 首先将鼠标指针定位在要添加行处的上方或下方的单元格中，然后打开"表格工具"中的"布局"上下文选项卡。

② 在"布局"选项卡上的"行和列"选项组中，单击"在上方插入"按钮在单元格的上方添加一行，或者单击"在下方插入"按钮在单元格的下方添加一行，如图4.75所示。

③ 这样，就可以按照指定要求在原有表格中添加新的一行了。

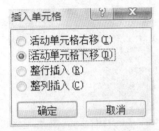

图 4.74　插入单元格

图 4.75　在表格中插入行或列

与在表格中添加列的方法相似，用户可以通过单击相应的命令按钮快速地在单元格的左侧或右侧添加新的一列。

当用户觉得某单元格、行或列多余的时候，可以将其从表格中删除。用户可以在"表格工具"中的"布局"上下文选项卡中，单击"删除"按钮即可完成操作，如图4.76所示。

7．合并或拆分表格中的单元格

合并或拆分单元格在设计表格的过程中是一项十分有用的功能。用户可以将表格中同一行或同一列中的两个或多个单元格合并为一个单元格，也可以将表格中的一个单元格拆分成多个单元格。假设用户需要在水平方向上合并多个单元格，用来创建横跨多个列的表格标题，可以按照如下操作步骤设置。

（1）鼠标指针定位在要合并的第一个单元格中，然后按住鼠标左键进行拖动，以选择需要合并的所有单元格。

（2）在 Word 2010 的功能区中打开"表格工具"中的"布局"上下文选项卡。

（3）在"布局"选项卡上的"合并"选项组中，单击"合并单元格"按钮。

（4）这样，所选的多个单元格就被合并为一个单元格了。

如果用户想要将表格中的一个单元格拆分成多个单元格，可以按照如下操作步骤设置。

① 将鼠标指针定位在要拆分的单个单元格中，或者选择多个要拆分的单元格。

② 在 Word 2010 的功能区中打开"表格工具"中的"布局"上下文选项卡。

③ 在"布局"选项卡上的"合并"选项组中，单击"拆分单元格"按钮。

④ 打开"拆分单元格"对话框，如图4.77所示，通过单击微调按钮指定要将选定的

单元格分成的列数和行数。

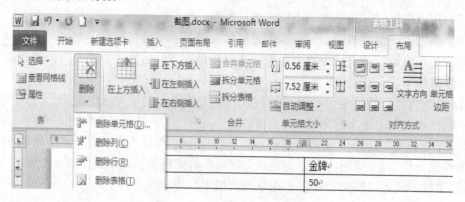

图 4.76　删除单元格、行或列

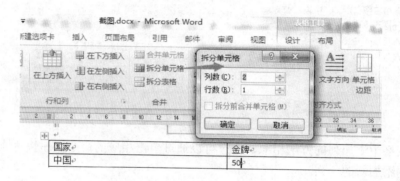

图 4.77　拆分单元格

⑤ 单击"确定"按钮，即可按照指定要求实现单元格的拆分。

8．设置标题行跨页重复

在文档中内容较多的表格，难免会跨越两页或更多页面。此时，如果希望表格的标题可以自动地出现在每个页面的表格上方，可以执行如下的操作步骤。

（1）将鼠标指针定位在指定为表格标题的行中。

（2）在 Word 2010 的功能区中打开"表格工具"中的"布局"上下文选项卡。

（3）在"布局"选项卡上的"数据"选项组中，单击"重复标题行"按钮即可，如图4.78 所示。

9．美化表格

在 Word 中可以使用内置的表格样式，或者使用边框、底纹和图形填充功能来美化表格以及页面。为表格或单元格添加边框或底纹的方法与设置段落填充颜色或纹理填充的方法相同。

图 4.78　设置重复标题行

10．表格的计算与排序

在 Word 表格中，可以按照某列对表格进行排序。

对于数值型数据，还可以对其按从小到大或从大到小的不同方式进行排序。表格的计算功能可以对表格中的数据执行一些简单的运算，如求和、求平均、求最大值等，并可以方便快捷地得到计算结果。

（1）在表格中计算。

在 Word 中，可以通过输入带有加、减、乘、除（+、-、*、/）等运算符的公式进行计算，也可以使用 Word 附带的函数进行较为复杂的计算。

① 单元格参数与单元格的值。

为了方便在单元格之间进行计算，这里使用一些参数来代表单元格、行或列。表格的列从左至右用英文字母（a、b、…）表示，表格的行自上而下用正整数 1、2、…表示，每个单元格的名字由其所在的行和列的编号组合而成。在表格中，排序或计算都是以单元格为单位进行的。

单元格中实际输入的内容称为单元格的值。如果单元格为空或不以数字开始，则该单元格的值等于 0；如果单元格以数字开始，后面还有其他非数字字符，则该单元格的值等于第一个非数字字符前的数字值。

② 在表格中计算。

以 4.2 表为例，操作步骤如下。

表 4.2　计算表格数据

国家	金牌	银牌	铜牌	总数
中国	51	21	28	
美国	36	38	36	
俄罗斯	23	21	28	

- 选中 E2 单元格，选择"表格工具"下的"布局"选项卡，在"数据"组中单击"公式"按钮 *fx* 公式，如图 4.79 所示。

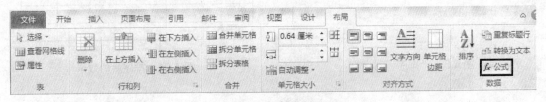

图 4.79　单击"公式"按钮

- 打开"公式"对话框，在"公式"文本框中显示出了"=SUM(LEFT)"公式，表示对插入点左侧各单元格的数值求和，如图 4.80 所示。
- 单击"确定"按钮，求和结果就会显示在 E2 单元格中，下面以此类推，如图 4.81 所示。

图 4.80　"公式"对话框

国家	金牌	银牌	铜牌	总数
中国	51	21	28	100
美国	36	38	36	110
俄罗斯	23	21	28	72

图 4.81　求和结果

（2）表格中的数据排序。

① 选择"表格工具"下的"布局"选项卡，在"数据"组中单击"排序"按钮 ，如图 4.82 所示。

② 打开"排序"对话框，单击"主要关键字"下拉列表框中的下拉按钮 ，在弹出的下拉列表中选择一种排序依据，单击"类型"下拉列表框中的下拉按钮 ，在弹出的下拉列表中选择一种排序类型，这里选择"笔划"。然后勾选"降序"单选按钮 降序(D)，如图 4.83 所示。

③ 设置完成后单击"确定"按钮，排序后的效果如图 4.84 所示。

图 4.82 单击"排序"按钮

图 4.83 "排序"对话框

国家	金牌	银牌	铜牌	总数
美国	36	38	36	110
俄罗斯	23	21	28	72
中国	51	21	28	100

图 4.84 排序后的效果

4.3.6 文档中的图片处理技术

在实际文档处理过程中，用户往往需要在文档中插入一些图片或剪贴画来装饰文档，从而增强文档的视觉效果。Word 2010 提供了图片效果的极大控制力，全新的图片效果，例如映像、发光、三维旋转等，使图片更加靓丽夺目，同时，用户还可以根据需要对文档中的图片进行裁剪和修饰。

1. 在文档中插入图片

在文档中插入图片并设置图片样式的操作步骤如下。

（1）先将鼠标指针定位在要插入图片的位置，然后在 Word 2010 的功能区中打开"插入"选项卡，在"插图"选项组中单击"图片"按钮。

（2）打开"插入图片"对话框，在指定文件夹下选择所需图片，单击"插入"按钮，即可将所选图片插入到文档中。

（3）插入图片后，Word 会自动出现"图片工具"中的"格式"上下文选项卡，如图4.85 所示。

图 4.85　"图片工具"选项卡

（4）此时，用户可以通过鼠标拖动图片边框以调整大小，或在"大小"选项组中单击对话框启动器按钮，打开"布局"对话框中的"大小"选项卡，如图4.86 所示。在"缩放比例"选项区域，选中"锁定纵横比"复选框，然后设置"高度"和"宽度"的百分比即可更改图片的大小。最后单击"关闭"按钮关闭"布局"对话框。

（5）在"格式"上下文选项卡中，单击"图片样式"选项组中的"其他"按钮，在展开的"图片样式库"中，系统提供了许多图片样式供用户选择，如图4.87 所示。

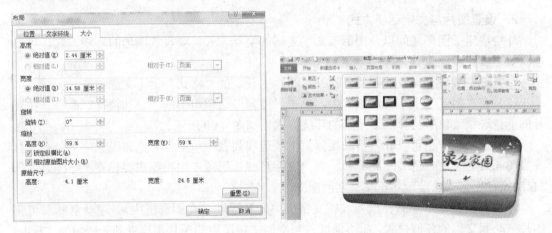

图 4.86　调整图片大小　　　　　　　图 4.87　调整图片样式

（6）此时，文档中的图片就立即以全新的样式展现在用户面前了。

此外，细心的读者可能会发现在"格式"上下文选项卡上的"图片样式"选项组中，还包括"图片版式"、"图片边框"和"图片效果"这三个命令按钮。如果用户觉得"图片样式库"中内置的图片样式不能满足实际需求，可以通过单击这三个按钮对图片进行多方面的属性设置，如图4.88 所示。同时，在"调整"命令组中的"更正"、"颜色"和"艺术效果"命令可以让用户自由地调节图片的亮度、对比度、清晰度以及艺术效果，如图4.89所示。这些之前只能通过专业图形图像编辑工具才可以达到的效果，在 Office 2010 中仅需单击鼠标就轻松完成了。

提示：在"插入"按钮的下拉列表中的"链接到文件"选项是图片将以链接的形式插入到文档中。如果原始图片改变位置或修改文件名，文档中的图片将不再显示。而如果选择了"插入和链接"选项的话，图片将会被插入到文档中，且与原始图片建立链接。一旦原始图片发生改变，当然前提是该文件的存储位置没有变化且文件名也没有变化，当再次打开文档时，图片将被自动更新。如果文件名和存储位置发生了变化，则文档中的图片保持不变。

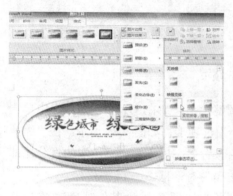

图 4.88　设置图片效果

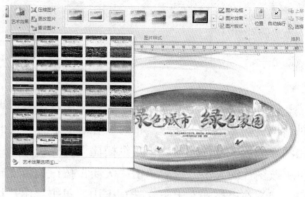

图 4.89　设置图片艺术效果

2. 设置图片与文字环绕方式

环绕决定了图形之间以及图形与文字之间的交互方式。要设置图形的环绕方式，可以按照如下操作步骤执行。

（1）选中要进行设置的图片，打开"图片工具"的"格式"上下文选项卡。

（2）在"格式"上下文选项卡中，单击"排列"选项组中的"自动换行"命令，在展开的下拉选项菜单中选择想要采用的环绕方式，如图 4.90 所示。

（3）或者用户也可以在"自动换行"下拉选项列表中单击"其他布局选项"命令，打开如图 4.91 所示的"布局"对话框。在"文字环绕"选项卡中根据需要设置"环绕方式"、"自动换行"方式以及距离正文文字的距离。

环绕有两种基本形式：嵌入（在文字层中）和浮动（在图形层中）。浮动意味着可将图片拖动到文档的任何位置，而不像嵌入到文档文字层中的图片那样受到一些限制。表 4.3描述了不同环绕方式在文档中的布局效果。

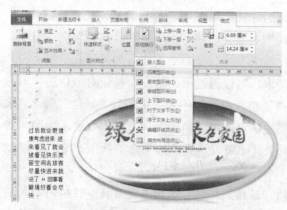

图 4.90　选择环绕方式

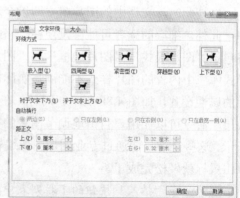

图 4.91　设置文字环绕布局

表 4.3　环绕样式

环 绕 设 置	在文档中的效果
嵌入型	插入到文字层。可以拖动图形，但只能从一个段落标记移动到另一个段落标记中，通常用在简单文档和正式报告中
四周型环绕	文本中放置图形的位置会出现一个方形的"□"，文字会环绕在图形周围，使文字和图形之间产生间隙，可将图形拖到文档中的任意位置。通常用在带有大片空白的新闻稿和传单中
紧密型环绕	实际上在文本中放置图形的地方创建了一个形状与图形轮廓相同的"□"，使文字环绕在图形周围。可以通过环绕顶点改变文字环绕的"□"的形状，可将图形拖到文档中的任何位置。通常用在纸张空间很宝贵且可以接受不规则形状（甚至希望使用不规则形状）的出版物中
衬于文字下方	嵌入在文档底部或下方的绘制层，可将图形拖动到文档的任何位置。通常用作水印或页面背景图片，文字位于图形上方
浮于文字上方	嵌入在文档上方的绘制层，可将图形拖动到文档的任何位置，文字位于图形下方。通常用于有意用某种方式来遮盖文字来实现某种特殊效果（此时可通过设置图片的透明色来完成文字的显示）
穿越型环绕	文字围绕着图形的环绕顶点（环绕顶点可以调整），这种环绕样式产生的效果和表现出的行为与"紧密型"环绕相同
上下型环绕	实际上创建了一个与页边距等宽的矩形，文字位于图形的上方或下方，但不会在图形旁边，可将图形拖动到文档的任何位置。当图形是文档中最重要的地方时通常会使用这种环绕样式

3．设置图片在页面上的位置

Word 2010 提供了可以便捷控制图片位置的工具，让用户可以合理地根据文档类型布局图片。设置图片在页面位置的操作步骤如下。

（1）选中要进行设置的图片，打开"图片工具"的"格式"上下文选项卡。

（2）在"格式"上下文选项卡中，单击"排列"选项组中的"位置"命令，在展开的下拉选项菜单中选择想要采用的位置布局方式，如图 4.92 所示。

（3）或者用户也可以在"位置"下拉选项列表中单击"其他布局选项"命令，打开如图 4.93 所示的"布局"对话框。在"位置"选项卡中根据需要设置"水平"、"垂直"位置以及相关的选项。其中：

① 对象随文字移动：该设置将图片与特定的段落关联起来，使段落始终保持与图片显示在同一页面上。该设置只影响页面上的垂直位置。

② 锁定标记：该设置锁定图片在页面上的当前位置。

③ 允许重叠：该设置允许图形对象相互覆盖。

④ 表格单元格中的版式：该设置允许使用表格在页面上安排图片的位置。

4．在文档中插入剪贴画

Microsoft Office 为用户提供了大量的剪贴画，并将其存储在剪辑管理器中。剪辑管理器中包含剪贴画、照片、影片、声音和其他媒体文件，统称为剪辑，用户可将它们插入到文档中，以便于演示或发布。并且，当用户连接 Internet 时，还可以快速搜索在 Microsoft Office Online 站点上免费提供的更多资源。在 Word 2010 中，用户可以在文档中插入剪贴画。

（1）先将鼠标指针定位在要插入剪贴画的文档位置，然后在 Word 2010 的功能区中打开"插入"选项卡，在"插图"选项组中单击"剪贴画"按钮。

（2）打开"剪贴画"任务窗格，在"搜索文字"文本框中输入描述所需剪贴画的单词或词组，或输入剪贴画文件的全部或部分文件名，如图4.94所示。

（3）在"结果类型"下拉列表框中选择搜索结果的类型，其中包括"剪贴画"、"照片"、"影片"和"声音"。

（4）设置完搜索文字、搜索范围和结果类型后，单击"搜索"按钮。

（5）此时，如果有符合搜索条件的剪贴画，就会在"剪贴画"任务窗格中的列表框中显示出来。将鼠标移到所需剪贴画上，单击其右侧的下三角按钮，在弹出的下拉列表中执行"插入"命令，即可将所选剪贴画插入到文档中。

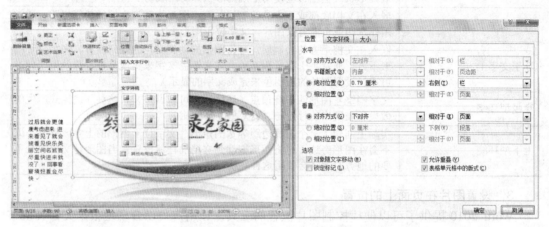

图4.92 选择位置布局　　　　　　　　图4.93 设置图片位置

图4.94 搜索剪贴画

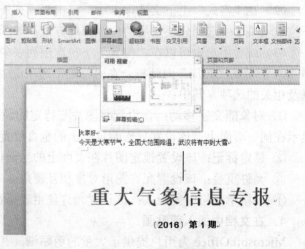

图4.95 插入屏幕截图

5. 截取屏幕图片

Office2010增加了屏幕图片捕获能力，可以让用户方便地在文档中直接插入已经在计算机中开启的屏幕画面，并且可以按照自己选定的范围截取图片内容。

在Word文档中插入屏幕画面的操作步骤如下。

（1）首先将鼠标指针定位在要插入图片的文档位置，然后在 Word 2010 的功能区中打开"插入"选项卡，在"插图"选项组中单击"屏幕截图"按钮，如图 4.95 所示。

（2）在"可用视窗"列表中显示出目前在计算机中开启的应用程序屏幕画面，可以在其中选择并单击需要的屏幕图片，即可将整个屏幕画面作为图片插入到文档中。

（3）除此之外，用户也可以单击下拉列表中的"屏幕剪辑"命令，此时可以通过鼠标拖动的方式截取 Word 应用程序下方的屏幕区域，并将截取的区域作为图片插入到文档中，如图 4.96 所示。

6. 删除图片背景与裁剪图片

插入在文档中的图片，有时往往由于原始图片的大小、内容等因素不能满足需要，期望能够对所采用的图片进行进一步处理。而 Word 2010 中的去除图片背景及剪裁图片功能，让用户在文档制作的同时就可以完成图片处理工作。

删除图片背景并裁剪图片的操作步骤如下。

（1）选中要进行设置的图片，打开"图片工具"的"格式"上下文选项卡。

（2）在"格式"上下文选项卡中，单击"调整"选项组中的"删除背景"命令，此时在图片上出现遮幅区域，如图 4.97 所示。

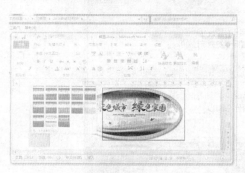

图 4.96　截取屏幕图片范围

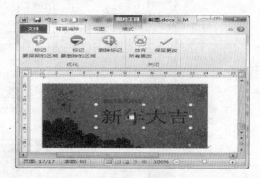

图 4.97　删除图片背景

（3）在图片上调整选择区域拖动柄，使要保留的图片内容浮现出来。调整完成后，在"背景删除"上下文选项卡中单击"保留更改"按钮，完成图片背景消除操作，如图 4.98 所示。

虽然图片中的背景被消除，但是该图片的长和宽依然与之前的原始图片相同，因此希望将不需要的空白区域裁剪掉。

（4）在"格式"上下文选项卡中，单击"大小"选项组中的"裁剪"按钮，然后在图片上拖动图片边框的滑块，以调整到适当的图片大小，如图 4.99 所示。

（5）调整完成后，按 Esc 键退出裁剪操作，此时在文档中即可保留裁剪了多余区域的图片。

（6）其实，在裁剪完成后，图片的多余区域依然保留在文档中。如果期望彻底删除图片中被裁剪的多余区域，可以单击"调整"选项组中的"压缩图片"按钮，打开如图 4.100 所示的"压缩图片"对话框。

（7）该对话框中，选中"压缩选项"区域中的"删除图片的剪裁区域"复选框，然后单击"确定"按钮完成操作。

图 4.98 消除背景后的图片

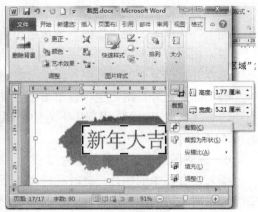

图 4.99 裁剪图片大小

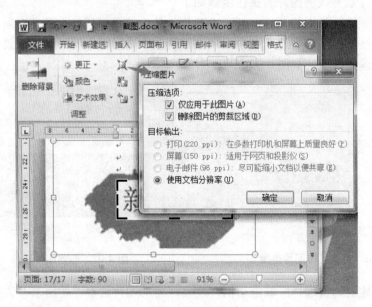

图 4.100 压缩图片

7. 使用绘图画布

Word 中的绘图是指一个或一组图形对象（包括形状、图表、流程图、线条和艺术字等），用户可以使用颜色、边框或其他效果对其进行设置。向 Word 文档中插入图形对象时，可以将图形对象放置在绘图画布中。

绘图画布在绘图和文档的其他部分之间提供了一条框架式的边界。在默认情况下，绘图画布没有背景或边框，但是如同处理图形对象一样，可以对绘图画布进行格式设置。绘图画布还能帮助用户将绘图的各个部分组合起来，这在绘图由若干个形状组成的情况下尤其有用。如果计划在插图中包含多个形状，最佳做法是插入一个绘图画布。

在 Word 2010 中插入绘图画布的操作步骤如下。

（1）首先将鼠标指针定位在要插入绘图画布的文档位置，然后在 Word 2010 的功能区中打开"插入"选项卡。

（2）在"插入"选项卡上的"插图"选项组中，单击"形状"按钮。

（3）在弹出的下拉列表中执行"新建绘图画布"命令，即可在文档中插入绘图画布。

插入绘图画布后，在 Word 2010 的功能区中自动出现了"绘图工具"中的"格式"上下文选项卡，用户可以对绘图画布进行格式设置。例如，在"格式"上下文选项卡上的"形状样式"选项组中，单击"形状样式库"中的一种样式，即可快速设置绘图画布的背景和边框，如图 4.101 所示。并且，在"大小"选项组中还可以精确设置绘图画布的大小。

在文档中插入绘图画布后，便可创建绘图了。用户可以在"绘图工具"中的"格式"上下文选项卡上单击"插入形状"选项组中的"其他"按钮。在打开的"形状库"中为用户提供了各种线条、基本形状、箭头、流程图、标注，以及星与旗帜。用户可以根据实际需要，单击一个希望添加到绘图画布中的形状。如果用户要删除整个绘图或部分绘图，可以选择绘图画布或要删除的图形对象，然后按 Delete 键即可。

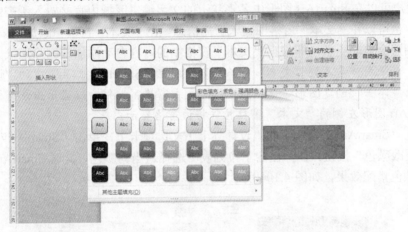

图 4.101　设置绘图画布的格式

4.3.7　创建 SmartArt 图形

SmartArt 图形是信息和观点的视觉表现形式，能够快速、轻松、有效地传达信息。可以使单调乏味的文字以美轮美奂的效果呈现在用户面前，给用户留下深刻的印象。Word 2010 中新增的 SmartArt 图形包括列表、流程、循环、层次结构、关系、矩阵、棱锥图和图片等。

下面举例说明如何在 Word 2010 中添加 SmartArt 图形，其操作步骤如下。

（1）先将鼠标指针定位在要插入 SmartArt 图形的位置，然后在 Word 2010 的功能区中打开"插入"选项卡，在"插图"选项组中单击 SmartArt 按钮。

（2）打开如图 4.102 所示的"选择 SmartArt 图形"对话框，在该对话框中列出了所有 SmartArt 图形的分类，以及每个 SmartArt 图形的外观预览效果和详细的使用说明信息。

（3）在此选择"列表"类别中的"垂直框列表"图形，单击"确定"按钮将其插入到文档中。此时的 SmartArt 图形还没有具体的信息，只显示占位符文本（如"[文本]"），如图 4.103 所示。

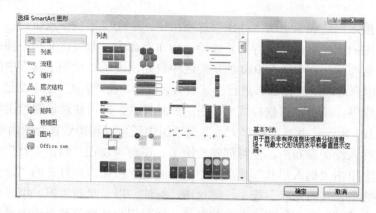

图 4.102　选择 SmartArt 图形

（4）用户可以在 SmartArt 图形中各形状上的文字编辑区域内直接输入所需信息替代占位符文本，也可以在"文本"窗格中输入所需信息。在"文本"窗格中添加和编辑内容时，SmartArt 图形会自动更新，即根据"文本"窗格中的内容自动添加或删除形状。

提示：如果用户看不到"文本"窗格，则可以在"SmartArt 工具"中的"设计"上下文选项卡上，单击"创建图形"选项组中的"文本窗格"按钮，以显示出该窗格。或者，单击 SmartArt 图形左侧的"文本"窗格控件将该窗格显示出来。

（5）在"SmartArt 工具"中的"设计"上下文选项卡上，单击"SmartArt 样式"选项组中的"更改颜色"按钮。在弹出的下拉列表中选择适当的颜色，此时 SmartArt 图形就应用了新的颜色搭配效果，如图 4.104 所示。

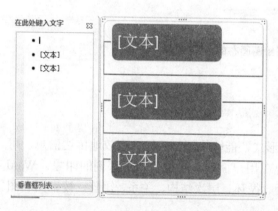

图 4.103　新的 SmartArt 图形

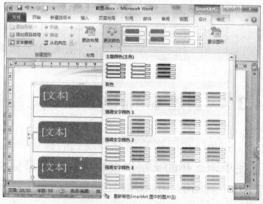

图 4.104　SmartArt 颜色设置

（6）在"设计"上下文选项卡上，单击"SmartArt 样式"选项组中的"其他"按钮。在展开的"SmartArt 样式库"中，系统提供了许多 SmartArt 样式供用户选择。这样，一个能够给人带来强烈视觉冲击力的 SmartArt 图形就呈现在用户面前了，如图 4.105 所示。

4.3.8　使用主题快速调整文档外观

以往，要设置协调一致、美观专业的 Office 文档格式很费时间，因为用户必须分别为表格、图表、形状和图示选择颜色或样式等选项，而在 Office 2010 中，主题功能简化了这一系列设置的过程。文档主题是一套具有统一设计元素的格式选项，包括一组主题颜色（配色方案的集合）、一组主题字体（包括标题字体和正文字体）和一组主题效果（包括线条和填充效果）。通过应用文档主题，用户可以快速而轻松地设置整个文档的格式，赋予它专业和时尚的外观。

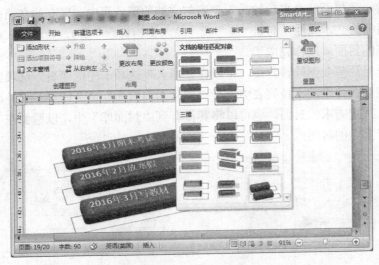

图 4.105　SmartArt 样式

文档主题在 Word、Excel、PowerPoint 应用程序之间共享，这样可以确保应用了相同主题的 Office 文档都能保持高度统一的外观。

如果希望利用主题使已有的 Word 文档焕然一新，可以按照如下操作步骤执行。

（1）在 Word 2010 的功能区中，打开"页面布局"选项卡。

（2）在"页面布局"选项卡中的"主题"选项组中，单击"主题"按钮。

（3）在弹出的下拉列表中，系统内置的"主题库"以图示的方式为用户罗列了 Office、"暗香扑面"、"跋涉"、"都市"、"凤舞九天"、"华丽"等二十余种文档主题，如图 4.106 所示。用户可以在这些主题之间滑动鼠标，通过实时预览功能来试用每个主题的应用效果。

（4）单击一个符合用户需求的主题，即可完成文档主题的设置。

用户不仅可以在文档中应用预定义的文档主题，还能够依照实际的使用需求创建自定义文档主题。要自定义文档主题，需要完成对主体颜色、主题字体，以及主题效果的设置工作。对一个或多个这样的主题组件所做的更改将立即影响当前文档的显示外观。如果要将这些更改应用到新文档，还可以将它们另存为自定义文档主题。

4.3.9　插入文档封面

为了使文档达到更佳的效果，用户还可以进行文档封面的设置，在 Word 2010 中，用户将不会再为设计漂亮的封面而大费周折，内置的"封面库"为用户提供了充足的选择空间。

为文档添加封面的操作步骤如下。

（1）在 Word 2010 的功能区中，打开"插入"选项卡。

（2）在"插入"选项卡上的"页"选项组中，单击"封面"按钮。

（3）打开系统内置的"封面库"，"封面库"以图示的方式列出了许多文档封面，这些图示的大小足以让用户看清楚封面的全貌。在该库中，单击一个满意的封面，例如"瓷砖型"，如图 4.107 所示。

（4）此时，该封面就会自动被插入到当前文档的第一页中，现有的文档内容会自动后移。单击封面中的文本属性（例如"年"或"输入文档标题"等），然后输入相应的文字信息，一个漂亮的封面就制作完成了。

如果用户日后想要删除该封面，可以在"插入"选项卡中的"页"选项组上单击"封面"按钮，然后在弹出的下拉列表中执行"删除当前封面"命令即可。另外，如果用户自己设计了符合特定需求的封面，也可以将其保存到"封面库"中，以避免在下次使用时重新设计，浪费宝贵的时间。

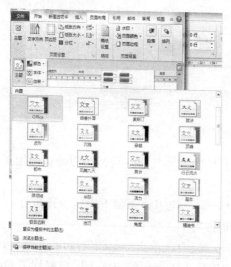

图 4.106　应用文档主题

图 4.107　选择文档封面

4.3.10　设置艺术字

在文本区中选择艺术字后，"绘图工具"的"格式"选项卡会在功能区中自动显示，用户可在"格式"选项卡中设置艺术字的样式、颜色、形状、大小等，或者重新对艺术字进行编辑，如图 4.108 所示。

图 4.108　"绘图工具"的"格式"选项卡

1．艺术字形状

用户可对艺术字重新设置样式，也可以使用其他艺术字形状。

1）重新设置艺术字

在"艺术字样式"中选择新的艺术字样式。

2）艺术字的变形

单击"绘图工具"中的"格式"选项卡标签，在"形状样式"中单击"形状效果"按钮，在弹出的下拉菜单中可以根据需求选择艺术字的各种形状。

2．旋转艺术字

用户可对插入文档中的艺术字进行翻转和旋转等操作，具体操作步骤如下。

（1）选择要翻转或旋转的艺术字。

（2）单击"绘图工具"中的"格式"选项卡，单击"大小"组中右侧的下三角按钮，在弹出的"布局"对话框中选择"大小"选项卡，在"旋转"组中的"旋转"微调框中设置旋转角度，设置完成后单击"确定"按钮即可，如图 4.109 所示。

3．艺术字填充颜色

用户还可以为创建的艺术字填充颜色，或者填充纹理、图案等，使艺术字的效果更佳。具体的操作步骤如下。

（1）选择要改变填充颜色的艺术字。

（2）单击"绘图工具"中的"格式"选项卡，在"形状样式"组中单击"形状填充"按钮，选择"纹理"命令，在弹出的面板中选择一行所需的纹理效果，然后单击"确定"按钮，如图 4.110 所示。

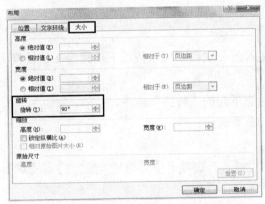

图 4.109　选择"大小"选项卡

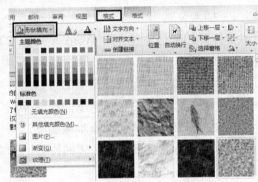

图 4.110　"纹理"面板

4．为艺术字设置阴影和三维效果

（1）选择要添加阴影和三维效果的艺术字。

（2）单击"绘图工具"中的"格式"选项卡，在"形状样式"组中单击"形状效果"按钮，在弹出的下拉列表中选择"阴影"命令，可对阴影进行设置。若在"形状效果"下拉列表中选择"三维旋转"命令，可对三维效果进行设置，如图 4.111 所示。

（3）根据用户需要，在"阴影"或"三维效果"面板中选择所需要的效果样式。

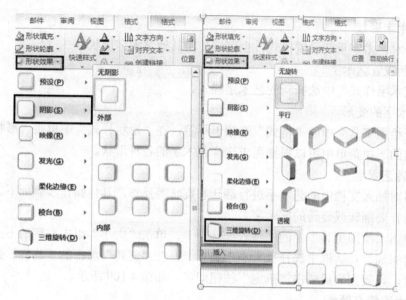

图 4.111 "阴影"和"三维旋转"效果的设置

4.3.11　公式编辑器

1. 进入公式编辑环境

我们知道，要想在文档中插入专业的数学公式，仅利用上下标按钮进行设置是远远不够的。Word 提供了公式编辑器，不但可以输入符号，而且可以输入数字和变量。

1）插入公式

若打开的文档中包含用 Word 早期版本写入的公式，则可以按以下步骤将文档转换为 Word 2010 版本。

（1）选择"文件"选项卡下的"信息"功能下面的"转换"命令。

（2）选择"文件"选项卡下面的"保存"命令。

在文档中插入公式的操作步骤如下。

（1）将光标移到要插入公式的位置，单击"插入"选项卡中"符号"组中的 π 公式 ▾ 按钮。

（2）在弹出的下拉列表中选择"插入新公式"命令，如图 4.112 所示。

（3）文档中显示"在此处键入公式"编辑框，同时功能区上出现"公式工具"的"设计"选项卡，其中包含大量的数学结构和数学符号。

（4）用鼠标单击选择结构和数学符号进行输入。如果结构包含占位符，则在占位符内单击，然后输入所需的数字或符号。公式占位符是指公式中的小虚框。

2）插入常用公式

单击"插入"选项卡中"符号"组中的"公式"按钮，在弹出的下拉列表中将出现常用公式，在此单击选择即可，如图 4.113 所示。

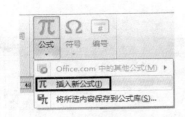

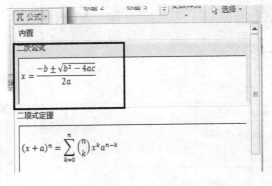

图 4.112 选择"插入新公式"命令　　　　图 4.113 选择公式

2. 输入公式

创建公式时，功能区会根据数学排版惯例自动调整字号、间距和格式。

1）工具栏中的数学公式模板

使用数学公式模板可以方便、快速地制作各种形式的数学公式。功能区中"公式工具"的"设计"选项卡包括"符号"组、"工具"组和"结构"组用于插入分数、上下标、根式、积分、大型运算符、括号、函数、导数符号、极限和对数、运算符、矩阵等模板，如图 4.114 所示。

图 4.114 "公式工具"的"设计"选项卡

2）输入普通字符

在数学公式编辑环境中输入普通文字的操作方法与在 Word 文档中输入文字的操作方法基本相同。

（1）将光标移到要插入公式的位置，然后单击"插入"选项卡中"符号"组里的 **π 公式 ▾** 按钮，在弹出的下拉列表中选择"插入新公式"命令。

（2）在功能区"符号"组中选择所需的数学符号，或按键盘上的字母或符号键，输入所需的字符。

（3）输入完成后，单击公式编辑框以外的任何位置即可返回文档。

3. 将公式添加到常用公式库中或将其删除

（1）单击"插入"选项卡下"返回"组中的 **π 公式 ▾** 按钮，选择要添加的公式。

（2）单击"公式工具"的"设计"选项卡下"工具"组中的"公式"按钮，出现下拉列表，选择"将所选内容保存到公式库"命令，如图 4.115 所示。

（3）弹出"新建构建基块"对话框，在"名称"文本框中输入名称，在"库"下拉列表框中选择"公式"选项，在"类别"下拉列表框中选择"常规"选项，在"保存位置"下拉列表框中选择 Normal.dotm 选项，然后单击"确定"按钮，如图 4.116 所示。

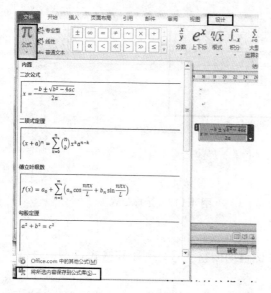

图 4.115　选择"将所选内容保存到公式库"命令

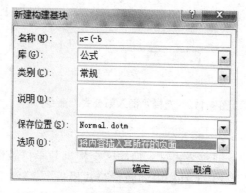

图 4.116　"新建构建基块"对话框

（4）如果要在公式库中删除该公式，可选择"公式工具"的"设计"选项卡中的"工具"组，单击"公式"按钮，在弹出的下拉列表中使用鼠标右键单击该公式，在弹出的快捷菜单中选择"整理和删除"命令，如图 4.117 所示。

（5）在弹出的"构建基块管理器"对话框中选择基块名称，单击"删除"按钮，如图 4.118 所示。

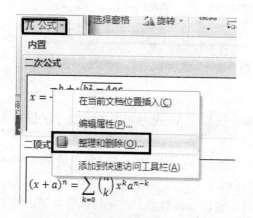

图 4.117　选择"整理和删除"命令

图 4.118　删除公式库中的公式

4.4　长文档的编辑与管理

王丽偶尔也会帮助领导整理论文及书稿等长文档，制作专业的文档除了使用常规的页面内容和美化操作外，还需要注重文档的结构以及排版方式。Word 2010 提供了诸多简便的功能，使长文档的编辑、排版、阅读和管理更加轻松自如。

4.4.1　定义并使用样式

样式是指一组已经命名的字符和段落格式。它规定了文档中标题、正文，以及要点等各个文本元素的格式。用户可以将一种样式应用于某个选定的段落或字符，以使所选定的段落或字符具有这种样式所定义的格式。使用样式有诸多便利之处，它可以帮助用户轻松统一文档的格式；辅助构建文档大纲以使内容更有条理；简化格式的编辑和修改操作。此外，样式还可以用来生成文档目录。

1．在文档中应用样式

在编辑文档时，使用样式可以省去一些格式设置上的重复性操作。Word 2010 提供了"快速样式库"，用户可以从中进行选择以便为文本快速应用某种样式。

例如，要为文档的标题应用 Word 2010 "快速样式库"中的一种样式，可以按照如下操作步骤进行设置。

（1）在 Word 文档中，选择要应用样式的标题文本。

（2）在"开始"选项卡上的"样式"选项组中，单击"其他"按钮▼。

（3）在打开的如图 4.119 所示"快速样式库"中，用户只需在各种样式之间轻松滑动鼠标，标题文本就会自动呈现出当前样式应用后的视觉效果。

（4）如果用户还没有决定哪种样式符合需求，只需将鼠标移开，标题文本就会恢复到原来的样子；如果用户找到了满意的样式，只需单击它，该样式就会被应用到当前所选文本中。这种全新的实时预览功能可以帮助用户节省宝贵时间，大大提高工作效率。

用户还可以使用"样式"任务窗格将样式应用于选中文本，操作步骤如下。

（1）在 Word 文档中，选择要应用样式的标题文本。

（2）在"开始"选项卡上的"样式"选项组中，单击对话框启动器按钮 。

（3）打开"样式"任务窗格，在列表框中选择希望应用到选中文本的样式，即可将该样式应用到文档中。

提示：在"样式"任务窗格中选中下方的"显示预览"复选框方可看到样式的预览效果，否则所有样式只以文字描述的形式列举出来，如图 4.120 所示。

图 4.119　应用快速样式库

图 4.120　"样式"任务窗格

除了单独为选定的文本或段落设置样式外，Word 2010 内置了许多经过专业设计的样式集，而每个样式集都包含一整套可应用于整篇文档的样式设置。只要用户选择了某一个样式集，其中的样式设置就会自动应用于整篇文档，从而实现一次性完成文档中的所有样式设置，如图 4.121 所示。

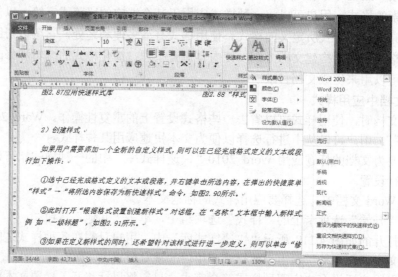

图 4.121　应用样式集

2．创建样式

如果用户需要添加一个全新的自定义样式，则可以在已经完成格式定义的文本或段落上执行如下操作。

（1）选中已经完成格式定义的文本或段落，并右键单击所选内容，在弹出的快捷菜单中执行"样式"→"将所选内容保存为新快速样式"命令，如图 4.122 所示。

（2）此时打开"根据格式设置创建新样式"对话框，在"名称"文本框中输入新样式的名称，例如"一级标题"，如图 4.123 所示。

图 4.122　将所选内容保存为新快速样式

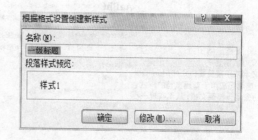

图 4.123　定义新样式名称

（3）如果在定义新样式的同时，还希望针对该样式进行进一步定义，则可以单击"修改"按钮，打开如图 4.124 所示的对话框。在该对话框中，用户可以定义该样式的样式类型是针对文本还是段落，以及样式基准和后续段落样式。除此之外，用户也可以单击"格式"按钮，分别设置该样式的字体、段落、边框、编号、文字效果、快捷键等定义。

（4）单击"确定"按钮，新定义的样式会出现在快速样式库中，并可以根据该样式快速调整文本或段落的格式。

3．复制并管理样式

在编辑文档的过程中，如果需要使用其他模板或文档的样式，可以将其复制到当前的活动文档或模板中，而不必重复创建相同的样式。复制与管理样式的操作步骤如下。

（1）打开需要复制样式的文档，在"开始"选项卡上的"样式"选项组中，单击对话框启动器按钮打开"样式"任务窗格，单击"样式"任务窗格底部的"管理样式"按钮，打开如图 4.125 所示的"管理样式"对话框。

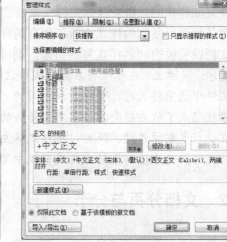

图 4.124　修改新样式定义　　　　　　图 4.125　管理样式

（2）单击"导入/导出"按钮，打开"管理器"对话框中的"样式"选项卡，如图 4.126 所示。在该对话框中，左侧区域显示的是当前文档中所包含的样式列表，而右侧区域则显示出在 Word 默认文档模板中所包含的样式。

（3）此时，可以看到在右边的"样式的有效范围"下拉列表框中显示的是"Normal.dotm(共用模板)"，而不是用户所要复制样式的目标文档。为了改变目标文档，单击"关闭文件"按钮。将文档关闭后，原来的"关闭文件"按钮就会变成"打开文件"按钮。

（4）单击"打开文件"按钮，打开"打开"对话框。在"文件类型"下拉列表中选择"所有 Word 文档"，然后通过"查找范围"找到目标文件所在的路径，然后选中已经包含特定样式的文档。

（5）单击"打开"按钮将文档打开，此时在样式"管理器"对话框的右侧将显示出包含在打开文档中的可选样式列表，这些样式均可以被复制到其他文档中，如图 4.127 所示。

图 4.126　样式管理器

图 4.127　打开包含多种样式的文档

（6）选中右侧样式列表中所需要的样式类型，然后单击"复制"按钮，即可将选中的样式复制到新的文档中。

（7）单击"关闭"按钮结束操作。此时就可以在自己的文档中的"样式"任务窗格中看到已添加的新样式了。

在复制样式时，如果目标文档或模板已经存在相同名称的样式，Word 会给出提示，可以决定是否要用复制的样式来覆盖现有的样式。如果既想要保留原有的样式，同时又想将其他文档或模板的同名样式复制出来，则可以在复制前对样式进行重命名。

提示：实际上，也可以将右边的文件设置成源文件，左边框中的文件设置成目标文件。在源文件中选中样式时，可以看到中间的"复制"按钮上的箭头的方向发生了变化，从左指向右就变成了从右指向左，实际上箭头的方向就是按源文件到目标文件的方向。也就是说，在执行复制操作时，既可以把样式从左边打开的文档或模板中复制到右边的文档或模板中，也可以从右边打开的文档或模板中复制到左边的文档或模板中。

4.4.2　文档分页与分节

文档的不同部分通常会另起一页开始，很多用户习惯用加入多个空行的方法使新的部分另起一页，这种做法会导致修改文档时重复排版，从而增加了工作量，降低了工作效率。借助 Word 2010 中的分页或分节操作，可以有效划分文档内容的布局，而且使文档排版工作简洁高效。如果只是为了排版布局需要，单纯地将文档中的内容划分为上下两页，则在文档中插入分页符即可，操作步骤如下。

（1）将光标置于需要分页的位置。

（2）在"页面布局"选项卡上的"页面设置"选项组中，单击"分隔符"按钮，打开如图 4.128 所示的"插入分页符和分节符"选项列表。

（3）单击"分页符"命令集中的"分页符"按钮，即可将光标后的内容布局到新的一个页面中，分页符前后页面的设置属性及参数均保持一致。

而在文档中插入分节符，不仅可以将文档内容划分为不同的页面，还可以分别针对不同的节进行页面设置操作。插入分节符的操作步骤如下。

（1）将光标置于需要分页的位置。

（2）在"页面布局"选项卡上的"页面设置"选项组中，单击"分隔符"按钮，打开"插入分页符和分节符"选项列表。

　　分节符的类型共有 4 种，分别是"下一页"、"连续"、"偶数页"和"奇数页"，下面分别来介绍一下它们的用途。

　　①"下一页"：分节符后的文本从新的一页开始。

　　②"连续"：新节与其前面一节同处于当前页中。

　　③"偶数页"：分节符后面的内容转入下一个偶数页。

　　④"奇数页"：分节符后面的内容转入下一个奇数页。

　　（3）选择其中的一类分节符后，在当前光标位置处即插入了一个不可见的分节符。插入的分节符不仅将光标位置后面的内容分为新的一节，还会使该节从新的一页开始，实现了既分节又分页的目的。

　　由于"节"不是一种可视的页面元素，所以很容易被用户忽视。然而如果少了节的参与，许多排版效果将无法实现。默认方式下，Word 将整个文档视为一节，所有对文档的设置都是应用于整篇文档的。当插入"分节符"将文档分成几"节"后，可以根据需要设置每"节"的格式。

　　例如，在一篇 Word 文档中，一般情况下会将所有页面均设置为"横向"或"纵向"。但有时也需要将其中的某些页面与其他页面设置为不同方向。例如，对于一个包含较大表格的文档，如果采用纵向排版那么将无法将表格完全打印，于是就需要将表格部分采取横向排版。可是，如果通过页面设置命令来改变其设置，就会引起整个文档所有页面的改变。通常的做法是将该文档拆分为"1"和"2"两个文档。"文档 1"是文字部分，使用纵向排版；"文档 2"用于放置表格，采用横向排版，如图 4.129 所示。这就是通过设置不同的节来实现一个文档的不同排版的操作。

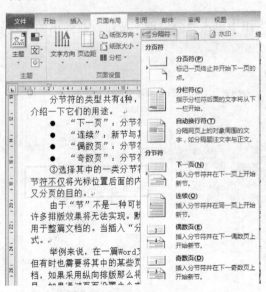

图 4.128　分页符和分节符

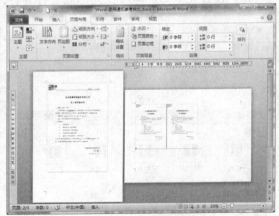

图 4.129　页面方向的横纵混排

4.4.3　文档内容的分栏处理

　　有时候王丽会觉得文档一行中的文字太长，不便于阅读，为了能够给领导提供利于阅读的文档，可以利用 Word 2010 提供的分栏功能将文本分为多栏排列，使版面生动地呈现出来。在文档中为内容创建多栏的操作步骤如下。

（1）在 Word 2010 的功能区中，打开"页面布局"选项卡。

（2）在"页面布局"选项卡中的"页面设置"选项组中，单击"分栏"按钮。

（3）在弹出的下拉列表中，提供了"一栏"、"两栏"、"三栏"、"偏左"和"偏右"5 种预定义的分栏方式，用户可以从中进行选择以迅速实现分栏排版。

（4）如需对分栏进行更为具体的设置，可以在弹出的下拉列表中执行"更多分栏"命令。打开如图 4.130 所示的"分栏"对话框，在"栏数"微调框中设置所需的分栏数值。在"宽度和间距"选项区域中设置栏宽和栏间的距离（用户只需在相应的"宽度"和"间距"微调框中输入数值即可改变栏宽和栏间距）。如果用户选中了"栏宽相等"复选框，则 Word 会在"宽度和间距"选项区域中自动计算栏宽，使各栏宽度相等。如果用户选中了"分隔线"复选框，则 Word 会在栏间插入分隔线，使得分栏界限更清晰、明了。

如果用户事先没有选中需要进行分栏排版的文本，那么上述操作默认应用于整篇文档。如果用户在"应用于"下拉列表框中选择"插入点之后"选项，那么分栏操作将应用于当前插入点之后的所有文本。

（5）最后，单击"确定"按钮即可完成分栏排版。

提示： 如果用户要取消分栏布局，只需在"分栏"下拉列表中选择"一栏"选项即可。

如果文档内容强调层次感，则可设置一些重要的段落从新的一栏开始，这种排版方法可以通过在文档中插入分栏符来实现。具体操作步骤如下。

（1）将光标置于需要插入分栏符的位置。

（2）在"页面布局"选项卡的"页面设置"组中单击"分隔符"按钮，在弹出的下拉列表中选择"分栏符"命令，如图 4.131 所示。

（3）设置完成后，即可在光标处进行分栏。

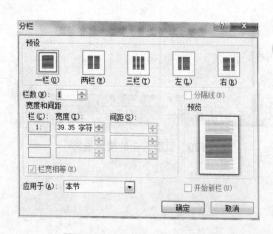

图 4.130　设置文档内容分栏

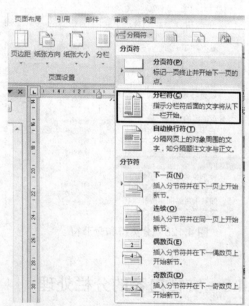

图 4.131　选择"分栏符"命令

4.4.4　设置文档的页眉与页脚

王丽为了让领导能够更清晰地了解文档的长短，是谁写的等信息，就需要利用页眉页脚来实现。页眉和页脚是文档中每个页面的顶部、底部和两侧页边距中的区域，用户可以在页眉和页脚中插入文本或图形，例如页码、时间和日期、公司徽标、文档标题、文件名或作者姓名等。

使用 Word 2010，不仅可以在文档中轻松地插入、修改预设的页眉或页脚样式，还可以创建自定义外观的页眉或页脚，并将新的页眉或页脚保存到样式库中。

1．在文档中插入预设的页眉或页脚

在整个文档中插入预设的页眉或页脚的操作方法十分相似，操作步骤如下。

（1）在 Word 2010 的功能区中，打开"插入"选项卡。

（2）在"页眉和页脚"选项组中，单击"页眉"按钮。

（3）在打开的"页眉库"中以图示的方式列出许多内置的页眉样式，如图 4.132 所示。从中选择一个合适的页眉样式，例如"新闻纸"。

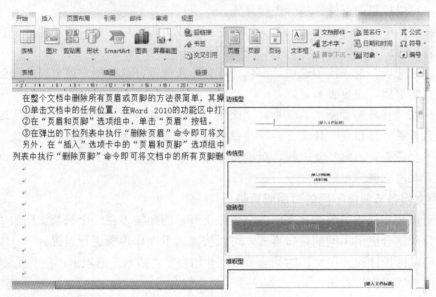

图 4.132　插入页眉

（4）此时所选页眉样式就被应用到文档中的每一页了。

同样，在"插入"选项卡上的"页眉和页脚"选项组中，单击"页脚"按钮，在打开的内置"页脚库"中可以选择合造的页脚设计，然后将其插入到整个文档中。另外，在文档中插入页眉或页脚后，Word 2010 会自动出现"页眉和页脚工具"中的"设计"上下文选项卡，在这个选项卡中单击"关闭"选项组中的"关闭页眉和页脚"按钮，即可关闭页眉和页脚区域。

2．创建首页不同的页眉和页脚

如果希望将文档首页页面的页眉和页脚设置得与众不同，可以按照以下操作步骤进行设置。

（1）在文档中，双击已经插入在文档中的页眉或页脚区域，此时在功能区中自动出现"页眉和页脚工具"中的"设计"上下文选项卡，如图4.133所示。

图4.133　页眉和页脚工具

（2）在"选项"选项组中选中"首页不同"复选框，此时文档首页中原先定义的页眉和页脚就被删除了，用户可以另行设置。

3．为奇偶页创建不同的页眉或页脚

有时一个文档中的奇偶页上需要使用不同的页眉或页脚。例如，在制作书籍资料时用户选择在奇数页上显示书籍名称，而在偶数页上显示章节标题。要对奇偶页使用不同的页眉或页脚，可以按照如下操作步骤进行设置。

（1）在文档中，双击已经插入在文档中的页眉或页脚区域，此时在功能区中自动出现"页眉和页脚工具"中的"设计"上下文选项卡。

（2）在"选项"选项组中选中"奇偶页不同"复选框，这样用户就可以分别创建奇数页和偶数页的页眉（或页脚）了。

提示：在"页眉和页脚工具"中的"设计"上下文选项卡上提供了"导航"选项组，单击"转至页眉"按钮或"转至页脚"按钮可以在页眉区域和页脚区域之间切换。另外，如果选中了"奇偶页不同"复选框，则单击"上一节"按钮或"下一节"按钮可以在奇数页和偶数页之间切换。

4．为文档各节创建不同的页眉或页脚

用户可以为文档的各节创建不同的页眉或页脚，例如需要在一个长篇文档的"目录"与"内容"两部分应用不同的页脚样式，可以按照如下操作步骤进行设置。

（1）将鼠标指针放置在文档的某一节中，并切换至"插入"选项卡，在"页眉和页脚"选项组中单击"页脚"按钮。

（2）在随后打开的内置"页脚库"中选择一个希望放置在该节部分的页脚样式，例如"传统型"。这样，所选页脚样式就被应用到文档中的每一页了。

（3）Word 2010随后将自动打开页眉页脚工具的"设计"上下文选项卡，在"导航"选项组中单击"下一节"按钮，进入到页脚的第2节区域中，如图4.134所示。

（4）在"导航"选项组中单击"链接到前一条页眉"按钮，断开新节中的页脚与前一节中的页脚之间的链接。此时，Word 2010页面中将不再显示"与上一节相同"的提示信息，也就是说用户可以更改本节现有的页脚，或者创建新的页脚了。

（5）在"页眉和页脚"选项组中，单击"页脚"按钮。

（6）在打开的内置"页脚库"中选择一个希望放置在文档内容部分的页脚样式，例如"飞越型（奇数页）"。这样，所选页脚样式就被应用到文档中的内容部分了，从而实现在文

档的各部分创建不同的页脚。

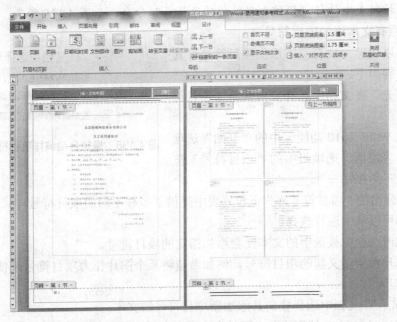

图 4.134 页眉页脚在文档不同节中的显示

5. 删除页眉或页脚

在整个文档中删除所有页眉或页脚的方法很简单,其操作步骤如下。

(1)单击文档中的任何位置,在 Word 2010 的功能区中打开"插入"选项卡。

(2)在"页眉和页脚"选项组中,单击"页眉"按钮。

(3)在弹出的下拉列表中执行"删除页眉"命令即可将文档中的所有页眉删除。

另外,在"插入"选项卡中的"页眉和页脚"选项组中,单击"页脚"按钮,在弹出的下拉列表中执行"删除页脚"命令即可将文档中的所有页脚删除。

4.4.5 使用项目符号

项目符号是放在文本前以强调效果的点或其他符号。用户可以在输入文本时自动创建项目符号列表,也可以快速给现有文本添加项目符号。

1. 自动创建项目符号列表

在文档中输入文本的同时自动创建项目符号列表的方法十分简单,其具体操作步骤如下。

(1)在文档中需要应用项目符号列表的位置输入星号(*),然后按空格键或 Tab 键,即可开始应用项目符号列表。

(2)输入所需文本后,按 Enter 键,开始添加下一个列表项,Word 会自动插入下一个项目符号。

(3)要完成列表,可按两次 Enter 键或者按一次 Back Space 键删除列表中最后一个项目符号即可。

提示：如果不想将文本转换为列表，可以单击出现的"自动更正选项"智能标记按钮，在弹出的下拉列表中执行"撤销自动编排项目符号"命令，如图4.135所示。

2. 为原有文本添加项目符号

用户可以快速为现有文本添加项目符号，其具体操作步骤如下。

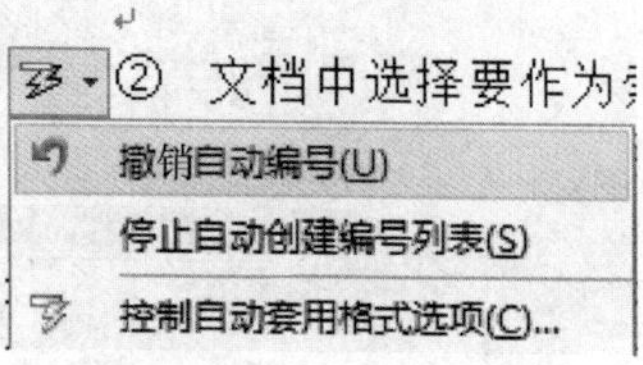

（1）首先，在文档中选择要向其添加项目符号的文本。

（2）在Word 2010功能区中的"开始"选项卡上，单击"段落"选项组中的"项目符号"按钮旁边的下三角按钮 ≣▾ 。

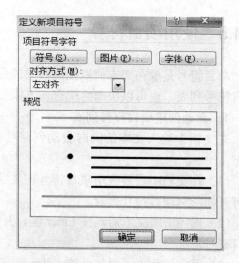

图4.135　撤销自动编排项目符号的智能标记

（3）在弹出的"项目符号库"下拉列表中提供了多种不同的项目符号样式，如图4.136所示，用户可以从中进行选择。

（4）此时文档中被选中的文本便会添加指定的项目符号。

如果用户希望定义新的项目符号，例如希望将某个图片作为项目符号来使用，可以按照如下操作步骤执行。

① 首先，在文档中选择要向其添加新项目符号的文本。

② 在Word 2010功能区中的"开始"选项卡上，单击"段落"选项组中的"项目符号"按钮旁边的下三角按钮 ≣▾ 。

③ 在弹出的下拉列表中，执行"定义新项目符号"命令。

④ 打开如图4.137所示的"定义新项目符号"对话框，在"项目符号字符"选项区域中，单击"图片"按钮。

⑤ 在随后打开的"图片项目符号"对话框中选择一种满意的图片项目符号，单击"确定"按钮。

⑥ 返回到"定义新项目符号"对话框，单击"确定"按钮完成设置。此时所选文本就应用了指定的图片项目符号了。

图4.136　项目符号库

图4.137　定义新项目符号

4.4.6　使用编号列表

在文本前添加编号有助于增强文本的层次感和逻辑性。创建编号列表与创建项目符号列表的操作过程相仿，用户同样可以在输入文本时自动创建编号列表，或者快速给现有文本添加编号。

快速给现有文本添加编号的操作步骤如下。

（1）在文档中选择要向其添加编号的文本。

（2）在 Word 2010 功能区中的"开始"选项卡上，单击"段落"选项组中的"编号"按钮旁边的下三角按钮 ≣ ▾ 。

（3）在弹出的下拉列表中，提供了包含多种不同编号样式的编号库，如图 4.138 所示。用户可以从中进行选择，例如单击"一、二、三、"样式的编号。

（4）此时文档中被选中的文本便会立即添加指定的编号。

此外，为了使文档内容更具层次感和条理性，经常需要使用多级编号列表，用户可以从编号库中选择多级列表样式应用到文档中。

图 4.138　为文本添加编号

4.4.7　在文档中添加引用内容

在长文档的编辑过程中，文档内容的索引和脚注非常重要，这可以使文档的引用内容和关键内容得到有效的组织。

1．插入脚注和尾注

脚注和尾注一般用于在文档和书籍中显示引用资料的来源，或者用于输入说明性或补充性的信息。

"脚注"位于当前页面的底部或指定文字的下方，而"尾注"则位于文档的结尾处或者指定节的结尾。脚注和尾注都是用一条短横线与正文分开的。而且，二者都用于包含注释文本，该注释文本位于页面的结尾处或者文档的结尾处，两者的注释文本都比正文文本的字号小一些。

在文档中插入脚注或尾注的操作步骤如下。

（1）在文档中选择要向其添加脚注或尾注的文本，或者将光标置于文本后面位置。

（2）在 Word 2010 功能区中的"引用"选项卡上，单击"脚注"选项组中的"插入脚注"按钮，即可在该页面的底端加入脚注区域。

（3）如果需要对脚注或尾注的样式进行定义，则可以单击"脚注"选项组中的对话框启动器按钮，打开如图 4.139 所示的"脚注和尾注"对话框，设置其位置、格式及应用范围。

当插入脚注或尾注后，不必向下滚到页面底部或文档结尾处。只需将鼠标指针停留在文档中的脚注或尾注引用标记上，注释文本就会出现在屏幕提示中。

2. 插入题注

题注是一种可以为文档中的图表、表格、公式或其他对象添加的编号标签，如果在文档的编辑过程中对题注执行了添加、删除或移动操作，则可以一次性更新所有题注编号，而不需要再进行单独调整。

在文档中定义并插入题注的操作步骤如下。

（1）在文档中选择要向其添加题注的位置。

（2）在 Word 2010 功能区中的"引用"选项卡上，单击"题注"选项组中的"插入题注"按钮，打开如图 4.140 所示的"题注"对话框。在该对话框中，可以根据添加题注的不同对象，在"选项"区域的下拉列表中选择不同的标签类型。

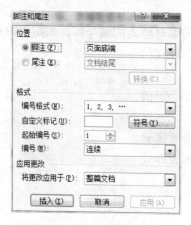

图 4.139　设置脚注和尾注

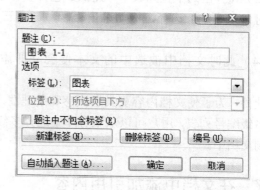

图 4.140　插入题注

（3）如果期望在文档中使用自定义的标签显示方式，则可以单击"新建标签"按钮，为新的标签命名后，新的标签样式将出现在"标签"下拉列表中，同时还可以为该标签设置位置与标号类型，如图 4.141 所示。

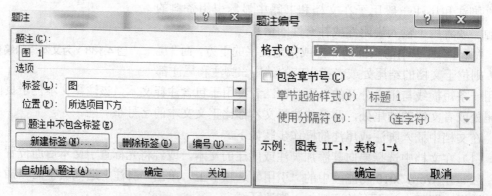

图 4.141　自定义题注标签

（4）设置完成后单击"确定"按钮，即可将题注添加到相应的文档位置。

3. 标记并创建索引

索引用于列出一篇文档中讨论的术语和主题，以及它们出现的页码。要创建索引，可以通过提供文档中主索引项的名称和交叉引用来标记索引项，然后生成索引。

在文档中加入索引之前，应当先标记出组成文档索引的诸如单词、短语和符号之类的全部索引项。索引项是用于标记索引中的特定文字的域代码。当用户选择文本并将其标记为索引项时，Word 将会添加一个特殊的 XE（索引项）域，该域包括标记好了的主索引项以及用户选择包含的任何交叉引用信息。用户可以为某个单词、短语或符号创建索引项，也可以为包含延续数页的主题创建索引项。除此之外，还可以创建引用其他索引项的索引。标记索引项的操作步骤如下。

（1）在文档中选择要作为索引项的文本。

（2）在 Word 2010 的功能区中，打开"引用"选项卡。在"引用"选项卡上的"索引"选项组中单击"标记索引项"按钮，打开如图 4.142 所示的"标记索引项"对话框，在"索引"选项区域中的"主索引项"文本框中会显示选定的文本。根据需要，还可以通过创建次索引项、第三级索引项或另一个索引项的交叉引用来自定义索引项。

① 要创建次索引项，可在"索引"选项区域中的"次索引项"文本框中输入文本。次索引项是对索引对象的更深一层限制。

② 要包括第三级索引项，可在次索引项文本后输入冒号（:），然后在文本框中输入第三级索引项文本。

③ 要创建对另一个索引项的交叉引用，可以在"选项"选项区域中选中"交叉引用"单选按钮，然后在其文本框中输入另一个索引项的文本。

（3）单击"标记"按钮即可标记索引项，单击"标记全部"按钮即可标记文档中与此文本相同的所有文本。

（4）此时"标记索引项"对话框中的"取消"按钮变为"关闭"按钮。单击"关闭"按钮即可完成标记索引项的工作。用户可以看到文档中插入的索引项，它们实际上是域代码。在标记了一个索引项之后，用户可以在不关闭"标记索引项"对话框的情况下，继续标记其他多个索引项。

完成了标记索引项的操作后，就可以选择一种索引设计并生成最终的索引了。Word 2010 会收集索引项，并将它们按字母顺序排序，引用其页码，找到并删除同一页上的重复索引项，然后在文档中显示该索引。

为文档中的索引项创建索引的操作步骤如下。

（1）首先将鼠标指针定位在需要建立索引的地方，通常是文档的最后。

（2）在 Word 2010 的功能区中，打开"引用"选项卡。在"引用"选项卡上的"索引"选项组中，单击"插入索引"按钮，打开如图 4.143 所示的"索引"对话框。

（3）打开"索引"对话框中的"索引"选项卡，在"格式"下拉列表框中选择索引的风格，选择的结果可以在"打印预览"列表框中进行查看。用户可以选中"页码右对齐"复选框，将页码靠右排列，而不是紧跟在索引项的后面，然后在"制表符前导符"下拉列表框中选择一种样式。

在"类型"选项区域中有两种索引类型可供选择，分别是"缩进式"和"接排式"。如果选中"缩进式"单选按钮，次索引项将相对于主索引项缩进；如果选中"接排式"单选按钮，则主索引项和次索引项将排在一行中。在"栏数"文本框中指定栏数以编排索引，如果索引比较短，一般选择两栏。在"语言"下拉列表框中可以选择索引使用的语言，Word 2010 会据此选择排序的规则。如果使用的是"中文"，可以在"排序依据"下拉列表框中指定按什么方式排序："拼音"或者"笔画"。

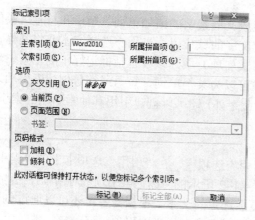

图 4.142　标记索引项

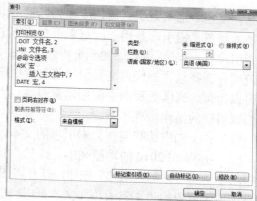

图 4.143　设置索引格式

（4）设置完成后，单击"确定"按钮，创建的索引就会出现在文档中，如图 4.144 所示。

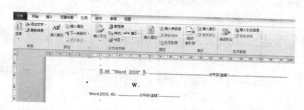

图 4.144　创建索引

4.4.8　创建文档目录

除了上述操作外，王丽还贴心地为领导插入了目录。目录通常是长篇幅文档不可缺少的一项内容，它列出了文档中的各级标题及其所在的页码，便于文档阅读者快速查找到所需内容。Word 2010 提供了一个内置的"目录库"，其中有多种目录样式可供选择，从而可代替用户完成大部分工作，使得插入目录的操作变得非常快捷、简便。在文档中使用"目录库"创建目录的操作步骤如下。

（1）首先将鼠标指针定位在需要建立文档目录的地方，通常是文档的最前面。

（2）在 Word 2010 的功能区中，打开"引用"选项卡，在"引用"选项卡上的"目录"选项组中，单击"目录"按钮，打开如图 4.145 所示的下拉列表，系统内置的"目录库"以可视化的方式展示了许多目录的编排方式和显示效果。

图 4.145　"目录库"中的目录样式

（3）用户只需单击其中一个满意的目录样式，Word 2010 就会自动根据所标记的标题在指定位置创建目录，如图 4.146 所示。

（1）使用自定义样式创建目录。

如果用户已将自定义样式应用于标题，则可以按照如下操作步骤来创建目录。用户可以选择 Word 在创建目录时使用的样式设置。

① 将鼠标指针定位在需要建立文档目录的地方，然后在 Word 2010 的功能区中，打开"引用"选项卡。

② 在"引用"选项卡上的"目录"选项组中，单击"目录"按钮。在弹出的下拉列表中，执行"插入目录"命令。

③ 打开如图 4.147 所示的"目录"对话框，在"目录"选项卡中单击"选项"按钮。

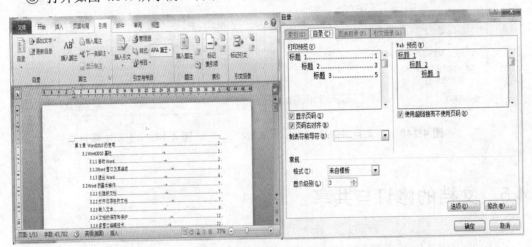

图 4.146　在文档中插入目录　　　　　　图 4.147　"目录"对话框

④ 此时打开如图 4.148 所示的"目录选项"对话框，在"有效样式"区域中可以查找应用于文档中的标题的样式，在样式名称旁边的"目录级别"文本框中输入目录的级别(可以输入 1～9 中的一个数字)，以指定希望标题样式代表的级别。如果希望仅使用自定义样式，则可删除内置样式的目录级别数字，例如，删除"标题 1"、"标题 2"和"标题 3"样式名称旁边的代表目录级别的数字。

⑤ 当有效样式和目录级别设置完成后，单击"确定"按钮，关闭"目录选项"对话框。

⑥ 返回到"目录"对话框，用户可以在"打印预览"和"Web 预览"区域中看到 Word 在创建目录时使用的新样式设置。

另外，如果用户正在创建读者将在打印页上阅读的文档，那么在创建目录时应包括标题和标题所在页面的页码，即选中"显示页码"复选框，从而便于读者快速翻到需要的页。如果用户创建的是读者将要在 Word 中联机阅读的文档，则可以将目录中各项的格式设置为超链接，即选中"使用超链接而不使用页码"复选框，以便读者可以通过单击目录中的某项标题转到对应的内容。最后，单击"确定"按钮完成所有设置。

（2）更新目录。

如果用户在创建好目录后，又添加、删除或更改文档中的标题或其他目录项，可以按照如下操作步骤更新文档目录。

① 在 Word 2010 的功能区中，打开"引用"选项卡。

② 在"引用"选项卡上的"目录"选项组中，单击"更新目录"按钮。

③ 打开如图 4.149 所示的"更新目录"对话框，在该对话框中选中"只更新页码"单选按钮或者"更新整个目录"单选按钮，然后单击"确定"按钮即可按照指定要求更新目录。

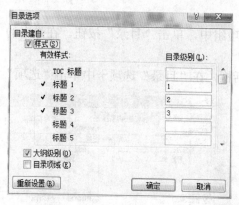

图 4.148　定义目录选项

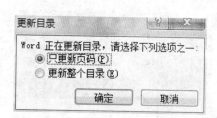

图 4.149　更新文档目录

4.5　文档的修订与共享

王丽的工作是服务于领导，我们知道，每一项公司的决定往往需要多个领导才能够做出，因此王丽的工作之一就是能够让参与决定的每一个人都能够看到某些文档并在文档上留下相应的记录。在与他人一同处理文档的过程中，审阅、跟踪文档的修订状况将成为最重要的环节之一，用户需要及时了解其他用户更改了文档的哪些内容，以及为何要进行这些更改。

4.5.1　审阅与修订文档

Word 2010 提供了多种方式来协助用户完成文档审阅的相关操作，同时用户还可以通过全新的审阅窗格来快速对比、查看、合并同一文档的多个修订版本。

1. 修订文档

当用户在修订状态下修改文档时，Word 应用程序将跟踪文档中所有内容的变化状况，同时会把用户在当前文档中修改、删除、插入的每一项内容标记下来。用户打开所要修订的文档，在功能区的"审阅"选项卡中单击"修订"选项组的"修订"按钮，即可开启文档的修订状态，如图 4.150 所示。

用户在修订状态下直接插入的文档内容会通过颜色和下画线标记下来，删除的内容可以在右侧的页边空白处显示出来，如图 4.151 所示。

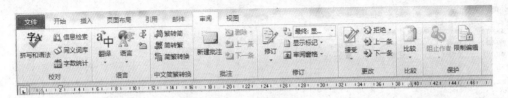

图 4.150 开启文档修订状态

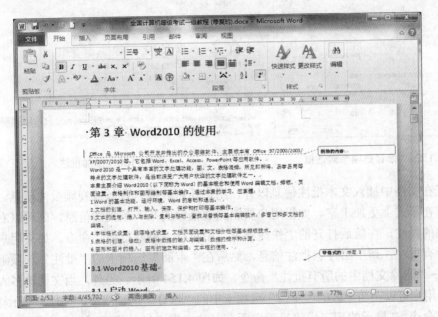

图 4.151 修订当前文档

当多个用户同时参与对同一文档进行修订时，文档将通过不同的颜色来区分不同用户的修订内容，从而可以很好地避免由于多人参与文档修订而造成的混乱局面。此外，Word 2010 还允许用户对修订内容的样式进行自定义设置，具体的操作步骤如下。

（1）在功能区的"审阅"选项卡的"修订"选项组中，执行"修订"→"修订选项"命令，打开"修订选项"对话框，如图 4.152 所示。

（2）用户在"标记"、"移动"、"表单元格突出显示"、"格式"、"批注框" 5 个选项区域中，可以根据自己的浏览习惯和具体需求设置修订内容的显示情况。

2．为文档添加批注

在多人审阅文档时，可能需要彼此之间对文档内容的变更状况做一个解释，或者向文档作者询问一些问题，这时就可以在文档中插入"批注"信息。"批注"与"修订"的不同之处在于，"批注"并不在原文的基础上进行修改，而是在文档页面的空白处添加相关的注释信息，并用有颜色的方框括起来。

如果需要为文档内容添加批注信息，则只需在"审阅"选项卡的"批注"选项组中单击"新建批注"按钮，然后直接输入批注信息即可，如图 4.153 所示。

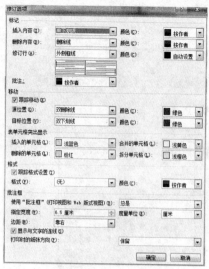

图 4.152　"修订选项"对话框

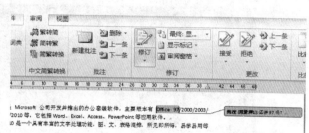

图 4.153　添加批注

　　除了在文档中插入文本批注信息以外，用户还可以插入音频或视频批注信息，从而使文档制作在形式上更加丰富。如果用户要删除文档中的某一条批注信息，则可以右键单击所要删除的批注，在随后打开的"快捷菜单"中执行"删除批注"命令。如果用户要删除文档中所有批注，请单击任意批注信息，然后在"审阅"选项卡的"批注"选项组中执行"删除"→"删除文档中的所有批注"命令，如图 4.154 所示。另外，当文档被多人修订或审批后，用户可以在功能区的"审阅"选项卡中的"修订"选项组中，执行"显示标记"→"审阅者"命令，在显示的列表中将显示出所有对该文档进行过修订或批注操作的人员名单，如图 4.155 所示。

图 4.154　删除文档中的批注

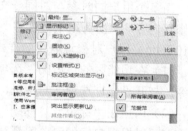

图 4.155　审阅者名单

　　通过选择审阅者姓名前面的复选框，可查看不同人员对本文档的修订或批注意见。

3. 审阅修订和批注

　　文档内容修订完成以后，用户还需要对文档的修订和批注状况进行最终审阅，并确定出最终的文档版本。当审阅修订和批注时，可以按照如下步骤来接受或拒绝文档内容的每一项更改。

　　（1）在"审阅"选项卡的"更改"选项组中单击"上一条"（"下一条"）按钮，即可定位到文档中的上一条（下一条）修订或批注。

　　（2）对于修订信息可以单击"更改"选项组中的"拒绝"或"接受"按钮，来选择拒绝或接受当前修订对文档的更改；对于批注信息可以在"批注"选项组中单击"删除"按钮将其删除。

（3）重复步骤（1）和步骤（2），直到文档中不再有修订和批注。

（4）如果要拒绝对当前文档做出的所有修订，可以在"更改"选项组中执行"拒绝"→"拒绝对文档的所有修订"命令；如果要接受所有修订，可以在"更改"选项组中执行"接受"→"接受对文档的所有修订"命令，如图 4.156 所示。

4.5.2　快速比较文档

文档经过最终审阅以后，用户通常希望能够通过对比的方式查看修订前后两个文档版本的变化情况，Word 2010 提供了"精确比较"的功能，可以帮助用户显示两个文档的差异。使用"精确比较"功能对比文档版本进行比较的具体操作步骤如下。

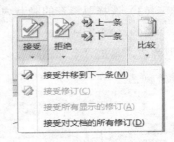

图 4.156　接受对文档的所有修订

（1）在"审阅"选项卡的"比较"选项组中，执行"比较"→"比较"命令，打开"比较文档"对话框。

（2）在"原文档"区域中，通过浏览找到要用作原始文档的文档；在"修订的文档"区域中，通过浏览找到修订完成的文档，如图 4.157 所示。

（3）单击"确定"按钮，此时两个文档之间的不同之处将突出显示在"比较结果"文档的中间，以供用户查看，如图 4.158 所示。在文档比较视图左侧的审阅窗格中，自动统计了原文档与修订文档之间的具体差异情况。

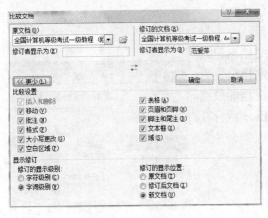

图 4.157　比较文档

图 4.158　对比同一文档的不同版本

4.5.3　删除文档中的个人信息

文档的最终版本确定以后，如果希望将 Microsoft Office 文档的电子副本共享给其他用户，最好先检查一下该文档是否包含隐藏数据或个人信息，这些信息可能存储在文档本身或文档属性中，而且有可能会透露一些隐私信息，因此有必要在共享文档副本之前删除这些隐藏信息。

Office 2010 为用户提供的"文档检查器"工具，可以帮助用户查找并删除在 Word 2010、Excel 2010、PowerPoint 2010 文档中的隐藏数据和个人信息。具体的操作步骤如下。

（1）打开要检查是否存在隐藏数据或个人信息的 Office 文档副本。

（2）选择"文件"选项卡，打开 Office 后台视图。然后执行"信息"→"检查问题"→"检查文档"命令，打开"文档检查器"对话框，如图 4.159 所示。

（3）选择要检查的隐藏内容类型，然后单击"检查"按钮。

（4）检查完成后，在"文档检查器"对话框中审阅检查结果，并在所要删除的内容类型旁边，单击"全部删除"按钮，如图 4.160 所示。

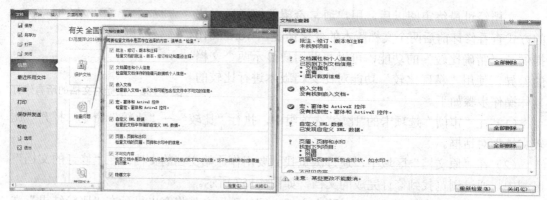

图 4.159　文档检查器　　　　　　　　图 4.160　审阅检查结果

4.5.4　标记文档的最终状态

如果文档已经确定修改完成，用户可以为文档标记最终状态来标记文档的最终版本，此操作可以将文档设置为只读，并禁用相关的内容编辑命令。如若标记文档的最终状态，用户可以选择"文件"选项卡，打开 Office 后台视图。然后执行"保护文档"→"标记为最终状态"命令完成设置，如图 4.161 所示。

4.5.5　构建并使用文档部件

文档部件实际上就是对某一段指定文档内容（文本、图片、表格、段落等文档对象）的封装手段，也可以单纯地将其理解为对这段文档内容的保存和重复使用，这为在文档中共享已有的设计或内容提供了高效手段。要将文档中某一部分内容保存为文档部件并反复使用，可以执行如下操作步骤。

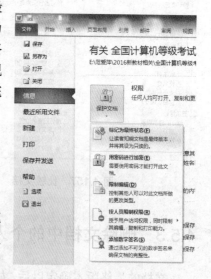

图 4.161　标记文档的最终状态

（1）在如图 4.162 所示的文档中，产品销量的表格很有可能在撰写其他同类文档时会再次被使用，因此希望可以通过文档部件的方式进行保存。

（2）切换到功能区的"插入"选项卡，在"文本"选项组中单击"文档部件"按钮，并从下拉列表中执行"将所选内容保存到文档部件库"命令。

（3）打开如图 4.163 所示的"新建构建基块"对话框，为新建的文档部件设置"名称"属性，并在"库"类别下拉列表中选择"表格"选项。

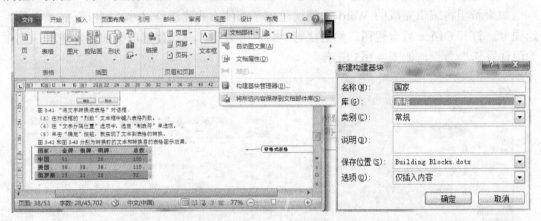

图 4.162　选择要被创建为文档部件的内容　　　　图 4.163　设置文档部件的相关属性

（4）单击"确定"按钮，完成文档部件的创建工作。

现在，打开或新建另外一个文档，将光标定位在要插入文档部件的位置，在功能区的"插入"选项卡的"表格"选项组中，单击"表格"→"快速表格"按钮，从其下拉列表中就可以直接找到刚才新建的文档部件，并可将其直接重用在文档中，如图 4.164 所示。

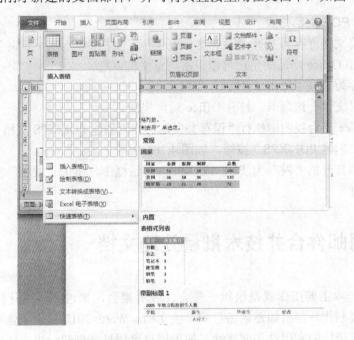

图 4.164　使用已创建的文档部件

4.5.6　与他人共享文档

Word 文档除了可以打印出来供他人审阅外，也可以根据不同的需求通过多种电子化的方式完成共享目的。

1．通过电子邮件共享文档

如果希望将编辑完成的 Word 文档通过电子邮件方式发送给对方，可以选择"文件"选项卡，打开 Office 后台视图。然后执行"保存并发送"→"使用电子邮件发送"→"作为附件发送"命令，如图 4.165 所示。

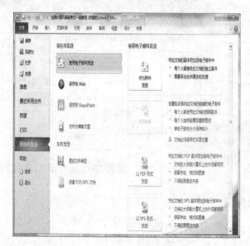

图 4.165　电子邮件发送文档

图 4.166　将文档发布为 PDF 格式

2．转换成 PDF 文档格式

用户可以将文档保存为 PDF 格式，这样既保证了文档的只读性，同时又确保了那些没有部署 Microsoft Office 产品的用户可以正常浏览文档内容。

将文档另存为 PDF 文档的具体操作步骤如下。

（1）选择"文件"选项卡，打开 Office 后台视图。

（2）在 Office 后台视图中执行"保存并发送"→"创建 PDF/XPS 文档"命令，在展开的视图中单击"创建 PDF/XPS"按钮，如图 4.166 所示。

（3）在随后打开的"发布为 PDF 或 XPS"对话框中，单击"发布"按钮，即可完成 PDF 文档的创建。

4.6　使用邮件合并技术批量处理文档

王丽的另一项主要工作就是组织一些会议或者聚会，来进一步提升公司各方面的形象。这样就需要制作一些诸如邀请函等的一组文档。Word 2010 提供了强大的邮件合并功能，该功能具有极佳的实用性和便捷性。如果用户希望批量创建一组文档（例如一个寄给多个客户的套用信函），就可以使用邮件合并功能来实现，如图 4.167 所示。

4.6.1　什么是邮件合并

Word 的邮件合并可以将一个主文档与一个数据源结合起来，最终生成一系列输出文档。在此需要明确以下几个基本概念。

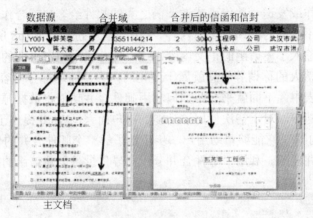

图 4.167　邮件合并技术

1．创建主文档

主文档是经过特殊标记的 Word 文档，它是用于创建输出文档的“蓝图”。其中包含了基本的文本内容，这些文本内容在所有输出文档中都是相同的，比如信件的信头、主体以及落款等。另外还有一系列指令（称为合并域），用于插入在每个输出文档中都要发生变化的文本，比如收件人的姓名和地址等。

2．选择数据源

数据源实际上是一个数据列表，其中包含用户希望合并到输出文档的数据。通常它保存了姓名、通讯地址、电子邮件地址、传真号码等数据字段。Word 的“邮件合并”功能支持很多类型的数据源，其中主要包括下列几类数据源。

Office 地址列表：在邮件合并的过程中，“邮件合并”任务窗格为用户提供了创建简单的“Office 地址列表”的机会，用户可以在新建的列表中填写收件人的姓名和地址等相关信息。此方法最适用于不经常使用的小型、简单列表。

Word 数据源：可以使用某个 Word 文档作为数据源。该文档应该只包含一个表格，该表格的第一行必须用于存放标题，其他行必须包含邮件合并所需要的数据记录。

Excel 工作表：可以从工作簿内的任意工作表或命名区域选择数据。

Microsoft Outlook：联系人列表。

Access 数据库：在 Access 中创建的数据库。

HTML 文件：使用只包含一个表格的 HTML 文件。表格的第一行必须用于存放标题，其他行则必须包含邮件合并所需要的数据。

3．邮件合并的最终文档

邮件合并的最终文档包含所有的输出结果，其中，有些文本内容在输出文档中都是相同的，而有些会随着收件人的不同而发生变化。利用"邮件合并"功能可以创建信函、电子邮件、传真、信封、标签、目录（打印出来或保存在单个 Word 文档中的姓名、地址或其他信息的列表）等文档。

4.6.2　使用邮件合并技术制作邀请函

如果用户要制作或发送一些信函或邀请函之类的邮件给客户或合作伙伴，这类邮件的内容通常分为固定不变的内容和变化的内容。例如，有一份如图 4.168 所示的邀请函文档，在这个文档中已经输入了邀请函的正文内容，这一部分就是固定不变的内容。邀请函中的邀请人姓名以及邀请人的称谓等信息就属于变化的内容，而这部分内容保存在如图 4.169 所示的 Excel 工作表中。下面就来介绍如何利用邮件合并功能将数据源中邀请人的信息自动填写到邀请函文档中，对于初次使用该功能的用户而言，Word 提供了非常周到的服务，即"邮件合并分步向导"，它能够帮助用户一步一步地了解整个邮件合并的使用过程，并高效、顺利地完成邮件合并任务。利用"邮件合并分步向导"批量创建信函的操作步骤如下。

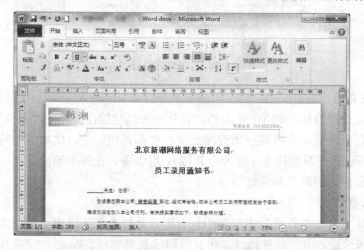

图 4.168　邀请函文档（录用通知书）

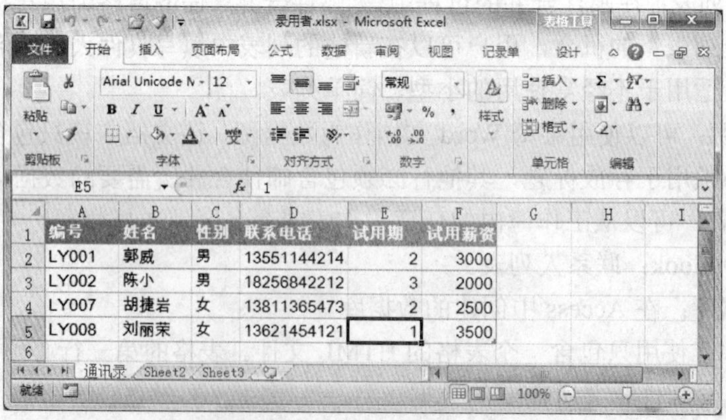

图 4.169　保存在 Excel 工作表中的录用者信息

（1）在 Word 2010 的功能区中，打开如图 4.170 所示的"邮件"选项卡。

图 4.170　"邮件"选项卡

（2）在"邮件"选项卡上的"开始邮件合并"选项组中，单击"开始邮件合并"→"邮件合并分步向导"命令。

（3）打开"邮件合并"任务窗格，如图 4.171 所示，进入"邮件合并分步向导"的第 1 步（共有 6 步）。在"选择文档类型"选项区域中，选择一个希望创建的输出文档的类型（本例选中"信函"单选按钮）。

（4）单击"下一步：正在启动文档"超链接，进入"邮件合并分步向导"的第 2 步，在"选择开始文档"选项区域中选中"使用当前文档"单选按钮，以当前文档作为邮件合并的主文档。接着单击"下一步：选取收件人"超链接，进入"邮件合并分步向导"的第 3 步，在"选择收件人"选项区域中选中"使用现有列表"单选按钮，如图 4.172 所示，然后单击"浏览"超链接。

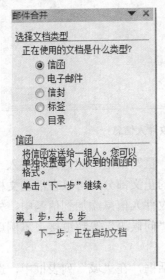

图 4.171　确定主文档类型

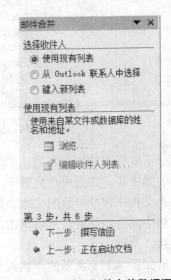

图 4.172　选择邮件合并数据源

（5）打开"选取数据源"对话框，选择保存客户资料的 Excel 工作表文件，然后单击"打开"按钮。此时打开"选择表格"对话框，选择保存客户信息的工作表名称，如图 4.173 所示，然后单击"确定"按钮。

（6）打开如图 4.174 所示的"邮件合并收件人"对话框，可以对需要合并的收件人信息进行修改。然后，单击"确定"按钮，完成现有工作表的链接工作。

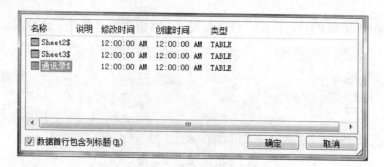

图 4.173　选择数据工作表

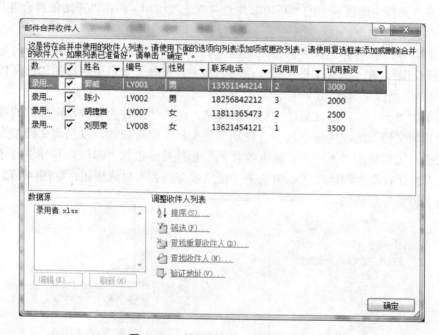

图 4.174　设置邮件合并收件人信息

　　（7）选择了收件人的列表之后，单击"下一步：撰写信函"超链接，进入"邮件合并分步向导"的第4步。如果用户此时还未撰写信函的正文部分，可以在活动文档窗口中输入与所有输出文档中保持一致的文本。如果需要将收件人信息添加到信函中，先将鼠标指针定位在文档中的合适位置，然后单击"地址块"、"问候语"等超链接。本例单击"其他项目"超链接。

　　（8）打开如图4.175所示的"插入合并域"对话框，在"域"列表框中，选择要添加到邀请函中邀请人姓名所在位置的域，本例选择"姓名"域，单击"插入"按钮。

　　（9）插入完所需的域后，单击"关闭"按钮，关闭"插入合并域"对话框。文档中的相应位置就会出现已插入的域标记。

　　（10）在"邮件"选项卡上的"编写和插入域"选项组中，单击"规则"→"如果...那么...否则..."命令，打开"插入Word域"对话框，在"域名"下拉列表框中选择"性别"，在"比较条件"下拉列表框中选择"等于"，在"比较对象"文本框中输入"男"，在"则插入此文字"文本框中输入"先生"，在"否则插入此文字"文本框中输入"女士"，如图

4.176 所示。然后，单击"确定"按钮，这样就可以使被邀请人的称谓与性别建立关联。

图 4.175　插入合并域　　　　　　　　图 4.176　定义插入域规则

（11）在"邮件合并"任务窗格中，单击"下一步：预览信函"超链接，进入"邮件合并分步向导"的第 5 步。在"预览信函"选项（图 4.177）区域中，单击"<<"或">>"按钮，查看具有不同邀请人姓名和称谓的信函。

提示：如果用户想要更改收件人列表，可单击"做出更改"选项区域中的"编辑收件人列表"超链接，在随后打开的"邮件合并收件人"对话框中进行更改。如果用户想要从最终的输出文档中删除当前显示的输出文档，可单击"排除此收件人"按钮。

（12）预览并处理输出文档后，单击"下一步：完成合并"超链接，进入"邮件合并分步向导"的最后一步。在"合并"选项区域中，用户可以根据实际需要选择单击"打印"或"编辑单个信函"超链接，进行合并工作。本例单击"编辑单个信函"超链接。

（13）打开"合并到新文档"对话框，在"合并记录"选项区域中，选中"全部"单选按钮，如图 4.178 所示，然后单击"确定"按钮。这样，Word 会将 Excel 中存储的收件人信息自动添加到邀请函正文中，并合并生成一个如图 4.179 所示的新文档，在该文档中，每页中的邀请函客户信息均由数据源自动创建生成。

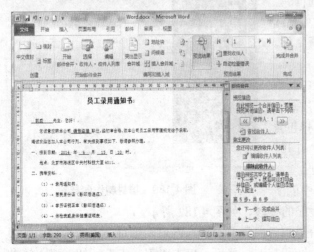

图 4.177　预览信函

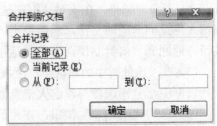

图 4.178　合并到新文档

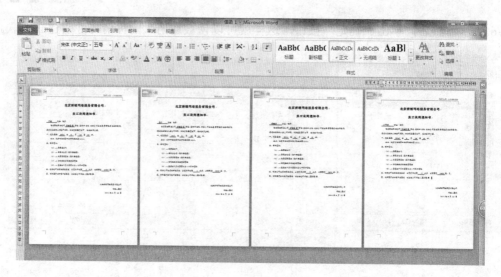

图 4.179　批量生成的文档

4.6.3　使用邮件合并技术制作信封

Word 2010 的邮件合并技术提供了非常方便的中文信封制作功能，只要通过几个简单的步骤，就可以制作出既漂亮又标准的信封。在 Word 2010 中创建中文信封的操作步骤如下。

（1）在 Word 2010 的功能区中，打开"邮件"选项卡。在"邮件"选项卡上的"创建"选项组中，单击"中文信封"按钮，打开如图 4.180 所示的"信封制作向导"对话框开始创建信封。

（2）单击"下一步"按钮，在"信封样式"下拉列表框中选择信封的样式，并根据实际需要选中或取消选中有关信封样式的复选框。

（3）单击"下一步"按钮，选择生成信封的方式和数量，本例选中"基于地址簿文件，生成批量信封"单选按钮，如图 4.181 所示。

（4）单击"下一步"按钮，从文件中获取并匹配收信人信息，单击"选择地址簿"按钮，打开"打开"对话框，在该对话框中选择包含收信人信息的地址簿文件，然后单击"打开"按钮，返回到"信封制作向导"对话框。

（5）在"地址簿中的对应项"区域中的下拉列表框中，分别选择与收信人信息匹配的字段，如图 4.182 所示。

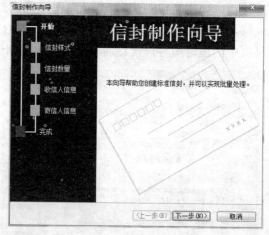

图 4.180　信封制作向导

（6）单击"下一步"按钮，在"信封制作向导"中输入寄信人信息。按照向导中的提示，分别输入寄信人的姓名、单位、地址和邮编。然后，单击"下一步"按钮，进入"信封制作向导"的最后一个步骤，单击"完成"按钮，关闭"信封制作向导"对话框。这样，

Word 就生成了多个标准的信封，其外观样式如图 4.183 所示。

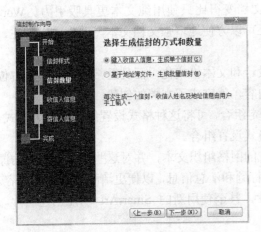

图 4.181　选择生成信封的方式和数量　　　　　图 4.182　匹配收件人信息

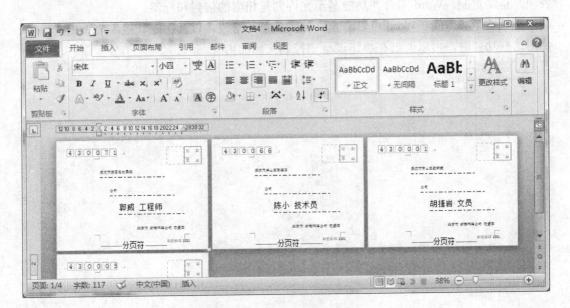

图 4.183　使用向导生成的信封

小　　结

当今的文档种类，从简单的信件到复杂的报告，再到需要专业印刷机构印刷的文件，都有一个共同的特点，就是每种文件都代表了用户的想法。而用户一定不希望它们只是纸上的刻板文字。 Word 2010 给用户提供了用于创建专业而优雅的文档的工具，帮助用户节省时间，并得到优雅美观的结果。一直以来，Microsoft Word 都是最流行的字处理程序。作为 Office 套件的核心应用程序之一，Word 提供了许多易于使用的文档创建工具，同时也提供了丰富的功能集提供给用户创建复杂的文档使用。哪怕只使用 Word 应用一点点儿文本格式化操作或图片处理，也可以使简单的文档变得比只使用纯文本更具吸引力。Word 并不是只能使文档变得美观，它提供的功能还可以方便地增强文档文本，并创建出脚注、尾注等复杂元素。其中包括：

模板：模板就是起始文档，提供了文档设计和文本格式化，而且经常还会有一些占位文本或者建议输入的文本。输入自己的文本内容，就完成了文档的创建。

样式：如果喜欢对文本应用的格式设置特定组合，可将这种格式设置组合保存为样式，这样就可以很方便地对其他文本应用相应的格式设置组合。

表格：添加表格后，可以通过行和列组成的网格组织文本，并对这些文本应用整洁漂亮的格式。在 Word 2010 中，可以为表格添加标题和汇总信息，以便更清晰地描述其内容。

图片：可以在文档中添加各种类型的图片，甚至使用新的 SmartArt 功能创建图片。SmartArt 的某些布局甚至允许插入图片信息。

邮件合并：创建自定义的"套用信函"，其中每个副本都会针对特定的收件人（或列表项）自动定制。Word 的合并功能甚至允许创建相应的信封和标签。

文档安全和审阅：Word 可以防止文档受到意外修改，以及跟踪其他用户做出的修改。使用这些功能时，可以通过在协作过程中控制文档的内容。

第 5 章

Excel 2010

Excel 2010 是 Microsoft 公司推出的 Office 2010 系列办公软件的电子表格处理组件，它能以电子表格的方式实现各类数据的输入、计算、分析、制表、统计等功能，并能根据表格数据生成各种统计图形。本章将以 Excel 2010 为软件平台介绍电子表格的使用方法，通过本章的学习，读者应掌握以下内容。

- 掌握 Excel 制表基础，包括数据输入、格式化、工作表和工作簿的操作等
- 学会利用公式和函数处理工作表中的数据
- 运用不同类型的图表对数据进行分析和直观显示
- 使用不同的方法对数据清单中的数据进行排序、筛选、汇总等各类分析和处理
- 掌握如何在不同的用户和外部程序之间共享表格数据，了解宏的基本使用方法

5.1 Excel 制表基础

制作电子表格是 Excel 2010 最基本的功能，电子表格同书面表格一样，可以存储和记录各种类型的数据及信息，满足人们对这些信息的存储、查询和管理需要。本节将介绍 Excel 2010 制作电子表格的基础知识和概念，并完成以下目标。

（1）了解 Excel 的操作界面和基本术语；

（2）学会在工作表中输入各种类型的数据；

（3）掌握格式化工作表的方法；

（4）了解 Excel 表格的打印与输出方法；

（5）掌握 Excel 工作簿和工作表的基本操作方法。

5.1.1 Excel 操作界面与基本术语

Excel 2010 与 Word 2010 类似，包含多种启动的方式，常用的方法如下。

（1）从"Windows 开始菜单"启动。单击"开始"按钮，打开"开始"菜单；单击"所有程序"，在打开的级联菜单中选择 Microsoft Office 下的 Microsoft Office Excel 2010 命令即可启动 Excel 2010。

（2）使用桌面快捷方式。安装 Excel 2010 后一般会自动在桌面创建一个快捷方式，双击 Excel 2010 桌面的快捷方式图标，可以启动 Excel 2010。

（3）双击已创建的 Excel 文档。双击计算机中存储的 Excel 文档，可自动关联启动 Excel 2010，并打开文档。

启动 Excel 2010 后，就可以打开 Excel 2010 的窗口界面，如图 5.1 所示。Excel 2010 窗口界面继承了 Office 2010 系列软件的界面风格，包含基本的组成部分如标题栏、功能区选项卡、状态栏等。根据自身功能定位，Excel 2010 的操作界面也有一定的特殊性，下面将结合图 5.1 中的内容介绍 Excel 的操作界面和基本术语。

（1）工作簿。工作簿就是一个 Excel 电子表格文件，其扩展名为.xlsx（Excel 2003 版本以前的电子表格文件扩展名为.xls）。启动 Excel 时，系统将会默认创建一个空白的工作簿。工作簿的名称显示在图 5.1 程序窗口的标题栏正中间，默认为工作簿 1，用户可以根据需要自行为创建的工作簿命名。

（2）工作表。一个工作簿默认包含三个空白的工作表，并分别命名为 Sheet1,Sheet2,Sheet3。工作表的名称显示在数据区下方的工作表标签中。当前显示的工作表称为活动工作表，使用鼠标单击不同的标签项，可以在不同的工作表之间切换显示。

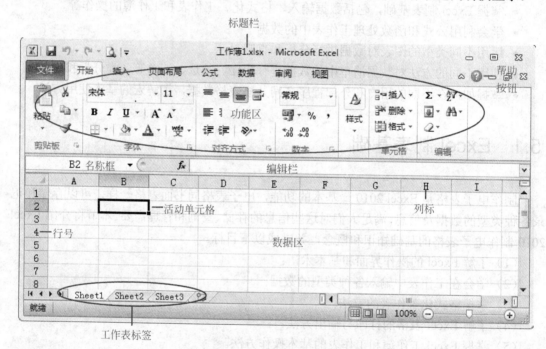

图 5.1　Excel 2010 基本操作界面

（3）功能区。Excel 的基本功能都可以在功能区中通过不同类型的选项卡来实现，这些选项卡包括"开始"、"插入"、"页面布局"、"公式"、"数据"、"审阅"等。同时，功能区中的内容还可以通过"Excel 选项"设置进行灵活的自定义调整。

（4）数据区。数据区以表格的形式存放各类数据信息，其组成包括行号、列标和单元格。

① 行号：数据区的每一行左侧的阿拉伯数字表示行号，即行数的编号，对应称为第 1 行，第 2 行，第 3 行……。

②　列标：数据区的每一列上方的大写英文字母表示列标，即每一列的列名，对应称为 A 列，B 列，C 列……

③　单元格：每一行和每一列的边界交叉围成的长方形区域称为单元格，它们是 Excel 中最基本的操作对象。单元格一般由代表其所在行列位置的地址来区分，其中列标在前行号在后，如 A2 单元格表示位于第 2 行 A 列的单元格。在数据区内用鼠标单击某一个单元格，它将被加粗显示，表示单元格被选中进入可操作状态，也被称为活动单元格，图 5.1 中的单元格 B2 即为活动单元格。

（5）名称框。名称框位于数据区的左上方，显示当前活动单元格的名称。在名称框中输入特定单元格、单元格区域的地址或已定义的名称，可以快速地定位并选中特定的数据区域。

（6）编辑栏。编辑栏位于数据区的右上方，显示当前活动单元格内的数值。可以在编辑栏中直接输入要录入到当前活动单元格中的数据，或者修改活动单元格内已有的信息。此外，在编辑栏中输入等号"="，可以进入公式编辑状态，使用不同类型的函数和运算符构建公式，完成较为复杂的单元格计算和统计分析（公式和函数将在 5.2 节中详细介绍）。

（7）"帮助"按钮。如果在使用 Excel 2010 时遇到疑问，可以使用"帮助"按钮 ❓ 来辅助解决问题。该按钮位于 Excel 操作界面右上角。单击按钮可以打开 Excel 2010 的"Excel 帮助"窗口，在搜索框中输入相关的问题或关键词并搜索，此时会显示相关的搜索结果，如图 5.2 所示。

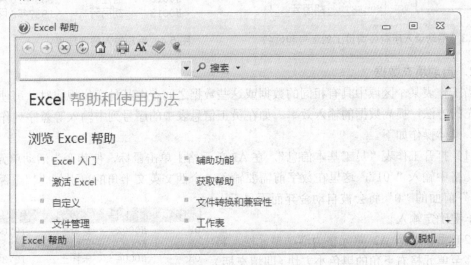

图 5.2　"Excel 帮助"窗口

5.1.2　在工作表中录入和编辑数据

输入数据到 Excel 2010 的工作表中，并完成相应处理是电子表格制作的核心问题。在工作表中可以输入的数据类型有多种，包括数字型、日期型、文本型、时间型等。如果要输入的数据是序列数据，还可以通过序列数据自动填充的方式完成数据的输入。

1．手动输入不同类型的数据

在工作表中录入信息最直接的方法就是手动输入数据，如使用一个工作表管理某公司的员工基本信息，可以使用手动输入的方式完成部分信息录入工作，具体操作如下。

（1）打开工作表 Sheet1，在 C2 单元格上单击鼠标，使其变为活动单元格，在单元格中输入第一位员工的姓名"赵奇"，按回车键。完成第一个姓名的录入后，活动单元格将自动向下跳转到 C3 单元格，在 C3 至 C15 单元格内依次输入公司所有员工的工号和姓名，如图 5.3 所示。

（2）在 D2 单元格上单击鼠标使其变为活动单元格，输入员工"赵奇"的出生年月信息"1970/2"，以斜杠分隔年和月，按回车键确认后单元格将自动显示日期格式的内容"1970年 2 月"，如果需要更改日期显示的方式，可以参考 5.1.3 节格式化工作表的内容。在 D2 至 D15 单元格内容依次输入每一位员工的出生年月，如图 5.4 所示。

工号	姓名
N0002	赵奇
N0003	王成材
N0004	朱怀玉
N0005	谭芳
N0007	李铭书
N0008	陈凯
N0012	李涛
N0013	唐江
N0013	胡丽芳

图 5.3　手动录入所有公司员工的工号和姓名

序号	工号	姓名	出生年月
	N0002	赵奇	1970年2月
	N0003	王成材	1973年9月
	N0004	朱怀玉	1973年2月
	N0005	谭芳	1982年8月
	N0007	李铭书	1978年5月
	N0008	陈凯	1980年10月
	N0012	李涛	1981年4月
	N0013	唐江	1983年10月
	N0013	胡丽芳	1987年6月

图 5.4　手动输入数据结果

2．自动填充数据

当工作表某个区域中具有相同的数据或这些数据之间存在某种变化规律时，可使用自动填充的方法，提高数据的输入效率。如在员工信息表中的序号列中输入等差序列作为序号值，具体操作如下。

（1）打开工作表"员工基本信息"，在 A2 单元格上单击鼠标，使其变为活动单元格，在单元格中输入"'01"，这里在数字前需要输入一个西文英文半角的单引号"'"，否则数字"1"前面的"0"将会被自动舍弃而不显示，按回车键确定输入。

（2）重新选择 A2 单元格为活动单元格，将鼠标移至单元格右下角的黑色小方块（即填充柄）上，让鼠标指针变为一个黑色十字✛，按住鼠标并向下拖动至 A15 单元格，将自动在 A2:A15 区域内填充等差序列编号"01,02,03,…,14"，填充后结果如图 5.5 所示。除使用填充柄外，还可以在"开始"选项卡的"编辑"组中单击"填充"按钮右边的向下箭头，单击"系列"命令，在弹出的"序列"对话框中设置填充的方式，接下来在"填充"下拉菜单中选择要填充的方向进行填充，如图 5.6 所示。

序号	工号	姓名	出生年月
01	N0002	赵奇	1970年2月
02	N0003	王成材	1973年9月
03	N0004	朱怀玉	1973年2月
04	N0005	谭芳	1982年8月
05	N0007	李铭书	1978年5月
06	N0008	陈凯	1980年10月
07	N0012	李涛	1981年4月
08	N0013	唐江	1983年10月
09	N0013	胡丽芳	1987年6月

图 5.5　自动填充序列结果

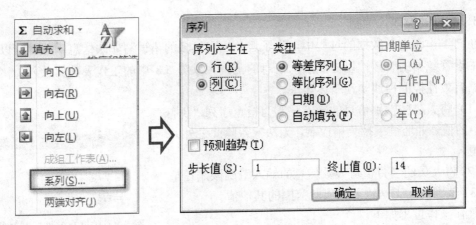

图 5.6　序列填充设置

（3）Excel 会根据活动单元格中的内容自动选择要填充的序列，包括以下几种。

① 数字序列：如 1,2,3,…或者 2,4,6,…，系统将自动根据选中的前两个单元格的差值确定等差序列的步长，如果只选中了一个单元格，等差步长将默认为 1。

② 日期序列：如 2016 年 1 月、2016 年 2 月…或者 1 日、2 日、3 日…等。

③ 文本序列：如一、二、三…或者星期一、星期二、星期三…、星期日等。

（4）除使用系统内置的序列填充数据外，如果要填充数据之间的规律较复杂，也可以创建自定义的填充序列。单击"文件"选项卡下的"选项"命令，打开"Excel 选项"对话框。在此对话框中单击左窗格中的"高级"项，然后单击右侧窗格"常规"区域下方的"编辑自定义列表"按钮，打开"自定义序列"对话框，如图 5.7 所示。

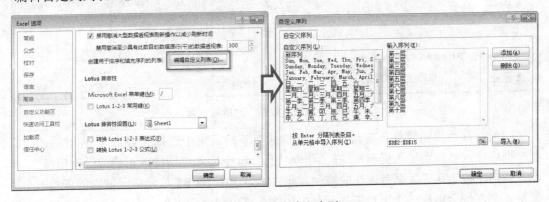

图 5.7　新建自定义序列

（5）对话框"自定义序列"列表中显示了包括 Excel 内置序列在内的现有序列，单击"自定义序列"列表中的"新序列"选项，在右侧的"输入序列"列表框中输入新建的序列，如"第一层，第二层，第三层，…，第十层"，每一项以回车分隔。输入完后，单击"添加"按钮，序列将被添加至"自定义序列"列表中，单击"确定"按钮完成序列的添加。

（6）接下来就可以使用上面创建的序列在工作表中输入序列数据。在工作表中选中准备输入序列的起始单元格，在此单元格中输入"第一层"，拖动该单元格的填充柄，就可以实现自定义序列数据的自动填充（"第二层"，"第三层"，…）。

3．数据的有效性控制

在向工作表录入数据的过程中，为了避免出现过多的错误与非法信息输入，可以在单元格中设置数据的有效性以控制录入信息的范围。以图 5.8 中的工作表数据录入为例，利用数据有效性控制模块实现下述要求。

（1）将人员的性别信息的输入限制为指定序列"男，女"中的值，并通过下拉菜单控制，无法输入除此之外的其他值。

（2）将人员的当月值班天数信息的输入范围限制在整数 0~31 范围内，无法输入超出此范围的其他值。

具体操作过程如下。

（1）首先对人员性别信息的输入进行控制。拖动鼠标选中"性别"列所在的 B2:B5 单元格区域，在"数据"选项卡的"数据工具"组中，单击"数据有效性"按钮，打开"数据有效性"对话框。在"设置"选项卡的"允许"下拉菜单中选择"序列"，在"来源"框中输入指定序列值"男，女"，每个值之间用西文逗号分隔，如图 5.9 所示。

	A	B	C
1	姓名	性别	值班天数
2	周科		
3	刘盼		
4	吴玉熙		
5	马吉昌		

图 5.8 数据有效性控制对象表

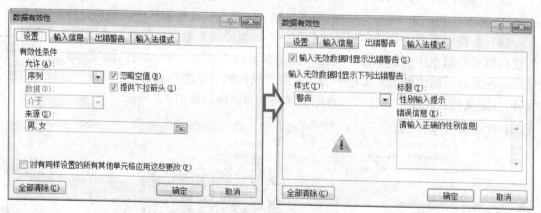

图 5.9 "数据有效性"对话框设置

（2）打开"出错警告"选项卡，在"样式"下拉菜单中选择"警告"，在右侧的"标题"框中输入"性别输入提示"，在"错误信息"框中输入"请输入正确的性别信息"，单击"确定"按钮完成数据有效性的控制，此时如果选中 B2:B5 单元格区域内的任意一个单元格，其右侧会出现一个下拉箭头，单击该箭头将出现序列"男，女"列表，在列表中选择一个值将自动填入活动单元格中，如果在单元格内手动输入了列表范围外的值，将会提示错误信息，如图 5.10 所示。

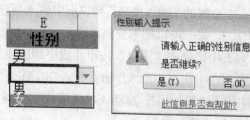

图 5.10 数据有效性控制结果和错误提示框

（3）接下来对值班天数信息的输入进行控制。拖动鼠标选中"值班天数"列所在的 C2:C5 单元格区域，在"数据"选项卡的"数据工具"组中，单击"数据有效性"按钮，打开"数据有效性"对话框。在"设置"选项卡中，在"允许"下拉菜单中选择"整数"，在"数据"下拉菜单中选择"介于"，在"最小值"和"最大值"输入框中分别输入允许输入的最小值"0"和最大值"31"，如图 5.11 所示。

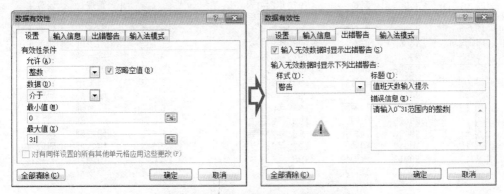

图 5.11　"数据有效性"对话框设置

（4）打开"出错警告"选项卡，在"样式"下拉菜单中选择"警告"，在右侧的"标题"文本框中输入"值班天数输入提示"，在"错误信息"框中输入"请输入 0~31 范围内的整数"，如图 5.11 所示，单击"确定"按钮完成数据有效性的控制。此时如果在 C2:C5 单元格区域内的任意一个单元格中输入除整数 0~31 之外的值，将会提示错误信息，如图 5.12 所示。

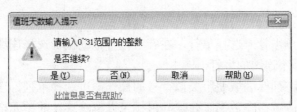

图 5.12　"值班天数"数据有效性控制结果

（5）若需要取消对上述单元格区域的数据有效性控制，则可以再次选中单元格区域 B2:B5 和 C2:C5，在"数据有效性"对话框中单击左下角的"全部清除"按钮即可。

4．单元格数据编辑修改

在制作电子表格的过程中，如有需要可以对单元格内已输入的数据进行编辑和修改，方法为双击要进行编辑的单元格进入编辑状态，直接在单元格内进行修改，或者单击要修改的单元格，然后在编辑栏中进行修改。

如果要删除单元格或者单元格区域中的内容，可以选中该单元格或者区域，按 Delete 键完成删除，或者在"开始"选项卡的"编辑"组中单击"清除"按钮，在打开的下拉列表中选择要清除的对象（格式、内容、批注、超链接或者全部清除）。

5.1.3　格式化工作表

使用 5.1.2 节中介绍的多种数据录入和编辑方法，可以完成基本表格数据的录入，得到类似如图 5.13 所示的结果。显然这只是电子表格制作过程中的一个初步的结果，其样式、外观和布局并不工整。在 Excel 中，可以使用不同的方法对工作表进行格式化处理，让表格的外观更加整洁美观，增加数据的易读性。

	A	B	C	D	E	F	G	H	I
1	序号	工号	姓名	出生年月	性别	工龄	岗位类型	部门	学历
2	01	N0002	赵奇	1970年2月	男	21	A类	管理	研究生
3	02	N0003	王成材	1973年9月	男	17	A类	管理	研究生
4	03	N0004	朱怀玉	1973年2月	女	17	B类	管理	研究生
5	04	N0005	谭芳	1982年8月	女	11	A类	市场部	研究生
6	05	N0007	李铭书	1978年5月	男	9	A类	综合部	本科
7	06	N0008	陈凯	1980年10月	男	10	B类	市场部	本科
8	07	N0012	李涛	1981年4月	男	7	B类	研发部	研究生
9	08	N0013	唐江	1983年10月	男	7	B类	研发部	研究生
10	09	N0013	胡丽芳	1987年6月	女	6	B类	综合部	本科
11	10	N0015	张菊	1981年3月	女	3	C类	研发部	研究生
12	11	N0016	杨军	1983年2月	男	5	C类	研发部	本科
13	12	N0017	毕道玉	1977年7月	男	7	C类	综合部	研究生
14	13	N0019	董珊珊	1989年6月	女	3	C类	市场部	本科
15	14	N0020	秦月元	1991年11月	女	2	C类	市场部	本科

图 5.13 基本表格数据的录入结果

1. 单元格、行、列和区域操作

在格式化工作表的过程中，需要对单元格、行、列和区域进行一系列的操作，如选择、插入、删除、移动和格式调整等，以图 5.13 中的工作表为例，具体操作如下。

（1）为了对工作表中的内容进行格式化处理，首先可以采用不同的方式选择需要操作的对象。

① 选择单元格：直接使用鼠标单击单元格位置。

② 选择整行：单击行号选择单行，在行号位置拖动鼠标选择连续多行，使用 Ctrl 键再单击多个行号选择不连续的多行。

③ 选择整列：在列标区域使用类似行号的操作即可选择单列、连续或不连续的多列。

④ 选择单元格区域：在数据区内拖动鼠标可以框选连续的单元格区域，使用 Ctrl 键框选不连续的单元格区域。

⑤ 选择整个表格：单击数据区左上角的 █ 按钮即可选择整个表格区域。

（2）选择操作对象后，可以使用不同的方式在选择对象的位置插入新的单元格、行或列，如在工作表中选择单元格 A1 或者第一行，单击鼠标右键，在弹出的右键菜单中选择"插入"命令，打开"插入"对话框，在其中选择插入对象的类型（单元格、行或列），这里单击选中"整行"，单击"确定"按钮即可在 A1 单元格的上方插入空白的一行，原先工作表中的所有内容将自动下移一行，如图 5.14 所示。

（3）如有需要，还可以对单元格、行、列和区域进行移动、删除操作，这里选择工作表中的标题行内容 A2:I2，将鼠标移到选中范围的边框上，当鼠标变成✛后直接拖动标题行的内容到工作表的第一行，然后松开鼠标即可将 A2:I2 区域的内容移动至 A1:I1 区域。接下来选中第二行的区域，此时其中的内容已变为空白，单击鼠标右键，在弹出的右键菜单中单击"删除"命令即可删除该行的内容，还可以选择第二行的 A2:I2 单元格区域单击鼠标右键，在弹出的右键菜单中单击"删除"命令，此时会打开"删除"对话框，如图 5.15

所示，在对话框中选中"整行"或者"下方单元格上移"都可以完成删除操作，此时第二行下方的所有内容将自动上移一行。

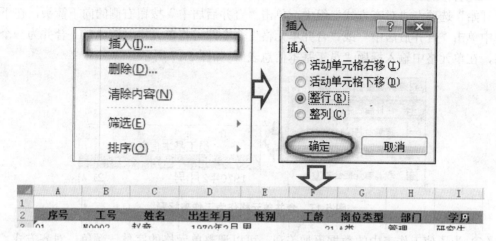

图 5.14 在工作表第一行前插入空白行

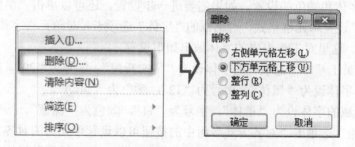

图 5.15 删除行、列或单元格区域

（4）为了方便数据的阅读，有时需要将工作表中的某一行或某一列隐藏起来不予显示，这里在工作表中选择 A2 单元格或者列 A，在"开始"选项卡的"单元格"组中单击"格式"按钮，将鼠标移至下拉菜单中的"可见性"组中的"隐藏与取消隐藏"命令上，在弹出的子菜单中选择"隐藏行"、"隐藏列"或者"隐藏工作表"命令，这里单击"隐藏列"命令，列 A 中的所有内容将被隐藏，如图 5.16 所示。如果需要取消隐藏并重新显示列 A 的内容，则可选择整个工作表区域，然后在"隐藏和取消隐藏"子菜单中单击"取消隐藏列"命令。

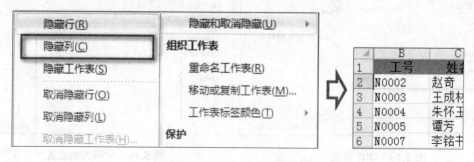

图 5.16 隐藏行、列或工作表

（5）为了突出一些重要的内容（如标题），必要时可以将多个单元格合并到一起进行显示。这里首先在工作表的第一行前插入一行作为标题行，选中标题行的单元格区域A1:I1，在"开始"选项卡"对齐方式"组中，单击"合并后居中"按钮右侧的向下箭头，在下拉菜单中单击"合并后居中"或"合并单元格"命令即可将单元格区域A1:I1合并为一个单元格，在单元格中输入标题"员工基本信息表"，如图5.17所示。

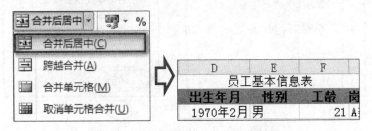

图 5.17　合并单元格作为工作表标题

（6）为了使工作表中的数据更加美观，可以调整单元格的字体、颜色、对齐方式，并设置行高列宽。选中需要进行字体设置的单元格，在"开始"选项卡的"字体"组中通过相应按钮完成字体和颜色的设置，如果需要进一步设置，还可以单击"字体"组右下方的按钮，打开"设置单元格格式"对话框的"字体"选项卡，对单元格字体进行详细设计，如图5.18所示。这里对工作表中的字体做出如下设置。

① 标题"员工基本信息表"的字体设为"华文新魏"，字号为"20"，颜色为"绿色"。

② 列名的字体设为"黑体"，字号为"12"，颜色为"自动"。

③ 其他区域的字体设为"楷体"，字号为"11"，颜色为"深蓝"。

通过"开始"选项卡"对齐方式"组中的按钮可以设置单元格的对齐方式。如需进一步设置，同样可以单击"对齐方式"组下方的按钮，打开"设置单元格格式"对话框的"对齐方式"选项卡进行详细设计，如图5.19所示。这里选择"姓名"列对应的单元格区域C3:C16，在"设置单元格格式"对话框中"水平对齐"下拉列表中选择"分散对齐（缩进）"，在"垂直对齐"下拉列表中选择"居中"，单击"确定"按钮，让姓名的内容居中分散填满整个单元格，使其更加美观。对于其他单元格，设置其水平和垂直对齐方式都为"居中"。

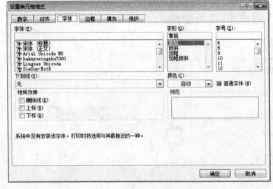

图 5.18　字体设置

图 5.19　对齐方式设置

　　最后对工作表的行高和列宽进行设置。这里首先选中标题"员工基本信息表"，在"开始"选项卡的"单元格"组中，单击"格式"按钮，在弹出的下拉菜单中单击"行高"命令，在弹出的"行高"对话框中将行高设置为"30"，单击"确定"按钮，如图 5.20 所示。接下来选择工作表的其他区域，以相同的方式打开单元格格式下拉菜单，将其他区域的行高和列宽设置为"自动调整行高"和"自动调整列宽"，这样 Excel 将自动根据单元格中的内容进行行高、列宽设置。完成上述单元格、行、列和区域操作后，工作表的内容格式如图 5.21 所示。

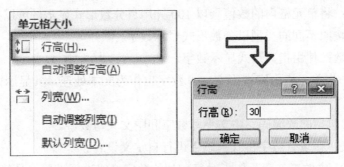

图 5.20　单元格行高设置

	A	B	C	D	E	F	G	H	I
1				员 工 基 本 信 息 表					
2	序号	工号	姓名	出生年月	性别	工龄	岗位类型	部门	学历
3	01	N0002	赵　奇	1970年2月	男	21	A类	管理	研究生
4	02	N0003	王成材	1973年9月	男	17	A类	管理	研究生
5	03	N0004	朱怀玉	1973年2月	女	17	B类	管理	研究生
6	04	N0005	谭　芳	1982年8月	女	11	A类	市场部	研究生
7	05	N0007	李铭书	1978年5月	男	9	A类	综合部	本科
8	06	N0008	陈　凯	1980年10月	男	10	B类	市场部	本科
9	07	N0012	李　涛	1981年4月	男	7	B类	研发部	本科
10	08	N0013	唐　江	1983年10月	男	7	B类	研发部	研究生
11	09	N0013	胡丽芳	1987年6月	女	6	B类	综合部	本科
12	10	N0015	张　菊	1981年3月	女	3	C类	研发部	研究生
13	11	N0016	杨　军	1983年2月	男	5	C类	研发部	本科
14	12	N0017	毕道玉	1977年7月	男	7	C类	综合部	研究生
15	13	N0019	董珊珊	1989年6月	女	3	C类	市场部	本科
16	14	N0020	秦月元	1991年11月	女	2	C类	市场部	本科

图 5.21　单元格、行、列和区域操作结果

2．数字格式设置

　　数字格式是各个单元格中数据的外观形式，改变单元格的数字格式并不会改变数值本身，也不会影响工作表中用于执行计算的实际单元格值或公式计算的结果。Excel 会根据单元格的内容自动显示最为接近的数字格式，但是这会为表格数据的显示带来一些问题，如 Excel 可能会以科学记数法表示单元格内的手机号码，或者在日期时间长度超过单元格宽度时，以"######"显示其中的内容。这时就需要对单元格数字格式进行设置，以确保所有的数据正确地显示。Excel 中包含如下类型的数字格式。

（1）常规：常规格式不包含任何特定的数字格式，它是 Excel 中默认的数字格式。

（2）数值：用于表示一般数字，可以指定小数位数、是否使用千位分隔符以及负数的显示方式。

（3）货币：表示货币的数值，可以指定货币符号、小数位数以及负数的显示方式。

（4）会计专用：对一列数值进行货币符号或者小数点对齐显示。

（5）日期：按照不同的方式显示日期值。

（6）时间：按照不同的方式显示时间值。

（7）百分比：将单元格内的数值乘以 100 并用百分数形式显示，可以指定小数位数。

（8）分数：按照不同的类型以分数形式显示数字。

（9）科学记数：使用指数形式显示数字。

（10）文本：将单元格内容视为文本，数字也作为文本处理，其显示内容与输入完全一致。

（11）特殊：包括邮政编码、中文小写数字和中文大写数字。

（12）自定义：在现有数字格式基础上进行自定义设置。

这里以图 5.21 中的工作表为例，对每一列的数字格式进行设置，具体操作如下。

（1）选择"出生年月"列对应的单元格区域 D3:D16，在"开始"选项卡的"数字"组中单击右下方的 按钮，打开"设置单元格格式"对话框的"数字"选项卡，如图 5.22 所示，在"分类"列表中选择要设置的数字格式，这里选择"日期"，在右侧的"类型"列表中选择日期显示的类型，这里选择英文日期的年月显示类型"Mar-01"，单击"确定"按钮。此时工作表中"出生年月"列中的日期将以英文日期形式显示，如图 5.22 所示。

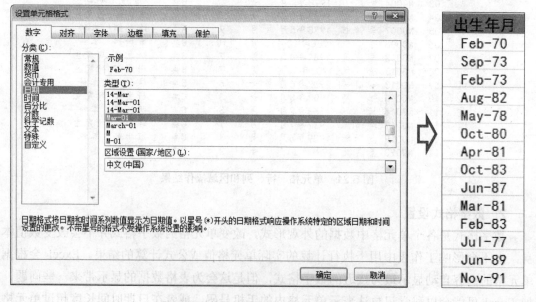

图 5.22　单元格日期数字格式设置及结果

（2）选择"工龄"对应的单元格区域 F3:F16，打开"设置单元格格式"对话框的"数字"选项卡，按照相同的方式将数字格式设置为"数值"，并设置"小数位数"为 0，单击"确定"按钮完成设置，对于工作表中的其他区域，直接单击"开始"选项卡的"数字"组中的下拉箭头，在下拉框列表中设置数字格式为"文本"。

3．边框和底纹设置

默认情况下，工作表中的网格线只用于显示而不会被打印，且所有的单元格都没有底纹，为了让表格更加美观，并突出显示重要的内容，可以对工作表中的边框和底纹进行设置，具体操作如下。

（1）打开工作表，选中所有数据区域 A1:I16 范围，在"开始"选项卡的"字体"组中单击"边框"按钮 右侧的下拉箭头，在下拉菜单中单击"其他边框"命令，打开"设置单元格格式"对话框的"边框"选项卡，如图 5.23 所示。在选项卡中对选中范围的外边框进行设置，首先在"线条样式"列表中选中"双线 "，在"线条颜色"下拉菜单中选择"深红色"，单击"外边框"按钮 确定设置的内容。接下来设置内边框的"线条样式"为"细实线 "，"线条颜色"为"自动"，单击"内边框"按钮 确定设置的内容，最后单击"确定"按钮完成边框设置，其结果如图 5.24 所示。

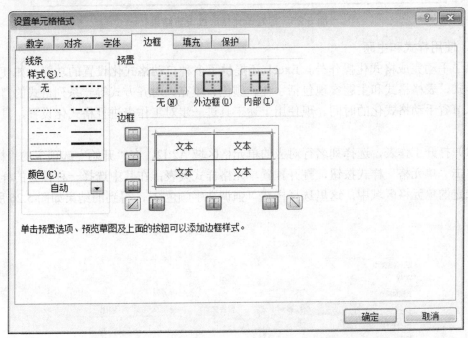

图 5.23　"设置单元格格式"对话框的"边框"选项卡设置

（2）接下来对标题单元格底纹进行设置，选择"员工基本信息表"标题单元格，在"开始"选项卡的"单元格"组中，单击"格式"按钮，在弹出的下拉菜单中单击"设置单元格格式"命令，打开"设置单元格格式"对话框并选择"填充"选项卡，在右侧的"图案样式"下拉列表中选择样式"6.25% 灰色"，在"图案颜色"下拉列表中选择"橙色"，单击"确定"按钮完成标题单元格底纹的设置，结果如图 5.25 所示。

员工基本信息表								
序号	工号	姓名	出生年月	性别	工龄	岗位类型	部门	学历
01	N0002	赵　奇	Feb-70	男	21	A类	管理	研究生
02	N0003	王成材	Sep-73	男	17	A类	管理	研究生
03	N0004	朱怀玉	Feb-73	女	17	B类	管理	研究生
04	N0005	谭　芳	Aug-82	女	11	A类	市场部	研究生
05	N0007	李铭书	May-78	男	9	A类	综合部	本科
06	N0008	陈　凯	Oct-80	男	10	B类	市场部	本科
07	N0012	李　涛	Apr-81	男	7	B类	研发部	研究生
08	N0013	唐　江	Oct-83	男	7	B类	研发部	研究生
09	N0013	胡丽芳	Jun-87	女	6	B类	综合部	本科
10	N0015	张　菊	Mar-81	女	3	C类	研发部	研究生
11	N0016	杨　军	Feb-83	男	5	C类	研发部	本科
12	N0017	毕道玉	Jul-77	男	7	C类	综合部	研究生
13	N0019	董珊珊	Jun-89	女	3	C类	市场部	本科
14	N0020	秦月元	Nov-91	女	2	C类	市场部	本科

图 5.24　边框设置结果

员工基本信息表

图 5.25　标题单元格底纹设置结果

4．使用样式和主题

除了手动完成格式化操作外，Excel 还提供了多种自动格式化设置的功能，如使用单元格样式、表格格式和主题实现包括字体、颜色、填充、对齐方式等一系列格式的自动设置，以节省手动格式化的时间。现使用上述工具进一步对工作表进行格式化设置，具体操作如下。

（1）打开工作表，选择列名行对应的单元格区域 A2:I2，在"开始"选项卡的"样式"组中单击"单元格"样式按钮，打开预置单元格样式列表，在其中选择一种预置的样式应用到选定的单元格区域中，这里选择样式"强调文字颜色 2"，得到的结果如图 5.26 所示。

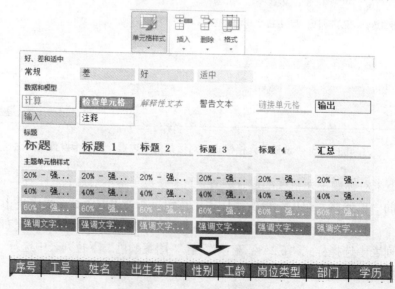

图 5.26　单元格样式设置结果

（2）另外还可以使用表格格式完成整个数据区域的格式套用，在"开始"选项卡的"样式"组中，单击"套用表格格式"按钮，打开预置的表格格式列表，可以按照与单元格格式相类似的方法选择一种样式进行套用。

（3）主题是一组格式的集合，包括主题颜色、字体、效果等。使用主题可以让工作表中所有的内容拥有相类似的风格样式，看起来更加美观明了。如果要设置文档的主题，可以在"页面布局"选项卡的"主题"组中单击"主题"按钮，在打开的主题列表中选择需要的主题类型即可。

5．条件格式设置

条件格式功能可以为满足某些条件的单元格或者单元格区域自动设置某种格式，如一份工资表中，哪些人的工资最高，哪些人工资超过了平均水平等。以图 5.24 中的工作表为例，利用条件格式进行如下设置。

（1）在"出生年月"列中，使用突出单元格显示规则设置所有 1980 年以前出生的单元格填充色和字体。

（2）在"工龄"列中，使用数据条填充规则描述所有员工工龄的长短。

（3）在"岗位类型"列中，使用自定义条件格式根据不同的岗位类型设置不同的格式。

具体操作如下。

（1）打开工作表，选择"出生年月"列对应的单元格区域 D3:D16，在"开始"选项卡的"样式"组中单击"条件格式"按钮，在下拉菜单中单击"突出显示单元格规则"—"小于"命令，打开"小于"条件设置对话框，如图 5.27 所示。在左侧的输入框中输入"Jan-80"，即对出生年月小于 1980 年 1 月的单元格格式进行设置，在"设置为"下拉框中选择应设置的格式，这里选择"浅红填充色深红色文本"，单击"确定"按钮，这样 D3:D16 中所有出生年月在 1980 年以前的单元格数据都将被设置为"浅红"色填充，"深红"色字体颜色。

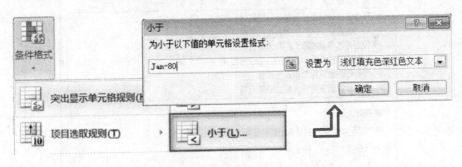

图 5.27　突出显示单元格规则设置

（2）选择"工龄"列对应的单元格区域 F3:F16，在"开始"选项卡的"样式"组中单击"条件格式"按钮，在下拉菜单中单击"数据条"→"实心填充"→"蓝色数据条"按钮，如图 5.28 所示。这样单元格区域 F3:F16 将按照工龄的大小填充蓝色数据条，数据条的长度反映了单元格中值的大小，数据条越长代表工龄越长，数据条越短代表工龄越短。

（3）选择"岗位类型"列对应的单元格区域 G3:G16，在"开始"选项卡的"样式"组中单击"条件格式"按钮，在下拉菜单中单击"管理规则"命令，打开"条件格式规则管理器"对话框，如图 5.29 所示。单击"新建规则"按钮，打开"新建格式规则"对话框，如图 5.30 所示，在"选择规则类型"列表中选择"只为包含以下内容的单元格设置格式"，在"编辑规则说明"中选择下拉列表中的内容，设置单元格值等于"A 类"时满足条件，单击下方的"格式"按钮，打开"设置单元格格式"对话框，在对话框中设置当单元格内容为"A 类"时的显示格式，这里在"字体"选项卡中设置字体为"加粗"，颜色为"红色"，单击"确定"按钮回到"新建格式规则"对话框，再次单击"确定"按钮完成格式规则的设定，此时新建的规则将显示在"条件格式规则管理器"对话框下方的列表中，按照同样的方法新建两条规则，分别设置单元格值等于"B 类"（"加粗蓝色"）和"C 类"（"加粗绿色"）时的格式，单击"确定"按钮即可完成自定义条件格式的应用。

图 5.28　数据条填充格式设置

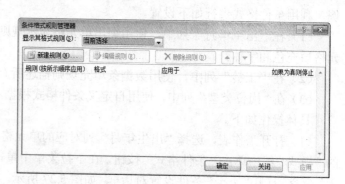

图 5.29　"条件格式规则管理器"对话框

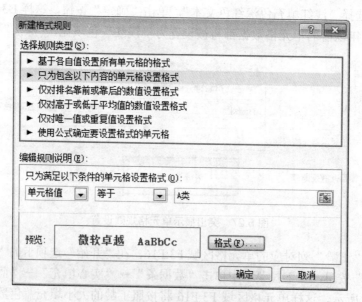

图 5.30　新建格式规则

（4）条件格式全部应用完成后，工作表中的特定单元格格式将发生变化，如图 5.31 所示。

序号	工号	姓名	出生年月	性别	工龄	岗位类型	部门	学历
					员 工 基 本 信 息 表			
01	N0002	赵 奇	Feb-70	男	21	A类	管理	研究生
02	N0003	王成村	Sep-73	男	17	A类	管理	研究生
03	N0004	朱怀玉	Feb-73	女	17	B类	管理	研究生
04	N0005	谭 芳	Aug-82	女	11	A类	市场部	研究生
05	N0007	李铭书	May-78	男	9	A类	综合部	本科
06	N0008	陈 凯	Oct-80	男	10	B类	市场部	本科
07	N0012	李 涛	Apr-81	男	7	B类	研发部	研究生
08	N0013	唐 江	Oct-83	男	7	B类	研发部	研究生
09	N0013	胡丽芳	Jun-87	女	6	B类	综合部	本科
10	N0015	张 菊	Mar-81	女	3	C类	研发部	研究生
11	N0016	杨 军	Feb-83	男	5	C类	研发部	研究生
12	N0017	毕道玉	Jul-77	男	7	C类	综合部	研究生
13	N0019	董珊珊	Jun-89	女	3	C类	市场部	本科
14	N0020	秦月元	Nov-91	女	2	C类	市场部	本科

图 5.31　条件格式应用结果

5.1.4　Excel 表格打印输出

完成了对工作表的格式化处理后，可以将表格中的内容打印输出。要打印一张工作表，首先需要对打印的页面进行设置。以图 5.31 中的工作表为例，页面设置操作如下。

（1）打开工作表，在"页面布局"选项卡中的"页面设置"组中单击右下方的 按钮，打开"页面设置"对话框，如图 5.32 所示。在对话框中可以对页面的页边距、纸张方向、大小等参数进行设置，方法与电子文档的页面设置类似。这里设置纸张方向为"纵向"，纸张大小为"B5"，设置 4 个方向的页边距均为"1.9 厘米"，居中方式为"水平"。

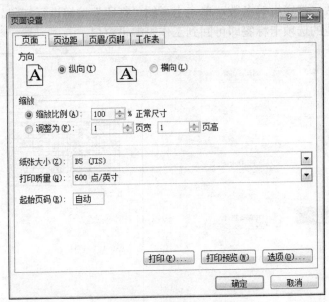

图 5.32　"页面设置"对话框

（2）在"页眉/页脚"选项卡中为页面添加页眉，这里单击"自定义页眉"按钮，打开"页眉"对话框，如图 5.33 所示。在"中"框中输入页眉内容"员工基本信息表"，单击"确定"按钮完成页眉的添加。在"工作表"选项卡中，在"打印区域"框中设置打印的范围，这里选择工作表"员工基本信息"的数据范围 A1:I16，这样该区域以外的空白单元格将不会打印。

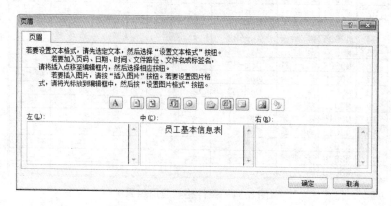

图 5.33　为页面添加自定义页眉

（3）当工作表中的数据量较大时，工作表的打印范围可能超过纸张的大小。如果需要打印多页纸的数据，部分页面中可能由于没有标题行和列而影响数据的阅读和识别。Excel 提供了打印标题的功能，让我们可以指定工作表的部分区域在每一页纸张上重复打印，以方便数据的审阅。在"页面设置"对话框中的"工作表"选项卡内可以对打印标题的行列范围进行设置，这里将"顶端标题行"框中的范围设为工作表的第二行即$2:$2，即将工作表第二行的列名信息设为标题，在每一页纸张上重复打印。

（4）页面设置完成后，即可单击"页面预览"按钮进入"打印预览"窗口，如图 5.34 所示。在窗口右侧显示了要打印页面的预览效果，如果对预览效果表示满意，则可以在左侧设置打印的份数、打印机等参数，单击上方的"打印"按钮进行打印。如果还需要进一步调整，单击其他的选项卡标签即可回到工作表编辑窗口。

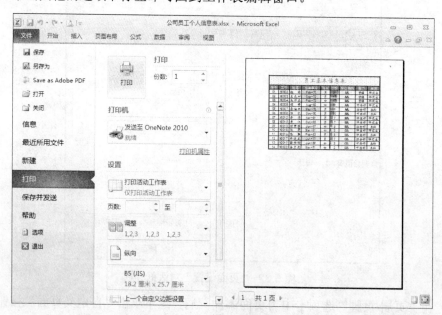

图 5.34　打印预览窗口

5.1.5 Excel 工作簿的基本操作

Excel 工作簿实际上就是一个 Excel 文件，每个工作簿由多个工作表组成。完成电子表格中各类信息的录入和格式化处理后，需要创建并管理一个工作簿来保存这些信息，以便随时进行取用。

1．创建工作簿

可以使用多种方法创建一个工作簿。

（1）启动 Excel 2010 软件时，系统将自动创建一个空白的工作簿，其中包含三个工作表，这也是 Excel 2010 默认的状态。

（2）在已经启动了 Excel 2010 后，可以单击"文件"选项卡按钮 ，然后单击"文件"选项卡中的"新建"命令，打开"新建"选项卡，如图 5.35 所示。在"新建"选项卡窗口的"可用模板"或"Office.com 模板"中选择一种工作簿类型，再单击右侧的"创建"命令按钮完成工作簿的创建。"可用模板"或"Office.com 模板"中有多种可供用户选择的模板，其中包含没有任何格式修饰的"空白工作簿"和其他一些针对具体应用的模板。

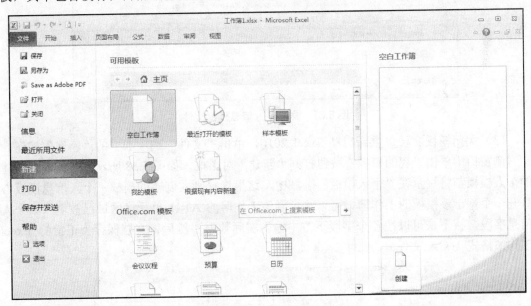

图 5.35　新建工作簿窗口

模板也是一种 Excel 文档类型，可以根据日常生活的需要在工作簿中添加一些常用的内容，比如固定的列名、常量、公式等，并将其保存为一个工作簿模板。当以后需要创建类似的工作簿时，就可以使用该模板为基础，以节省重新定义格式和输入数据的时间。如创建一个存放个人信息的工作簿模板，具体操作如下。

（1）打开 Excel 2010，创建一个空白工作簿。在工作簿的活动工作表（默认为 Sheet1）中输入个人信息电子表格模板需要的基本信息，此处在工作表的 A1:I1 单元格区域内输入字段的名称，如图 5.36 所示。

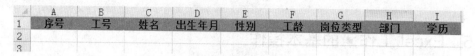

图 5.36　在空白工作簿中输入基本字段名称

（2）在"文件"选项卡中单击"另存为"命令，打开"另存为"对话框，如图 5.37 所示。在对话框中输入模板的名称，这里输入"个人信息模板"，在"保存类型"下拉列表中选择"Excel 模板"类型，单击"保存"按钮，模板文件将被自动存放在 Excel 模板文件夹中。

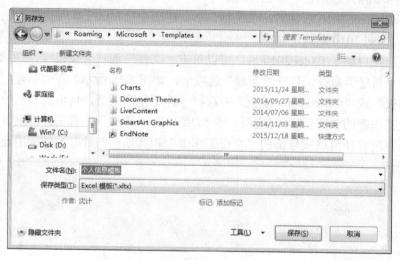

图 5.37　保存个人信息模板文件

（3）关闭模板文档，重新启动 Excel 2010，单击"文件"选项卡中的"新建"按钮，在右侧窗口中单击"我的模板"按钮打开"新建"对话框，如图 5.38 所示。所有已被创建的个人模板都将显示在"个人模板"区域中，这里选择刚才创建的模板"个人信息模板"，打开一个基于该模板的工作簿，可以注意到该工作簿的 A1:I1 单元格区域已被填入了个人信息字段，接下来可以在各个字段下方中输入实际数据，然后将文档保存为正常的 Excel 工作簿格式（.xlsx 文件）。

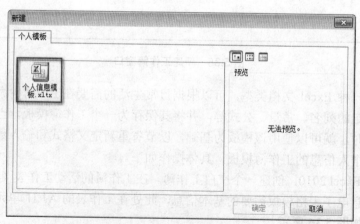

图 5.38　使用个人信息模板创建一个新的工作簿

2．打开和关闭工作簿

实际工作中，用户需要再次打开并继续编辑过去已编辑过的工作簿。如果要打开过去已编辑过的工作簿可以使用多种方法。

（1）直接在保存工作簿的位置找到要打开的工作簿，双击该工作簿，即可打开工作簿。

（2）先启动 Excel 2010，单击"文件"选项卡中的"打开"命令，在"打开"对话框中，选择要打开的工作簿文件，并单击"打开"按钮，即可打开工作簿。

在工作簿中录入数据或完成编辑工作后，可以对相关操作进行保存以防止数据的丢失。保存工作簿可使用多种方法。

（1）单击"快速访问工具栏"上的"保存"命令按钮 。这种方式下，文件的保存位置与上次保存的位置相同。

（2）选择"文件"选项卡，再单击菜单中的"保存"命令。这种方式下，文件的保存位置与上次保存的位置相同。

（3）选择"文件"选项卡，再单击菜单中的"另存为"命令，打开"另存为"对话框。在"保存位置"下拉列表框中选择工作簿要存放的文件夹或磁盘名。在"文件名"下拉列表框中输入文件名。在"文件类型"下拉列表框中选择文件类型，最后单击"保存"按钮。

按照 5.1.2 和 5.1.3 节的方法完成对某公司员工个人信息工作表的数据录入和格式化处理后，可以使用"另存为"命令将图 5.31 中的电子表格保存为工作簿文件"公司员工个人信息表.xlsx"。

3．工作簿的隐藏与保护

在 Excel 中可以同时打开多个工作簿，为了方便地在多个工作簿之间切换阅读，可以暂时隐藏不需要阅读的工作簿，需要时再将它们显示出来，具体操作如下。

（1）切换到要隐藏的工作簿窗口，这里打开 Excel 工作簿文件"公司员工个人信息表.xlsx"，单击"视图"选项卡中"窗口"组中的"隐藏"按钮，可以将当前工作簿隐藏起来，如图 5.39 所示。

（2）如果需要再次显示已被隐藏的工作簿，可单击"视图"选项卡"窗口"组中的"取消隐藏"按钮，打开"取消隐藏"对话框，在对话框中选择需要取消隐藏的工作簿名称，此处选择"公司员工个人信息表.xlsx"，单击"确定"按钮完成取消隐藏操作，如图 5.39 所示。

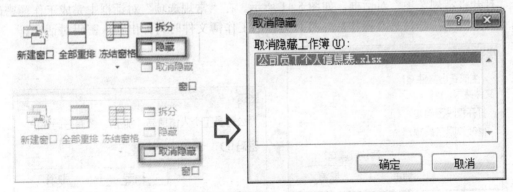

图 5.39　隐藏与取消隐藏工作簿

如果不希望他人随意地修改工作簿中的内容，可以对工作簿的窗口、结构以及工作簿中的数据进行保护，具体操作如下。

（1）打开需要保护的工作簿，这里打开工作簿文件"公司员工个人信息表.xlsx"，单击"审阅"选项卡"更改"组中的"保护工作簿"按钮，打开"保护结构和窗口"对话框，如图5.40所示。在对话框中可以根据需要勾选"结构"和"窗口"复选框，单击"确定"按钮实现对工作簿窗口和结构的保护。

① 若"结构"复选框被勾选：任何对工作簿结构的更改将被阻止，包括工作簿及其包含的工作表的删除、重命名、插入、移动或复制等操作。

② 若"窗口"复选框被勾选：任何对工作簿窗口的更改将被阻止，包括更改工作簿窗口的大小、位置以及关闭窗口等操作。

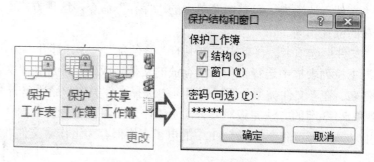

图5.40　打开"保护结构和窗口"对话框

（2）如果要取消对工作簿的保护，只需要再次单击"审阅"选项卡"更改"组中的"保护工作簿"按钮即可。如果要防止他人随意取消对工作簿的保护，可以在保护工作簿时在"保护结构和窗口"对话框的"密码（可选）"框中输入密码，单击"确定"按钮，在弹出的对话框中再次输入相同的密码确认。这样如果需要取消对工作簿的保护，则会弹出对话框要求进行密码验证。

（3）如果需要对工作簿中的所有数据进行保护，可以对打开工作簿的权限进行加密限制，加密后的工作簿在打开时需要输入密码，只有正确输入密码后才能进入工作簿。若要加密工作簿，可以在"文件"选项卡中单击"另存为"命令，打开"另存为"对话框。单击该对话框下方的"工具"命令按钮 工具(L) ，然后单击弹出菜单中的"常规选项"命令，打开"常规选项"对话框，如图5.41所示。在"常规选项"对话框中完成工作簿密码的设置。完成工作簿另存操作后，打开另存的工作簿文件时将弹出输入密码对话框。

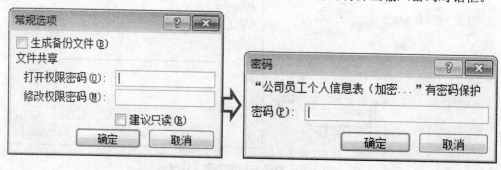

图5.41　对工作簿中的所有数据进行保护

5.1.6 Excel 工作表的基本操作

工作簿由工作表组成，这些工作表可以是常用工作表、图表等多种类型。创建 Excel 工作簿后，就可以对该工作簿中的工作表进行编辑和管理。

1. 创建、删除和编辑工作表

在新建工作簿时，Excel 将自动为该工作簿创建三个工作表。如果需要，可添加新的工作表，并完成一系列的插入、编辑和删除管理工作，具体操作如下。

（1）直接单击工作表标签右侧的"插入工作表"按钮，即可在标签最右侧插入一张空白的工作表。

（2）也可在工作表标签中单击右键，在弹出的右键菜单中单击"插入"命令，打开"插入"对话框，如图 5.42 所示，在对话框中选择插入工作表类型，单击"确定"按钮即可在当前活动的工作表前插入一个新工作表。

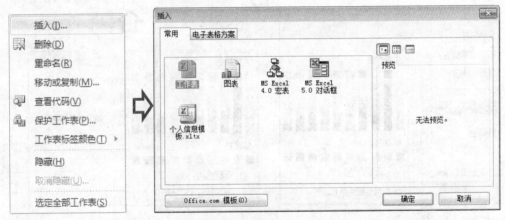

图 5.42 通过右键菜单中的"插入"命令插入工作表

（3）还可单击"开始"选项卡"单元格"组中"插入"按钮的下拉箭头，在下拉菜单中单击"插入工作表"命令在当前活动的工作表前插入一个新工作表，如图 5.43 所示。这里在"公司员工个人信息表.xlsx"中的工作表 Sheet1 右侧新插入一个工作表 Sheet4。

（4）若需要为新插入的工作表定义一个名称或者重命名现有的工作表，可以在该工作表标签上双击鼠标，或者先通过标签选中要命名的工作表，然后单击"开始"选项卡"单元格"组中"格式"按钮的下拉箭头，在下拉菜单中的"组织工作表"栏中单击"重命名工作表"命令，如图 5.44 所示。此时工作表标签名称将进入可编辑状态，输入新的工作表名后按回车键确认。这里将"公司员工个人信息表.xlsx"中的工作表"Sheet1"重命名为"员工基本信息"，将工作表"Sheet4"重命名为"员工教育背景"。

（5）当一个工作簿中有多张工作表时，可以为工作表标签设置颜色以突出显示部分工作表。在要改变颜色的工作表标签上单击右键，在弹出的右键菜单中单击"工作表标签颜色"命令，或者单击"开始"选项卡"单元格"组中"格式"按钮的下拉箭头，在下拉菜单中的"组织工作表"栏中单击"工作表标签颜色"命令，打开颜色选择列表，在其中选择一种作为工作表标签颜色。这里将"公司员工个人信息表.xlsx"中的工作表"员工基本信息"标签设为"蓝色"，"员工教育背景"标签设为"黄色"，如图 5.45 所示。

图 5.43 "插入工作表"命令　　　　图 5.44 "重命名工作表"命令

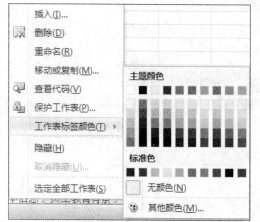

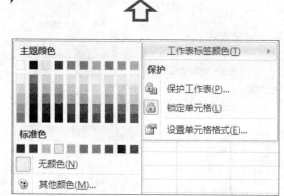

图 5.45 设置工作表标签颜色

（6）如果某个工作簿中工作表较多，可以将暂时不用的工作表隐藏起来，以便工作表之间的切换。首先选中需要隐藏的工作表标签，单击鼠标右键，在弹出的右键菜单中，单击"隐藏"命令即可将工作表隐藏。隐藏后的工作表还可以取消隐藏重新显示，在工作表标签栏单击右键，在弹出的右键菜单中单击"取消隐藏"命令打开"取消隐藏"对话框，在对话框中选择需要取消隐藏的工作表，单击"确定"按钮即可取消隐藏，如图 5.46 所示。

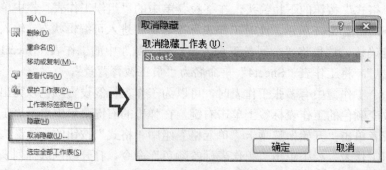

图 5.46 隐藏和取消隐藏工作表

（7）如要删除某一个工作表，可在要删除的工作表标签上单击右键，在弹出的右键菜单中单击"删除"命令即可，这里将"公司员工个人信息表.xlsx"中多余的工作表 Sheet2 和 Sheet3 删除。

2．移动和复制工作表

如果要改变工作簿中工作表的显示顺序，或者将工作表移动到另一个工作簿中，可以通过移动工作表方法来实现。如果需要在移动工作表的过程中在其原先的位置保留一份工作表副本，则可以通过复制工作表方法实现，具体操作如下。

（1）可通过鼠标的拖动功能完成同一工作簿内工作表的移动或复制。若要移动工作表，可使用鼠标将工作表沿标签行拖动到指定位置。若要复制工作表，可在释放鼠标前，按住 Ctrl 键，然后再释放鼠标。

（2）若要在不同的工作簿之间移动或者复制工作表，可以首先在需要移动或者复制的工作表标签上单击鼠标右键，在弹出的右键菜单中单击"移动或复制"命令，或者单击"开始"选项卡"单元格"组中"格式"按钮的下拉箭头，在下拉菜单中的"组织工作表"栏中单击"移动或复制工作表"命令，打开"移动或复制工作表"对话框，如图 5.47 所示。

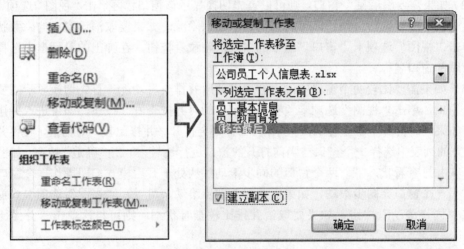

图 5.47　"移动或复制工作表"对话框

（3）在"工作簿"下拉列表中选择要复制或者移动的目标工作簿，在"下列选定工作表之前"列表框中选择要插入工作表的位置。若要对工作表进行复制操作，则选中"建立副本"复选框，单击"确定"按钮即可完成工作表的复制或者移动操作。这里将"公司员工个人信息表.xlsx"中工作表"员工基本信息"复制到工作表"员工教育信息"之后，并将其重命名为"临时工基本信息"，如图 5.48 所示。

员工基本信息　员工教育背景　临时工基本信息

图 5.48　移动和复制工作表结果

3．工作表视图控制

在 Excel 中可以同时打开多个工作簿或将一个工作表中的内容拆分为多个窗口，对于多个工作簿及工作表对应的多个窗口，可对其进行显示方式的切换和控制，具体操作如下。

（1）为了实现多窗口的控制和切换，首先需要定义不同的窗口。这里打开工作簿文件"公司员工个人信息表.xlsx"中的工作表"员工基本信息"，单击"视图"选项卡"窗口"组中的"新建窗口"按钮，可以在 Excel 中新建一个显示"员工基本信息"工作表的窗口，并将其命名为"公司员工个人信息表.xlsx:2"，而原先的窗口则命名为"公司员工个人信息表.xlsx:1"。如果需要切换正在显示的窗口，可以单击"视图"选项卡"窗口"组中"切换窗口"下方的箭头，在下拉菜单中选择要显示的窗口名称即可，如图 5.49 所示。

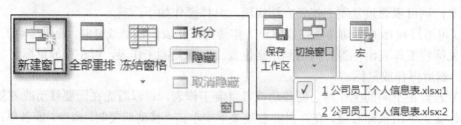

图 5.49　新建窗口、切换显示窗口

（2）如果需要隐藏某个窗口，则可以首先切换显示该窗口，再单击"视图"选项卡"窗口"组中的"隐藏窗口"按钮即可将当前显示窗口隐藏。如果要取消该窗口的隐藏状态，则可单击"视图"选项卡"窗口"组中的"取消隐藏"按钮，在弹出的对话框中选择需要取消隐藏的窗口名称。

（3）如果需要比较两个窗口中的内容，可使用并排查看功能。首先切换显示需要比较的一个窗口，单击"视图"选项卡"窗口"组中的"并排查看"按钮，即可进入并排查看状态，如果同时打开了多个窗口（大于两个），则会打开"并排比较"对话框，在"并排比较"下方的列表中选择一个窗口与当前打开的窗口进行比较，单击"确定"按钮，如图 5.50所示。在并排查看状态下，两个窗口的同步滚动默认处于开启模式，即操作一个窗口的滚动条时另一个窗口会同步滚动，如果需要取消同步滚动，可以在"视图"选项卡"窗口"组单击"同步滚动"按钮，如果要取消并排比较查看状态，则可再次单击"并排比较"按钮。

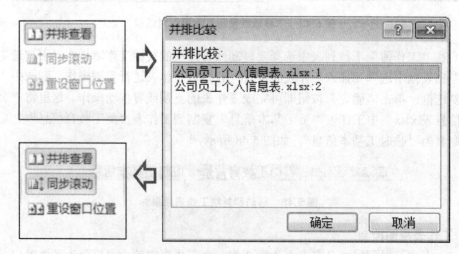

图 5.50　多窗口的并排查看功能

（4）若希望在同一个界面中查看所有的窗口，可单击"视图"选项卡"窗口"组中的"全部重排"按钮，打开"重排窗口"对话框，如图 5.51 所示。在此对话框中选择"平铺"、"水平并排"、"垂直并排"、"重叠" 4 种窗口排列方式中的一种，如果勾选"当前活动工作簿的窗口"复选框，则只会同时显示当前工作簿中的窗口，而不显示其他已打开工作簿中的窗口，设置完成后，单击"确定"按钮即可按照选择的排列方式显示所有窗口。

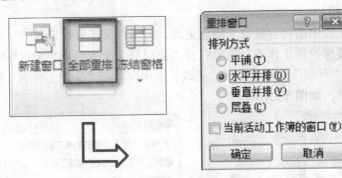

图 5.51　全部重排显示所有窗口

（5）当一个窗口中的内容超出窗口的边界范围时，需要操作滚动条来查看窗口外的数据，然而滚动查看窗口数据时，将看不到位于第一行或者第一列的行列标题，为数据的理解和辨识带来不便。通过冻结窗口来锁定窗口中的某几行或者某几列不随滚动条滚动而始终显示，可以有效地解决上述问题。在"视图"选项卡的"窗口"组中单击"冻结窗格"下方的箭头，在下拉菜单中选择不同的冻结窗格命令。"冻结拆分窗格"命令可以冻结当前选择行列上方区域的内容，如当前选择工作表中的第 4 行，那么通过此命令将冻结工作表前三行的内容。如果要冻结行标题和列标题，则可以通过选择"冻结首行"或"冻结首列"命令来实现。设置窗口冻结后，如果要取消窗口中的冻结，则可以在"冻结窗格"下拉菜单中选择"取消冻结窗格"命令，如图 5.52 所示。

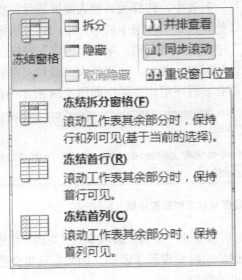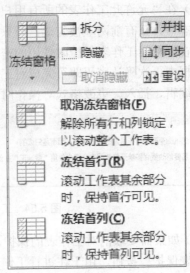

图 5.52　冻结和取消冻结窗格命令

（6）在 Excel 2010 中，为用户提供了拆分工作表的功能将窗口拆分为 4 个部分。每个部分显示的是同一个工作表的不同区域，通过移动各个拆分窗口的数据，可以使位于不连续行或列的相关数据靠近显示，以便比较查看。单击"视图"选项卡下的"窗口"组中的"拆分"命令即可完成对当前窗口的拆分。再次单击"拆分"命令可以取消对当前窗口的拆分。

4. 工作表保护

为了防止工作表中的内容被他人随意更改，可以对工作表设定保护。具体操作如下。

（1）打开需要保护的工作表，这里打开"公司员工个人信息表.xlsx"中的工作表"员工基本信息"，在"审阅"选项卡中的"更改"组中，单击"保护工作表"按钮，打开"保护工作表"对话框，如图 5.53 所示。

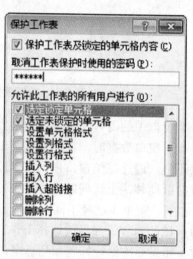

图 5.53 "保护工作表"对话框

（2）在"允许此工作表的所有用户进行"列表中，选择允许他人能够进行的操作，在默认状态下，只有前两项被勾选，即只允许他人选定工作表中的单元格。这里选择默认状态，并在"取消工作表保护时使用的密码"中输入一组密码，单击"确定"按钮，在弹出的对话框中再次确认密码即可完成对工作表的保护。此时，如果他人试图对工作表中的内容进行编辑、插入、更改格式等操作时，都会被程序阻止并弹出如图 5.54 所示的提示框。

图 5.54 工作表保护状态时的提示框

（3）如果需要取消对工作表的保护，则可以单击"审阅"选项卡的"更改"组中的"撤销工作表保护"按钮，由于在进行工作表保护的时候设置了密码，因此在这里会弹出密码输入框，完成密码验证后即可取消对工作表的保护。

5.2　Excel 公式与函数的应用

Excel 2010 的主要功能是进行表格的数据处理，在数据处理的过程中数据间时常需要进行加、减、乘、除或函数等运算。Excel 提供了大量不同类型的函数，这些函数可以与各类运算符一起构成各种公式满足数据处理的需要，从而简化表格数据计算过程，保证正确率。本节将对 Excel 公式及函数的使用方法进行逐一介绍，完成下列目标。

（1）了解 Excel 中公式的组成元素及基本使用方法；

（2）了解 Excel 中的函数类型和每种函数的功能；

（3）使用一些常用的函数辅助完成各类数据管理操作。

5.2.1　Excel 公式的基本使用

公式本质上就是一组表达式，它一般以等号开始，等号之后是需要进行计算的运算数，包括常量、单元格引用和函数，各运算数之间以运算符分隔。

1．公式中的运算符

运算符用于指定要对公式中的运算数进行的计算类型，主要包括以下几种。

（1）算术运算符。算术运算符主要实现对数值数据的加、减、乘、除等运算操作，如表 5.1 所示。

表 5.1　算术运算符

运　算　符	含　　义	操　作　示　例	运　算　结　果
+	加	=4+3	7
-	减	=4-3	1
*	乘	=4*3	12
/	除	=3/4	0.75
^	幂	=4^3	64
%	百分比	=43%	0.43

（2）关系运算符。关系运算符的功能是完成两个运算对象的比较，并产生逻辑值 TRUE（真）或 FALSE（假），如表 5.2 所示。

表 5.2　关系运算符

运　算　符	含　　义	操　作　示　例	运　算　结　果
<	小于	=4<3	FALSE
>	大于	=4>3	TRUE
<=	小于等于	=4<=3	FALSE
>=	大于等于	=3>=3	TRUE
=	等于	=4=3	FALSE
<>	不等于	=4<>3	TRUE

（3）文本运算符。Excel 的文本运算符只包含一个运算符，即&，用于实现将一个或多个文本数据连接起来，产生一个新的数据。

例如，单元格 A2 的数据为"武汉"，单元格 A3 的数据为"每天不一样"，则 A2&A3 的值为"武汉每天不一样"，A3&A2 的值为"每天不一样武汉"。

2．公式中的常量

常量就是公式中输入的数值和文本。如公式：=3+5 中的 3、5 都是常量，是数值常量；再如公式：=A2&"武汉"（"武汉"两边的双引号是英文半角的双引号，而不是中文双引号）的"武汉"也是常量，称为文本常量。

3．公式的输入、编辑与复制

以如图 5.55 所示的工资信息工作表为例。为了计算每个员工当月应扣除的公积金，可以使用公式对工作表中的数据进行处理和运算，具体操作如下。

	A	B	C	D
1	工号	姓名	基础工资	公积金
2	N0002	赵奇	¥4,680.00	
3	N0003	王成材	¥4,360.00	
4	N0004	朱怀玉	¥3,460.00	
5	N0005	谭芳	¥3,880.00	
6	N0007	李铭书	¥3,720.00	
7	N0008	陈凯	¥2,900.00	
8	N0012	李涛	¥2,660.00	
9	N0013	唐江	¥2,660.00	
10	N0014	胡丽芳	¥2,580.00	

图 5.55　利用公式计算员工公积金金额

（1）在"公积金"下方的第一个单元格上单击鼠标，使其成为活动单元格。此处单击选中 D2 单元格。

（2）输入等号"="，表示正在输入公式而非文本数据。按照政策，员工每月需要缴纳的公积金数额为基础工资的百分之十五，因此可在等号后方输入"C2*15%"，如图 5.56 所示。其中"C2"为单元格引用，代表的是第 C 列（基础工资）第 2 行的值（4680.00），该引用可以通过直接输入单元格地址或者单击对应的单元格生成。

（3）公式输入完成后可按下回车键，计算结果将显示在公式所在的单元格中，如图 5.56 所示。

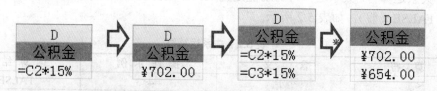

图 5.56　公式的输入、编辑与复制及相对引用的使用

（4）输入到单元格中的公式可以像普通数据一样，通过拖动单元格右下角的填充柄或者填充命令进行复制填充，此时填充和复制的是公式本身，公式计算结果会由于公式中引用的变化而发生改变，其相关描述可参见下面单元格引用中的内容。

4．单元格引用

单元格引用是 Excel 中最常用的运算对象。单元格引用表示的是一个或者多个单元格的地址，可通过该地址对相应单元格中已存储的数据进行运算。常用的单元格引用类型如下。

（1）相对引用。又称相对单元格引用，相对引用中的单元格地址不是固定地址，而是基于包含公式的单元格与被引用的单元格之间的相对位置的相对地址。在默认情况下，公式中对单元格的引用都是相对引用，如果复制公式，相对引用将自动调整。以图 5.56 中 D2 单元格中的公式"=C2*15%"为例，其中"C2"就是相对引用，表示在 D2 中引用位于同一行，第 2 列单元格的值。当向下复制公式到单元格 D3 时，那么与 D3 位于同一行，第 3 列的单元格就变成了 C3，因此 D3 中的公式将自动变为"=C3*15%"，如图 5.56 所示。同理，如果该公式被复制到 D5，那么 D5 中的公式将变为"=C5*15%"。相对引用的好处是当公式位置发生变化时，公式中引用的单元格会自动发生变化。在这种情况下，只要复制公式，便可以很快计算出其他类似数据。

（2）绝对引用。与相对引用不同，绝对引用与包含公式的单元格的位置无关。单元格的绝对引用是指在单元格标识符的行号和列号前都加上"$"符号，表示将行列冻结，如"$C$2"。绝对引用中被冻结的行列号不会随着公式的复制而发生改变，因此如果图 5.56 中 D2 单元格中的公式变为"=$C$2*15%"，那么当公式被向下复制到单元格 D3 时，公式的内容将仍为"=$C$2*15%"，因此计算得到的结果也不会发生改变，如图 5.57 所示。

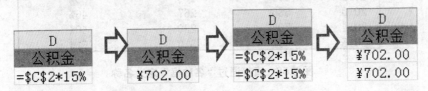

图 5.57　公式中的绝对引用

（3）混合引用。混合引用是指引用行或列中的某一项被冻结的情况。当需要将引用中的行冻结而允许列变化时，可以在行号前加"$"符号，如"C$2"。当需要将应用中的列冻结而允许行变化时，可以在列号前加"$"符号，如"$C2"。

（4）区域引用。如果要引用单元格区域，则可以按照如下形式表示。

单元格区域左上角单元格的引用:单元格区域右下角单元格的引用

如 E2:H8，则表示以 E2 单元格为左上角顶点，以 H8 单元格为右下角顶点围成的矩形区域。

如果要引用某一行（列）或者某几行，可以按照如下形式表示。

起始行号（列标）:终止行号（列标）

如 10:12，则表示引用工作表中第 10~12 行的单元格区域。又如 D:F，则表示引用工作表从第 D 列至 F 列的单元格区域。

如果需要同时引用若干个不连续的单元格区域，则可以按照如下形式表示。

单元格区域 1，单元格区域 2，…

如 A2:D5,F3:G6,8:8，则表示单元格区域 A2:D5，单元格区域 F3:G6 以及第 8 行共同组成的区域。

如果要选择某几个区域相交的区域，则可以按照如下形式表示。

单元格区域 1[空格]单元格区域 2

[空格]指在需要进行相交计算的单元格区域之间加入空格符号，如 A1:C3[空格]B2:D4，则表示引用单元格区域 A1:C3 和 B2:D4 之间相交的部分，即单元格区域 B2:C3。

5. 名称的定义与引用

一种常见的绝对引用使用方法是为单元格或者区域指定一个名称，并在公式中使用这些名称表示绝对引用区域。在定义名称的过程中，需要注意遵循以下语法原则。

（1）新的名称不能与现有的名称重复（不区分大小写），且不能与单元格的地址相同，如 A1，$E6 等。

（2）名称中不能使用空格，第一个字符只能是字母（或中文汉字）、下划线或反斜杠。

（3）一个名称的长度不能超过 255 个西文字符。

以图 5.58 中的工作表为例，使用不同的方法分别对工作表中的不同区域命名，具体操作如下。

升学分配情况	▼	🔘	fx	某县大学升学和分配情况表

△	A	B	C	D
1			某县大学升学和分配情况表	
2	时间	考取人数	分配回县人数	分配回县/考取比率
3	2011	353	162	46%
4	2012	450	239	53%
5	2013	586	267	46%
6	2014	705	280	40%
7	2015	608	310	51%

图 5.58 直接通过"名称框"定义名称

（1）在定义名称前，首先选择要命名的单元格或者区域，这里选择图 5.58 工作表中的整个数据区域 A1:D7。在编辑栏左侧的"名称框"中输入要命名的名称，这里输入"升学分配情况"，按回车键完成命名的操作，如图 5.58 所示。完成后，公式中的"升学分配情况"即代表数据区域 A1:D7。

（2）此外，还可以利用现有数据来命名数据区域。如要将工作表中的每一列以各列对应的字段名来命名，可以选择要命名的区域，这里选择 A2:D7 区域。在"公式"选项卡中，单击"定义的名称"组中的"根据所选内容创建"按钮，打开"以选定区域创建名称"对话框，如图 5.59 所示。

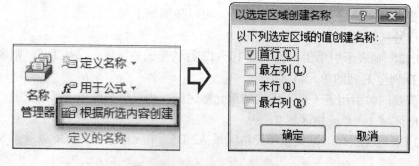

图 5.59 以选定区域创建名称

（3）在对话框中选择命名的依据，如数据区域"首行"、"最左列"、"末行"和"最右列"。需要注意的是,如果命名的依据为行,则将以被选数据区域的每一列来命名,反之如果依据为列,则将以被选数据区域的每一行来命名。这里选择"首行"复选框并清除其他复选框的选择,单击"确定"按钮。这样将对 A2:D7 区域中的每一列定义一个名字,每列的名字为该列首行对应单元格的值,即各字段的名称。如第一列 A2:A7 单元格区域将被命名为"时间",第二列 B2:B7 单元格区域将被命名为"考取人数",以此类推。

(4)还可以通过单击"公式"选项卡中"定义的名称"组中的"定义名称"按钮,打开"新建名称"对话框,如图 5.60 所示。在输入框中输入想要定义的名称和备注信息,并指定名称所引用的范围。这里在"名称"框中输入"升学与分配2011年",在"范围"下拉框中选择"工作簿",在"备注"框中输入"该县 2011 年大学升学和分配情况",在"引用位置"框中选择工作表中第三行(代表 2011 年的升学和分配数据)对应的单元格区域 $A$3:$D$3,最后单击"确定"按钮完成名称定义。

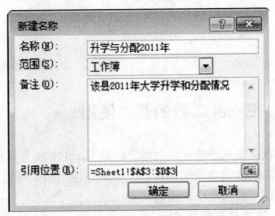

图 5.60　通过"定义名称"命令手动定义名称

(5)名称定义完成后,可以直接通过"名称框"右侧的箭头打开名称下拉列表,列表中将显示所有已被定义的单元格名称,单击下拉列表的名称即可将其添加至正在编辑的公式中。此外在编辑公式的过程中,还可以通过单击"公式"选项卡中"定义的名称"组中的"用于公式"按钮,打开名称下拉列表并单击所要使用的名称,将该名称添加进公式中,如图 5.61 所示。

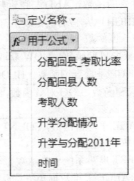

图 5.61　在公式中使用名称

（6）若要查看和管理已经定义的名称，则可在"公式"选项卡中，单击"定义的名称"组中的"名称管理器"按钮，打开"名称管理器"对话框，如图5.62所示。在该对话框中可以查看所有已经定义的名称及其所引用的范围，并对它们进行编辑、修改和删除操作。

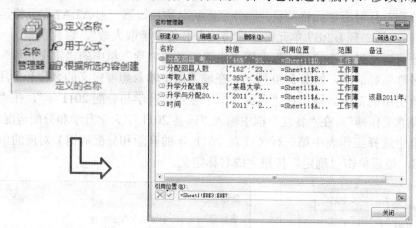

图5.62　名称管理器的使用

5.2.2　Excel 函数的基本使用

函数是公式中的运算对象，也是 Excel 中较为复杂的内容，Excel 系统的真正功能可以说是由它的函数功能来体现的，合理地运用函数可以完成非常复杂的计算任务，数据的分析和处理一般都是使用函数来完成的。

1. 函数与函数分类

函数也可以理解为是一些预定义的公式，Excel 提供了大量的函数，如求和函数 SUM、求平均值函数 AVERAGE、求最大值函数 MAX 等。这些函数按照功能的不同被分为 11 大类，不同类别具有代表性的函数如表 5.3 所示。

表 5.3　函数分类及典型示例

类　　别	典型函数示例
财务	NPV 投资净现值计算函数，RATE 实际利率计算函数
逻辑	IF 条件判断函数，AND 与逻辑判断函数，OR 或逻辑判断函数
文本	LEFT/RIGHT 从左/右侧截取字符串函数，TRIM 删除字符串收尾空格函数，LEN 返回字符串长度函数
日期和时间	DATE 获取日期函数，NOW 获取当前日期和时间函数
查找和引用	VLOOKUP 垂直查询函数，HLOOKUP 水平查询函数
数学和三角函数	SUM 求和函数，LOG 对数函数，SIN 正弦函数，COS 余弦函数，INT 取整函数，ROUND 四舍五入函数
统计	AVERAGE 平均值函数，COUNT 计数函数，MAX/MIN 最大值/最小值函数，RANK.EQ 排名函数
工程	CONVERT 度量系统转换函数
多维数据集	CUBEVALUE 多维数据集汇总返回函数
信息函数	TYPE 数据类型查看函数，ISBLANK 空值判断函数
兼容性	RANK 排名函数（早期版本）

2．函数的输入与编辑

在公式中输入函数时应遵循如下一些语法规则。

（1）函数通常表示为：函数名([参数 1],[参数 2],…)，括号中的参数可以有多个，中间用逗号分隔，其中方括号中的参数为可选参数，有的函数可以没有参数。

（2）函数名后面的括号必须成对出现，括号与函数名之间不能有空格。

（3）函数的参数可以是文本、数值、日期、时间、逻辑值或单元格的引用等。但每个参数必须有一个确定的有效值。

在输入函数的过程中，可能无法准确地记忆每个函数的名称以及参数的组成，因此 Excel 提供了函数参考帮助我们输入函数。一般来说，可以通过以下两种方法插入函数。

（1）选择某一个单元格，进入公式编辑状态。在"公式"选项卡中的"函数库"组中选择某一个函数类别，在该类别的下拉菜单中选择要使用的函数。如选择"逻辑"类别中的 IF 函数，打开"函数参数"对话框，如图 5.63 所示。按照对话框中的提示或者左下角"有关该函数的帮助"链接，输入函数所要使用的各个参数，最后单击"确定"按钮使用函数。

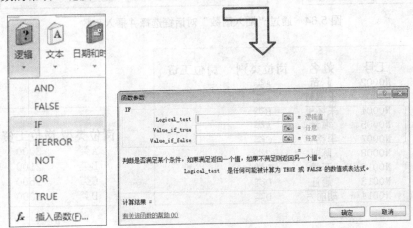

图 5.63　在"函数库"中选择并插入函数

（2）选择某一个单元格，进入公式编辑状态。在"公式"选项卡中的"函数库"组中单击"插入函数"，或者通过"名称框"右侧的箭头打开名称下拉列表，选择"其他函数"命令，打开"插入函数"对话框，如图 5.64 所示。在"选择类别"下拉表中选择函数类别，或者在"搜索函数"框中输入函数的简单描述，这里输入"条件判断"，单击"转到"按钮。此时 IF 函数将被显示在下方的"选择函数"列表中，选中该函数，单击"确定"按钮即可打开如图 5.63 所示的"函数参数"对话框，按照同样的方法输入函数参数，完成函数的使用。

5.2.3　常用函数的应用

1．垂直查询函数（VLOOKUP）

VLOOKUP 函数可以搜索指定单元格区域的第一列，然后返回符合条件的值对应的相同行上任意单元格内的值。以图 5.65（a）的工作表中员工岗位工资计算为例，岗位工资由员工的岗位类型决定，不同岗位类型对应的工资表被存放于工作表的 N2:O5 区域内，如图 5.65（b）所示。使用 VLOOKUP 函数可以根据每一位员工的岗位类型查询存放于 N2:O5 单元格区域中的岗位工资值，并写入每位员工对应的工资记录中。

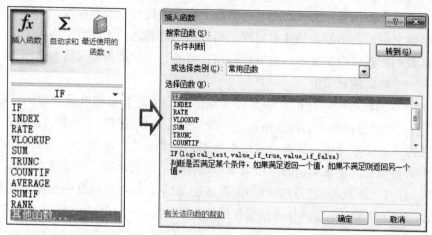

图 5.64　通过"插入函数"对话框选择并插入函数

	A	B	C	D
1	工号	姓名	岗位类别	岗位工资
2	N0002	赵奇	A类	
3	N0003	王成材	A类	
4	N0004	朱怀玉	B类	
5	N0005	谭芳	A类	
6	N0007	李铭书	C类	
7	N0008	陈凯	C类	
8	N0012	李涛	B类	
9	N0013	唐江	D类	
10	N0014	胡丽芳	D类	

（a）

N	O
岗位类型	岗位工资
A类	3000
B类	2100
C类	1500
D类	1000

（b）

图 5.65　VLOOKUP 函数应用实例

VLOOKUP 函数表达式为 VLOOKUP(lookup_value, table_array, col_index_num, [range_lookup])，包含三个必需参数和一个可选参数，分别如下。

（1）lookup_value。必需的参数，表示要搜索的值。

（2）table_array。必需的参数，表示被搜索的单元格区域，函数需要在该区域第一列中寻找 lookup_value 对应的值。

（3）col_index_num。必需的参数，表示返回数据在 table_array 中的列号。如果 col_index_num 为 1，则返回 table_array 中符合 lookup_value 的那一行中第一列的值，若 col_index_num 为 2，则返回第二列的值，以此类推。

（4）range_lookup。可选的参数。取值为逻辑值 TRUE 或者 FALSE，表示函数搜索的是与 lookup_value 精确匹配的值还是近似匹配的值。如果 range_lookup 为 TRUE 或者为默认值，则表示近似匹配；如果找不到与 lookup_value 精确匹配的值，则返回小于 lookup_value 的最大值；如果 range_lookup 为 FALSE，则表示精确匹配；如果找不到与 lookup_value 精确匹配的值，则返回错误值#N/A。如果在 table_array 的第一列中找到多个与 lookup_value 匹配的值，则返回第一个匹配值所在行对应 col_index_num 列的值。

为了查询岗位工资值，应将单元格区域 N2:O5 设置为 table_array，在其第一列中搜索每一个员工的岗位类别，并返回对应岗位类别的岗位工资。以姓名为"赵奇"的员工（位于工作表第二行）岗位工资计算为例，在单元格 D2 中输入公式：

= VLOOKUP (C2,$N$2:$O$5,2,FALSE)

VLOOPUP 的参数中，lookup_value 对应的单元格 C2 存放的是员工"赵奇"对应的岗位类型"A 类"，因此在 table_array 中的第一列中搜索"A 类"，并返回第二列即"基础工资"中对应的值，此时将返回"3000"，如图 5.66 所示。需要注意的是，函数的 table_array 参数使用了绝对引用($N$2:$O$5)，这是为了在复制公式时使搜索的范围固定不变。

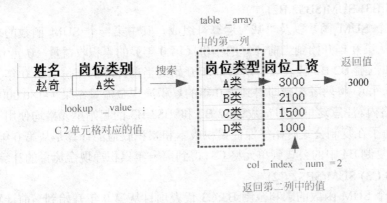

图 5.66　利用 VLOOKUP 函数计算岗位工资

使用填充柄复制 D2 中的公式到单元格 D10，可以使用垂直查询函数计算每一个员工的岗位工资，结果如图 5.67 所示。

	A	B	C	D
1	工号	姓名	岗位类别	岗位工资
2	N0002	赵奇	A类	¥3,000.00
3	N0003	王成材	A类	¥3,000.00
4	N0004	朱怀玉	B类	¥2,100.00
5	N0005	谭芳	A类	¥3,000.00
6	N0007	李铭书	C类	¥1,500.00
7	N0008	陈凯	C类	¥1,500.00
8	N0012	李涛	B类	¥2,100.00
9	N0013	唐江	D类	¥1,000.00
10	N0014	胡丽芳	D类	¥1,000.00

图 5.67　基础工资计算结果

2. 求和函数(SUM)

SUM 函数可以返回指定单元格区域的合计值。以图 5.68 中的某项目每年的累积净现金流量计算为例，利用 SUM 函数可以统计项目从第 0 年开始逐年的成本和收益累积值，并通过计算两者的差值得到该项目每年的累积净现金流量。SUM 函数的表达式为 SUM(number1,[number2],…)，包含一个必需的参数和若干个可选参数。

	A	B	C	D	E	F
1	年份	0	1	2	3	4
2	成本（元）	180000	20000	10000	10000	10000
3	收益（元）	0	80000	100000	100000	100000
4	累积净现金流量（元）					

图 5.68　SUM 函数应用实例

（1）number1。必需参数，表示第一个求和范围，该参数为一个单元格或者单元格区域，也可以为常量、数组、公式或者另一个函数。

（2）number2,…。可选的参数，其他求和范围，与 number1 的设置规则相同。

案例中，某一年的累积净现金流量值为项目开始（第0年）到该年为止的累积收益与累积成本之差。以第0年的累积净现金流量值计算为例，在单元格 B4 中输入公式：

=SUM($B$3:B3)-SUM($B$2:B2)

该公式由两个 SUM 函数以及"减"运算符组成，其中第一个 SUM 函数的求和范围 B3:B3 代表项目从第0年开始到当前计算的年份（第0年）的累积收益量（0元），第二个 SUM 函数的求和范围 B2:B2 代表项目从第0年开始到当前计算的年份（第0年）的累积成本量（180 000元），将两者相减即得到第0年的累积净现金流量结果（-180 000元），并显示在 B4 单元格内。注意这里求和参数$B$2:B2 和$B$3:B3 的起始单元格均使用了绝对引用（冻结），这是为了在复制公式时始终保证累积成本和累积收益的计算是从第0年开始的。

使用填充柄复制 B4 中的公式到单元格 C4，得到第一年累积净现金流量的计算公式为：

=SUM($B$3:C3)-SUM($B$2:C2)

其中，第一个 SUM 函数的求和范围 B3:C3 代表项目从第0年开始到当前计算的年份（第一年）的累积收益量（80 000元），第二个 SUM 函数的求和范围 B2:C2 代表项目从第0年开始到当前计算的年份（第一年）的累积成本量（200 000元），将两者相减即得到第0年的累积净现金流量结果（-120 000元），并显示在 C4 单元格内。

使用填充柄复制公式到单元格 F4，即可得到每一年的累积净现金流量结果，如图 5.69 所示。

	A	B	C	D	E	F
1	年份	0	1	2	3	4
2	成本（元）	180000	20000	10000	10000	10000
3	收益（元）	0	80000	100000	100000	100000
4	累积净现金流量（元）	-180000	-120000	-30000	60000	150000

图 5.69　使用 SUM 函数计算税前工资

3. 条件求和函数（SUMIF，SUMIFS）

SUMIF 函数可以对指定单元格区域中符合指定条件的值求和。以图 5.70（a）的某家用电器销售公司全年营销数据为例，可利用 SUMIF 函数统计各分公司所有产品的总销售量，填入工作表 H2:H5 区域的对应位置，如图 5.70（b）所示。

SUMIF 函数的表达式为 SUMIF（range, criteria, [sum_range]），包含两个必需参数和一个可选参数。

（1）range。必需参数，用于求和条件计算的单元格区域。

⁄	A	B	C	D	E
1	季度	分公司	产品名称	销售数量	销售额（万元）
2	1	西部	空调	89	12.282
3	1	南部	电冰箱	89	20.826
4	2	北部	空调	89	12.282
5	4	北部	电冰箱	86	20.124
6	1	北部	电冰箱	86	38.356
7	3	南部	空调	86	30.444
8	3	西部	空调	84	11.592
9	2	东部	空调	79	27.966
10	3	西部	电冰箱	78	34.788
11	4	南部	电冰箱	75	17.55
12	1	北部	空调	73	32.558
13	2	西部	电冰箱	69	22.149
14	1	东部	空调	67	18.425
15	3	东部	空调	66	18.15

(a)

G	H
分公司	总销量
东部	
西部	
南部	
北部	

(b)

图 5.70　SUMIF 函数应用实例

（2）criteria。必需参数，表示条件计算的内容，即求和的条件。可以为数字、表达式、单元格引用和函数等。如">3000"则表示当 range 中的值满足大于 3000 的条件时参与求和运算。在书写的过程中，如果条件中含有文本或者逻辑、数学符号，则必需使用英文半角双引号（"）括起来；如果条件仅为数字，则无须使用双引号。

（3）sum_range。可选参数，表示实际要进行求和计算的单元格范围。如果被省略，则将对 range 指定的单元格范围中的值进行求和。

以分公司"东部"的全年产品总销售量统计为例，在 H2 单元格中输入公式：

=SUMIF($B$2:$B$15,G2,$D$2:$D$15)

该公式将"分公司"列对应的单元格区域 B2:B15 作为求和条件判断区域 range，利用 criteria 参数将"分公司"名为单元格 G2 中的值（即"东部"）作为判断条件，最后 sum_range 参数为"销售数量"列对应的单元格区域 D2:D15，即将所有"分公司"名为"东部"的产品"销售数量"相加求和，将结果显示在 H2 单元格中。注意这里在 range 参数与 sum_range 参数中均使用了绝对引用（$B$2:$B$15 和$D$2:$D$15），这是为了确保在复制公式时保证求和条件判断以及实际求和区域单元格范围不变。

利用填充柄将 H2 中的公式向下复制至 H5，得到每个分公司的全年产品销售总量结果，如图 5.71 所示。

SUMIFS 与 SUMIF 函数类似，可以对指定单元格区域中满足多个条件的单元格求和。仍以图 5.70 中的某家用电器销售公司全年营销数据为例，可利用 SUMIF 函数统计该公司前三季度空调的总销售额，并将结果写入 K1 单元格中，如图 5.72 所示。

G	H
分公司	总销量
东部	212
西部	320
南部	250
北部	334

图 5.71　SUMIF 函数应用结果

图 5.72　SUMIF 函数应用实例

SUMIFS 函数的表达式为 SUMIFS(sum_range, criteria_range1, criteria1, [criteria_range2, criteria2],…），包含三个必需的参数和多个可选参数。

（1）sum_range。必需参数，表示实际要进行求和计算的单元格范围。

（2）criteria_range1。必需参数，表示第一个求和条件计算对应的单元格区域。

（3）criteria1。必需参数，表示第一个求和条件计算的内容，可以为数字、表达式、单元格引用和函数等。

（4）criteria_range2，criteria2，…可选参数，表示附加的求和条件计算单元格区域和附加的求和条件。最多允许附加 127 个求和条件计算内容，每个 criteria_range 区域所包含的行列个数必须与 sum_range 区域相同，所有求和计算条件相互关联，必须同时被满足才能进行求和计算。

为了计算前三季度空调的总销售额，在 K1 单元格中输入公式：

=SUMIFS(E2:E15,A2:A15,"<=3",C2:C15,"空调")

公式中 sum_range 参数为"销售额（万元）"列对应的单元格区域 E2:E15，第一个条件计算区域为"季度"列对应的单元格区域 A2:A15，求和条件为"<=3"，第二个条件计算区域为"产品名称"列对应的单元格区域 C2:C15，求和条件为"空调"，即对所有"季度"小于等于"3"（即前三季度）并且"产品名称"为"空调"的"销售额（万元）"进行求和，得到前三季度空调的总销售额并填入 K1 单元格中，其结果如图 5.73 所示。

4. 逻辑判断函数（IF）

IF 函数可以根据逻辑表达式的结果返回特定的值。以图 5.74 中的某仓库货物库存信息表为例，可利用 IF 函数根据每种货物的实际库存量与预订量，给出其库存提示信息，即当某种货物库存量小于预订量时，在提示信息中记录"库存不足"，否则记录"有库存"。

	A	B	C	D
1	货物编号	库存数量	预订数量	提示信息
2	0123	1000	1256	
3	0124	1200	1758	
4	0125	1800	1467	
5	0126	2000	1543	
6	0127	1000	897	
7	0128	800	965	
8	0129	1800	2298	
9	0130	1500	976	

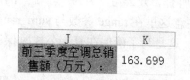

J	K
前三季度空调总销售额（万元）：	163.699

图 5.73　SUMIFS 函数应用结果

图 5.74　IF 函数应用实例

IF 函数的表达方式为 IF(logical_test, value_if_true, value_if_flase)，包含三个必需参数。

（1）logical_test。必需参数，表示作为判断条件的逻辑表达式，如"B2>200"就是一个逻辑表达式，如果 B2 单元格中的值大于 200，则该表达式的结果为 TRUE，否则为 FLASE。

（2）value_if_true。必需参数，表示当 logical_test 判断结果为 TRUE 时的函数返回值。

（3）value_if_false。必需参数，表示当 logical_test 判断结果为 FALSE 时的函数返回值。

以编号为"0123"的货物库存提示信息获取为例，在单元格 D2 中输入公式：

=IF(B2>=C2,"有库存","库存不足")

该公式首先比较货物"0123"的库存数量（单元格 B2）与预订数量（单元格 C2）。若满足 B2>=C2，即库存量不小于订货量，则表示库存足够，此时返回信息"有库存"，否则则表示库存无法满足订货量的需求，此时返回信息"库存不足"。返回的值将显示在 D2 单元格内，对于货物 0123，不满足 B2(1000)>=C2(1256)，因此在 D2 单元格中将显示"库存不足"的信息。使用填充柄复制 D2 中的公式到单元格 D9，可以使用相同的方法对每一种货物的库存提示信息进行判断，其结果如图 5.75 所示。

货物编号	库存数量	预订数量	提示信息
0123	1000	1256	库存不足
0124	1200	1758	库存不足
0125	1800	1467	有库存
0126	2000	1543	有库存
0127	1000	897	有库存
0128	800	965	库存不足
0129	1800	2298	库存不足
0130	1500	976	有库存

图 5.75   IF 函数应用结果

5. 平均值函数（AVERAGE）

AVERAGE 函数可以统计选定单元格区域的平均值。以图 5.76 中某年三个城市的月降雨量统计信息为例，可利用 AVERAGE 函数统计每个城市该年的月平均降雨量，并填入单元格区域 N3:N5 中。

	A	B	C	D	E	F	G	H	I	J	K	L	M	N
1	城市	降雨量（mm）												月平均降
2		1月	2月	3月	4月	5月	6月	7月	8月	9月	10月	11月	12月	雨量（mm）
3	城市A	16	27	21	77	70	64	106	93	8	159	2	7	
4	城市B	83	43	42	205	262	223	169	154	3	107	0	6	
5	城市C	5	3	24	62	29	16	134	172	34	105	2	4	

图 5.76   AVERAGE 函数应用实例

AVERAGE 函数的表达方式为 AVERAGE（number1,[number2],…），包含一个必需的参数和若干个可选参数。

（1）number1。必需参数，表示第一个求平均值的范围，该参数为一个单元格或者单元格区域，也可以为常量、数组、公式或者另一个函数。

（2）number2,…。可选的参数，其他求平均值的范围，与 number1 的设置规则相同。

以"城市 A"的月平均降雨量统计为例，在单元格 N3 中输入公式：

=AVERAGE(B3:M3)

该公式将统计 B3:M3 单元格区域内所有值（即城市 A 的月降雨量数据集合）的平均数，并将统计结果显示在 N3 单元格内。使用填充柄复制 N3 中的公式到单元格 N5，可以得到每个城市的月平均降雨量统计结果，如图 5.77 所示。

	A	B	C	D	E	F	G	H	I	J	K	L	M	N
1	城市	降雨量（mm）												月平均降
2		1月	2月	3月	4月	5月	6月	7月	8月	9月	10月	11月	12月	雨量（mm）
3	城市A	16	27	21	77	70	64	106	93	8	159	2	7	54.167
4	城市B	83	43	42	205	262	223	169	154	3	107	0	6	108.083
5	城市C	5	3	24	62	29	16	134	172	34	105	2	4	49.167

图 5.77   AVERAGE 函数应用结果

6. 条件平均函数（AVERAGEIF，AVERAGEIFS）

AVERAGEIF 函数可以对指定区域满足给定条件的所有单元格中的数值进行平均值计

算。以图 5.78 中某食品加工厂某月部分职工的生产信息数据表为例，可利用 AVERAGEIF 函数统计该月第 2 车间所有职工的平均生产件数，并将结果写入 H1 单元格。

	A	B	C	D	E
1	职工号	年龄	性别	生产部门	生产件数
2	0012	36	女	第2车间	55
3	0013	29	女	第1车间	74
4	0014	33	女	第2车间	68
5	0015	42	男	第2车间	82
6	0016	37	男	第2车间	88
7	0017	44	女	第1车间	57
8	0018	45	男	第1车间	81
9	0019	39	女	第1车间	70
10	0020	33	男	第2车间	85
11	0021	40	女	第2车间	77

	G	H
	平均件数（第2车间）：	

图 5.78　AVERAGEIF 函数应用实例

AVERAGEIF 函数的表达式为 AVERAGEIF（range, criteria, [average_range]）包含两个必需参数和一个可选参数。

（1）range。必需参数，表示用于求平均条件计算的单元格区域。

（2）criteria。必需参数，表示条件计算的内容，即参与求平均计算的条件。可以为数字、表达式、单元格引用和函数等。如 ">3000" 则表示当 range 中的值大于 3000 时参与求平均运算。在书写的过程中，如果条件中含有文本或者逻辑、数学符号，则必需使用英文半角双引号（"）括起来，如果条件仅为数字，则无须双引号。

（3）average_range。可选参数，表示实际要进行求平均计算的单元格。如果被省略，则将对 range 指定的单元格区域中的值进行求平均计算。

为了统计第 2 车间所有职工在当月的平均生产件数，需在单元格 H1 中输入公式：

=AVERAGEIF(D2:D11,"第 2 车间",E2:E11)

公式中将职工"生产部门"列对应的单元格区域 D2:D11 设为平均值统计的条件判断区域 range，利用 criteria 参数将"第 2 车间"设为作为判断条件，最后将职工"生产件数"列对应的单元格区域 E2:E11 设为实际平均值统计范围 average_range，即计算"生产部门"为"第 2 车间"的职工当月"生产件数"的平均值，将结果显示在 H1 单元格中，其结果如图 5.79 所示。

AVERAGEIFS 与 AVERAGEIF 函数类似，可以对指定单元格区域中满足多个条件的单元格进行平均值统计。仍以图 5.78 中某食品加工厂某月部分职工的生产信息数据表为例，可利用 AVERAGEIFS 函数统计该月所有年龄在 35 岁以上的女性职工的平均生产件数，并将结果写入单元格 J1，如图 5.80 所示。

G	H		I	J
平均件数（第2车间）：	75.83		平均件数（年龄>35,女性）：	

图 5.79　AVERAGEIF 函数应用结果　　　图 5.80　AVERAGEIFS 函数应用实例

AVERAGEIFS 函数的表达式为 AVERAGEIFS（average_range, criteria_range1, criteria1, [criteria_range2, criteria2], …），包含三个必需的参数和若干个可选参数。

（1）average_range。必需参数，表示实际要进行求平均计算的单元格。

（2）criteria_range1。必需参数，表示第一个求平均条件计算对应的单元格区域。

（3）criteria1。必需参数，表示第一个求平均条件计算的内容，可以为数字、表达式、单元格引用和函数等。

（4）criteria_range2，criteria2，…可选参数，表示附加的求平均条件计算单元格区域和附加的求平均条件。最多允许附加 127 个条件计算内容，每个 criteria_range 区域所包含的行列个数必须与 average_range 区域相同，所有求平均计算条件相互关联，必须同时被满足才能进行求平均计算。

为了统计所有年龄在 35 岁以上的女性职工当日的平均生产件数，需在 J1 单元格中输入公式：

=AVERAGEIFS(E2:E11,B2:B11,">35",C2:C11,"女")

公式中 average_range 参数为职工"生产件数"列对应的单元格区域 E2:E11，第一个条件计算区域为职工"年龄"列对应的单元格区域 B2:B11，计算条件为">35"，第二个条件计算区域为职工"性别"列对应的单元格区域 C2:C11，计算条件为"女"，即计算所有"年龄"大于 35 岁且"性别"为女性的职工当月"生产件数"的平均值，并将结果显示在J1 单元格中，其结果如图 5.81 所示。

7. 计数函数（COUNTIF，COUNTA）

COUNTIF 函数可以统计指定区域内满足某种条件的单元格的个数。以图 5.82 中某大学某专业学生期末考试成绩汇总表为例，可利用 COUNTIF 函数统计各科的不及格人数，并填入单元格 C16:I16 中。

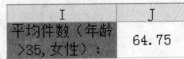

I	J
平均件数（年龄>35,女性）：	64.75

图 5.81　AVERAGEIFS 函数应用结果

	A	B	C	D	E	F	G	H	I
1	学号	姓名	高数	英语	计算机基础	法制史	刑法	民法	法律英语
2	1201013	钱超群	75	86	89	72	89	77	78
3	1201014	陈称意	56	53	77	74	87	75	83
4	1201015	盛雅	88	91	82	87	93	84	83
5	1201016	王佳君	59	92	57	57	94	55	82
6	1201017	史二映	85	87	94	77	90	84	51
7	1201018	王晓亚	83	58	56	87	89	85	83
8	1201019	魏利娟	93	88	77	51	88	82	84
9	1201020	杨慧娟	83	90	81	81	86	84	56
10	1201021	刘璐璐	85	85	54	92	86	81	86
11	1201022	廉梦迪	89	87	79	84	88	50	86
12	1201023	郭梦月	82	91	79	54	86	79	81
13	1201024	于慧霞	78	91	71	76	91	81	80
14	1201025	高琳	91	91	80	55	89	84	83
15	1202001	朱朝阳	84	94	66	80	89	80	78
16		不及格人数							

图 5.82　COUNTIF 函数应用实例

COUNIF 函数的表达式为 COUNTIF（range,criteria），包含两个必需参数。

（1）range。必需参数，用来确定要计数的单元格区域。

（2）criteria。必需参数，表示计数的条件，可以为数字、表达式、单元格引用等，如"2000"则表示记录 range 内等于 2000 的值的个数。

以科目"高数"的不及格人数统计为例，在单元格 C16 中输入公式：

=COUNTIF(C2:C15,"<60")

公式中的 range 参数为记录每位学生"高数"成绩的单元格范围 C2:C15，criteria 参数的值则表示对"高数"成绩小于 60 的所有成绩记录进行计数，即统计"高数"课程期末考试不及格的人数，并将结果写入单元格 C16 中。

利用填充柄将单元格 C16 中的公式复制至 I16，即可对每一科期末考试成绩不及格的人数进行统计，其结果如图 5.83 所示。

学号	姓名	高数	英语	计算机基础	法制史	刑法	民法	法律英语
1201013	钱超群	75	86	89	72	89	77	78
1201014	陈称意	56	53	77	74	87	75	83
1201015	盛雅	88	91	82	87	93	84	83
1201016	王佳君	59	92	57	57	94	55	82
1201017	史二映	85	87	94	77	90	84	51
1201018	王晓亚	83	58	56	87	89	85	83
1201019	魏利娟	93	88	77	51	88	82	84
1201020	杨慧娟	83	90	81	81	86	84	56
1201021	刘璐璐	85	85	54	92	86	81	86
1201022	廉梦迪	89	87	79	84	88	50	86
1201023	郭梦月	82	91	79	54	86	79	81
1201024	于慧霞	78	91	71	76	91	81	80
1201025	高琳	91	91	80	55	89	84	83
1202001	朱朝阳	84	94	66	80	89	80	78
不及格人数		2	2	3	4	0	2	2

图 5.83　COUNTIF 函数应用结果

COUNTA 函数能够统计指定区域内不为空的单元格的个数。以图 5.84 中某商场运动品牌专卖店当日商品交易清单为例，可利用 COUNTA 函数统计当日已成交次数，并计入单元格 C1 中。

COUNTA 函数的表达式为 COUNTA（number1, number2,…），包含一个必需参数和若干个可选参数。

（1）number1。必需参数，表示第一个计数范围，该参数为一个单元格或者单元格区域，也可以为常量、数组、公式或者另一个函数。

（2）number2,…。可选的参数，其他计数范围，与 number1 的设置规则相同，最多包含 255 个其他计数范围。

	A	B	C	D	E	F	G
1	当日已成交次数：						
2	商品编号	商品类型	颜色	价格	数量	金额	时间
3	NC0314	T恤	灰色	¥149.00	1	¥149.00	10:19
4	NC0983	外套	米色	¥399.00	1	¥399.00	10:53
5	NC0368	外套	蓝色	¥499.00	1	¥499.00	11:46
6	TC908	男鞋	白色	¥479.00	1	¥479.00	13:54
7	NC0314	T恤	白色	¥149.00	2	¥298.00	15:20
8	TC862	男鞋	白色	¥599.00	1	¥599.00	15:42
9	NC0628	T恤	黑色	¥199.00	2	¥398.00	16:08
10	NC0983	外套	墨绿	¥399.00	1	¥399.00	16:31

图 5.84　COUNTA 函数应用实例

为了计算该专卖店当日已成交次数，可在单元格 C1 中输入公式：

=COUNTA(G:G)-1

计算当日成交次数实际即是对该专卖店当日商品交易清单中的记录数进行统计。在上述公式中，COUNTA 函数的计数范围设置为“时间”列对应的整列单元格区域 G:G（实际上可选择清单中的任意一列作为计数范围，其结果是等价的），即对“时间”列中所有不为空的单元格进行计数，得到所有商品成交记录的条目数。由于在单元格区域 G:G 中，单元格 G2 的值为列名“时间”也将被计数，因此应将计数得到的结果减去 1 得到实际的商品成交次数，并写入单元格 C1，其结果如图 5.85 所示。

当日已成交次数：	8

图 5.85　COUNTA 函数应用结果

8. 排序函数（RANK）

RANK.EQ 函数是 Excel 2010 中新加入的函数，可以返回一个数值在指定数值列表中的排名，如果列表中有多个数值取值相同，则返回该值的并列最佳排名。以图 5.86 中某公司的月现金明细账目表为例，可利用 RANK.EQ 函数计算每项账目的收支金额在当月的排序，并填入单元格区域 G5:G18 中，以便快速地了解当月现金明细账单中出现重大收支变化的账目位于何处。

	A	B	C	D	E	F	G	H
1				现金明细账				
2	年		凭证类型	摘要	借	贷	增减排序	余额
3	月	日						
4	×	1		期初余额			借	50,000.00
5		2	现收	获得还款	10,000.00			60,000.00
6		7	现付	偿还债务		50,000.00		10,000.00
7		11	现收	产品销售收入	100,000.00			110,000.00
8		12	现收	收取设备租金	60,000.00			170,000.00
9		17	现付	支付工资		80,000.00		90,000.00
10		18	现付	支付奖金		16,000.00		74,000.00
11		18	现付	支付加班费		5,000.00		69,000.00
12		21	现付	支付差旅费		3,000.00		66,000.00
13		21	现收	出售知识产权	200,000.00			266,000.00
14		21	现收	产品销售收入	110,000.00			376,000.00
15		23	现付	购办公用品		1,000.00		375,000.00
16		27	现付	购买原材料		150,000.00		225,000.00
17		31	现收	产品销售收入	120,000.00			345,000.00
18		31	现付	存款		200,000.00		145,000.00
19	×	31		本月发生额及余额	600,000.00	505,000.00	借	145,000.00

图 5.86　RANK.EQ 函数应用实例

RANK.EQ 函数的表达方式为 RANK.EQ（number,ref,[order]），包含两个必需参数和一个可选参数。

（1）number。必需参数，表示要确定排名的数值或单元格引用。

（2）ref。必需参数，表示排名需要参考的数值列表区域，区域中的非数字值将被省略。

（3）order。可选参数，表示排名的方式，如果 order 为 0 或者默认值，则表示进行降序排序，如果 order 不为 0，则表示进行升序排序。

以当月 2 日的收支金额在当月的排序计算为例，在 G5 单元格内输入公式：

=RANK.EQ(E5+F5,$E$5:$F$18)

公式将计算当月 2 日的账目收支金额之和（E5+F5）在当月所有收支账目金额范围 E5:F18 中的排名，并将结果显示在单元格 G5 中。由于 order 参数为默认值，则排名规则为降序，即收支金额越大，排名越靠前。需要注意的是，函数的 ref 参数使用了绝对引用($E$5:$F$18)，这是为了在复制公式时使排名参考的范围固定不变。使用填充柄复制 G5 中的公式到单元格 G18，可以得到每一项账目的收支金额在当月所有账目中的排名结果，如图 5.87 所示。由图中可以看出，现金明细账单中出现最大收支变化的账目出现在当月 21 日与 31 日，收支金额均达到了 200 000 元，账目摘要内容分别为"出售知识产权"与"存款"。

现金明细账							
年 月 日	凭证类型	摘要	借	贷	增减排序	余额	
× 1		期初余额			借	50, 000. 00	
2	现收	获得还款	10, 000. 00		11	60, 000. 00	
7	现付	偿还债务		50, 000. 00	9	10, 000. 00	
11	现收	产品销售收入	100, 000. 00		6	110, 000. 00	
12	现收	收取设备租金	60, 000. 00		8	170, 000. 00	
17	现付	支付工资		80, 000. 00	7	90, 000. 00	
18	现付	支付奖金		16, 000. 00	10	74, 000. 00	
18	现付	支付加班费		5, 000. 00	12	69, 000. 00	
21	现付	支付差旅费		3, 000. 00	13	66, 000. 00	
21	现收	出售知识产权	200, 000. 00		1	266, 000. 00	
21	现收	产品销售收入	110, 000. 00		5	376, 000. 00	
23	现付	购办公用品		1, 000. 00	14	375, 000. 00	
27	现付	购买原材料		150, 000. 00	3	225, 000. 00	
31	现收	产品销售收入	120, 000. 00		4	345, 000. 00	
31	现付	存款		200, 000. 00	1	145, 000. 00	
× 31		本月发生额及余额	600, 000. 00	505, 000. 00	借	145, 000. 00	

图 5.87　RANK.EQ 函数应用结果

5.3　Excel 图表的应用

Excel 2010 图表是数据的可视化表示，通过图表能够直观地显示工作表中的数据，形象地反映数据的差异、发展趋势。Excel 中图表与数据是动态关联的，换句话说，如果图表所关联的表格数据发生改变，图表会自动更新来反映那些变化。本节将对 Excel 中的图表使用方法及功能进行逐一介绍，实现以下学习目标。

（1）了解 Excel 中的图表类型和它们的作用；

（2）掌握创建基本图表的方法；

（3）根据图表的组成元素，掌握对图表进行修饰和编辑方法，使其更加美观；

（4）对不同类型的图表进行实际应用。

5.3.1　在 Excel 中创建图表

为了以不同的方式对表格中的数据进行图形化显示和比较，Excel 提供了多种图表类型完成数据分析。

1. 基本图表类型

Excel 中包含 11 种基本图表类型，每个类型下又包含若干个子类型。表 5.4 列举了每种图表类型及其相关的功能描述。

表 5.4　Excel 中的图表类型

图 表 类 型	功 能 描 述
柱形图	柱形图用于显示一段时间内的数据变化或说明各数据项之间的比较情况。在柱形图中，通常沿横坐标轴组织类别（如时间、种类等），沿纵坐标轴组织值
折线图	折线图可以显示随时间而变化的连续数据，因此非常适用于显示在相等时间间隔下数据发展的趋势。如果有几个均匀分布的数值标签（尤其是年份），也应该使用折线图
饼图	饼图可以显示一个数据系列中各项的大小在各项总和中的比例。一般而言，饼图比较适用于只有一组数据系列，系列中不超过 7 个类别且系列中没有负值或零值的情形
条形图	条形图显示各持续型数值之间的比较情况
面积图	面积图显示数值之间或其他类别数据变化的趋势，它强调数量随时间而变化的程度，也可用于引起人们对总值趋势的注意
散点图	散点图显示若干数据系列中各数值之间的关系，或者将两组数字绘制为 xy 坐标的一个系列。散点图通常用于显示和比较数值，例如科学数据、统计数据和工程数据
股价图	股价图通常用来显示股价的波动。不过，这种图表也可用于科学数据。例如，可以使用股价图来说明每天或每年温度的波动。必须按正确的顺序来组织数据才能创建股价图
曲面图	曲面图可以帮助寻找两组数据之间的最佳组合，如在某一 xy 坐标空间内描述地形高度最高的一个点
圆环图	像饼图一样，圆环图显示各个部分与整体之间的关系，但是它可以包含多个数据系列
气泡图	气泡图可以比较成组的三个值，其中两个值确定气泡的位置，第三个值确定气泡点的大小
雷达图	雷达图可以比较几个数据系列的聚合值以及各值相对于中心点的变化

2. 基本图表创建

创建图表就是将数据区的数据以图表的方式显示出来，将数值以图形化的方式表达，更加直观、形象地将原本抽象的数值变为所见即所得的图形化过程。以图 5.88 中显示的某干洗店第一季度的销量数据为例，可以根据工作表中的信息制作基本图表，从而直观形象地比较不同类型商品的销量，具体操作如下。

▲	A	B	C	D	E
1	商品类型	价格(元/件)	成本（元/件)	销量（件）	利润（元）
2	羽绒服	32	12	370	7400
3	西装	25	10	254	3810
4	大衣	25	10	292	4380
5	毛衣	20	8	228	2736
6	衬衣	15	3	135	1620
7	床单被套	40	15	41	1025

图 5.88　某干洗店第一季度财务数据

（1）选择要创建图表的数据所在的单元格区域，可以选择不相邻的多个区域。这里为了比较图 5.88 中不同商品类型的销量情况，选择单元格 A1:A7 和 D1:D7 区域作为图表关联的数据区。

（2）在“插入”选项卡中的“图表”组中，单击选择某一图表类型，并在下拉列表中选择要使用的子类型，也可以通过选择“所有图表类型”或单击“图表”组右下角的扩展

按钮 ，打开"插入图表"对话框，在其中选择打算创建的图表类型及子类型，如图 5.89 所示。这里选择"柱形图"中"二维柱形图"中的"簇状柱形图"，单击"确定"按钮，插入的图表如图 5.90 所示。

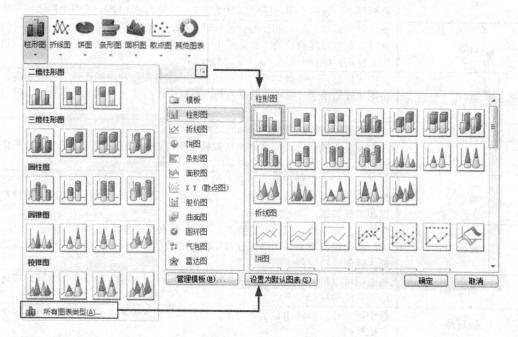

图 5.89　图表创建方法

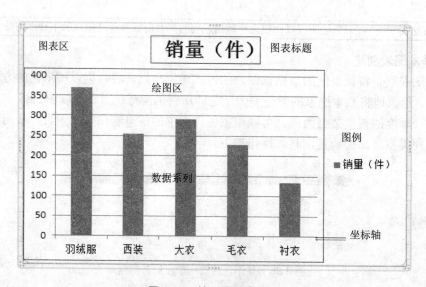

图 5.90　柱形图创建结果

3. 图表的组成部分

Excel 中的图表由不同图表元素组成，这些图表元素已被标识在图 5.90 中，还有一些图表元素没有在图 5.90 中显示出来，可以通过图表的编辑功能为图表添加、删除或修改这些元素。图 5.90 中包含的图表元素具体包括以下几种。

（1）图表区：包含整个图表及其中的全部元素。通过选定图表区可以对图表中的所有元素进行整体性的修改和编辑。

（2）绘图区：由坐标轴来界定的区域，包含数据系列、坐标轴标题、分类名、网格线及其标志等。

（3）数据系列：在图表中所绘制的相关数据，这些数据源自数据表选定制图区域的值。可以在图表中绘制一个或者多个数据系列。

（4）坐标轴：界定图表绘图区的线条，用作度量的参照框架。y 轴通常为垂直坐标轴并包含数据，x 轴通常为水平轴并包含分类。

（5）图例：图例是一个文本框，用于标识图表中为数据系列或分类所指定的图案或颜色。

（6）图表标题：对整个图表的说明性文本，一般放置在图表的正上方。

图 5.90 中未包含的图表元素包括以下两种。

（1）坐标轴标题：对坐标轴的说明性文本。

（2）数据标签：为数据标记提供附加信息的标签，数据标签代表数据源所在单元格的值。

5.3.2　在 Excel 中编辑和修改图表

图表创建完成后，得到的往往只是如图 5.90 所示的较为原始的基本图表。为了让图表更加美观，显示的信息更加丰富，还可以使用各种方法对图表及图表中的不同元素进行编辑和修改，以满足数据对比的需要。

1. 更改布局和样式

在创建基本图表后，可以重新对基本图表结构进行调整，选择更利于说明问题的布局方式显示图表。以图 5.90 中的基本图表为例，可对其布局和样式进行修改，具体操作如下。

（1）使用 Excel 提供的 11 种预定义图表布局改变图表元素的位置，这里首先选中如图 5.90 所示的基本图表，在"设计"选项卡中的"图表布局"组中，单击右下角的"其他"按钮 ，打开所有预定义的布局类型，并选择要使用的图表布局，这里选择"布局 2"，该布局将为图表添加数据标签，并移除垂直坐标轴，如图 5.91 所示。

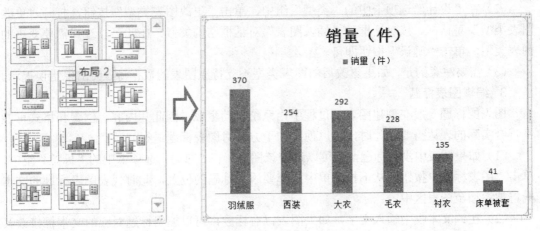

图 5.91　预定义图表布局设置

（2）Excel 还会根据图表的类型提供不同的预定义图表样式以供选择和设置，这里选中图 5.91 中经过修改后的基本图表，在"设计"选项卡中的"图表样式"组中，单击右下角的"其他"按钮 ，打开所有预定义的样式类型，并选择要使用的图表样式，这里选择"样式 12"，将柱状图数据系列的颜色变为红色，并加入阴影边框效果。

（3）除了按照 Excel 预定义的设置修改图表布局和样式外，还可以进行手动编辑。如果需要手动修改图表元素的布局，可以在图表区中单击鼠标选中特定的元素，通过"布局"选项卡"标签"、"坐标轴"和"背景"组中的按钮完成布局的更改，也可以直接拖动选中的元素将其放置到想要的位置。

（4）如果需要手动修改图表元素的样式，同样可以先选中该元素，通过"格式"选项卡中的"形状样式"和"艺术字样式"组中的按钮完成特定元素样式的调整，这里也可以在所选元素上单击右键，在弹出菜单中单击"设置数据系列格式"命令，在弹出的对话框中设置所选元素的样式，如图 5.92 所示。

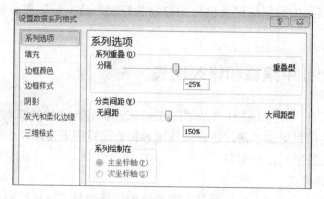

图 5.92 "设置数据系列格式"对话框

2. 更改图表类型

选择某种图表类型创建了相应的图表之后，可以根据应用的需要，将其调整或更改为新的图表类型，具体操作如下。

（1）选择需要更改类型的图表或者图表中的某一个数据系列。

（2）在"设计"选项卡中的"类型"组中，单击"更改图表类型"按钮，打开"更改图表类型"对话框。该对话框与"插入图表"对话框结构类似，在此可以选择需要变更的图表类型，单击"确认"按钮即可。

（3）需要注意的是，如果更改后的图表类型不支持原图表的数据源，会出现错误提示。

3. 编辑图表标题

图表的标题一般在创建图表的过程中由系统自动生成，因此其内容、位置和格式可能不符合实际的表达需要。此时，可以使用如下方法对图表标题进行修改。

（1）如果图表中没有标题，则可以选中该图表，在"布局"选项卡中的"标签"组中，单击"图表标题"按钮，从下拉菜单中选择要添加标题的位置，此时代表图表标题的文本框将被添加至图表区中。

（2）在该文本框中输入文字，如果图表已有标题，可以编辑标题对应的文本框修改其内容。此处，将图 5.91 中的图表标题改为"第一季度销量图"。

（3）在"开始"选项卡的"字体"组和"段落"组中，可以设置标题的字体、段落格式。这里将图表标题的字体改为"黑体"，颜色改为"绿色"，如图 5.93 所示。

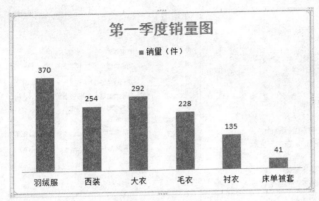

图 5.93　编辑图表标题

4. 添加数据标签

要标识图表各数据系列中数据点的具体取值，可以为图表添加数据标签，具体操作如下。

（1）选择需要添加数据标签的图表或者图表中的某一个数据系列，单击"布局"选项卡下"标签"组中的"数据标签"命令选项，弹出"数据标签"命令选项菜单，在此设置数据标签放置的位置并添加数据标签。

（2）数据标签被添加后将自动与源数据表中对应单元格中的取值关联，当这些值发生变化时图表中的数据标签也会随之改变。

5. 编辑图例和坐标轴

在默认的情况下，创建图表过程中将自动创建并显示图例。可以对图例的位置、格式进行修改或者隐藏图例，具体操作如下。

（1）选择要进行图例设置的图表。单击"布局"选项卡"标签"组中的"图例"命令选项，弹出"图例"命令选项菜单，在此可以设置图例放置的位置或者隐藏图例（选择"无"命令）。

（2）单击"其他图例选项"命令，打开"设置图例格式"对话框，可以根据对话框的内容设置图例的格式。

（3）找到图例对应的文本框，可以对图例的内容进行编辑，并更改其字体和段落格式。

对于大部分类型的图表，在创建过程中 Excel 会自动构建并显示其坐标轴，同时根据数据源的取值范围设置坐标轴的刻度范围和间隔。创建图表后，可以对坐标轴的显示、位置、刻度范围和标签进行编辑和修改，具体操作如下。

（1）选择要进行坐标轴设置的图表，在"布局"选项卡下的"坐标轴"组中，单击"坐标轴"命令选项，弹出"坐标轴"命令选项菜单，其包含两个子菜单："主要横坐标轴标题"和"主要纵坐标轴标题"。在此设置横纵坐标轴显示与否及坐标轴的显示方式。

（2）单击子菜单中的"其他主要横/纵/竖坐标选项"，打开"设置坐标轴格式"对话框，如图 5.94 所示。在对话框中可以对坐标轴上的刻度单位、范围、间隔以及坐标轴的线型、颜色、粗细进行设置。这里将图 5.93 中图表的横坐标轴线型设置为"圆点型"，宽度设置为"3 磅"，颜色设置为"深蓝色"。

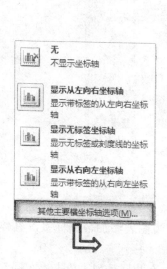
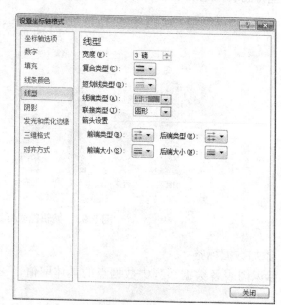

图 5.94　在"设置坐标轴格式"对话框中设置坐标轴样式

（3）为了让图表中每个数据点的取值之间的细微差距更容易被区分，可以为表格的横坐标轴和纵坐标轴添加网格线。在"布局"选项卡下的"坐标轴"组中，单击"网格线"命令选项，在弹出的菜单中可以对网格线的显示与否、网格线的线型、颜色等进行设置。

（4）为了更好地描述各个坐标轴所代表的含义，还可以为坐标轴添加标题。在"布局"选项卡下的"标签"组中，单击"坐标轴标题"命令，弹出"坐标轴标题"命令选项菜单。在此设置是否要显示坐标轴标题以及标题的显示方式。在这里为图 5.93 中的图表添加横坐标轴标题。并在其对应的文本框中输入坐标轴标题的内容，这里输入"商品类型"。通过"开始"选项卡的"字体"组和"段落"组，可以设置坐标轴标题的字体、段落格式。这里为横坐标轴标题添加下画线。

图 5.93 中的图表经过一系列的编辑和修改，得到的结果如图 5.95 所示。

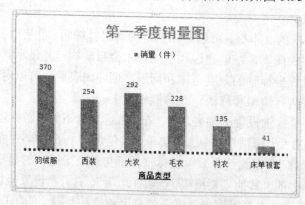

图 5.95　图表编辑和修改结果

6. 图表的移动和打印

如果图表与产生图表的数据位于同一个工作表中，该图表称为嵌入式图表。嵌入式图表可能会遮挡数据源中的数据。为了避免这种情况，可以将其移至合适的位置。具体操作如下。

（1）选择工作表中的图表。将鼠标移到图表的边框位置，当鼠标指针变为形状时，拖动图表到新的位置。

（2）如果不希望图表与产生图表的数据源处于同一个工作表中，可以将其单独地放置在另外的工作表中。方法为选中该图表，单击"设计"选项卡"位置"组中的"移动图表"命令按钮，打开"移动图表"对话框，如图5.96所示。选中"新工作表"单选按钮，输入工作表的名称，单击"确定"按钮，可在当前工作表之前插入一个新的工作表，并将图表放在该工作表中。此处可以创建一个名为"销量统计"的工作表，将图5.95中的图表移动到其中。

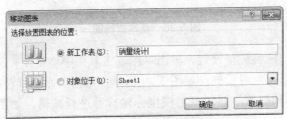

图 5.96　"移动图表"对话框

在 Excel 中创建图表后，可以单独对其进行打印设置。具体操作如下。

（1）选中位于某一个工作表中的图表，通过"文件"选项卡中的"打印"命令进行打印，可以将图表单独输出到一页纸上。

（2）若需要将图表作为表格的一部分进行打印，可以选中图表所在的工作表，再通过"文件"选项卡中的"打印"命令进行打印，此时图表将和工作表中的其他数据一起打印在一页纸上。

5.3.3　常用图表的应用

掌握了基本图表的创建及编辑方法后，就可以使用不同类型的图表比较显示不同的数据。本节将详细介绍折线图、复合饼图及迷你图的使用方法。

1. 折线图

折线图常用来描述随时间变化的数据系列，如某地区不同时段的温度变化，或者某企业每月的营业额变化等。如今，全球气候变暖这一现象已成为人们关注的焦点，图5.97给出了我国某城市从1995年至2005年2月和8月的平均温度数据，利用 Excel 提供的折线图工具，可以对上述数据进行对比分析，了解其变化趋势。具体操作如下。

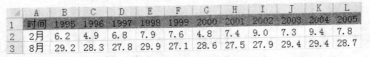

⊿	A	B	C	D	E	F	G	H	I	J	K	L
1	时间	1995	1996	1997	1998	1999	2000	2001	2002	2003	2004	2005
2	2月	6.2	4.9	6.8	7.9	7.6	4.8	7.4	9.0	7.3	9.4	7.8
3	8月	29.2	28.3	27.8	29.9	27.1	28.6	27.5	27.9	29.4	29.4	28.7

图 5.97　某市 1995—2005 年 2 月及 8 月平均气温数据

（1）选择要绘制图表的数据区域，这里选中图 5.97 中工作表的 A2:L3 区域。按照 5.3.2 节中介绍的创建基本图表方法，创建一个"带数据标记的折线图"，得到如图 5.98 所示的基本图表。

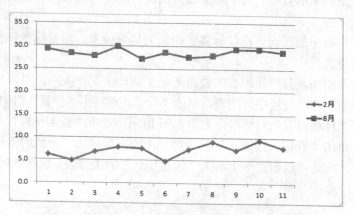

图 5.98　基本折线图

（2）对横坐标轴的标签进行设置，单击"图表工具"中"设计"选项卡的"选择数据"按钮，打开"选择数据源"对话框，如图 5.99 所示。单击"水平（分类）轴标签"下方的"编辑"按钮，打开"轴标签"对话框对横坐标轴标签进行编辑，如图 5.99 所示。在"轴标签区域"下方的输入框右侧单击选择按钮，接下来拖动鼠标选择横坐标轴对应的区域，即代表年份数据的单元格区域 B1:L1，单击"确定"按钮回到"选择数据源"对话框。此时"水平（分类）轴标签"下方的列表中将填入 1995—2005 年的年份信息，再次单击"确定"按钮即可完成横坐标轴年份标签的设置。

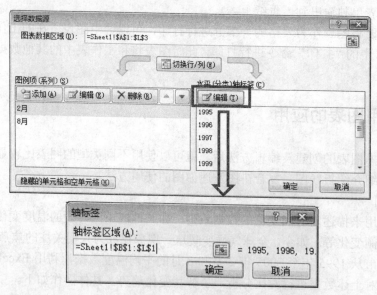

图 5.99　利用"选择数据源"和"轴标签"对话框设置横坐标轴标签

（3）通过鼠标拖动图表边框的尺寸控制点调整图表区的大小，在绘图区的正上方添加图表标题，名为"1995—2005 年 2 月、8 月平均气温变化"。得到的结果如图 5.100 所示。

（4）在绘图区单击右键，在弹出的菜单中单击"设置绘图区格式"命令，打开"设置绘图区格式"对话框，在"填充"选项卡中设置绘图区的填充方式为"渐变填充"，单击"方向"右侧的下拉箭头■▼，在弹出的下拉菜单中选择"线性向上"，单击"关闭"按钮，此时绘图区将变为淡蓝色渐变填充方式，如图 5.101 所示。

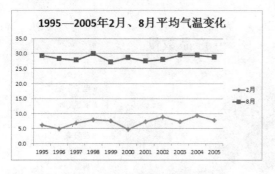

图 5.100　添加了标题后的销量折线图

图 5.101　设置绘图区渐变填充

（5）在绘图区中单击选中 2 月平均气温对应的数据系列，即颜色为蓝色的线条，为该数据系列添加数据标签，标签位置在数据点的正上方，如图 5.102 所示。可以结合数据标签看出该市 10 年间 2 月的平均气温基本在 5～10℃之间变化，其中最高月平均气温为 9.4℃，出现在 2004 年，最低月平均气温为 4.8℃，出现在 2000 年。

（6）如需要分析数据随时间变化的趋势，可以为折线图中的数据系列添加趋势线。为了观察该市 2 月平均温度变化的趋势，再次选中 2 月平均气温对应的数据系列，单击右键，在弹出的菜单中选择"添加趋势线"命令，打开"设置趋势线格式"对话框。在"趋势预测/回归分析类型"框中选择"线性"，设置线条颜色为"红色"，线型为"方点"，宽度为"1.5 磅"，单击"关闭"按钮，得到的结果如图 5.103 所示。通过趋势线可以看出，该市 2月的平均气温在 10 年间整体呈略微上升趋势。

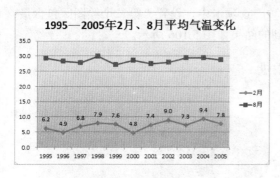

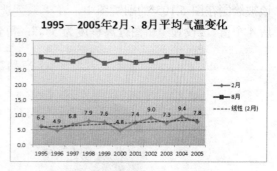

图 5.102　添加数据标签

图 5.103　添加趋势线后的月平均气温变化图

2. 复合饼图

饼图可以有效地反映不同类型的数据在整体中所占的比例大小。图 5.104 给出了某工作室产品结构组成信息，该工作室加工生产的产品包括三种类型，每种类型的产品的加工工作分别由不同的员工完成。使用复合饼图可以清晰地描述不同类型产品以及不同员工的产量在整个工作室中所占的比例，具体操作如下。

（1）选择要绘制图表的数据区域，这里利用 Ctrl 键选中图 5.104 中工作表的 A1:B3 和 A6:B9 区域。需要注意的是，三种产品类型中毛绒玩具的产品数量数据区域（A4:B4）没有被选作数据源，这是由于该部分的信息是由每位员工生产毛绒玩具数量的信息（A6:B9）组合而成的，因此无须重复选择。按照 5.3.2 节中介绍的创建基本图表方法，创建一个"复合饼图"，得到如图 5.105 所示的基本图表。

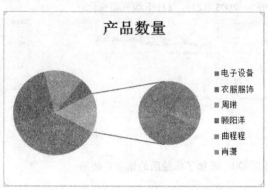

图 5.104　某工作室产品结构组成信息　　　　　图 5.105　基本复合饼图

（2）在图 5.105 中可以看出，复合饼图的绘图区包含两个部分，分别是主饼图和副饼图，其中右侧的副饼图反映了主饼图中某一个数据点所包含的组成成分。按照设想，主饼图将显示三种产品类型（电子设备、衣服服饰和毛绒玩具）的产品数量在整体中所占的比例，副饼图则显示每位员工毛绒玩具的生产数量在毛绒玩具这类商品整体产量中所占比例。显然，根据上述定义，图 5.105 中的饼图分布存在问题，在这里需要对其进行手动调整。

（3）选中图 5.105 中的数据系列，单击鼠标右键，在弹出的菜单中选择"设置数据系列格式"命令，打开"设置数据系列格式"对话框。由于在数据源单元格区域中，单元格 A6:B9 区域代表的是 4 位员工毛绒玩具的生产数量，因此这 4 条数据所代表的数据点都应该被绘制在图 5.105 的副饼图中，在"系列选项"选项卡中，设置"第二个绘图区包含最后 4 个值"，设置"饼图分离程度为 5%"，得到的结果如图 5.106 所示。

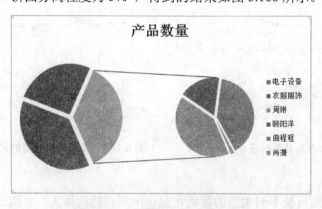

图 5.106　调整复合饼图的绘图区

（4）接下来继续对复合饼图进行编辑，调整图表布局为"布局 1"，将"图表标题"改为"产品结构图"，字体改为"华文新魏"。设置图表样式为"样式 26"，添加立体凸凹效果。在主饼图中毛绒玩具所代表的数据点处，将数据标签的内容改为"毛绒玩具"。调整图表区和绘图区的大小，使其比例协调，得到的最终结果如图 5.107 所示。

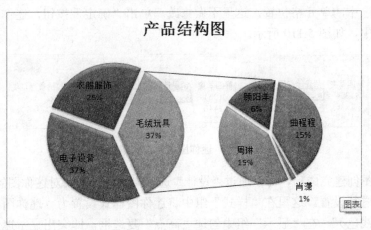

图 5.107　复合饼图最终结果

3. 迷你图

迷你图是 Excel 2010 版本新加入的一个功能，它是插入到工作表单元格中的微型图表，用于快速显示一系列数值的变化趋势，并能够突出显示最大值和最小值等统计信息。迷你图与一般的 Excel 图表不同，迷你图不是对象，它实际上是单元格背景中的一部分，因此可以在迷你图所在的单元格中输入数字、文本等各种类型的数据。图 5.108 中给出了某公司各分店 2014—2015 年各季度的商品销量总额，利用迷你图功能可以将各分店 2014—2015 年各季度销量的变化趋势显示在 J3:J5 单元格区域中，具体操作如下。

	A	B	C	D	E	F	G	H	I	J
1	销量(件)		2014				2015			
2		第一季度	第二季度	第三季度	第四季度	第一季度	第二季度	第三季度	第四季度	销量迷你图
3	江北店2	1303	759	502	1297	1320	751	499	1354	
4	江南店1	1286	613	371	1374	1393	650	398	1446	
5	江南店2	1258	635	387	1200	1206	644	402	1242	

图 5.108　创建迷你图所需的源数据

（1）单击选中图 5.108 工作表中的 J3 单元格，在"插入"选项卡的"迷你图"组中，选择要绘制的迷你图类型，这里选择"柱形图"，打开"创建迷你图"对话框，如图 5.109 所示。

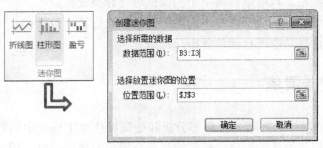

图 5.109　打开"创建迷你图"对话框

（2）在"数据范围"框中输入迷你图所关联的数据区域，这里选择迷你图单元格同一行左侧的数据区域 B3:I3，代表的是江北店 2 各季度的销量信息，在"位置范围"框中已经显示了当前选中的单元格位置，这里不做修改。单击"确定"按钮，迷你图将被绘制到选中的单元格中，如图 5.110 所示。

图 5.110　迷你图的创建和编辑

（3）迷你图创建完成后，可以通过"设计"选项卡中的内容，对迷你图的类型、样式、数据点的显示进行设置。这里在"样式"组中将迷你图样式设置为"迷你图样式强调颜色 6，（无深色或浅色）"。在"显示"组中勾选"高点"复选框，即突出显示迷你图对应数据系列中的最大值。最后在"样式"组中的标记颜色下拉菜单中设置高点显示颜色为"蓝色"。编辑后的迷你图如图 5.110 所示。

（4）如果相邻的区域还有其他的数据系列，拖动迷你图所在单元格右下方的填充柄可以像复制公式一样填充迷你图。这里向下拖动 J3 单元格的填充柄到 J5 单元格，生成反映江南店 1 和江南店 2 季度销量的迷你图，得到的结果如图 5.110 所示。

（5）如果要删除迷你图，可以先选中迷你图所在的单元格，在"设计"选项卡的"分组"组中，单击"清除"按钮即可删除选中的迷你图。

5.4　Excel 数据分析和处理应用

Excel 提供了丰富的数据分析与处理功能，当数据量较大时将工作表作为简单的数据库进行管理，实现数据的组织、整理、分析等操作，从而获取更加实用的信息。本节将对 Excel 中的数据分析和处理功能进行逐一介绍，实现以下学习目标。

（1）了解数据清单的概念和构建方法；
（2）对数据清单中的数据进行各类排序和筛选操作；
（3）使用数据合并方法将不同清单中的数据合并到一起；
（4）使用分类汇总工具对数据清单中的数据进行分类统计；
（5）利用数据透视表和透视图对不同类型的数据进行统计分析；
（6）利用模拟计算功能进行辅助分析与决策。

5.4.1　构建数据清单

Excel 中数据的排序、筛选、汇总等分析和处理操作以工作表中的数据清单为对象，因此在进行数据分析和处理操作前，必需构建符合要求的数据清单。图 5.111 中使用了两个数据清单（数据清单 1，数据清单 2）分别描述学生的各科考试成绩与学生基本信息数据。

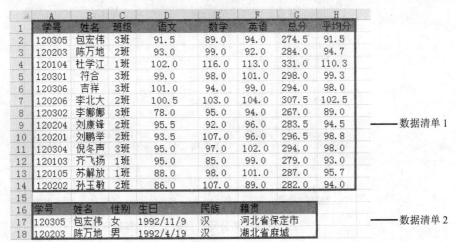

图 5.111　构建数据清单

数据清单具有下述特征。

（1）数据清单一般是一个矩形区域，区域内不能出现空白的行或列，也不能包括合并单元格。同一个工作表内可以存放多个数据清单，它们之间用空白的行列分隔，如图 5.111 中数据清单 1 和数据清单 2 之间的空行。

（2）数据清单必需将其第一行作为标题行，标题行是每一列数据的标志，以便理解每列数据所代表的含义。在图 5.111 中，数据清单 1 和 2 的标题行内容分别为：

"学号 姓名 班级 语文 数学 英语 总分 平均分"

"学号 姓名 性别 生日 民族 籍贯"

（3）各标题下方的每一列数据应具有相同类型的信息，即每一列内数据的格式应是一致的。如图 5.111 数据清单 1 中的"语文"列内所有数据类型都是数值型，因此该列内不能出现文本或者日期等类型的数据。

5.4.2　对数据进行排序

对数据进行排序有助于快速直观地显示数据并更好地理解数据内容，有助于组织并查找所需数据并进行相应的分析和决策。利用 Excel 提供的排序功能，可以使用不同的方式对数据清单的内容进行排序。

1．单列简单排序

使用单列简单排序工具可以快速地对数据清单中的内容按照某一列的信息进行排序。图 5.112 中的数据清单内记录了某公司当月的职工工资表，若要对数据清单按照实发工资由高到低进行排序，则可以使用单列简单排序方法，操作步骤如下。

（1）选择数据清单中位于"实发工资"列的某一单元格（如 G5 单元格），Excel 将自动识别该单元格所处的数据清单作为参与排序的区域，并将首行指定为标题行。

（2）在"数据"选项卡的"排序和筛选"组中，单击"降序"按钮，或者在"开始"选项卡的"编辑"组中，单击"排序筛选"下拉菜单中的"降序"命令，如图 5.113 所示。

	A	B	C	D	E	F	G
1	工号	姓名	类别	基础工资	绩效工资	公积金	实发工资
2	N0002	赵奇	正式工	¥4,680.00	¥2,500.00	¥702.00	¥6,285.20
3	N0003	王成材	正式工	¥4,360.00	¥2,000.00	¥654.00	¥5,590.40
4	N0004	朱怀玉	正式工	¥3,460.00	¥2,200.00	¥519.00	¥5,081.90
5	N0005	谭芳	正式工	¥3,880.00	¥3,000.00	¥582.00	¥6,123.20
6	N0007	李铭书	合同工	¥3,720.00	¥2,200.00	¥558.00	¥5,280.80
7	N0008	陈凯	合同工	¥2,900.00	¥1,800.00	¥435.00	¥4,242.05
8	N0012	李涛	正式工	¥2,660.00	¥1,800.00	¥399.00	¥4,044.17
9	N0013	唐江	正式工	¥2,660.00	¥1,570.00	¥399.00	¥3,821.07
10	N0014	胡丽芳	合同工	¥2,580.00	¥1,700.00	¥387.00	¥3,881.21
11	N0015	张菊	临时工	¥1,740.00	¥1,600.00	¥261.00	¥3,079.00
12	N0016	杨军	临时工	¥1,900.00	¥900.00	¥285.00	¥2,515.00
13	N0017	毕道玉	合同工	¥2,060.00	¥1,100.00	¥309.00	¥2,851.00
14	N0019	董珊珊	合同工	¥1,740.00	¥1,600.00	¥261.00	¥3,079.00
15	N0020	秦月元	合同工	¥1,660.00	¥1,550.00	¥249.00	¥2,961.00
16	N0021	严菊宁	临时工	¥1,160.00	¥1,500.00	¥174.00	¥2,486.00
17	N0022	曾苗	临时工	¥1,080.00	¥1,750.00	¥162.00	¥2,668.00
18	N0023	张媛	临时工	¥1,080.00	¥1,450.00	¥162.00	¥2,368.00

图 5.112　某公司当月职工工作表数据清单

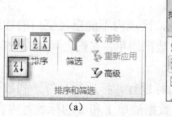
(a)

(b)

图 5.113　降序

（3）Excel 将对数据清单中的数据按照实发工资由高到低进行排序，结果如图 5.114 所示。

	A	B	C	D	E	F	G
1	工号	姓名	类别	基础工资	绩效工资	公积金	实发工资
2	N0002	赵奇	正式工	¥4,680.00	¥2,500.00	¥702.00	¥6,285.20
3	N0005	谭芳	正式工	¥3,880.00	¥3,000.00	¥582.00	¥6,123.20
4	N0003	王成材	正式工	¥4,360.00	¥2,000.00	¥654.00	¥5,590.40
5	N0007	李铭书	合同工	¥3,720.00	¥2,200.00	¥558.00	¥5,280.80
6	N0004	朱怀玉	正式工	¥3,460.00	¥2,200.00	¥519.00	¥5,081.90
7	N0008	陈凯	合同工	¥2,900.00	¥1,800.00	¥435.00	¥4,242.05
8	N0012	李涛	正式工	¥2,660.00	¥1,800.00	¥399.00	¥4,044.17
9	N0014	胡丽芳	合同工	¥2,580.00	¥1,700.00	¥387.00	¥3,881.21
10	N0013	唐江	正式工	¥2,660.00	¥1,570.00	¥399.00	¥3,821.07
11	N0015	张菊	临时工	¥1,740.00	¥1,600.00	¥261.00	¥3,079.00
12	N0019	董珊珊	合同工	¥1,740.00	¥1,600.00	¥261.00	¥3,079.00
13	N0020	秦月元	合同工	¥1,660.00	¥1,550.00	¥249.00	¥2,961.00
14	N0017	毕道玉	合同工	¥2,060.00	¥1,100.00	¥309.00	¥2,851.00
15	N0022	曾苗	临时工	¥1,080.00	¥1,750.00	¥162.00	¥2,668.00
16	N0016	杨军	临时工	¥1,900.00	¥900.00	¥285.00	¥2,515.00
17	N0021	严菊宁	临时工	¥1,160.00	¥1,500.00	¥174.00	¥2,486.00
18	N0023	张媛	临时工	¥1,080.00	¥1,450.00	¥162.00	¥2,368.00

图 5.114　单列简单排序结果

进行单列简单排序时，Excel 将根据数据类型采用不同的排序规则。

（1）对于数字，按照数值由小到大或者由大到小排序。

（2）对于文本，按照字母或汉字拼音从 A~Z 或者 Z~A 排序。

（3）对于日期或者时间，按照时间从早到晚或从晚到早排序。

2. 复合多条件排序

在进行排序的过程中，可能需要同时考虑多个排序条件。比如在如图 5.112 所示的工资表中，可以同时根据员工类别和基础工资进行排序。即首先根据员工类别的取值进行排序，对于同一类别的员工，再比较基础工资的高低。此时，需要采用多条件复合排序方法，操作步骤如下。

（1）选择数据清单中的任意一个单元格（如 D7 单元格），在"数据"选项卡"排序和筛选"组中，单击"排序"按钮 ![AZ/ZA]，或者在"开始"选项卡的"编辑"组中，单击"排序和筛选"下拉菜单中的"自定义排序"按钮，打开如图 5.115 所示的"排序"对话框。

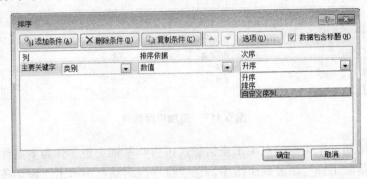

图 5.115　复合多条件排序

（2）在"主要关键字"下拉菜单中选择一个列标题作为多条件排序的第一个条件，在这里选择"类别"列，首先根据员工类别排序。在"排序依据"下拉菜单中选择依据条件列中的数值还是格式（颜色、图标等）进行排序，在这里选择按"数值"排序。在"次序"下拉菜单中选择排序的顺序（升序、降序、自定义），这里由于要按照员工类别进行排序，无法直接依据数字大小或者字母顺序来判断，因此需要依据"自定义序列"的顺序进行排序，如图 5.115 所示。打开"自定义序列"对话框，如图 5.116 所示。

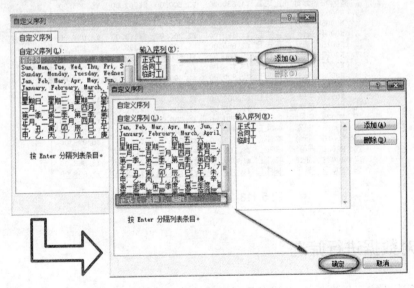

图 5.116　创建自定义序列

（3）在"自定义序列"对话框中，在"输入序列"下方的输入框中输入序列"正式工，合同工，临时工"，以"回车"分隔每一项，单击"添加"按钮新建自定义序列。在"自定义序列"下方的列表中选择新建的序列，单击"确定"按钮完成设置，如图 5.116 所示。设置完成后，将根据数据清单"类型"列中的单元格取值，按照"正式工"在前，"合同工"在中，"临时工"在后的顺序进行排序。如果需要对排序条件进行进一步设置，可以单击"排序"对话框中右上角的"选项"按钮打开"排序"对话框。在该对话框中可以对排序条件进行附加设置，如对西文文本排序时是否区分大小写；对中文文本是否按照笔画排序；是否按照行（默认为列）的方向进行排序。在这里选择默认的排序方式，不做其他更改。

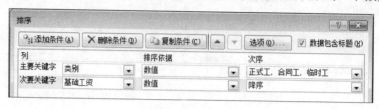

图 5.117　添加排序条件

（4）对于同属一个类别的员工工资信息，可将"基础工资"作为多条件排序的第二个条件，按照"基础工资"由多到少排序。在"排序"对话框中单击"添加条件"按钮为条件列表增加一行，在"次要关键字"下拉列表中选择"基础工资"列，分别选择"数值"和"降序"作为对应的排序依据和次序，如图 5.117 所示。如有需要，可以通过单击"添加条件"按钮增添更多的排序条件，并设置对应的参数，在这里只需要根据两个条件进行排序，因此无须添加。

（5）完成排序条件设置后，单击"确定"按钮，Excel 将对数据清单中的内容先按照员工类型排序，如果类型相同，则按照基础工资由多到少排序，得到的结果如图 5.118 所示。

	A	B	C	D	E	F	G
1	工号	姓名	类别	基础工资	绩效工资	公积金	实发工资
2	N0002	赵奇	正式工	￥4,680.00	￥2,500.00	￥702.00	￥6,285.20
3	N0003	王成材	正式工	￥4,360.00	￥2,000.00	￥654.00	￥5,590.40
4	N0005	谭芳	正式工	￥3,880.00	￥3,000.00	￥582.00	￥6,123.20
5	N0004	朱怀玉	正式工	￥3,460.00	￥2,200.00	￥519.00	￥5,081.90
6	N0013	唐江	正式工	￥2,660.00	￥1,570.00	￥399.00	￥3,821.07
7	N0012	李涛	正式工	￥2,660.00	￥1,800.00	￥399.00	￥4,044.17
8	N0007	李铭书	合同工	￥3,720.00	￥2,200.00	￥558.00	￥5,280.80
9	N0008	陈凯	合同工	￥2,900.00	￥1,800.00	￥435.00	￥4,242.05
10	N0014	胡丽芳	合同工	￥2,580.00	￥1,700.00	￥387.00	￥3,881.21
11	N0017	毕道里	合同工	￥2,060.00	￥1,100.00	￥309.00	￥2,851.00
12	N0019	董珊珊	合同工	￥1,740.00	￥1,600.00	￥261.00	￥3,079.00
13	N0020	秦月元	合同工	￥1,660.00	￥1,550.00	￥249.00	￥2,961.00
14	N0016	杨军	临时工	￥1,900.00	￥900.00	￥285.00	￥2,515.00
15	N0015	张菊	临时工	￥1,740.00	￥1,600.00	￥261.00	￥3,079.00
16	N0021	严菊宁	临时工	￥1,160.00	￥1,500.00	￥174.00	￥2,486.00
17	N0023	张媛	临时工	￥1,080.00	￥1,450.00	￥162.00	￥2,368.00
18	N0022	曾苗	临时工	￥1,080.00	￥1,750.00	￥162.00	￥2,668.00

图 5.118　复合多列排序结果

5.4.3　对数据进行筛选

通过筛选功能可以对数据清单中要显示的内容进行控制，即只显示符合筛选条件的数据，排除不符合条件的数据行。在筛选数据时，如果一个或多个列中的数值不能满足筛选条件，整行数据都会隐藏起来。可以按数字值或文本值筛选，或按单元格颜色筛选那些设置了背景色或文本颜色的单元格。图 5.119 的工作表中存放了某高校信管专业 14 级的学生信息数据清单，由于数据清单中包含全年级所有学生的信息，因此数据记录数可能超过 100 行，这为数据的查找和分析带来了一定的不便。通过 Excel 提供的数据筛选功能，可以快速地在数据清单中提取出感兴趣的信息予以显示，同时隐藏其他暂时无须关注的数据。

	A	B	C	D	E	F	G
1	学号	姓名	性别	年龄	班级	入学成绩	加权成绩
2	140305	包宏伟	女	20	信管1403	579	81.6
3	140203	陈万地	男	18	信管1402	575	91.2
4	140104	杜学江	男	17	信管1401	564	80.5
5	140301	符合	男	22	信管1403	574	90.3
6	140306	吉祥	男	19	信管1403	587	87.3
7	140206	李北大	女	21	信管1402	568	83.0
8	140302	李娜娜	男	17	信管1403	588	89.9
9	140204	刘康锋	女	22	信管1402	573	87.1
10	140201	刘鹏举	男	21	信管1402	573	75.9
11	140304	倪冬声	男	17	信管1403	581	87.3
12	140103	齐飞扬	女	19	信管1401	569	83.4
13	140105	苏解放	男	21	信管1401	577	78.4
14	140108	华美	女	22	信管1401	560	81.3
15	140313	唐李生	男	18	信管1403	568	88.6
16	140219	黄耀	男	19	信管1402	571	84.1

图 5.119　需要筛选的学生信息数据清单

1．自动筛选

对于图 5.119 中数据清单内的数据，使用 Excel 提供的自动筛选工具，可以十分方便地实现较为简单的筛选工作，如筛选出某一班级、全体男生或加权成绩高于 90 分的学生信息。操作步骤如下。

（1）选择数据清单中的任一单元格（如在 F5 单元格单击），Excel 将自动识别该单元格所处的数据清单的数据区域作为筛选区域。

（2）在"数据"选项卡的"排序和筛选"组中，单击"筛选"按钮，或者在"开始"选项卡的"编辑"组中，单击"排序和筛选"下拉菜单中的"筛选"命令，如图 5.120 所示。

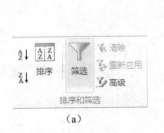

图 5.120　筛选

（3）此时数据清单将进入自动筛选状态，清单中每个列标题旁都会出现一个筛选箭头。以根据入学成绩信息进行筛选为例，单击"入学成绩"列标题旁的筛选箭头，打开筛选器选择对话框，对话框下方的列表中显示了所有"入学成绩"列中所包含的数值，如图 5.121 所示。根据筛选列的数据类型，Excel 会在对话框中显示"数字筛选"或"文本筛选"按钮，单击按钮将显示不同的筛选命令，如图 5.122 和图 5.123 所示。

图 5.121　筛选器选择列表

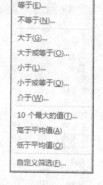

图 5.122　数字筛选命令

图 5.123　文本筛选命令

（4）可采用不同的方法设置"入学成绩"列的筛选条件。

① 直接在"搜索"框中输入需要搜索的文本或数字，并可以使用通配符，如星号（*）或者问号（?），按回车键即可查看并筛选搜索结果。

② 在下方的列表中，首先清除"全选"复选框，清除所有复选标记，再勾选希望显示的数值；或者在全选状态下，直接清除不希望显示的数值复选标记，单击"确定"按钮。

③ 根据筛选命令来设置筛选条件，在筛选命令对话框中单击不同的筛选条件进行设置，或者单击"自定义筛选"按钮设置组合条件的自动筛选方式，如图 5.124 所示。

以在数据清单中筛选出入学成绩在年级前 8 名的学生信息为例，在"入学成绩"列对应的筛选器选择对话框中，从"数字筛选"命令菜单中选择"10 个最大的值"命令，打开"自动筛选前 10 个"对话框，如图 5.125 所示。更改中间的参数为 8，表明选择最大的 8 个值，单击"确定"按钮，得到的结果如图 5.126 所示。

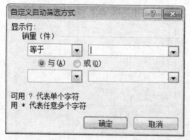

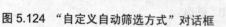

图 5.124　"自定义自动筛选方式"对话框

图 5.125　"自动筛选前 10 个"对话框

（5）完成针对某一列信息的筛选后，可以重复步骤（4）中的操作设置另一列的筛选条件。列与列之间的筛选条件满足"与"条件关系，即同时符合每一列筛选条件的数据得以显示。如果要在入学成绩前 8 位的学生信息中继续搜寻班级为"信管 1401"的数据，可单击"班级"列标题旁的筛选箭头，在筛选器选择列表中清除"全选"复选框，然后勾选"信管 1401"前的复选框，单击"确定"按钮即可筛选出数据清单中入学成绩位于前 8 位，且所属班级为的信管 1401 班的学生信息，如图 5.126 所示。

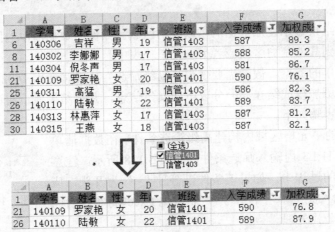

图 5.126 自动筛选结果

（6）可以采取不同的方法清除数据清单中的筛选状态。

① 若为某一列设置了自动筛选条件，则该列（如"班级"列）的筛选箭头将变为 ，单击"班级"列的筛选箭头，在列表中选择"从'班级'中清除筛选"，则可以清除为"班级"列设置的自动筛选条件。

② 若要清除所有列的筛选条件，可在"数据"选项卡的"排序和筛选"组中，单击"清除"；或者在"开始"选项卡的"编辑"组中，单击"排序和筛选"下拉菜单中的"清除"命令，如图 5.127 所示。

③ 若要退出自动筛选状态，则可以再次单击图 5.120 中的"筛选"按钮。

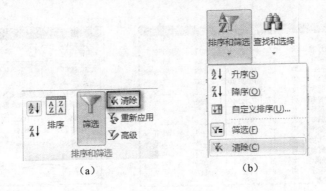

图 5.127 清除

2. 高级筛选

使用自动筛选功能可以满足数据清单中大部分的筛选需要，但部分条件较为复杂的筛选需求，则需要通过"高级筛选"功能来完成。在如图 5.119 所示的学生信息数据清单中，对于下述类型的筛选，必需使用"高级筛选"来实现。

（1）对不同列之间的筛选条件，建立"或"逻辑关系。如在数据清单中筛选加权成绩大于 85 分或者入学成绩大于 580 分的学生信息。

（2）对于同一列的数据，构建多重范围的筛选条件。如筛选年龄小于 18 岁或大于 21 岁的学生信息。

（3）将筛选结果显示在原数据清单以外的区域。如保留数据清单的原有显示方式，并将筛选结果显示到其他空白区域或者另一个工作表中。

对于数据清单的数据，假设需要使用"高级筛选"功能筛选出 1402 班年龄在 20 岁及以上或者 1403 班加权成绩在 80 分以下的女生信息，并将结果显示在该工作簿的工作表 Sheet2 中，操作步骤如下。

（1）在单独的单元格区域内构建高级筛选条件，在数据清单外的空白单元格 I1:L3 内输入筛选条件，如图 5.128 所示。注意在输入筛选条件的过程中，如果该条件以等号"="为开头，应在等号"="前输入英文半角单引号"'"，以免 Excel 将等号后面的部分默认作为公式处理。

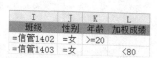

图 5.128　高级筛选条件

高级筛选条件的构建应遵循以下原则。

① 条件区域内必须有列标题，且与数据列表中的列标题一致。

② 在相应的列标题下输入查询条件，可以使用诸如>、<、=等运算符。

③ 条件区域中同一行的条件之间为"与"逻辑关系，即必须同时满足时才会被筛选出来，位于不同行的条件之间为"或"逻辑关系，即只用满足某一行的条件就可以被筛选出来。

根据上述原则，可对比图 5.128 中的筛选条件与需要进行的筛选内容的一致性。

（2）确立了高级筛选条件后，单击需要显示筛选结果的位置，这里选择 Sheet2 工作表中的 A1 单元格。在"数据"选项卡的"排序和筛选"组中，单击"高级"按钮，打开"高级筛选"对话框，如图 5.129 所示。

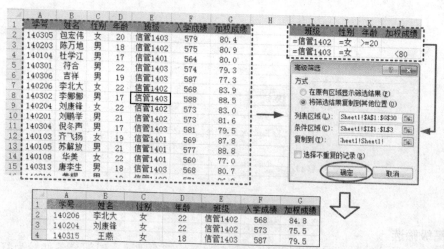

图 5.129　"高级筛选"对话框设置及筛选结果

（3）在“方式”下方的单选框中选择筛选结果的存放方式，这里选择“将筛选结果复制到其他位置”，在“列表区域”框中选择进行筛选的区域，这里选择 Sheet1 中学生信息数据清单对应的区域，在“条件区域”框中选择筛选条件所在的区域，这里选择 Sheet1 中的筛选条件区域 I1:L3，在“复制到”框中设置筛选结果所在的区域，这里选中 Sheet2 中的 A1 单元格，此时筛选结果将从 A1 开始向右向下填充。

（4）单击“高级筛选”对话框中的“确定”按钮，符合条件的筛选结果将显示在 Sheet2 工作表中，如图 5.129 所示。

5.4.4　对数据进行合并计算

当所要分析和处理的数据来自多个不同的数据清单时，可以通过“合并计算”功能将来自每个数据清单中的数据合并到一个数据清单中去，并完成相应的统计处理。图 5.130 显示了来自三个数据清单中的财务信息，它们都存放于 Sheet1 工作表中，分别代表了某干洗连锁公司“江南店 1”、“江南店 2”和“江南店 3”三个分店的财务信息。如果要统计所有分店干洗了多少件“西服”和“衬衣”，分别带来了多少利润额，这就需要利用 Excel 提供的合并计算功能将来自不同数据清单中的数据合并到一起，得到不同商品类型的整体统计值，具体操作如下。

店名	季度	商品类型	消量（件）	利润（元）
江南店1	第一季度	羽绒服	366	7320
江南店1	第一季度	西装	253	3289
江南店1	第一季度	大衣	384	6528
江南店1	第一季度	毛衣	181	2534
江南店1	第一季度	衬衣	132	1584
江南店1	第一季度	床单被套	37	1036
江南店1	第二季度	西装	304	3952
江南店1	第二季度	大衣	37	629
江南店1	第二季度	毛衣	42	588
江南店1	第二季度	衬衣	231	2772
江南店1	第二季度	床单被套	36	1008
江南店1	第三季度	西装	84	1092
江南店1	第三季度	大衣	12	204
江南店1	第三季度	毛衣	4	56
江南店1	第三季度	衬衣	288	3456
江南店1	第三季度	床单被套	10	280
江南店1	第四季度	羽绒服	270	5400
江南店1	第四季度	西装	429	5577
江南店1	第四季度	大衣	379	6443
江南店1	第四季度	毛衣	229	3206
江南店1	第四季度	衬衣	85	1020
江南店1	第四季度	床单被套	54	1512

数据清单1

店名	季度	商品类型	消量（件）	利润（元）
江南店2	第一季度	羽绒服	293	5860
江南店2	第一季度	西装	260	3380
江南店2	第一季度	大衣	287	4879
江南店2	第一季度	毛衣	206	2884
江南店2	第一季度	衬衣	114	1368
江南店2	第一季度	床单被套	46	1288
江南店2	第二季度	羽绒服	9	180
江南店2	第二季度	西装	275	3575
江南店2	第二季度	大衣	47	799
江南店2	第二季度	毛衣	29	406
江南店2	第二季度	衬衣	252	3024
江南店2	第二季度	床单被套	32	896
江南店2	第三季度	羽绒服	2	40
江南店2	第三季度	西装	55	715
江南店2	第三季度	大衣	17	289
江南店2	第三季度	毛衣	4	56
江南店2	第三季度	衬衣	316	3792
江南店2	第三季度	床单被套	8	224
江南店2	第四季度	羽绒服	251	5020
江南店2	第四季度	西装	367	4771
江南店2	第四季度	大衣	290	4930
江南店2	第四季度	毛衣	206	2884
江南店2	第四季度	衬衣	85	1020
江南店2	第四季度	床单被套	43	1204

数据清单2

店名	季度	商品类型	销量（件）	利润（元）
江南店3	第二季度	羽绒服	18	360
江南店3	第二季度	西装	383	4979
江南店3	第二季度	大衣	79	1343
江南店3	第二季度	毛衣	72	1008
江南店3	第二季度	衬衣	285	3420
江南店3	第二季度	床单被套	36	1008
江南店3	第三季度	羽绒服	5	100
江南店3	第三季度	西装	84	1092
江南店3	第三季度	大衣	10	170
江南店3	第三季度	毛衣	7	98
江南店3	第三季度	衬衣	341	4092
江南店3	第三季度	床单被套	21	588
江南店3	第四季度	羽绒服	226	4520
江南店3	第四季度	西装	434	5642
江南店3	第四季度	大衣	315	5355
江南店3	第四季度	毛衣	248	3472
江南店3	第四季度	衬衣	106	1272
江南店3	第四季度	床单被套	37	1036

数据清单3

图 5.130　对数据进行合并计算

（1）打开图 5.130 中数据清单对应的工作簿文件“合并计算.xlsx”，在要显示合并计算结果的工作表内选中一个单元格。在这里选中该工作簿中 Sheet2 工作表的 A1 单元格。

（2）在“数据”选项卡中的“数据工具”组中，单击“合并计算”按钮，打开“合并计算”对话框，如图 5.131 所示。

（3）在“函数”下拉框中，选择一种类型的汇总函数，Excel 提供了一系列在合并计算中可以使用的统计方法，如“求和”、“求平均”、“最大/最小值”、“计数”、“方差/标准差”等。这里选择“求和”方式，这样在合并计算中将对来自各个分店的同一类商品的销量和利润值进行求和计算，得到所有分店财务信息的综合统计值。

（4）在“引用位置”框中，选择要对其进行合并计算的数据清单区域。由于“店名”

和"季度"列中的内容不作合并计算的依据，因此无须列入合并区域，以免对合并结果造成影响。在这里选择数据清单 1 中的 C1:E23 区域。在图 5.130 中，所有需要合并的数据清单都位于同一个工作簿中，如果需要合并的数据位于另一个工作簿的工作表中，可以单击"浏览"按钮找到该工作簿，并指定需要合并的数据区域。

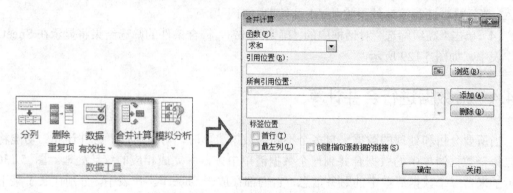

图 5.131　"合并计算"按钮与对话框

（5）单击"添加"按钮，先前选择的合并计算区域将显示在"所有引用位置"列表框中。

（6）重复（4）和（5）中的操作，添加其他需要进行合并计算的数据区域。这里分别添加数据清单 2 中的 I1:K25 区域和数据清单 3 中的 O1:Q19 区域。需要注意的是，参与合并的数据清单不能与合并结果位于同一个工作表中，且它们应具有相同的布局。

（7）在"标签位置"组中选择数据标签在参与合并的数据区域中的位置。这里由于需要根据商品类型统计每种商品的销量和利润，因此合并数据区域的"首行"与"最左列"均为数据标签，应同时勾选上述两个复选框。由于所有数据都处于同一工作簿中，因此无须勾选"创建指向源数据的链接"复选框。合并参数设置完成后如图 5.132 所示。

（8）单击"确定"按钮完成数据合并，其结果如图 5.132 所示。此时来自所有江南区分店的年度营收数据将以商品类型为依据进行合并计算，得到整体的销量和利润值。

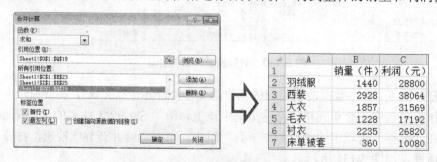

图 5.132　合并计算参数设置和计算结果

5.4.5　对数据进行分类汇总

分类汇总是一种按字段分类的数据处理方式，即先根据数据清单中的某一列进行排序，让该列中取值相同的值排列在一起并归为同一组，然后对同组数据应用分类汇总函数得到相应组的统计或计算结果。在如图 5.133 所示的数据清单中，存放了某服务业连锁公司全年的客户及收入信息。为了更加清晰直观地显示数据行之间的联系，并进行统计与分析，可以使用 Excel 提供的分类汇总方法，对数据清单中的客户按照行业或者级别进行分类，得到全年各类客户的业务收入统计结果。

	A	B	C	D	E
1	客户代码	客户行业	客户级别	所属分公司	业务收入(万元)
2	420073	批发和零售业	黄金客户	中山路分公司	6.20
3	420092	其他	一般客户	团结路分公司	0.85
4	420102	金融业	黄金客户	青年路分公司	18.40
5	420116	批发和零售业	黄金客户	中山路分公司	12.10
6	420117	金融业	一般客户	团结路分公司	2.10
7	420126	金融业	一般客户	中山路分公司	1.45
8	420127	金融业	黄金客户	青年路分公司	15.50
9	420127	制造业	黄金客户	青年路分公司	10.60
10	420135	制造业	白金客户	总公司	79.48
11	420140	金融业	黄金客户	中山路分公司	16.35
12	420141	批发和零售业	黄金客户	总公司	15.40
13	420142	批发和零售业	白金客户	团结路分公司	41.73
14	420161	批发和零售业	黄金客户	中山路分公司	12.62
15	420161	其他	一般客户	团结路分公司	8.50
16	420162	金融业	一般客户	团结路分公司	4.62
17	420168	其他	一般客户	团结路分公司	1.60
18	420169	批发和零售业	一般客户	青年路分公司	3.35
19	420174	金融业	白金客户	总公司	58.06
20	420177	金融业	一般客户	团结路分公司	1.84
21	420178	批发和零售业	一般客户	团结路分公司	0.90
22	420183	金融业	黄金客户	团结路分公司	9.42
23	420183	其他	黄金客户	青年路分公司	15.00
24	420185	批发和零售业	一般客户	中山路分公司	4.50
25	420187	批发和零售业	一般客户	中山路分公司	1.50
26	420188	其他	一般客户	中山路分公司	1.95
27	420192	批发和零售业	一般客户	青年路分公司	2.25
28	420197	制造业	白金客户	总公司	46.15

图 5.133　某服务业连锁公司全年的客户及收入信息

1. 添加与删除分类汇总

在如图 5.133 所示的数据清单中添加分类汇总，具体操作如下。

（1）首先对数据清单中的内容按照"客户行业"和"所属分公司"进行分类，即依据"客户行业"列为主要关键字，"所属分公司"为次要关键字排序，升序/降序均可，目的是让同一种行业、同一分公司的客户信息排列在一起。这里按照字母顺序对上述两列进行升序排序。

（2）接下来完成数据的汇总工作，选定要汇总的数据清单范围，这里选择如图 5.133 所示的数据清单中的任一单元格（如 D14 单元格），单元格所处的数据清单的数据区域将自动被识别为汇总区域。在"数据"选项卡中的"分级显示"组中，单击"分类汇总"按钮，打开"分类汇总"对话框，如图 5.134 所示。

（3）在"分类汇总"对话框中进行如下设置。

在"分类字段"下拉列表框中选择分类字段，此处选择"客户行业"。

在"汇总方式"下拉列表框中选择汇总方式。Excel 提供了多种汇总统计方式，如求和、求平均、计数、最大值、最小值等。此处选择"求和"。

在"选定汇总项"下的列表框中选择汇总字段。此处选择"业务收入（万元）"，统计来自每种行业的所有客户业务收入之和。

选择"替换当前分类汇总"复选框，可使新的汇总替换数据清单中已有的汇总结果，这里将其勾选。选择"每组数据分页"复选框，可使每组汇总数据之间自动插入分页符，这里保持未选中状态。选择"汇总结果显示在数据下方"复选框，可使每组汇总结果显示在该组下方，如未勾选，则显示在该组上方，此处将其勾选。

设置完成后的"分类汇总"对话框如图5.134所示。

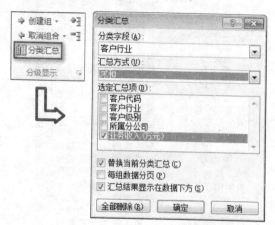

图 5.134　"分类汇总"按钮、对话框及参数设置结果

（4）单击"确定"按钮，分类汇总的结果如图 5.135 所示。

（5）如果需要，还可以重复步骤（3）和（4），为数据清单添加更多的分类汇总。为了避免覆盖现有的汇总结果，在"分类汇总"对话框中应取消选中"替换当前分类汇总"复选框。这里，可以在得到每种行业所有客户全年业务收入总和的基础上，再次添加分类汇总统计每个行业中单笔客户业务收入的最大值。因此在"分类字段"中仍选择"客户行业"，在"汇总方式"中选择"最大值"，汇总项仍然选择"业务收入（万元）"，单击"确定"按钮，得到的结果如图 5.135 所示。

（6）若要删除数据清单内的分类汇总，可以选择数据清单内的任一单元格（如 E22 单元格），单击"分类汇总"按钮再次打开"分类汇总"对话框，单击左下角的"全部删除"按钮，则已完成的汇总将被全部清除。

2. 数据分级显示

对数据清单进行分类汇总后，将自动进入分级显示状态。此外还可以为数据清单手动添加数据分级显示，Excel 支持最多 8 个级别的分级显示功能。如对于如图 5.135 所示的分类汇总结果，可以通过数据分级显示功能，首先显示每种行业中客户业务收入的概要情况（最大值，合计值）等，如果需要重点关注某一行业的信息，则可以查阅该行业所有客户收入的明细数据。具体操作如下。

（1）对图 5.133 中的数据清单进行分类汇总后，在数据区域的左侧会出现分级显示符号，表明数据区域正处于分级显示状态，如图 5.136 所示。

	A	B	C	D	E
1	客户代码	客户行业	客户级别	所属分公司	业务收入（万元）
2	420102	金融业	黄金客户	青年路分公司	18.40
3	420127	金融业	黄金客户	青年路分公司	15.50
4	420117	金融业	一般客户	团结路分公司	2.10
5	420162	金融业	一般客户	团结路分公司	4.62
6	420177	金融业	一般客户	团结路分公司	1.84
7	420183	金融业	黄金客户	团结路分公司	9.42
8	420126	金融业	一般客户	中山路分公司	1.45
9	420140	金融业	黄金客户	中山路分公司	16.35
10	420174	金融业	白金客户	总公司	58.06
11		金融业 汇总			127.74
12	420169	批发和零售业	一般客户	青年路分公司	3.35
13	420192	批发和零售业	一般客户	青年路分公司	2.25
14	420142	批发和零售业	白金客户	团结路分公司	41.73
15	420178	批发和零售业	一般客户	团结路分公司	0.90
16	420073	批发和零售业	黄金客户	中山路分公司	6.20
17	420116	批发和零售业	黄金客户	中山路分公司	12.10
18	420161	批发和零售业	黄金客户	中山路分公司	12.62
19	420185	批发和零售业	一般客户	中山路分公司	4.50
20	420187	批发和零售业	一般客户	中山路分公司	1.50
21	420141	批发和零售业	黄金客户	总公司	15.40
22		批发和零售业 汇总			100.55

	A	B	C	D	E
1	客户代码	客户行业	客户级别	所属分公司	业务收入（万元）
2	420102	金融业	黄金客户	青年路分公司	18.40
3	420127	金融业	黄金客户	青年路分公司	15.50
4	420117	金融业	一般客户	团结路分公司	2.10
5	420183	金融业	黄金客户	团结路分公司	9.42
6	420177	金融业	一般客户	团结路分公司	1.84
7	420162	金融业	一般客户	团结路分公司	4.62
8	420126	金融业	一般客户	中山路分公司	1.45
9	420140	金融业	黄金客户	中山路分公司	16.35
10	420174	金融业	白金客户	总公司	58.06
11		金融业 最大值			58.06
12		金融业 汇总			127.74

图 5.135　分类汇总结果

1 2 3 4		A	B	C	D	E
	1	客户代码	客户行业	客户级别	所属分公司	业务收入（万元）
	2	420102	金融业	黄金客户	青年路分公司	18.40
	3	420127	金融业	黄金客户	青年路分公司	15.50
	4	420117	金融业	一般客户	团结路分公司	2.10
	5	420183	金融业	黄金客户	团结路分公司	9.42
	6	420177	金融业	一般客户	团结路分公司	1.84
	7	420162	金融业	一般客户	团结路分公司	4.62
	8	420126	金融业	一般客户	中山路分公司	1.45
	9	420140	金融业	黄金客户	中山路分公司	16.35
	10	420174	金融业	白金客户	总公司	58.06
	11		金融业 最大值			58.06
	12		金融业 汇总			127.74
分级显示符号	23		批发和零售业 最大值			41.73
	24		批发和零售业 汇总			100.55

图 5.136　分级显示符号

（2）分级显示符号最上方的 1 2 3 表示分级的层数和级别，数字越小代表级别越大。通过单击不同的数字编号，可以改变右侧数据区域的显示层次。如单击"1"，分类汇总结果只显示最高层次的数据，即全年所有行业客户的业务收入总和及单笔收入最大值，如图

5.137（a）所示。单击"2"，分类汇总结果将显示第二层分级的数据，即来自每种行业的客户业务收入总计值，以此类推，如图 5.137（b）所示。若要进一步显示某个行业（如批发和零售业）的局部明细数据，可以单击对应汇总信息左侧的 ⊞ 按钮，如单击"批发和零售业 汇总"行左侧对应的 ⊞，将展开显示来自"批发和零售业"的所有客户的详细的业务收入记录，如图 5.137（c）所示，这时原先的 ⊞ 按钮将自动变换为 ⊟ 按钮，若要隐藏已经显示的明细数据，则可单击该按钮实现。

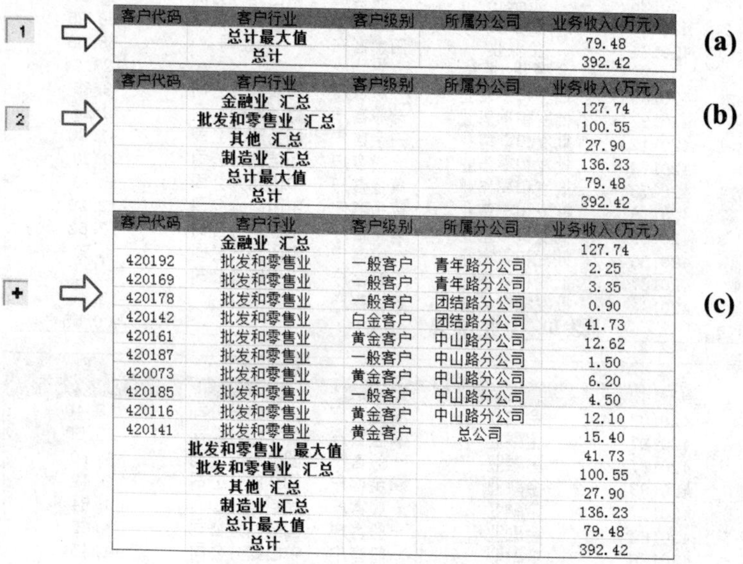

客户代码	客户行业	客户级别	所属分公司	业务收入（万元）
	总计最大值			79.48
	总计			392.42

(a)

客户代码	客户行业	客户级别	所属分公司	业务收入（万元）
	金融业 汇总			127.74
	批发和零售业 汇总			100.55
	其他 汇总			27.90
	制造业 汇总			136.23
	总计最大值			79.48
	总计			392.42

(b)

客户代码	客户行业	客户级别	所属分公司	业务收入（万元）
	金融业 汇总			127.74
420192	批发和零售业	一般客户	青年路分公司	2.25
420169	批发和零售业	一般客户	青年路分公司	3.35
420178	批发和零售业	一般客户	团结路分公司	0.90
420142	批发和零售业	白金客户	团结路分公司	41.73
420161	批发和零售业	黄金客户	中山路分公司	12.62
420187	批发和零售业	一般客户	中山路分公司	1.50
420073	批发和零售业	黄金客户	中山路分公司	6.20
420185	批发和零售业	一般客户	中山路分公司	4.50
420116	批发和零售业	黄金客户	中山路分公司	12.10
420141	批发和零售业	黄金客户	总公司	15.40
	批发和零售业 最大值			41.73
	批发和零售业 汇总			100.55
	其他 汇总			27.90
	制造业 汇总			136.23
	总计最大值			79.48
	总计			392.42

(c)

图 5.137 数据显示级别切换

（3）在图 5.137（c）中，可以在局部明细数据中手动添加分级显示，如在"批发和零售业"行业的明细数据中根据"所属分公司"字段的值手动添加分级显示。在数据清单中选择位于同组的明细行（如选择第 17～21 行，其所属分公司均为"中山路分公司"），在明细行的最下方创建一个汇总行，在"所属分公司"列中输入"中山路分公司"，表示对"中山路分公司"明细信息进行分级。使用鼠标选中第 17～21 行，在"数据"选项卡中的"分级显示"组中，单击"创建组"下方的箭头，在下拉菜单中选择"创建组"命令，使所选择的行关联为同一组，同时在左侧对应位置添加一个新的分级符号，如图 5.138 所示。按照相同的方式，可以分别为 13 和 14 行"青年路分公司"、15 和 16 行"团结路分公司"创建分组。

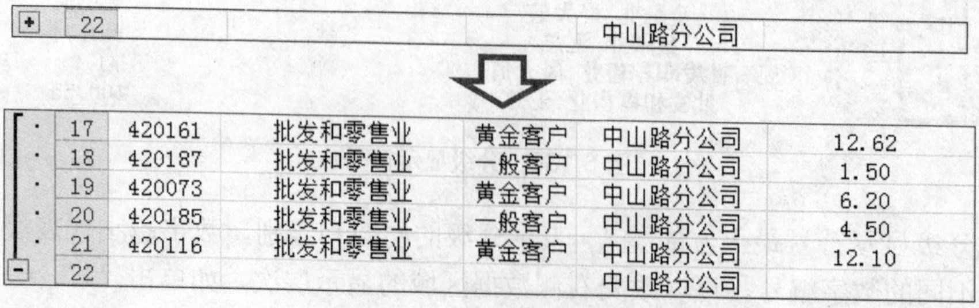

⊞	22				中山路分公司	

	17	420161	批发和零售业	黄金客户	中山路分公司	12.62
	18	420187	批发和零售业	一般客户	中山路分公司	1.50
	19	420073	批发和零售业	黄金客户	中山路分公司	6.20
	20	420185	批发和零售业	一般客户	中山路分公司	4.50
	21	420116	批发和零售业	黄金客户	中山路分公司	12.10
⊟	22				中山路分公司	

图 5.138 手动添加分级显示

（4）如果删除图 5.138 中的分级显示，则可在"数据"选项卡中的"分级显示"组中，单击"取消组合"下方的箭头，在下拉菜单中选择"清除分级显示"命令，此时数据清单左侧的分级显示符号将被清除，因为分级而被隐藏的数据行将全部重新恢复显示。

5.4.6　数据透视表与数据透视图

当数据清单中的数据条目较多时，为了更加清晰明了地分析和浏览数据，达到从不同的角度来对数据清单中的内容进行统计汇总，并对相似相关的数据的取值大小进行比较分析的目的，可以借助数据透视表和数据透视图。在如图 5.139 所示的数据清单中，存放了某图书联营店各季度部分图书的销售状况，数据记录数量较多。使用 Excel 提供的数据透视表与数据透视图功能，将能十分快速地对各个书店每类图书在不同季度的总销量数据进行统计，从而了解每一季度中哪个书店的销售额最高，或者全年哪一本图书的销量最多等信息。

	A	B	C	D	E	F	G
1	单据编号	季度	店名	书名	价格（元）	销量（本）	销售额（元）
2	D0011	一季度	乾之水书店	《大学计算机基础》	¥36.50	17	¥620.50
3	D0012	一季度	学子书店	《大学生实用英语写作》	¥32.00	19	¥608.00
4	D0014	一季度	学子书店	《计算机二级教程MS Office高级应用》	¥42.00	7	¥294.00
5	D0017	一季度	乾之水书店	《大学英语四级词汇》	¥24.50	8	¥196.00
6	D0018	一季度	文华书店	《大学计算机基础》	¥36.50	15	¥547.50
7	D0019	一季度	乾之水书店	《大学生实用英语写作》	¥32.00	32	¥1,024.00
8	D0020	一季度	文华书店	《计算机二级教程MS Office高级应用》	¥42.00	28	¥1,176.00
9	D0029	一季度	乾之水书店	《数据库及其应用》	¥39.50	14	¥553.00
10	D0031	一季度	文华书店	《大学英语四级词汇》	¥24.50	33	¥808.50
11	D0035	一季度	乾之水书店	《计算机二级教程MS Office高级应用》	¥42.00	11	¥462.00
12	D0037	一季度	学子书店	《大学计算机基础》	¥36.50	22	¥803.00
13	D0039	一季度	学子书店	《数据库及其应用》	¥39.50	36	¥1,422.00
14	D0040	一季度	文华书店	《数据库及其应用》	¥39.50	22	¥869.00
15	D0041	二季度	学子书店	《大学英语四级词汇》	¥24.50	33	¥808.50
16	D0042	二季度	乾之水书店	《数据库及其应用》	¥39.50	25	¥987.50
17	D0043	二季度	文华书店	《大学英语四级词汇》	¥24.50	39	¥955.50
18	D0052	二季度	乾之水书店	《计算机二级教程MS Office高级应用》	¥42.00	20	¥840.00
19	D0055	二季度	学子书店	《计算机二级教程MS Office高级应用》	¥42.00	24	¥1,008.00

图 5.139　某图书联营店各季度部分图书的销售状况

1. 创建数据透视表

如要统计各书店在每个季度的销售额，需要创建一个数据透视表对如图 5.139 所示的数据清单中的数据进行分析和汇总，具体操作如下。

（1）选择图 5.139 中的数据清单作为数据源，这里单击选中数据清单区域内的任一单元格。

（2）在"插入"选项卡上的"表格"组中，单击"数据透视表"按钮，打开"创建数据透视表"对话框，如图 5.140 所示。

（3）此时，图 5.139 中的数据清单区域已被自动识别并显示在"选择一个表或区域"下的"表/区域"框中，并作为要进行分析的源数据。如有需要可以重新设置源数据对应的数据清单区域，若要使用来自外部的数据库或者文件作为创建数据透视表的源数据，可以通过选中"使用外部数据源"项，并单击"选择连接"按钮，在出现的对话框中选择相应的外部数据源。这里不做任何修改。

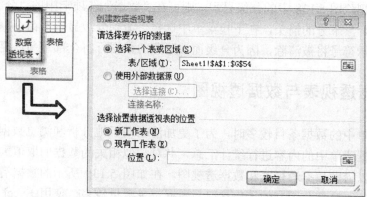

图 5.140　"数据透视表"按钮及"创建数据透视表"对话框

（4）在"选择放置数据透视表的位置"栏下，可以指定数据透视表的存放位置，如选择"新工作表"项，将专门在工作簿中新建一个工作表来存放数据透视表，也可以选择"现有工作表"项，将数据透视表放置在现有工作表的某个指定区域。这里选择"新工作表"。

（5）单击"确定"按钮，Excel 将新建一个工作表（此处为 Sheet4），并将一个空白数据透视表添加至该工作表中，同时在右侧显示"数据透视表字段列表"对话框，如图 5.141 所示。默认情况下，数据透视表字段列表包含以下两个部分。

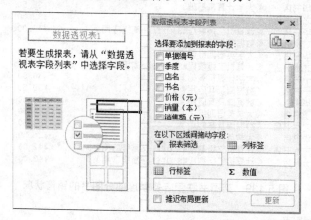

图 5.141　"数据透视表字段列表"对话框

① 上半部分是字段部分，所有数据源中的字段都将被显示在字段列表中，通过勾选或取消每个字段前的复选框，可以在数据透视表中添加或删除字段。

② 下半部分是布局部分，用于定义每个字段及其统计结果在数据透视表中的位置。布局部分包含 4 个区域，分别为"报表筛选"、"行标签"、"列标签"和"值"区域，每个区域在数据透视表中的对应位置如图 5.142 所示。

（6）在"数据透视表字段列表"对话框中选中某一字段对应的复选框后，该字段将被添加至下方布局部分的不同区域中，并在数据透视表中的对应位置更新显示。一般而言，非数值字段将会自动添加到"行标签"区域，数值字段会添加到"数值"区域，日期或时间字段将会添加到"列标签"区域。若要手动放置某一字段到特定的区域，可以直接将字段名拖动到布局部分的不同区域中，或者在字段名称上单击右键，在弹出的快捷菜单中选择相应的指令。此处，为了在数据透视表中显示不同书店在不同季度内的销售额统计情况，分别将"店名"、"季度"和"销售额（元）"字段拖动到"行标签"、"列标签"和"值"区域中，调整数据透视表中的数字格式为货币，此时得到的数据透视表结果如图 5.143 上半部分所示，拖动季度列标签使其按照从第一季度到第四季度的顺序排列，得到的结果如图 5.143 下半部分所示。

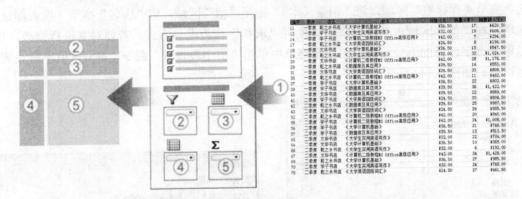

图 5.142 数据透视表字段列表布局区域与数据透视表位置对应关系

求和项:销售额（元）	列标签				
行标签	二季度	三季度	四季度	一季度	总计
乾之水书店	¥3,666.50	¥3,611.50	¥1,831.00	¥2,855.50	¥11,964.50
文华书店	¥5,032.50	¥1,873.00	¥2,529.50	¥3,401.00	¥12,836.00
学子书店	¥3,864.50	¥2,899.00	¥3,595.50	¥3,127.00	¥13,486.00
总计	¥12,563.50	¥8,383.50	¥7,956.00	¥9,383.50	¥38,286.50

求和项:销售额（元）	列标签				
行标签	一季度	二季度	三季度	四季度	总计
乾之水书店	¥2,855.50	¥3,666.50	¥3,611.50	¥1,831.00	¥11,964.50
文华书店	¥3,401.00	¥5,032.50	¥1,873.00	¥2,529.50	¥12,836.00
学子书店	¥3,127.00	¥3,864.50	¥2,899.00	¥3,595.50	¥13,486.00
总计	¥9,383.50	¥12,563.50	¥8,383.50	¥7,956.00	¥38,286.50

图 5.143 数据透视表结果

根据图 5.143 数据透视表中显示的信息，能够十分方便地对每个书店各季度的销售额进行比较和分析。如在所有分店中，学子书店全年总销售额最高，而文华书店总销售额最低。在季度方面，第二季度各书店的总销售额相对较高，而第三季度和第四季度则相对较低。通过上述信息，图书联营店高层能够十分清晰地评估各个书店全年各季度的效益好坏，并根据需要制定发展对策。

2. 编辑和修改数据透视表

创建数据透视表后，还可以对其进行修改和编辑，具体操作如下。

（1）若需更改数据透视表的数据源，可以在"数据透视表工具"中的"选项"选项卡中，单击"数据"组中的"更改源数据"按钮，在弹出的"更改数据透视表数据源"对话框中选择新的数据源区域，单击"确定"按钮。

（2）在"数据透视表工具"中的"选项"选项卡中，可以对数据透视表进行一系列的操作，如刷新透视表中的内容，对数据透视表中的格式进行设置，对表格进行排序、汇总等。

（3）若要修改数据透视表中的字段内容，可以对"数据透视表字段列表"对话框中的内容进行修改。若还需要统计并分析不同书店 4 个季度之间每种图书的最大销量情况，可在"数据透视表字段列表"对话框的字段列表中，取消勾选"销售额（元）"和"季度"字段，将其从透视表中删除。同时勾选"销量（本）"和"书名"字段对应的复选框，将"书名"拖至"行标签"区域，将"销量（本）"拖至"值"区域，将"店名"拖至"报表筛选"区域。在"值"区域内的字段将默认使用"求和"作为汇总方式，若要对其进行修改，可以单击该字段旁的下拉箭头，在下拉菜单中单击"值字段设置"命令，打开"值字段设置"对话框，如图 5.144 所示。

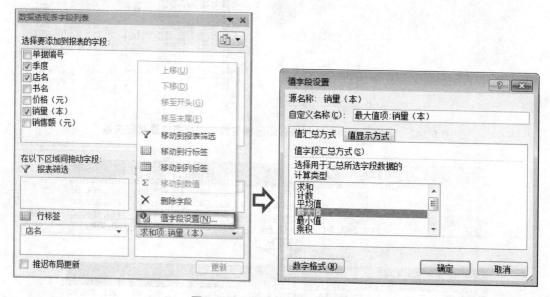

图 5.144 "值字段设置"对话框

在"值汇总方式"中，提供了多种方式以供选择（如求和、计数、平均值等），此处选择"最大值"，统计 4 个季度之间每种图书销量的最大值，单击"确定"按钮。

调整数据透视表中的数字格式为常规，修改后的数据透视表结果如图 5.145 所示。

店名	字段筛选器 乾之水书店	
行标签	最大值项:销量（本）	
《大学计算机基础》	30	
《大学生实用英语写作》	32	
《大学英语四级词汇》	36	
《计算机二级教程MS Office高级应用》	36	
《数据库及其应用》	25	
总计	36	

图 5.145 修改后的数据透视表结果

由于设置了"报表筛选"字段，在数据透视表的左上角将出现一个字段筛选器，可以根据"店名"字段中的取值进行筛选，得到不同数据对应的数据透视表结果。图 5.145 显示了店名为"乾之水书店"的每种图书在不同季度之间的最大销量统计结果。如《大学生计算机》一书的最大销量为 30 本，在该单元格处双击鼠标，Excel 将创建一个新的工作表（Sheet5）显示乾之水书店《大学生计算机基础》的销售数据详细清单，如图 5.146 所示。从清单中可以看出该书的最大销量出现在第四季度。

单据编号	季度	店名	书名	价格（元）	销量（本）	销售额（元）
D0011	一季度	乾之水书店	《大学计算机基础》	36.5	17	620.5
D0104	四季度	乾之水书店	《大学计算机基础》	36.5	30	1095
D0088	三季度	乾之水书店	《大学计算机基础》	36.5	5	182.5
D0069	二季度	乾之水书店	《大学计算机基础》	36.5	27	985.5

图 5.146 乾之水书店《大学计算机基础》的销售数据详细清单

（4）若要删除已创建的数据透视表，可以在数据透视表中的任意位置单击（如单击选择 D5 单元格），在"数据透视表工具"的"选项"选项卡中，单击"操作"组中的"选择"按钮下方的箭头，在下拉菜单中选择"整个数据透视表"命令，最后按下 Delete 键即可删除选中的数据透视表。

3. 创建数据透视图

为了更加直观地显示数据透视表中的内容，可以根据数据透视表中的内容生成对应的数据透视图。数据透视图与普通的图表类似，其基本的组成元素也与普通图表相同。与普通图表不同的是，数据透视表中的字段筛选器将同样在透视图中显示，以便对数据透视图的基本数据进行排序和筛选。为了更加形象地比较各个书店不同季度的销售额，可根据图 5.143 中的数据透视表创建数据透视图，具体操作如下。

（1）在图 5.143 的数据透视表中单击，在"数据透视表工具"中的"选项"选项卡中，单击"工具"组中的"数据透视图"按钮，打开"插入图表"对话框。

（2）按照与创建普通图表类似的方式，选择相应的图表类型和子类型。这里选择"柱形图"类型中的"堆积柱形图"，单击"确定"按钮，插入数据透视图。

（3）对透视图中的各个元素进行编辑和修改，添加数据标签，其方式均与一般图表相同。得到数据透视图结果如图 5.147 所示。可以注意到图表周围加入了多个字段筛选器，通过它们可以更改图表中显示的数据。

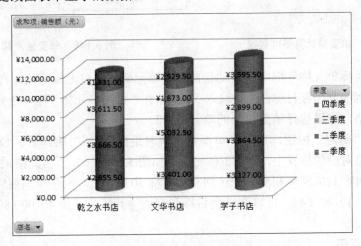

图 5.147 数据透视图结果

（4）若要删除数据透视图，先选中该透视图，然后按下 Delete 键，透视图被删除后，其关联的数据透视表并不会一起删除。

5.4.7 对数据进行模拟分析和运算

模拟分析是指 Excel 通过公式所引用的单元格值的变化分析所有可能的结果。如某玩具经销商高层根据 2015 年的全年营收信息，认为某一主要玩具产品的销售状况出现了一定的问题，没有达到预期的目标。为了在 2016 年改善企业的运营状况，公司高层将根据现有的数据进行分析和评估，并制定相应的应对策略和发展计划。利用 Excel 提供的单变量求解和模拟运算表功能，可以完成上述分析和决策过程。

1. 单变量求解

单变量求解本质上是依据公式的结果求解变量取值的问题，即存在函数：$y = f(x)$，求解 y 取不同大小时的 x 值。如果案例中的玩具经销公司希望在 2016 年第一季度某一主要玩具产品的销售利润达到 50 000 元，可通过单变量求解功能进行该玩具产品销售的本量利分析，计算若要满足销售利润目标，至少需要售出多少件玩具产品，具体求解如下。

（1）在工作表中输入模拟分析所需的基础数据，包括该玩具产品的成本和价格，以及计算利润额的公式"利润=（价格-成本）×销量"。这里在工作表中的 A1：D2 区域输入相应数据，如图 5.148 所示。

（2）单击 y 值所对应的公式所在的单元格，由于这里需要求解满足利润目标条件下的销量，因此选择 D2 单元格。在"数据"选项卡中的"数据工具"组中，单击"模拟分析"按钮，在下拉菜单中选择"单变量求解"命令，打开"单变量求解"对话框，如图 5.149（a）所示。

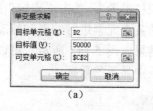

图 5.148　单变量计算基础数据　　　　　图 5.149　单变量求解

（3）在"目标单元格"框中将自动指向 D2 单元格，这里无须更改。在"目标值"框中输入希望达到的利润额目标，这里输入 50000。在"可变单元格"框中指定需要求解的 x 值对应的单元格，这里选择销量对应的单元格 C2。

（4）单击"确定"按钮，出现"单变量求解对话框"，同时将对目标值的求解结果显示在可变单元格对应的位置上，即 C2 单元格，如图 5.149（b）所示。结果显示，2016 年第一季度该玩具产品的销售利润要想达到利润目标 50 000 元，则至少需要销售 3334 件。

（5）重复（3）和（4），可以测试当目标利润额为其他值（如 40 000,80 000）时的销量求解结果。

2. 模拟运算表

模拟运算表可以根据公式计算其中一个或两个变量取不同值时对公式计算结果的影响，并将所有可能的结果显示在一个单元格区域中，提供直观的显示。模拟运算表最多可以处理两个变量不同取值组合时的计算结果。在案例中，由于玩具产品的成本难以在短期内产生较大变化，为了改善企业经营状况，高层需要分析该主要玩具产品的销售价格与销量两个变量取不同值组合时的利润情况。通过模拟运算表方法可以实现这一双变量模拟计算过程，具体操作如下。

（1）在工作表中输入模拟分析所要使用的基础数据，此处在工作表的 A1:B4 区域输入相应数据，B4 单元格输入利润的计算公式"利润=（价格-成本）×销量"，如图 5.150 所示。

（2）在 B4 单元格开始沿同一行从左向右依次输入一个变量的系列值，同时沿同一列从上到下依次输入另一个变量的系列值。这里价格和销量为两个变量，在 B4 单元格同一行 C4，D4，E4，F4 中输入一系列价格变量的取值，在 D4 单元格同一列 B5，B6，B7，B8，B9 输入一系列销量变量的取值。

（3）选择要创建模拟运算表的单元格区域，这里选择 B4:F9 区域，其中左上角 B4 为计算公式所在的单元格，第一行第一列分别为计算需要使用的两个变量取值。在"数据"选项卡中的"数据工具"组中，单击"模拟分析"按钮，在下拉菜单中选择"模拟运算表"命令，打开"模拟运算表"对话框，如图 5.150 所示。

（4）在"模拟运算表"对话框中指定变量值所在的单元格，以便和公式内的引用形成关联。此处在"输入引用行的单元格"中选择价格变量所在的单元格 B1，在"输入引用列的单元格"中选择销量变量所在的单元格 B3，单击"确定"按钮，模拟计算的结果将自动填充在 C5:F9 区域，如图 5.150 所示。每个结果代表其所在单元格对应第一行的变量值（价格）和第一列的变量值（销量）条件下的公式计算结果（利润）。

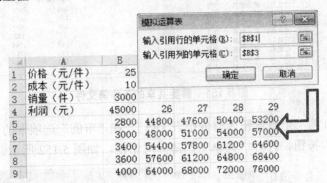

图 5.150　模拟运算表使用方法及计算结果

5.5　Excel 表格的共享和修订

Excel 允许多个用户对一个工作簿同时进行编辑和修改，以实现协同工作的目的。此外，Excel 还支持与其他外部程序和应用的数据交互。最后，在 Excel 中还可以通过宏功能的使用快速完成重复性的工作，以提高工作效率。本节将对 Excel 中的上述功能进行逐一介绍，达到以下目标。

（1）掌握表格的共享、制作与修订，完成多用户对同一工作簿的各类操作；

（2）将不同类型的数据导入工作表；

（3）将数据清单中的内容共享到其他格式的文档中；

（4）使用宏完成需要重复进行的操作。

5.5.1　表格的共享、修订与批注

1. 共享工作簿

在使用 Excel 完成各类日常办公事务的过程中，经常会出现不同用户共同制作和编辑同一份工作簿的情形。为了实现对同一工作簿的共享操作，需要应用 Excel 中的共享工作簿功能将工作簿设置为共享状态，并将其放置在可供所有用户访问的网络共享目录中。在如图 5.151 所示的工作簿文件"全市连锁店财务报表.xlsx"中，存放了某市干洗连锁公司的全年财务报表。该工作簿将由多个财务人员共同制作和编辑，通过如下操作可以完成该工作簿的共享。

	A	B	C	D	E	F	G	H
1	地区	店名	季度	商品类型	价格(元/件)	成本（元/件）	销量（件）	利润（元）
2	江北	江北店1	第一季度	衬衣	15	3	95	1140
3	江北	江北店1	第二季度	衬衣	15	3	170	2040
4	江北	江北店1	第三季度	衬衣	15	3	219	2628
5	江北	江北店1	第四季度	衬衣	15	3	79	948
6	江北	江北店1	第一季度	床单被套	40	15	22	550
7	江北	江北店1	第二季度	床单被套	40	15	22	550
8	江北	江北店1	第三季度	床单被套	40	15	7	175
9	江北	江北店1	第四季度	床单被套	40	15	36	900
10	江北	江北店1	第一季度	大衣	25	10	208	3120
11	江北	江北店1	第二季度	大衣	25	10	17	255
12	江北	江北店1	第三季度	大衣	25	10	6	90
13	江北	江北店1	第四季度	大衣	25	10	237	3555
14	江北	江北店1	第一季度	毛衣	20	8	139	1668
15	江北	江北店1	第二季度	毛衣	20	8	25	300
16	江北	江北店1	第三季度	毛衣	20	8	11	132
17	江北	江北店1	第四季度	毛衣	20	8	162	1944
18	江北	江北店1	第一季度	西装	25	10	184	2760
19	江北	江北店1	第二季度	西装	25	10	204	3060
20	江北	江北店1	第三季度	西装	25	10	35	525

图 5.151　需要共享的工作簿文件

（1）打开工作簿"全市连锁店财务报表.xlsx"，在"审阅"选项卡的"更改"组中，单击"共享工作簿"按钮，打开"共享工作簿"对话框，如图 5.152 所示。

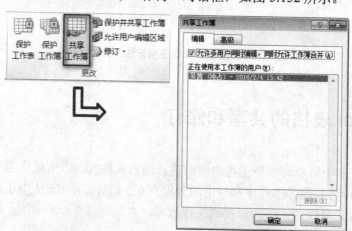

图 5.152　打开"共享工作簿"对话框

（2）在对话框的"编辑"选项卡中，可以看到当前正在使用本工作簿的用户信息，单击选中上方的"允许多用户同时编辑，同时允许工作簿合并"复选框。在"高级"选项卡中，可以对共享修订和更新的相关参数进行设置。完成后单击"确定"按钮即可实现工作簿的共享。

（3）完成共享后，可将该工作簿放入网络共享文件夹。所有的用户可以通过网络共享文件夹打开该工作簿，并和常规工作簿一样完成各种操作。每个用户对工作簿的所有修改操作都会被单独保存，当一个用户打开工作簿"全市连锁店财务报表.xlsx"时，可以查看上次打开工作簿以来所有用户已保存的更改。需要注意的是，不能在共享工作簿中完成以下操作：合并单元格、条件格式、数据有效性控制、插入图表、图片、图形对象、超链接、边框、分类汇总、数据透视表和宏。

（4）如果需要停止工作簿的共享，可以再次打开"共享工作簿"对话框，在"编辑"选项卡中首先确定是否有其他用户正在使用该工作簿。如果有，则可以选中列表中的用户信息，单击下方的"删除"按钮断开该用户与工作簿的连接。接下来取消"允许多用户同时编辑，同时允许工作簿合并"复选框的选中状态，单击"确定"按钮即可取消工作簿的共享。

2. 修订工作簿

当一个用户打开经其他用户修改编辑过的工作簿后，可能无法迅速而全面地了解和判断其他用户在何处做过哪些修改，这会影响不同用户之间协同工作的效率。在 Excel 中，通过修订功能可以跟踪、维护和显示对共享工作簿所做编辑、修改和设置的相关信息，不同用户之间可以使用该功能共同完成对共享工作簿的修改。以图 5.151 中的 Excel 工作簿文件"全市连锁店财务报表.xlsx"为例，具体操作如下。

（1）首先确保工作簿"全市连锁店财务报表.xlsx"正处于共享状态。在默认设置下，Excel 将以不同颜色标注不同用户对工作簿进行的修改和编辑操作，将鼠标移动至有颜色标注的单元格上停留可以查看详细的修订信息。若要查看某一特定时间、修订人或者位置的修订信息，可以在"审阅"选项卡的"更改"组中，单击"修订"按钮，在下拉菜单中单击"突出显示修订"命令，打开"突出显示修订"对话框，如图 5.153 所示。在"突出显示的修订选项"中设置"时间"、"修订人"和"位置"三个条件，即可显示不同类型的修订信息。

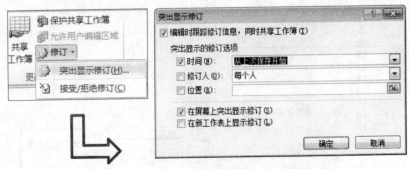

图 5.153　打开"突出显示修订"对话框

（2）对于其他人做出的每项修订，可以选择接受或者拒绝。在"审阅"选项卡的"更改"组中单击"修订"按钮，在下拉菜单中单击"接受或拒绝修订"命令，打开"接受或拒绝修订"对话框，如图 5.154 所示。在对话框中设置"修订选项"来指定要接受或者拒绝的修订范围，单击"确定"按钮，对话框将自动显示第一个修订信息以供审阅，如图 5.154 所示。

图 5.154 打开"接受或拒绝修订"对话框审阅修订

（3）根据修订信息的内容决定是否接受该项修订。如接受可单击"接受"按钮，该项修订将正式生效，如不接受则可单击"拒绝"按钮，此时修订的内容将被取消，对应的单元格或区域将还原为修订前的状态。完成前一条修订后，将开始下一条修订的接受或者拒绝选择。如果需要一次性接受或者拒绝所有剩余的修订内容，可单击"全部接受"或者"全部拒绝"按钮。

3. 添加批注

批注是对单元格内容进行说明的注释，它可以让用户更加清楚地了解单元格数据的含义。某一用户可以通过为单元格设置批注，让其他用户打开工作簿时根据批注上说明对单元格进行操作。批注可以理解为单元格的附件，它本身不是单元格，也不参与单元格数据的运算，只对相应单元格中的内容说明。对于工作簿"全市连锁店财务报表.xlsx"，可以使用批注功能为该干洗连锁公司全年财务清单中的信息添加注释，具体操作如下。

（1）打开工作簿"全市连锁店财务报表.xlsx"中的公司整体财务数据清单，选择列名"成本（元/件）"所在的单元格 F1，单击鼠标右键。在打开的右键菜单中单击"插入批注"命令，在该单元格旁将出现一个文本框，在此文本框中输入相应批注的内容。这里对列名"成本（元/件）"添加批注"干洗用料、人力成本折算值"，如图 5.155 所示。

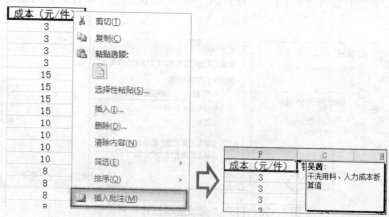

图 5.155 使用右键菜单中的"插入批注"命令插入批注

（2）在默认情况下批注是隐藏的，具有批注信息的单元格右上角会出现一个红色三角标志，当鼠标移动到该单元格上时，对应的批注内容才会显示。如果想让工作表中的批注始终保持显示状态，可以选中包含批注的单元格或区域。在"审阅"选项卡的"批注"组中单击"显示/隐藏批注"按钮开启或关闭批注的持续显示状态。单击"显示所有批注"按钮，可以同时显示当前工作表中的所有批注。

（3）若要对已有批注进行编辑，可以选中该批注对应的单元格单击鼠标右键，在弹出的右键菜单中单击"编辑批注"命令，在文本框中对批注内容进行编辑修改。如果要删除已有的批注，可以在右键菜单中单击"删除批注"命令。

5.5.2　Excel 表格与外部程序的交互

1. 从外部获取数据

除了使用 5.1.2 节中的方法向工作表中录入数据以外，Excel 还支持从外部数据源获取数据并导入到工作表中，如文本文件、Access 数据库等。在制作工作簿文件"全市连锁店财务报表.xlsx"的过程中，可以从存有各分店财务信息的文本文档中获取相关数据并导入到数据清单中，具体操作如下。

（1）打开工作簿"全市连锁店财务报表.xlsx"，新建一个空白工作表并命名为"外部数据导入"，选择工作表中用于写入外部数据的起始单元格，这里选择 A1 单元格。在"数据"选项卡的"获取外部数据组"中单击"自文本"按钮，打开"导入文本文件"对话框，在对话框中选择要导入的文本文档，这里选择某一分店（"江南店 1"）的财务数据文档"江南店 1.txt"文件，文件的内容如图 5.156 所示。

图 5.156　从"江南店 1.txt"文件中导入数据

（2）单击"导入"按钮，打开"文本导入向导-第 1 步，共 3 步"对话框，如图 5.157 所示。在"请选择最合适的文件类型"下选择文本文件中的列分隔方式。如果文本文件中的每一列以分隔字符来分隔，则选择"分隔符号"项，如果每一列所有的项都用空格对齐，则选择"固定宽度"项。由图 5.156 可以看出文档"江南店 1.txt"中的每一列是以分号分隔的，因此这里选择"分隔符号"项。在"导入起始行"中选择从文本数据的哪一行导入数据，这里选择第 1 行，单击"下一步"按钮，打开"文本导入向导-第 2 步，共 3 步"对话框，如图 5.158 所示。

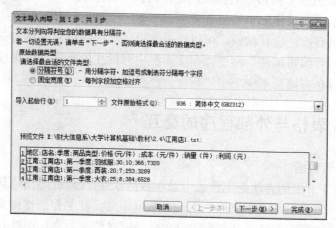

图 5.157　打开"文本导入向导-第 1 步，共 3 步"对话框

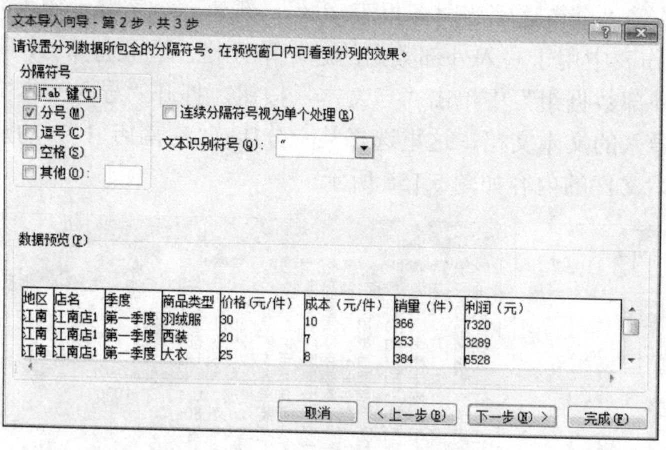

图 5.158　打开"文本导入向导-第 2 步，共 3 步"对话框

（3）在"分隔符号"框中选择具体的分隔符号，如果列表中没有列出文本文档实际使用的分隔符，则可在"其他"框中输入所使用的分隔符，这里选择"分号"。在下方的数据预览框中可以预览导入数据每一列分隔的效果。单击"下一步"按钮，打开"文本导入向导-第 3 步，共 3 步"对话框，如图 5.159 所示。

（4）在默认情况下导入数据的每一列数字格式均为"常规"，如果要改变某一列的格式，可以在下方的"数据预览"框中单击选中该列，然后在"列数据格式"框中指定该列的数字格式。如果不想导入某一列，可选中该列后在"列数据格式"框中选择"不导入此列（跳过）"项。这里将"江南店 1.txt"中的每一列按照默认数字格式"常规"完成导入。单击"完成"按钮，打开"导入数据"对话框，该对话框用于指定导入数据放置在工作表中的位置范围，这里已经自动填入了先前选中的活动单元格 A1，单击"确定"按钮完成数据的导入，如图 5.160 所示。

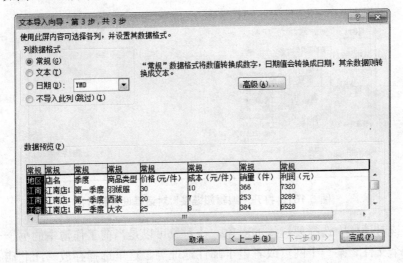

图 5.159 打开"文本导入向导-第 3 步，共 3 步"对话框

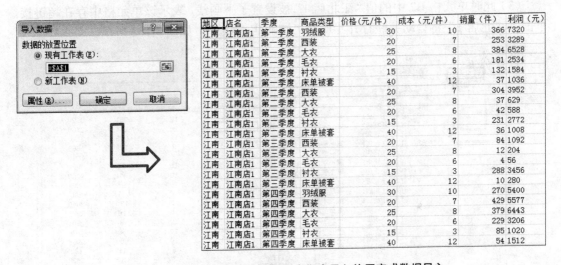

图 5.160 在"导入数据"对话框中指定导入位置完成数据导入

（5）数据导入到工作表中后，将自动与外部数据源关联，这里如果"江南店 1.txt"中的数据发生改变，单击"数据"选项卡"连接"组中的"刷新"按钮即可更新工作表中的数据。如果要导入来自其他数据源的数据，可以单击"数据"选项卡的"获取外部数据"组中的其他按钮，通过相应的对话框操作来实现。

2. 建立超链接

对于工作表中的对象，可以建立其与其他数据的超链接以实现关联阅读。在工作簿"全市连锁店财务报表.xlsx"中，可以在公司财务清单中建立关联至各分店财务工作簿的超链接，具体操作如下。

（1）在"全市连锁店财务报表.xlsx"中的公司财务报表中，选择"店名"列中的 B2 单元格"江北店 1"，单击鼠标右键，在弹出的右键菜单中单击"超链接"命令，打开"编辑超链接"对话框，如图 5.161 所示。

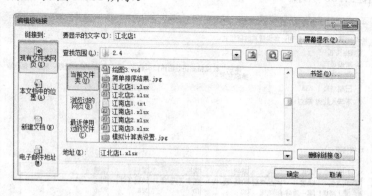

图 5.161 打开"编辑超链接"对话框设置超链接

（2）在该对话框中选择要链接的对象，该对象可以是当前工作簿中的另一个工作表、本地的另一个文件、某一个网页或者电子邮件地址等。这里选择存放"江北店 1"财务信息的工作簿"江北店 1.xlsx"文件，单击"确认"按钮。

（3）此时单元格 B2 中的值"江北店 1"被设置了下画线，表示该单元格中存在超链接，单击"江北店 1"将自动关联打开工作簿"江北店 1.xlsx"，如图 5.162 所示。

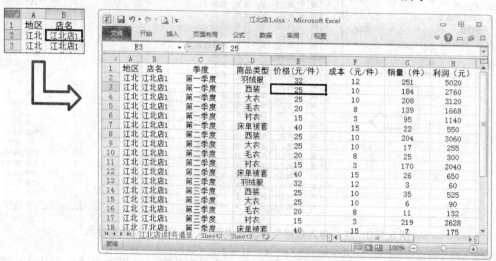

图 5.162 打开"江北店 1"超链接

3. 向其他程序共享数据

在 Excel 中完成电子表格的制作后，可以将工作簿或工作表中的内容共享至其他程序中。对于工作簿"全市连锁店财务报表.xlsx"中的数据清单，可以将其中的信息共享到其他 Word 及 PowerPoint 格式的文档中，具体操作如下。

（1）在"全市连锁店财务报表.xlsx"的公司财务报表中，选择记录江北店 1 财务信息的数据区域 A1:H24，单击右键，在弹出的右键菜单中单击"复制"命令。切换至 Word 文档或者 PowerPoint 演示文稿，在需要插入表格的位置单击鼠标，在"开始"选项卡的"剪切板"组中，单击"粘贴"下方的箭头，在下拉菜单中选择要粘贴的方式完成粘贴。

（2）另一种共享方式是在 Word 文档或者 PowerPoint 演示文稿中需要插入表格的位置单击鼠标，在"插入"选项卡的"文本"组中，单击"对象"按钮，打开"对象"或者"插入对象"对话框，选择"由文本创建"选项卡，单击"浏览"按钮选择要插入的 Excel 工作簿，这里选择工作簿"全市连锁店财务报表.xlsx"，单击"确定"按钮即可插入工作簿中的内容，如图 5.163 所示。

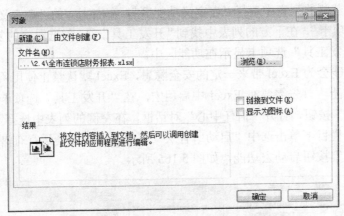

图 5.163　使用对象方法共享 Excel 表格数据

5.5.3　Excel 中宏的简单应用

如果在 Excel 制表过程中总是需要重复执行固定的操作，可以将操作的内容制作为一个宏，让程序自动重复地执行这一操作过程。如图 5.164 所示的工作表中存放了某市干洗连锁公司的某一个分店（江北店 1）的财务信息，如需要在每一个分店对应的工作簿中进行相同的操作：对工作簿中的财务数据清单以"销量（件）"降序为主要关键字，"利润（元）"降序为次要关键字进行排序。为了节省时间和精力，可以应用 Excel 中宏的部分功能快速地完成上述操作。

	A	B	C	D	E	F	G	H
1	地区	店名	季度	商品类型	价格(元/件)	成本（元/件）	销量（件）	利润（元）
2	江北	江北店1	第一季度	羽绒服	32	12	251	5020
3	江北	江北店1	第一季度	西装	25	10	184	2760
4	江北	江北店1	第一季度	大衣	25	10	208	3120
5	江北	江北店1	第一季度	毛衣	20	8	139	1668
6	江北	江北店1	第一季度	衬衣	15	3	95	1140
7	江北	江北店1	第一季度	床单被套	40	15	22	550
8	江北	江北店1	第二季度	西装	25	10	204	3060
9	江北	江北店1	第二季度	大衣	25	10	17	255
10	江北	江北店1	第二季度	毛衣	20	8	25	300
11	江北	江北店1	第二季度	衬衣	15	3	170	2040
12	江北	江北店1	第二季度	床单被套	40	15	26	650
13	江北	江北店1	第三季度	羽绒服	32	12	3	60
14	江北	江北店1	第三季度	西装	25	10	35	525
15	江北	江北店1	第三季度	大衣	25	10	6	90
16	江北	江北店1	第三季度	毛衣	20	8	11	132
17	江北	江北店1	第三季度	衬衣	15	3	219	2628
18	江北	江北店1	第三季度	床单被套	40	15	7	175
19	江北	江北店1	第四季度	羽绒服	32	12	210	4200

图 5.164　某市干洗连锁分店（江北店 1）的财务信息

1. 宏的制作

为了在不同的工作簿中重复完成排序的操作，首先需要将完成数据清单排序的操作步骤录制成一个宏，具体操作如下。

（1）由于录制宏需要使用"开发工具"选项卡中的按钮和命令，而这个选项卡在 Excel 默认设置下不会显示，因此需要在"文件"选项卡中单击"选项"按钮，打开"Excel 选项"对话框。在左侧的列表中选择"自定义功能区"，在右上方的"自定义功能区"下拉列表中选择"主选项卡"，在下方的列表中找到"开发工具"项，勾选对应的复选框，单击"确定"按钮让"开发工具"选项卡显示在功能区中。

（2）由于可能会为 Excel 带来一定的安全隐患，Excel 默认禁止使用所有的宏。如果要使用宏的相关功能，首先需要在 Excel 中启用宏。在"开发工具"选项卡的"代码"组中单击"宏安全性"按钮，打开"信任中心"对话框，在左侧的列表中选择"宏设置"，在右侧的"宏设置"栏目下单击选中"启动所有宏（不推荐；可能会运行有潜在危险的代码）"项，单击"确定"按钮启动宏功能，如图 5.165 所示。

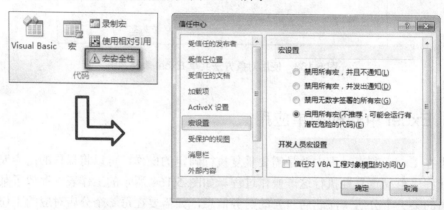

图 5.165　打开"信任中心"对话框开启宏功能

（3）接下来开始宏的录制，打开存放了江北店 1 财务信息的工作簿"江北店 1.xlsx"，在"开发工具"选项卡的"代码"组中，单击"录制宏"按钮，打开"录制新宏"对话框，如图 5.166 所示。在"宏名"框中输入宏的名称，这里输入"排序"，在"保存在"框中设置将宏保存在"当前工作簿"，在"说明"框中输入关于宏的说明文字"按照'销量（件）'降序为主要关键字，'利润（元）'降序为次要关键字对数据清单进行排序"，单击"确定"按钮进入宏的录制过程。

（4）宏的录制过程实际就是记录鼠标移动和键盘单击操作的过程，这里按照 5.4.2 节中的内容，使用鼠标完成对数据清单的自定义排序操作。排序完成后，在"开发工具"选项卡的"代码"组中单击"停止录制"按钮完成宏的录制。为了在其他分店的工作簿中应用"排序"宏，单击"开始"选项卡中的"另存为"按钮，将当前工作簿另存为"保存类型"为"Excel 启用宏的工作簿（*.xlsm）"的文档，文件名为"财务清单排序.xlsm"。

2. 宏的运行

完成宏的录制后，就可以在其他分店的工作簿中运行该宏来完成排序，具体操作如下。

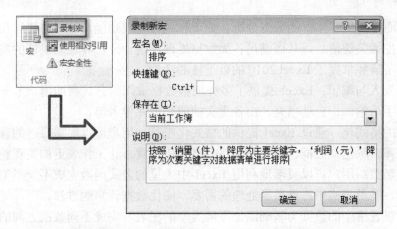

图 5.166　打开"录制新宏"对话框完成宏的创建

（1）首先打开保存了宏的工作簿"财务清单排序.xlsm"，接下来打开要运行宏的工作簿，这里打开"江北店 2.xlsx"。在"开发工具"选项卡的"代码"组中，单击"宏"按钮，打开"宏"对话框，如图 5.167 所示。

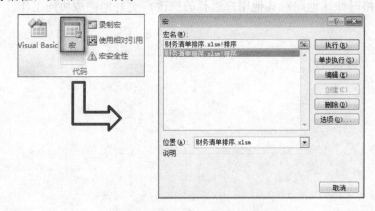

图 5.167　打开"宏"对话框运行宏

（2）在"宏名"下的列表框中选中要运行的宏，这里选择"财务清单排序.xlsm!排序"，单击"执行"按钮，即可在"江北店 2.xlsx"中运行宏所录制的操作，完成对数据清单的排序。如果要删除宏，则可在"宏"对话框中选中要删除的宏，单击"删除"按钮，在弹出的对话框中选择"是"即可完成宏的删除操作。

小　结

日常生活中各类表格无处不在，无论是简单的课程表、作息时间表，还是相对复杂的工资表、财务报表等，这些表格的共同特点就是都包含用户所关注的数据和信息，而这些信息往往需要通过相对复杂的计算和统计获取。作为 Microsoft Office 办公组件的核心组成部分之一，Microsoft Excel 提供了一系列实用的表格处理工具，从而帮助用户完成从简单到复杂的表格创建和编辑工作。值得一提的是，Excel 不仅局限于实现基本的表格数据存储和管理，而是提供了丰富的数据分析、处理和统计建模功能，让用户能够在大量相关数据中提取和挖掘关键信息，从而满足各类数据处理、统计分析和辅助决策的需要。在本章的学习中，了解并掌握了 Excel 2010 的以下核心功能。

数据的录入与编辑：Excel 提供了多种表格数据录入的方式帮助用户节省表格制作的时间，包括手动输入、自动填充、由各类文档或数据库导入等。

工作表的格式化：通过 Excel 提供的格式化工具，用户可以根据自己的喜好对工作表进行诸如字体、颜色、边框、底纹等一系列格式化设置，让工作表更加美观整洁。

公式与函数：用户可以灵活地利用 Excel 中大量的公式函数完成不同类型的数据运算和统计操作，满足表格中海量数据处理的需要，简化数据计算的过程。

图表：以表格中的数据为基础添加不同类型的图表，完成不同数据之间的比较，以便更加清晰和直观地描述表格中的内容。

数据分析和处理：将数据表格作为小型的数据库进行管理，使用排序、筛选、分类汇总和数据透视表等工具对表格数据进行模拟分析和运算，实现简单的数据挖掘和统计操作。

共享和修订：Excel 提供了针对表格的共享和修订功能，以便当多个用户共同制作和编辑同一个表格时快速地跟踪其他用户进行的修改，更好地完成协同工作。

第6章

PowerPoint 2010

PowerPoint 简称 PPT，与 Word、Excel 等应用软件一样，属于 Microsoft Office 的重要组成部分。本章主要通过介绍 Office 2010 软件中的 PowerPoint 2010 来介绍 PowerPoint 的使用方法。在 PowerPoint 中，可以通过对文字、图形、图像、色彩、声音、视频、动画等元素的应用，设计制作出符合要求的产品宣传、工作汇报、教学培训、会议演讲等演示文稿。随着办公自动化的普及，PPT 应用水平逐步提高，应用领域也越来越广，PPT 已经成为人们工作生活的重要组成部分。

本章主要内容有演示文稿的基本操作，使用主题、背景、幻灯片母版等设计演示文稿外观，对幻灯片中的图片、图形、表格、图表、艺术字等的编辑排版，设置幻灯片切换效果、动画和动作等来丰富演示文稿，以及演示文稿的放映和输出等。

6.1 PowerPoint 2010 概述

PowerPoint 2010 的安装包含在 Office 2010 安装中，安装完成后即可使用 PowerPoint 2010 的功能。

6.1.1 PowerPoint 2010 基本功能

快速便捷地制作和放映演示文稿是 PowerPoint 的基本功能。演示文稿是由一张张相对独立的幻灯片构成的，因此演示文稿的操作重点在于对幻灯片的操作。幻灯片操作主要包括：提供了幻灯片视图功能方便用户查阅幻灯片；提供了幻灯片设计功能对幻灯片的页面、主题、背景进行外观设计；提供了幻灯片切换功能方便地设置幻灯片之间的交互效果。幻灯片是由"对象"组成的，对象是幻灯片重要的组成元素。对象的主要操作包括：提供了插入功能可以方便地向幻灯片中添加表格、图像、插图、多媒体等对象；提供动画功能可以方便地设置幻灯片对象之间的交互效果。

PowerPoint 2010 与以往版本相比，不仅功能上更加完善、易用，而且还新增了不少内置的幻灯片和对象的预设效果，使得用户可以轻松地制作出更为绚丽的幻灯片。另外，通过 PowerPoint 制作出来的演示文稿不仅可以在本地计算机或投影仪上进行演示，还可以通过网络将演讲信息展示给远程的观众。

6.1.2 演示文稿的基本概念

由 PowerPoint 2010 制作的演示文稿是以.pptx 为扩展名的文件。启动 PowerPoint 2010 就可以开始制作、修改或放映演示文稿。

1. 启动 PowerPoint 2010

启动 PowerPoint 2010 的操作方法与启动 Word 2010 和 Excel 2010 类似，包括如下几种。

（1）在计算机任务栏上单击"开始"→"所有程序"→Microsoft Office→Microsoft PowerPoint 2010。

（2）在计算机任务栏上选择"开始"→"所有程序"→Microsoft Office→Microsoft PowerPoint 2010，右键单击，在弹出菜单中选择"发送到桌面快捷方式"命令，此后，在计算机桌面上双击 PowerPoint 2010 程序图标，即可快速启动该程序。

（3）在计算机任务栏上选择"开始"→"所有程序"→Microsoft Office→Microsoft PowerPoint 2010，右键单击，在弹出菜单中单击"锁定到任务栏"命令。此后，在任务栏上单击 PowerPoint 2010 程序图标即可快速启动该程序。

（4）双击已经存在的演示文稿，即可打开并启动 PowerPoint 2010 程序。

使用上述的（1）、（2）、（3）种方法启动 PowerPoint 2010，系统会自动生成一个名为"演示文稿 1"的空白演示文稿，打开如图 6.1 所示的主界面。使用上述方法（4）则可以打开已经存在的演示文稿进行修改或放映。

2. PowerPoint 2010 界面

PowerPoint 2010 主界面包括标题栏、功能区、"幻灯片"窗格、幻灯片选项卡、"备注"窗格和状态栏。

1）标题栏

标题栏位于窗口的顶部，分为三部分。左侧是程序图标P和快速访问工具栏，单击可以自定义快速访问工具栏。中间用于显示该演示文稿的文件名。右侧是控制按钮区，包括"最小化"、"还原"和"关闭"按钮。单击标题栏上相应图标即可实现相应的操作。

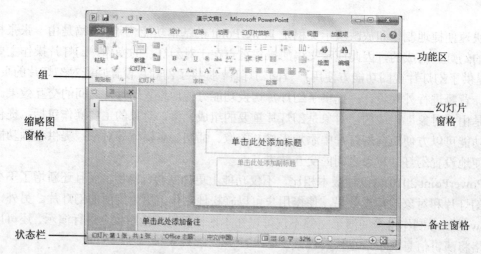

图 6.1 PowerPoint 2010 主界面

2）功能区

在 PowerPoint 2010 界面中，菜单栏又称为功能区。功能区包含以前在 PowerPoint 2003 及更早版本中的菜单栏和工具栏上的命令和其他菜单项。功能区旨在帮助用户快速找到完成某任务所需的命令。

功能区中所有的命令按钮按逻辑被组织在"组"中，同时集中在相关的选项卡下面。图 6.1 的功能区显示为"开始"选项卡，里面包括"剪贴板"组、"幻灯片"组、"字体"组和"段落"组，每一个组中包含若干命令按钮。每个组的右下角都有一个展开按钮，也叫"对话框启动器"，单击即可弹出该组对应的对话框，包含组中的所有的功能设置。

在功能区的右上角，有一个 ∧ 图标，单击将功能区最小化，即仅显示功能区上的选项卡名称。当右上角的图标变为 ∨ ，单击展开功能区。

3）"幻灯片"窗格

"幻灯片"窗格是用来编辑演示文稿中当前幻灯片的区域，在这里可以对幻灯片进行所见即所得的设计和制作。

4）"缩略图"窗格

"缩略图"窗格包括"幻灯片"和"大纲"两个标签页。"幻灯片"标签页显示演示文稿中每张幻灯片的一个完整大小的缩略图版本，单击相应的缩略图，即可在"幻灯片"窗格中显示并编辑该幻灯片。在"幻灯片"标签页中拖动缩略图可以重新排列演示文稿中的幻灯片。还可以在"幻灯片"标签页上进行添加和删除幻灯片的操作。

单击"大纲"标签页，即可从"幻灯片"标签页切换到"大纲"标签页。

"大纲"标签页显示演示文稿中每张幻灯片的编号、标题和主体中的文字，因此使用大纲视图更容易快速地查看幻灯片内容大纲。

5）备注窗格

演示文稿中的每张幻灯片都可以添加相应的备注信息，备注窗格中显示当前幻灯片窗格中的幻灯片的备注信息，单击备注窗格即可添加和修改备注信息。

6）状态栏

状态栏位于应用程序的底端。PowerPoint 2010 中的状态栏与其他 Office 软件中的略有不同，而且在 PowerPoint 2010 运行的不同阶段，状态栏会显示不同的信息。如图 6.2 所示的状态栏中，分别是当前幻灯片的编号和总数、"Office 主题"名称、拼写检查按钮和语言、幻灯片的 4 种视图（变色显示当前视图）、幻灯片的缩放栏。

图 6.2　PowerPoint 2010 状态栏

"Office 主题"是一组统一的设计元素，使用颜色、字体和图形设置文档的外观，使用主题可以简化专业设计师水准的演示文稿的创建过程。"Office 主题"可以应用于 PPT、Excel、Word 和 Outlook 中，使得不同的演示文稿、文档、工作表和电子邮件在应用同一主题后具有统一的风格。

幻灯片缩放栏中显示当前幻灯片窗格的缩放比例，可以左右拖动使幻灯片缩小和放大的滑块，以及自适应窗口大小按钮。

3. 退出 PowerPoint 2010

PowerPoint 2010 每次可以打开多个不同的演示文稿。

关闭单个演示文稿的三种常用方法如下。

（1）单击要关闭 PPT 标题栏上的 ▣ 按钮。

（2）单击"文件"选项卡下的"关闭"命令。

（3）右键单击标题栏上的程序图标 ▣，在弹出菜单中选择"关闭"命令。

退出 PowerPoint 2010 也就是关闭所有已打开演示文稿，有如下两种常用方法。

（1）单击"文件"选项卡下的"退出"命令。

（2）在任务栏中右键单击 PowerPoint 2010 程序图标，从弹出的快捷菜单中单击"关闭所有窗口"命令。

6.2 演示文稿的基本操作

6.2.1 新建演示文稿

启动 PowerPoint 2010 时，PowerPoint 自动新建一个空白演示文稿。当在已存在的演示文稿中创建新演示文稿时，打开"文件"选项卡，选择"新建"命令，出现可以用来创建新演示文稿的模板和主题，如图 6.3 所示。PowerPoint 2010 提供了多种创建演示文稿的方法，包括：创建空白演示文稿，根据"主题"创建新演示文稿，根据"样本模板"创建新演示文稿，根据已有演示文稿创建新演示文稿。下面介绍几种常用的创建方法。

（1）创建空白演示文稿。

① 打开"文件"选项卡，选择"新建"命令，出现如图 6.3 所示页面。

② 在"可用的模板和主题"窗格中，选择"空白演示文稿"，并在右侧窗格中单击"创建"按钮即可创建一个新的空白演示文稿。

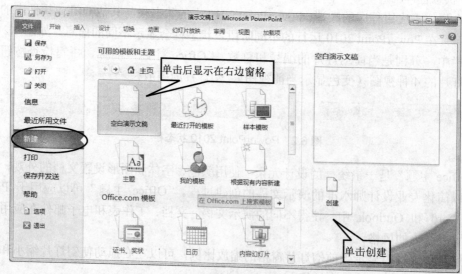

图 6.3　创建空白演示文稿

（2）根据"主题"创建新演示文稿。

① 打开"文件"选项卡，选择"新建"命令，出现如图 6.3 所示页面。

② 在"可用的模板和主题"窗格中，选择"主题"，出现如图 6.4 所示页面。

③ 选择合适的主题，如图中的"流畅"主题，在右侧窗格中单击"创建"按钮即可创建一个基于"流畅"主题的新演示文稿。

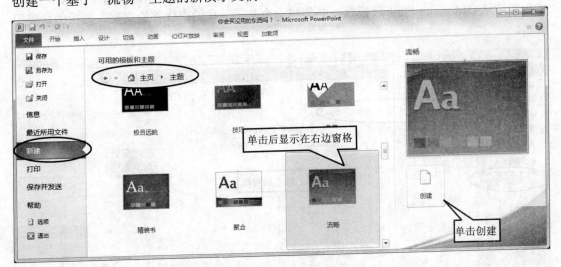

图 6.4　基于"主题"创建新演示文稿

（3）根据"样本模板"创建新演示文稿。

① 打开"文件"选项卡，选择"新建"命令，出现如图 6.3 所示页面。

② 在"可用的模板和主题"窗格中，选择"样本模板"，出现如图 6.5 所示页面。

③ 单击选择合适的样本模板，如图中的"PowerPoint 2010 简介"，在右侧窗格中单击"创建"按钮即可创建一个基于"PowerPoint 2010 简介"样本模板的新演示文稿。

图 6.5　通过"样本模板"创建新演示文稿

（4）根据"Office.com 模板"创建新演示文稿。

① 打开"文件"选项卡，选择"新建"命令，出现如图 6.3 所示页面。

② 在"可用的模板和主题"窗格中，拖动下拉滑块，在"Office.com 模板"中选择模板类型，如图 6.6 所示是先选择"证书、奖状"，然后选择"学院"后出现的页面。

③ 单击选择合适的模板，如图中的"优秀论文奖"模板，在右侧窗格中单击"下载"按钮即可从 Office.com 上下载模板，并创建一个基于下载的"优秀论文奖"模板的新演示文稿。

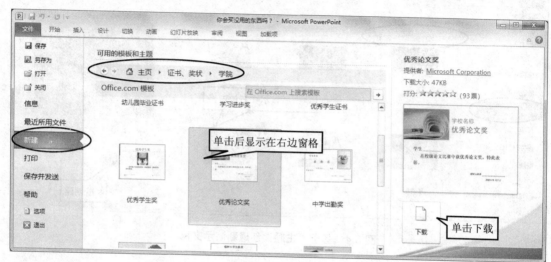

图 6.6　通过"Office.com 模板"创建新演示文稿

在"可用模板和主题"窗格中，通过"后退"按钮 ← 即可返回当前内容的上一级页面，通过"前进"按钮 → 即可返回刚退出的下一级页面。

注意，在 PowerPoint 中"主题"和"模板"是两个不同的概念，通过比较基于"主题"和基于"模板"创建的演示文稿，可以发现，"主题"包括 PPT 的颜色、字体和图形等外观设计，而"模板"不仅可以包含版式、主题颜色、主题字体、主题效果、背景样式，还可以包含内容。模板是另存为.potx 文件的一个或一组幻灯片的模式或设计图，Office.com 上提供了很多不同类型的模板可供下载使用，大大简化了对新演示文稿的设计。

演示文稿创建或编辑之后，需要将其保存。最简单的方式是直接在程序左上角的快速访问工具栏中单击"保存"按钮 💾 或是按 Ctrl+S 键。第一次保存时会弹出"另存为"对话框，设置好文件名和保存路径后，单击"保存"按钮，新演示文稿就保存为扩展名为.pptx 的文档。

6.2.2　幻灯片版式应用

每一张幻灯片都可以存放一定的内容，根据内容形式的排版和设置的不同，幻灯片也具有不同的版式。幻灯片版式包含在幻灯片上显示的全部内容的格式、位置和占位符。占位符是版式中的容器，可容纳如文本、SmartArt 图形、图形图像、表格、图表、音频、视频等内容。版式还包含幻灯片的主题颜色、字体、效果和背景。

PowerPoint 中包含 9 种内置幻灯片版式，如图 6.7 所示，分别为："标题幻灯片"、"标题和内容"、"节标题"、"两栏内容"、"比较"、"仅标题"、"空白"、"内容与标题"、"图片与标题"。对于新建空白演示文稿，第一张幻灯片默认的版式为"标题幻灯片"。根据演示文稿所采用的主题和模板的不同，这 9 种内置的版式也有区别。也可以创建满足特定需求的自定义版式，并与使用 PowerPoint 创建演示文稿的其他人共享。

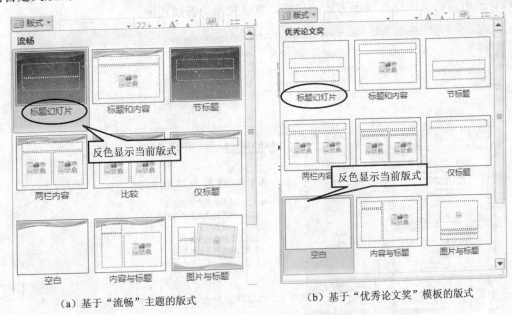

（a）基于"流畅"主题的版式　　　　　（b）基于"优秀论文奖"模板的版式

图 6.7　基于主题和模板的幻灯片的版式

以默认的"标题与内容"版式添加新幻灯片的方法主要有如下三种。

（1）选择所要插入幻灯片的位置，按下回车键，默认创建一个"标题与内容"版式的幻灯片。

（2）选择所要插入幻灯片的位置，在该幻灯片上单击右键，从弹出的快捷菜单中单击"新建幻灯片"，默认创建一个"标题与内容"幻灯片。

（3）在默认视图（普通视图）模式下，单击"开始"选项卡下的"新建幻灯片"按钮上半部分图标，即可在当前幻灯片的后面添加系统设定的"标题与内容"幻灯片。

通过选择新幻灯片的版式来添加新幻灯片的方法为：在"开始"选项卡下单击"新建幻灯片"按钮的下半部分字体或右下脚的箭头，则出现不同幻灯片的版式供挑选，单击即可选择并新建相应版式的幻灯片。

以上几种方法中无论新建的是哪种版式的幻灯片，都可以继续对其版式进行修改。

修改幻灯片版式操作步骤如下。

（1）单击"开始"选项卡下"幻灯片"组中的"版式"按钮。

（2）弹出如图 6.7 所示的页面，页面中反色显示的是当前选中幻灯片的版式。

（3）单击所需要的版式即可对当前幻灯片的版式进行修改。

6.2.3 演示文稿的视图模式

PowerPoint 2010 的窗口可以根据不同的视图方式来显示演示文稿的内容。主要的视图方式有 4 种，分别是普通视图、幻灯片浏览视图、备注页视图和阅读视图。

如图 6.8 所示，单击"视图"选项卡下的"演示文稿视图"功能组中的命令，即可以通过单击所需的视图进行视图方式的切换。默认视图为普通视图。

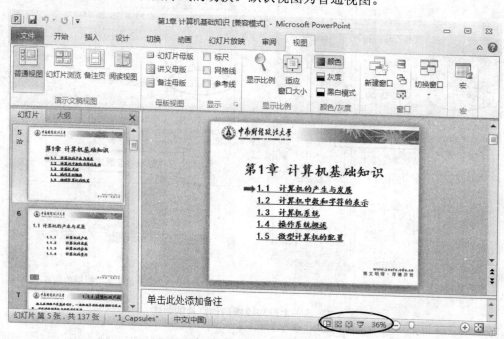

图 6.8　幻灯片视图模式

1．普通视图

普通视图是 PowerPoint 2010 默认的视图，在对幻灯片编辑时一般都使用普通视图。普通视图里有"幻灯片"和"大纲"两个选项卡，默认为"幻灯片"。在"幻灯片"选项卡下，列出演示文稿中所有幻灯片，可以单击选择幻灯片为当前幻灯片，在幻灯片窗格中进行编辑当前幻灯片。

2．幻灯片浏览视图

在幻灯片浏览视图中，可以查看演示文稿中所有幻灯片的缩略图，从而方便地定位、添加、删除和移动幻灯片，如图 6.9 所示。

3．备注页视图

备注页视图是在显示当前幻灯片的同时，在其下方显示出备注页，可以在里面编辑或查看备注页的内容，如图 6.10 所示。在该视图模式下，当前幻灯片显示的只是一个内容的缩览图，因此无法编辑当前幻灯片的内容。而备注页显示为文本框，单击可以输入备注信息。

4．幻灯片阅读视图

幻灯片阅读视图提供了一个方便查看幻灯片放映的窗口，单击幻灯片阅读视图按钮，即可一页一页地浏览每张幻灯片。如图 6.11 所示,幻灯片阅读视图包括标题栏、幻灯片和状态栏,所有的幻灯片编辑功能均被屏蔽。右下角的按钮组合 ← ▤ → 可以方便地向前翻页、对幻灯片进行相关操作、向右翻页等。

图 6.9　幻灯片浏览视图

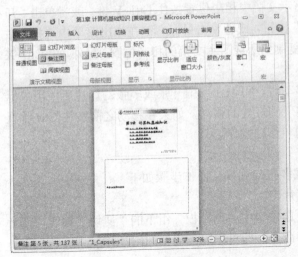

图 6.10　备注页视图

图 6.11　幻灯片阅读视图

　　另外,单击状态栏的视图切换按钮 ▤ 器 ▦ 모 中对应按钮也可切换到不同的视图状态,分别为普通视图、幻灯片浏览视图、阅读视图。

　　可以发现,当"演示文稿视图"功能组中视图发生变化时,状态栏上视图切换按钮的视图状态也对应地发生改变,且保持一致。

　　注意,视图的切换仅改变演示文稿的显示方式,不会影响演示文稿的内容。

6.2.4　插入和删除幻灯片

　　在编辑演示文稿时,通常涉及幻灯片的插入和删除。要对该幻灯片进行操作,首先要选中该幻灯片。在普通视图或幻灯片浏览视图下，可以根据情况选择一张或多张幻灯片来进行操作。

1．选中幻灯片

在普通视图下，用鼠标单击缩略图窗格中"幻灯片"选项卡下的幻灯片图标，即可选中一张幻灯片。在幻灯片浏览视图下，直接用鼠标单击幻灯片图标即可选中一张幻灯片。

选中一张幻灯片后，按住 Ctrl 键，单击其他幻灯片图标，即可选中多张不一定连续的幻灯片。

选中一张幻灯片后，按住 Shift 键，再单击另外一张幻灯片，即可选中这两张幻灯片及其中间的所有幻灯片。

2．插入幻灯片

选中某一张幻灯片后，这里称为当前幻灯片，按照 6.2.3 节的方法插入幻灯片时，将在当前幻灯片的后面插入新幻灯片。

3．复制与移动幻灯片

在普通视图或幻灯片浏览视图下，选中一张或多张幻灯片后，按住 Ctrl+C 键，或者单击"开始"选项卡下的"剪贴板"组中的"复制"按钮，或者单击鼠标右键在弹出菜单中选择"复制"命令，即可将所选中的幻灯片复制到剪贴板里。

此时在本演示文稿或其他已打开的演示文稿中相应位置按住 Ctrl+V 键，或者单击"开始"选项卡下的"剪贴板"组中的"粘贴"按钮，或者单击鼠标右键在弹出菜单中选择"粘贴"命令，即可将剪贴板中复制的幻灯片复制到所选演示文稿的相应位置。另外，用 Ctrl+X 和 Ctrl+V 键也可以实现幻灯片的移动。

在本演示文稿中进行幻灯片复制和移动时，可以在选中一张或多张幻灯片后，用鼠标拖动到本演示文稿中待放置的位置，来实现幻灯片的移动，如果在移动之前按住 Ctrl 键直至移动结束，那么就实现了幻灯片的复制和移动操作。

4．删除幻灯片

PowerPoint 中可以方便地删除一张或多张幻灯片，操作步骤如下。

（1）选中所需删除的一张或多张幻灯片。

（2）按 Delete 键，或者单击"开始"选项卡中"剪贴板"组下的"剪切"按钮，或者单击鼠标右键在弹出菜单中选择"删除"命令，即可删除不需要的幻灯片。

6.2.5　编辑幻灯片信息

幻灯片的编辑包括在幻灯片中输入文本内容，将输入的文本以更加形象的格式或效果呈现出来，在幻灯片中插入图形、图像、音频、视频等多媒体元素等。下面主要介绍文本编辑，其他内容在后面介绍。

1．使用占位符输入文本

在幻灯片中输入文本一般是通过占位符来实现的。通俗地讲，占位符就是先占住一个固定的位置，等着用户再往里面添加内容的符号。占位符在幻灯片上表现为一个虚框，虚框内部往往有"单击此处添加标题"之类的提示语，一旦鼠标单击之后，提示语会自动消失。

　　在演示文稿中输入文本内容时，首先选中需要添加文字的幻灯片为当前幻灯片，然后单击当前幻灯片中的占位符中添加文字即可。

　　如图 6.12 所示，在新建空白演示文稿中选中第一张标题幻灯片，单击"单击此处添加标题"占位符，添加主标题"365 天"；单击"单击此处添加副标题"占位符，添加副标题"追逐梦想&放飞希望"。

（a）　　　　　　　　　　　　　　　　　（b）

图 6.12　标题幻灯片文本输入

　　如图 6.13（a）所示的幻灯片中，虚线占位符内可以添加文本、表格、图像、视频等内容，但是只能选择一种进行添加。如图 6.13（b）所示，当添加完文字之后，占位符内其他内容自动消失。由此可见，占位符能起到规划幻灯片结构的作用。

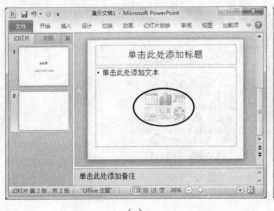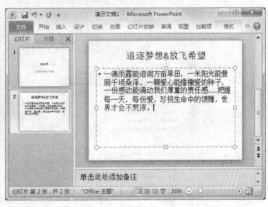

（a）　　　　　　　　　　　　　　　　　（b）

图 6.13　标题内容幻灯片文本输入

2．使用"大纲"缩览窗口

　　演示文稿中的文本一般通过项目符号来体现大纲级别，在对有不同层级结构的大纲性文字进行编辑和制作幻灯片时，通常要使用大纲缩览窗口。方法如下。

　　（1）在"大纲"缩览窗口内选择一张需进行文本编辑的幻灯片，可直接输入及修改幻灯片标题。

　　（2）按 Enter 键可以插入一张新幻灯片。输入该幻灯片的标题后，按下 Tab 键可以将该标题转换为前一张幻灯片的下级标题。此时再按 Enter 键，可输入多个同级标题。

另外，在"大纲"缩览窗口中，按 Ctrl+Enter 键可以插入一张新幻灯片，按 Shift+Enter 键可以实现换行输入。使用"大纲"缩览窗口输入的文本还可以进行字体编辑等操作。

如果需要制作的幻灯片的所有信息在 Word 文档中，此时不需要在幻灯片中重新输入文字，只需要利用 PPT 提供的功能简单操作，Word 文档即可轻松转换成 PowerPoint 演示文稿。

例 6-1 教师小胡有 Word 文档素材"计算机等级考试简介（素材）.docx"，他想将该 Word 文档快速制作成一个演示文稿，给学生简单介绍一下计算机等级考试。他制作的原则是尽量用 PowerPoint 内置的效果和功能高效地制作出一个满足要求的演示文稿。这里首先要解决的问题是：如何高效地将已有的 Word 文档导入 PowerPoint 中，形成一个简单的演示文稿。

方法一：使用演示文稿的大纲缩览窗口，将 Word 文档素材"计算机二级等级考试简介（素材）"快速制作成幻灯片文件。

步骤如下。

（1）打开 Word 文档，选定全部内容，执行"复制"命令。

（2）启动 PowerPoint 软件，在"普通"视图下单击"大纲"标签页。将光标定位到第一张幻灯片处，执行"粘贴"命令，则将 Word 文档中的全部内容插入到了第一张幻灯片中，如图 6.14 所示。

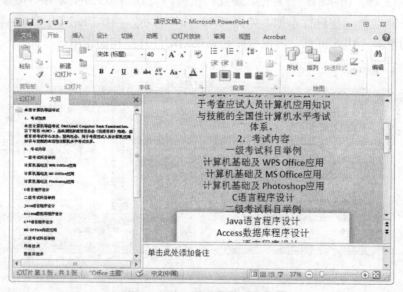

图 6.14　在大纲缩览图中粘贴文本

（3）在大纲缩览图中，将光标定位到需要区分占位符显示的文本前，直接按回车键，即可创建出一张张带内容的幻灯片，如图 6.15 所示。

（4）按下 Tab 键可以将大纲缩览图中的幻灯片 3 的标题转换为前一张幻灯片（幻灯片 2）的下级标题，结果如图 6.16（a）所示。此时如果继续按下 Tab 键，会使当前内容增加一级缩进级别，如图 6.16（b）所示。

　　重复上述步骤进行调整，很快就可以将格式混乱的幻灯片合并调整好，完成多张幻灯片的制作。在大纲视图下，还可以通过单击鼠标右键弹出快捷菜单，利用"升级"、"降级"、"上移"、"下移"等子菜单命令对幻灯片进行进一步的调整。还可根据需要进行文本格式的设置，包括字体、字号、字型、字的颜色和对齐方式等。

　　虽然方法一不需要在 PowerPoint 中重新输入文字，但是仍然需要在 PowerPoint 中调整格式。对于已经有大纲格式设置的文档，可以通过 PowerPoint 直接打开成 PowerPoint 文档。

　　方法二：胡老师将 Word 文档素材"计算机等级考试简介（素材）.docx"编辑另存为带有大纲格式的 Word 文档素材"计算机等级考试简介-大纲（素材）"。他使用 PowerPoint 提供的打开大纲文档功能，将快速制作成幻灯片文件。

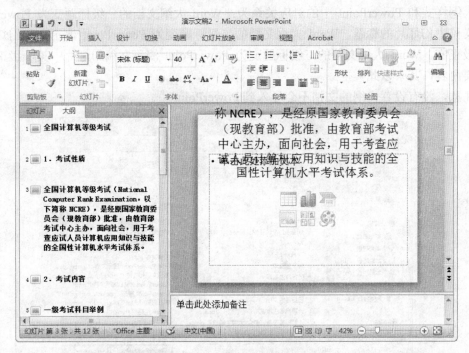

图 6.15　通过回车键创建幻灯片

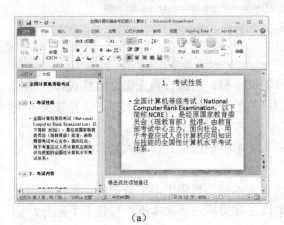

（a）

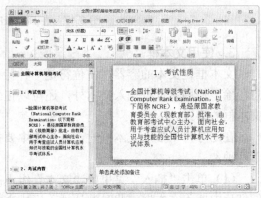

（b）

图 6.16　通过 Tab 键合并调整幻灯片

步骤如下。

（1）在 PowerPoint 主界面中选择"文件"→"打开"，在弹出的"打开"对话框右下角数据类型下拉框中选择"所有大纲"，如图 6.17 所示。

（2）启动 PowerPoint 软件，在"普通"视图下单击"大纲"标签。将光标定位到第一张幻灯片。

（3）选择对话框中的 Word 大纲素材"计算机二级等级考试简介-大纲（素材）.docx"。那么设置了大纲级别的文件即被转换为 PowerPoint 文档，如图 6.18 所示。注意，此时没有添加大纲级别的文本不会被导入到 PowerPoint 中。

这种导入方法很简单，但是前提条件是 Word 文档必需是以大纲形式存放。Word 文档中的大纲样式和 PowerPoint 中的对应关系为：Word 大纲文档的一级标题变为 PowerPoint 演示文稿中幻灯片的标题，Word 大纲文档的二级标题变为 PowerPoint 演示文稿幻灯片的第一级正文，Word 大纲文档的三级标题变为 PowerPoint 演示文稿幻灯片中第一级正文下的主要内容，其余以此类推。

注意，没有设置大纲的文档不会导入到 PowerPoint 中。

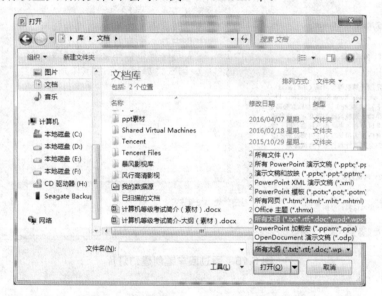

图 6.17　在 PowerPoint 中打开大纲文档

3. 使用文本框

文本框是文本的容器，占位符是一种特殊的文本框。它包含预先设定的格式和位置信息。除了使用占位符输入文本外，还可以在幻灯片的任意位置绘制文本框，并设置文本及文本框的格式。

在幻灯片中插入文本框时，首先选中要插入文本框的幻灯片，插入文本框的方法有如下两种。

（1）单击"插入"菜单中"文本"组下的"文本框"按钮上半部分图标，即可在当前幻灯片中插入文本框，此时默认插入横排文本框。如果单击"文本框"按钮下半部分，则可以在弹出的按钮中选择插入"横排文本框"或"竖排文本框"。

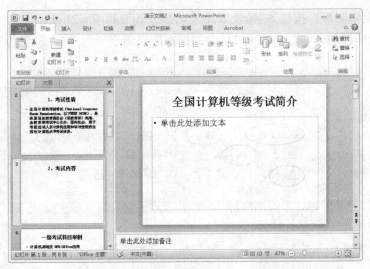

图 6.18　Word 大纲文档直接导入 PowerPoint

（2）单击"插入"菜单中"插图"组下的"形状"按钮，在弹出的形状库中选择所需形状插入幻灯片后，再在形状中输入文本。

4．设置文本样式和格式

设置文本格式主要包括设置文本字体格式、形状样式、艺术字样式、段落格式等，这里仅介绍文本字体格式和段落格式的设置。

1）设置文本字体格式

PowerPoint 2010 中的字体格式通过"字体"组来完成，"字体"组中的大部分格式设置与 Word 2010 类似。"字体"组在"开始"选项卡下的图标如图 6.19 所示。单击图 6.19 "字体"组右下角的展开按钮 ，弹出如图 6.20 所示的"字体"对话框，在该对话框中可以对"字体"及"字符间距"进行详细的设置。

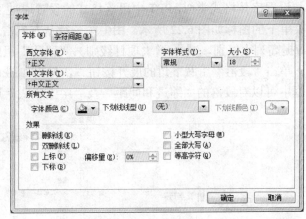

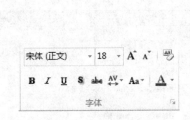

图 6.19　"字体"组　　　　　　　图 6.20　"字体"对话框

设置字体格式操作步骤如下。

（1）在幻灯片中选中待设置的文本。

（2）在"开始"选项卡中的"字体"组中设置字体为 Snap ITC，字号为 96，颜色为"红色"，单击"文字阴影"按钮 S 给文本添加阴影，效果如图 6.21 所示。

　　请读者用同样的方法，为图 6.21 中的副标题设置字号为 44，颜色为"蓝色"，文字加粗。

图 6.21　设置字体格式

2）设置段落格式

　　与设置字体格式类似，PPT 中段落格式的设置通过"段落"组来完成，"段落"组在"开始"菜单下的图标如图 6.22 所示。图中第一行从左到右依次是项目符号、编号、左右缩进（降低/提高列表级别，减少/增大项目级别）。"段落"组中的大部分格式设置与 Word 2010 类似。单击"段落"组右下角的展开按钮 ，弹出如图 6.23 所示的"段落"对话框，在该对话框中可以对段落的"缩进和间距"及"中文版式"进行详细的设置。

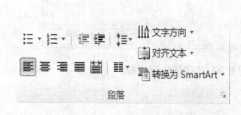

图 6.22　"段落"组图

图 6.23　"段落"对话框

设置段落格式操作步骤如下。

（1）首先在幻灯片中选中待设置的段落。如图 6.24（a）所示。

（2）在"开始"选项卡中的"段落"组中，单击项目符号按钮，选择"带填充效果钻石形项目符号"，如图 6.24（b）所示。也可以单击"项目符号和编号"，在弹出菜单中设置合适的项目符号。

（3）在"段落"组中，单击行距按钮，设置行距为"2 倍行距"，如图 6.24（c）所示。

（4）在"段落"组中，单击文字方向按钮，设置文字方向为"竖排"，如图 6.24（d）所示。

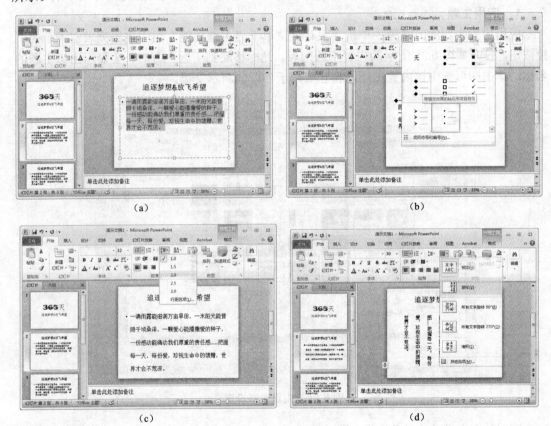

图 6.24　段落设置

其他的一些段落格式的设置与此类似，读者可以根据需要和喜好自行设置。

6.3 演示文稿的外观设计

PowerPoint 中可以通过演示文稿的外观设计使演示文稿中的各个幻灯片具有统一或独特的外观。外观设计的方法主要包括：应用主题（包括内置主题和外部主题），设计幻灯片母版。下面分别介绍。

6.3.1 使用内置主题

主题是 PowerPoint 程序提供的一组统一的设计元素，包括颜色、字体和图形等文档的外观设计，使用主题可以方便地制作出具有专业设计师水准的演示文稿。

主题包括内置主题和外部主题，内置主题为 PowerPoint 主题库中已有的主题，直接应用就可以使用，外置主题需要链接到外部网络进行下载使用。当内置主题不能满足用户对演示文稿外观的制作要求时，可以选择自定义主题，修改已有主题的颜色、字体和背景等。

1．应用主题

应用内置主题的方法为：单击"设计"菜单下"主题功能"组中主题列表右下角的下拉按钮，打开如图 6.25 所示的内置主题列表。光标移动到主题上方时，会显示出该主题的名称。单击即可选中该内置主题，将它应用于当前的演示文稿。

图 6.25　内置主题设置

应用外置主题的方法为：单击图 6.25 中显示的所有主题列表下方的"浏览主题"命令，弹出如图 6.26 所示的对话框，需要找到外部的主题文档，打开即可完成外部主题的设置。

如果只想对演示文稿中的某张幻灯片进行主题的设置，首先选中该幻灯片，其次打开图 6.25 的主题设置对话框，在选中的主题上右击。如图 6.27 所示，在弹出的对话框中选择"应用于选定幻灯片"命令，则该主题仅应用于当前幻灯片，其他幻灯片主题不发生变化。

2．自定义主题设计

自定义主题设计包括自定义主题颜色、自定义主题字体、自定义主题效果以及背景样式的设计。如图 6.28 所示为演示文稿应用"奥斯汀"主题后的效果。在此基础上对已有主题进行自定义的设计。

单击"设计"选项卡下的"主题"功能组中的"颜色"命令，弹出"颜色"下拉列表，如图 6.29 所示，当光标移到"波形"颜色组时，当前幻灯片显示为"波形"颜色效果。单击鼠标即可更改当前主题的颜色设置。

图 6.26　外部主题设置

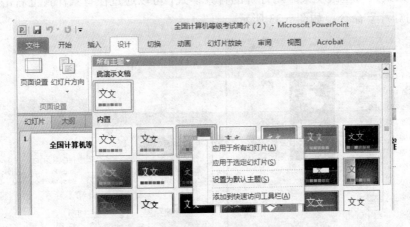

图 6.27　对单张幻灯片应用主题设置

单击"颜色"下拉列表最下端的"新建主题颜色"命令,弹出"新建主题颜色"对话框,如图 6.30 所示,在该对话框中,可以对文字背景、强调文字颜色及超链接等主题颜色进行设置和预览。

单击"设计"选项卡下的"主题"功能组中的"字体"命令,弹出"字体"下拉列表,单击内置字体即可更改当前主题的字体。也可以通过单击"新建主题字体"命令,在弹出的"新建主题字体"对话框内对字体进行修改,如图 6.31 所示。

6.3.2　背景设置

在默认情况下,幻灯片的背景是白色的,用户除了可以通过设置主题来改变背景外,还可以通过背景格式设置功能给幻灯片添加填充颜色或是其他的填充效果。

图 6.28　应用"奥斯汀"主题　　　　　　　图 6.29　自定义主题颜色设置

1．应用快速背景样式

单击"设计"选项卡下的"背景"功能组中的"背景样式"命令，即可对幻灯片的背景样式进行设置。如图 6.32 所示，PowerPoint 内置了 12 种快速背景样式，分别为"样式 1"…"样式 12"。用户可以直接通过鼠标单击选择一种快速样式，改变演示文稿中所有幻灯片的背景样式。如果只希望改变某个幻灯片的背景样式，可以通过在背景样式上右击，选择"应用于所选幻灯片"命令，如图 6.33 所示。

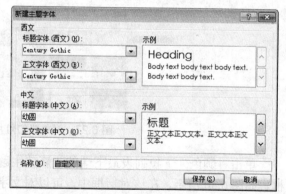

图 6.30　"新建主题颜色"对话框　　　　　　图 6.31　"新建主题字体"对话框

对已经设置了内置主题的幻灯片更改背景样式时，快速背景样式的效果会有所不同，如图 6.34 所示的设置"奥斯汀"主题的背景样式，显然与图 6.32 中设置"Office 主题"的背景样式很不一样。

2．自定义背景样式

自定义背景样式主要是通过设置背景的渐变填充、图片或纹理填充以及图案填充等，使幻灯片的背景看起来符合演示需求。

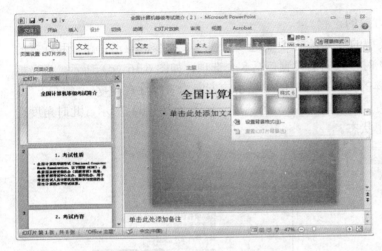

图 6.32 设置"Office 主题"的背景样式

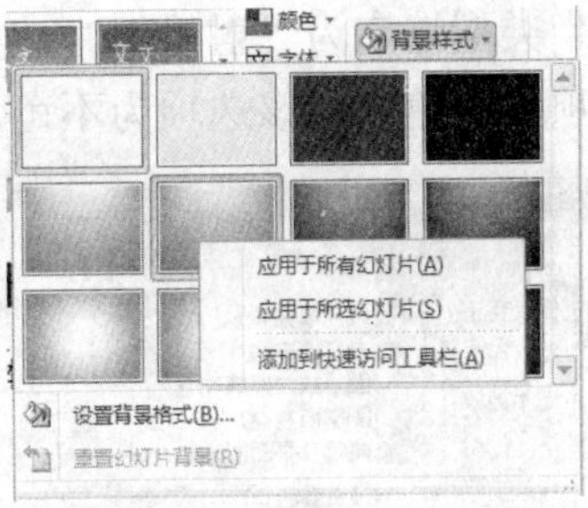

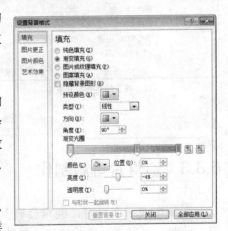

图 6.33 右击背景样式

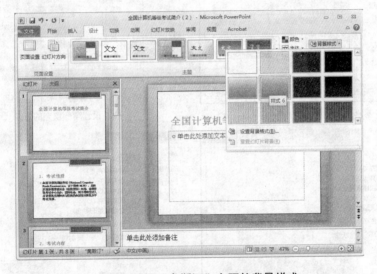

图 6.34 设置"奥斯汀"主题的背景样式

单击"设计"选项卡下"背景"功能组右下角的展开按钮，弹出"设置背景格式"对话框，即可对主题背景进行自定义的设置，如图 6.35 所示。

纯色填充选项的设置包括：颜色、透明度。

渐变填充选项里面包含 24 个预设的渐变颜色，如图 6.36（a）所示，当光标移动到预设颜色上面时，会显示出该预设颜色的名字。PowerPoint 为每一个预设的渐变色都起了一个符合其意境的名称，如红日西斜、金乌坠地、暮霭沉沉、雨后初晴等。

对渐变色的自定义的设置选项包括：类型、方向、角度、渐变光圈、颜色、亮度、透明度。设置的时候一般是从上到下设置，因为后面的选项会依赖前面的

图 6.35 "设置背景格式"对话框

选项。下面简单介绍类型和方向的设置。

如图 6.36（b）所示，类型的设置包括 5 个选项：线性、射线、矩形、路径和标题的阴影。当类型选定为"线性"时，方向的设置包括 8 个选项，如图 6.36（c）所示，当光标移动到上面时，会显示出具体的方向描述，图中显示的方向为"线性对角-左上到右下"。当类型选定为"射线"时，方向的设置包括 5 个选项，如图 6.36（d）所示，此时角度选项为灰色表示该选项为不可用状态。

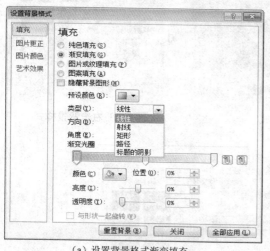
（a）设置背景格式渐变填充

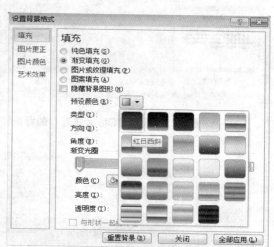
（b）设置渐变填充的方向

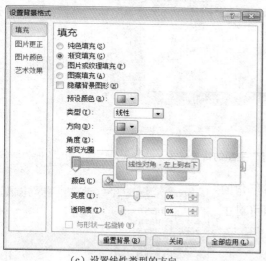
（c）设置线性类型的方向

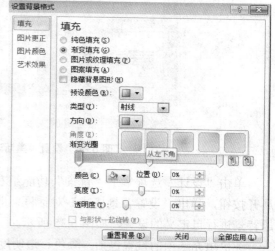
（d）设置射线类型的方向

图 6.36　设置背景格式

6.3.3　幻灯片母版制作

在制作演示文稿时，经常会碰到要设置每张幻灯片都要显示某个文本或是图形的情况，此时，可以通过修改幻灯片母版使演示文稿具有统一的外观。

在 PowerPoint 中有三种母版，分别是幻灯片母版、讲义母版和备注母版。

幻灯片母版是 PowerPoint 模板的一个部分，用于设置幻灯片的样式，包括标题和正文等文本的格式、占位符的大小和位置、项目符号和编号样式、背景设计和配色方案等。

讲义母版用于更改讲义的打印设计和版式。通过讲义母版，在讲义中设置页眉页脚，控制讲义的打印方式。例如，小张同学在复习备考时，想将多张幻灯片打印在一页讲义中，并希望在讲义的空白处添加一些重要的图片及文字等内容，就可以通过在讲义母版中设置相关选项，以及插入图片文字等来完成。

备注母版主要用于控制备注页的版式和备注文字的格式。

本章主要介绍幻灯片母版的制作。使用幻灯片母版可以使整个演示文稿具有统一的背景和版式，使编辑制作更简单，更富有整体性。

制作幻灯片母版视图的操作步骤如下。

（1）打开"视图"菜单，在"母版视图"组中单击"幻灯片母版"按钮，如图 6.37 所示，进入母版视图。此时菜单栏上出现并显示"幻灯片母版"菜单。

图 6.37　幻灯片母版编辑窗口

此时母版中有 5 种占位符，分别是标题占位符、文本占位符、日期占位符、幻灯片编号占位符和页脚占位符。

① 标题占位符用于幻灯片标题。

② 文本占位符用于放置幻灯片正文内容。

③ 日期占位符用于在幻灯片中显示当前日期。

④ 幻灯片编号占位符用于显示幻灯片的页码。

⑤ 页脚占位符用于在幻灯片底部显示页脚。

注意： 在幻灯片母版中，每个占位符内的文字只起提示作用，实际上在幻灯片中并不真正显示，不要在母版各区域中添加文字，只需设置其格式即可。虽然幻灯片母版上可以看到"日期"、"页脚"等占位符，但即使在里面添加文字也不会显示在幻灯片上面。

如果要显示日期时间，那么先关闭母版视图，然后单击"插入"选项卡"文本"组中的"页眉和页脚"命令，在弹出的"页眉和页脚"对话框中选中日期和时间、幻灯片编号、页脚等，并设置页脚为"计算机等级考试 NCRE"，如图 6.38（a）所示，得到的日期时间、幻灯片编号以及页脚的显示效果如图 6.38（b）所示。

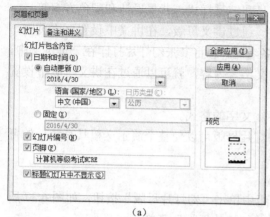
（a）

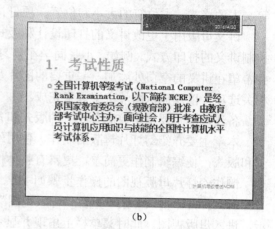
（b）

图 6.38　添加页眉页脚对话框及添加后的效果

（2）在幻灯片母版视图中，左侧窗口显示出不同版式的幻灯片母版的缩略图。图 6.37 显示统一的幻灯片母版，可以在右侧对它进行编辑。

（3）设置文本格式：单击幻灯片中"单击此处编辑母版标题样式"占位符，可以修改标题的字体等格式。对于其余占位符中文本的格式都可以类似修改。

（4）插入图片：单击"插入"选项卡下"图像"组下的"图片"按钮，在弹出的对话框中找到要插入的图片，即可把图片插入母版中，并调整为合适的大小和位置，如图 6.39（a）所示。

（5）设置背景：在"幻灯片母版"菜单下的"背景"组中，单击"背景样式"按钮。背景的设置与 6.3.2 节类似。

（6）退出母版视图：母版编辑完毕后，可以通过"幻灯片母版"菜单下"关闭"组中的"关闭母版视图"按钮退出母版视图状态。此时在母版中添加的图片即出现在所有的幻灯片，如图 6.39（b）所示。

PowerPoint 内置了 12 种版式，如果新编写的幻灯片中现有的版式不够用，还可以创建新的版式。在新版式中可以插入各种元素，还可以插入各类占位符。

例 6-2　教师小胡在向幻灯片中添加内容的过程中，发现有十几张幻灯片中都是需要添加三张图片，并且每张幻灯片的三个图片都需要等大小显示。

为了节省幻灯片制作时间，胡老师决定通过创建新的幻灯片版式来完成任务。操作步骤如下。

（1）打开幻灯片母版。

（2）在母版视图下，单击"幻灯片母版"选项卡中"编辑母版"组下的"插入版式"命令，则添加一张新的待编辑的版式，如图 6.40 所示。

（3）单击"幻灯片母版"选项卡中"母版版式"组下的"插入占位符"命令，在弹出的列表中选择"图片"命令，如图 6.41 所示。同时可对新加入的图片占位符进行一些格式设置。

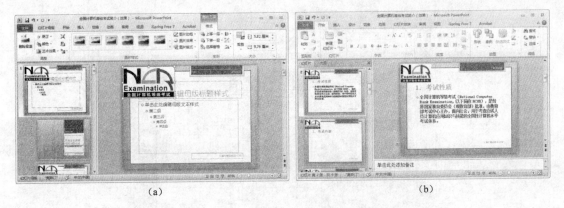

（a）　　　　　　　　　　　　　　　　（b）

图 6.39　在母版中插入图片及效果图

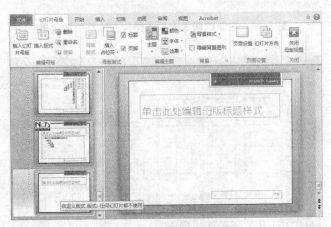

图 6.40　在母版视图下插入版式

（4）用复制粘贴命令再插入两个相同的图片占位符，如图 6.42 所示。

（5）关闭母版视图，单击"开始"选项卡"幻灯片"组中的"版式"按钮，可以发现此时增加了一个自定义版式，如图 6.43 所示，单击"自定义版式"插入一张新的幻灯片，如图 6.44 所示。

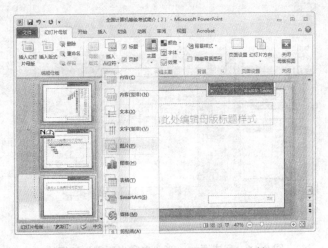

图 6.41　在新建版式中插入图片占位符

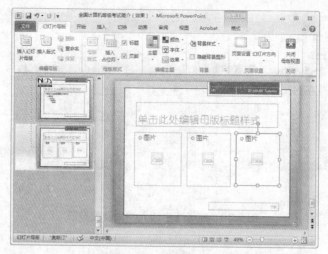

图 6.42　在新建版式中插入图片占位符后的效果

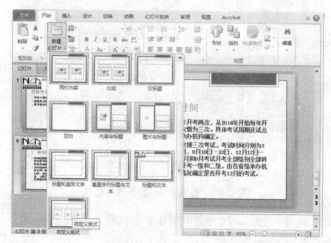

图 6.43　插入"自定义版式"幻灯片

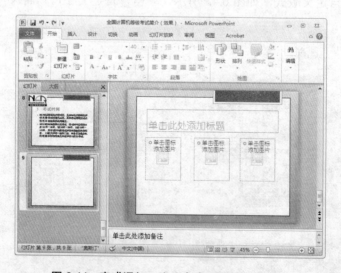

图 6.44　完成添加一张"自定义版式"幻灯片

（6）单击该幻灯片中的图片占位符分别插入三张图片，效果如图 6.45 所示。

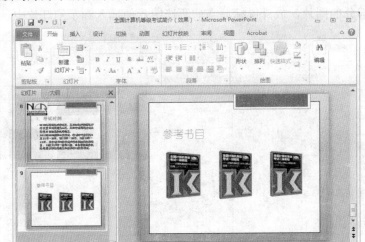

图 6.45　"自定义版式"幻灯片效果图

6.4　幻灯片中的对象编辑

6.4.1　使用图片

使用图片的功能在"插入"选项卡下的"图像"组中，在幻灯片中插入图像，可以丰富幻灯片内容，加强演示文稿的表达效果。

1．插入图像

在幻灯片中插入图像时，首先选择要插入图片的幻灯片，然后单击"插入"菜单，"图像"组如图 6.46 所示。"图像"组将可插入的图像分为图片、剪贴画、屏幕截图、相册 4 种类别。

"图片"：是指插入来自文件的图片。单击"图片"按钮，弹出如图 6.47 所示的"插入图片"对话框，单击选择要插入的图片缩略图，再单击"插入"按钮完成图片的插入。

"剪贴画"：是将剪贴画插入文档，包括绘图、影片、声音或库存照片，以展示特定的概念。单击"剪贴画"按钮弹出"剪贴画"页面，在里面搜索"书"有关的视频文件，如图 6.48（a）所示，搜索完毕后的结果如图 6.48（b）所示。单击某个剪贴画即可完成剪贴画的插入。

如图 6.49 所示，将书堆插入到幻灯片的标题页中，并调整大小和位置后的效果。

"屏幕截图"是指插入任何未最小化到任务栏的程序的图片，包括"可用视窗"和"屏幕剪辑"两个部分。"可用视窗"显示当前未最小化到任务栏的所有活动程序的图片，如图 6.50 所示，单击图片即可将其插入到幻灯片。"屏幕剪辑"用于自行选择插入屏幕任何部分的图片，单击"屏幕剪辑"后屏幕反灰显示，光标变成十字形，单击并拖动鼠标选择当前屏幕上任意部分的图片，放开鼠标后当前所选图片便插入到了幻灯片中。

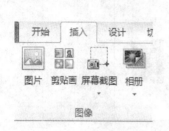

图 6.46　"图像"组

图 6.47　插入图片

（a）

（b）

图 6.48　插入剪贴画操作

图 6.49　在幻灯片中插入剪贴画实例

"相册"是根据一组图片创建或编辑一个演示文稿,每张图片占用一张幻灯片。单击"相册"按钮,选择"新建相册"命令,弹出如图 6.51 所示的"相册"对话框,单击"文件/磁盘"按钮,弹出"插入新图片"对话框,可以选择插入一张或多张相片。单击"新建文本框"按钮,可以在相册中添加文字。

图 6.50　插入屏幕截图

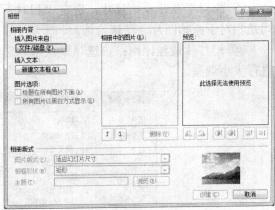

图 6.51　插入相册

2. 改变图像的表现形式

插入图片或剪贴画后,菜单栏出现"图片工具"→"格式"面板,如图 6.52 所示。"图片工具"→"格式"面板包括"调整"、"图片样式"、"排列"、"大小"4 个组。通过这些组的功能设置,可以对插入图像的大小、效果、样式等进行进一步的调整。最常用的是通过"大小"组来调整插入图片或剪贴画的大小和位置。

图 6.52　"图片工具"→"格式"面板

(1) 大致地设置图片的大小和位置。

一般来讲,插入的图片或剪贴画的大小和位置可能不合适,可以选中图片或剪贴画后,通过鼠标直接拖动来调整大致的位置,通过鼠标拖动图像的控制点来调整大致的大小。

(2) 精确地设置图片的大小和位置。

精确设置图片大小和位置的方法如下:选中图片,在"图片工具"→"格式"选项卡下的"大小"命令组单击右下角的"大小和位置"按钮,弹出如图 6.53 所示的"设置图片格式"对话框,可以对以下属性进行所见即所得的调整。

① 设置图片尺寸:通过文本框直接输入图片的精确的高度和宽度尺寸,默认单位为厘米。当输入其他单位如"磅"时,会自动转换为"厘米"。也可以通过旁边的微调按钮进行调整。

② 设置图片的旋转角度：输入旋转角度。

③ 设置缩放比例：输入缩放比例。

④ 锁定纵横比：选定"锁定纵横比"复选框时，当调整横坐标大小时，纵坐标大小也会跟着调整。默认勾选。

⑤ 相对于图片原始尺寸：选定"相对于图片原始尺寸"复选框时，所有的缩放比例均是相对于原始图片。默认勾选。

⑥ 幻灯片最佳比例：该选项默认未勾选，当勾选该选项时，可以结合分辨率对图片进行大小调整。

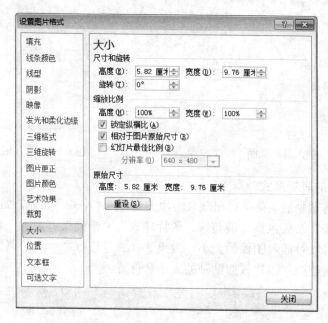

图 6.53　在"设置图片格式"对话框中调整大小

6.4.2　使用图形

PowerPoint 提供了多组形状库，可以方便地插入图形并对其进行编辑。图形库包括：线条、矩形、基本形状、箭头汇总、公式形状、流程图、星与旗帜、标注、动作按钮等图标。

插入图形的操作有如下两种方法。

方法一：

（1）单击"插入"菜单下"插图"组中的"形状"按钮，即可弹出"形状"库，如图6.54 所示。

（2）单击选择所需图标，光标变成十字形，在幻灯片中需要添加形状的地方单击并拖动鼠标即可绘制出所选形状。

方法二：

单击"开始"菜单下的"绘图"组中的"形状"按钮，也可以弹出"形状"库进行编辑。

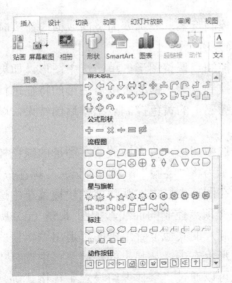

图 6.54 "形状"库

按照以上步骤在幻灯片中插入一个"笑脸"形状和一个"云形"标注形状之后，可以对图形进行以下操作，如图 6.55 所示是插入图片过程示例。

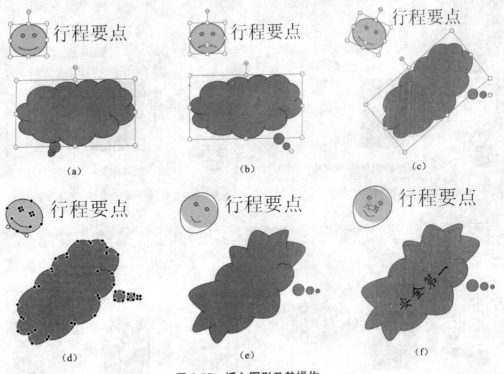

图 6.55 插入图形及其操作

（1）将图形移动到合适的地方。单击选中形状，并拖动鼠标，可以将形状拖动至合适的位置。

（2）改变形状的大小。单击选中形状，将鼠标放置在形状的 4 个角的圆形控制点上，光标变为斜箭头时，可以对形状的大小进行整体的放缩调整；单击选中图形，将鼠标放置在包围形状 4 个边的中间控制点上，光标变为竖向或横向箭头时，可以对形状的高度和宽度进行调整，如图 6.55（a）所示。

（3）通过黄色的图形控制点调整图形。单击选中图形，如果图形上有黄色的图形控制点，将光标放置在黄色的控制点上，拖动可以对图形的特征进行变换和调整。图 6.55（b）显示为将"笑脸"形状上嘴巴上的黄色控制点上移后的结果，以及将"云形"标注下端的黄色控制点右移后的结果。

（4）旋转图形。单击选中图形，将光标放置在图形的绿色控制点上，拖动鼠标即可旋转图形，如图 6.55（c）所示为将"笑脸"形状和"云形"标注分别向左向右旋转后的结果。

（5）改变图形形状。在图形上右击，从弹出的快捷菜单中选择"编辑顶点"命令，便可将该图形转化为一些关键顶点控制的曲线，如图 6.55（d）所示，通过拖动顶点即可改变图形以前的形状，在幻灯片的其他位置单击即可退出编辑模式，如图 6.55（e）所示。

（6）添加文字。在图形上右击，从弹出的快捷菜单中选择"编辑文字"命令，便可在图形中输入文本内容，也可以通过"字体"组设置字体格式等，在幻灯片的其他位置单击即可退出编辑模式，如图 6.55（f）所示。

如图 6.56 所示为在幻灯片中插入一个"云形"标注形状的完整例子。具体的操作步骤如下。

（a）

（b）

（c）

（d）

图 6.56　插入图形及其操作

（1）选中要插入形状的幻灯片，例如，如图 6.56（a）所示幻灯片。

（2）单击"插入"菜单下"插图"组中的"形状"按钮，选择"云形"标注，在幻灯片中拖动鼠标绘制该标注，效果如图 6.56（b）所示。

（3）调整"云形"标注大小和形状。效果如图 6.56（c）所示。

（4）在"云形"标注中添加文字，效果如图 6.56（d）所示。

在插入图形之后，菜单栏中出现"绘图工具"→"格式"面板，如图 6.57 所示。"绘图工具"→"格式"面板包括"插入形状"、"形状样式"、"艺术字样式"、"排列"、"大小"等组。通过这些组的功能设置，可以继续插入形状，对形状的样式以及形状上字体的样式等进行进一步的细致调整。

图 6.57　"绘图工具"→"格式"面板

6.4.3　使用表格

在幻灯片中，表格的使用也是很频繁的。通过使用表格，可以清晰地展示及对比各种数据，是一种常用的功能。

在幻灯片中插入表格有以下两种方法。

（1）直接在内容占位符中插入表格：在如图 6.58 所示的内容占位符中，单击表格图标，弹出"插入表格"对话框，通过在里面输入具体的列数和行数即可插入表格。

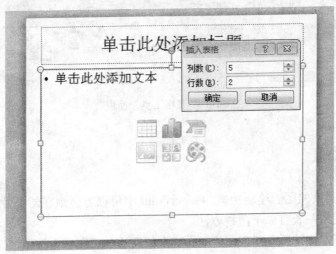

图 6.58　直接在内容占位符中插入表格

（2）通过"插入"选项卡下的"表格"按钮插入表格：单击"表格"按钮，弹出如图

6.59 所示的下拉菜单。可以通过鼠标拖动选择行数和列数来插入表格，或者单击"插入表格"菜单，通过弹出的"插入表格"对话框来完成。

在插入表格之后，菜单栏中出现"表格工具"面板，如图 6.60 所示，包括"设计"和"布局"两个选项卡。在"表格工具"→"设计"面板中可以对表格样式、艺术字样式及绘图边框进行设置。在"表格工具"→"布局"中可以对表格的格式进行设置。

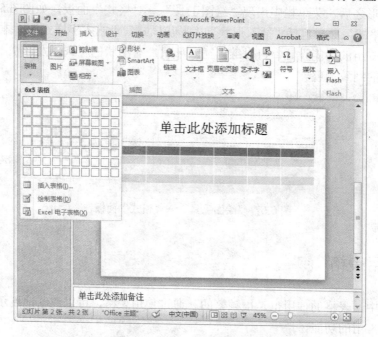

图 6.59　通过插入选项卡下的表格按钮插入表格

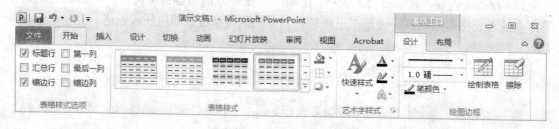

图 6.60　"表格工具"面板

6.4.4　使用图表

Excel 提供了强大的图表绘制功能，PowerPoint 中可以方便地在幻灯片中嵌入 Excel 图和相应的表格。使用图表有如下两种方法。

（1）通过内容占位符插入图表：单击内容占位符中的"图表"按钮，弹出"插入图表"对话框，如图 6.61 所示。

（2）单击"插入"选项卡下"插图"组中的"图表"按钮，如图 6.62 所示，弹出"插入图表"对话框。

6.4.5　使用 SmartArt 图形

在"段落"组的右下角有一个"转化为 SmartArt 图形"的按钮，可以将文本转换为 SmartArt 图形。SmartArt 图形是信息和观点的视觉表示形式。可以通过从多种不同布局中进行选择来创建 SmartArt 图形，从而快速、轻松、有效地传达信息。SmartArt 图形包括图形列表、流程图以及更为复杂的图形，例如维恩图和组织结构图。

设置 SmartArt 图形的操作方式如下。

（1）选中待设置的段落，如图 6.63 所示。

（2）单击"开始"下"段落"组中的"转换为 SmartArt"按钮，弹出如图 6.64 所示的 SmartArt 图形库。

（3）将光标放在某个 SmartArt 图形上预览效果，如图 6.65 所示为鼠标在"连续块状流程图"上的预览图形。

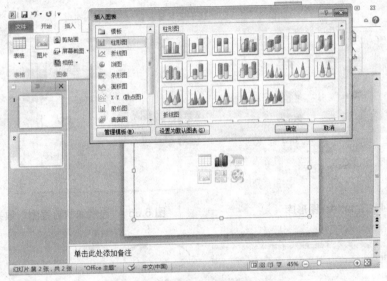

图 6.61　通过内容占位符插入图表

（4）单击"连续块状流程图"效果将段落转换为 SmartArt 图形，并弹出如图 6.66 所示的"在此处键入文字"对话框，用来修改段落内容。同时，菜单栏中出现"SmartArt 工具"选项卡，用来修改当前 SmartArt 图形的效果。

（5）如果不需要修改效果，单击页面的其他地方，对话框及选项卡即隐藏。此时"转换为 SmartArt"按钮不再可用。如果要再次修改该 SmartArt 图形效果，单击该图形，菜单栏会出现"SmartArt 工具"选项卡。

6.4.6　使用音频和视频

1．插入声音

为了使幻灯片有声有色，可以从文件或 CD 插入音乐来配合幻灯片的播放，也可以使用麦克风录制声音并插入幻灯片中。插入声音的操作步骤如下。

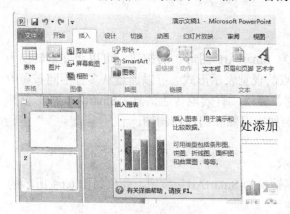

图 6.62　"插入"标签页下的"图表"按钮

图 6.63　选中段落

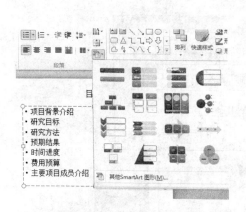

图 6.64　SmartArt 图形库

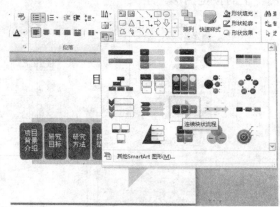

图 6.65　"连续块状流程图"效果

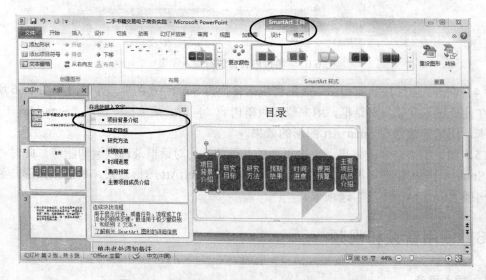

图 6.66　"连续块状流程图"段落及图形效果编辑

（1）选择要插入声音的幻灯片，在"插入"菜单下的"媒体"组中，单击"音频"按钮，如图 6.67 所示，弹出菜单中包括三个命令："文件中的音频"、"剪贴画音频"、"录制音频"。

（2）如果想添加文件夹中的音频到幻灯片，则单击"文件中的音频"命令，弹出如图 6.68 所示的"插入音频"对话框，选择自己喜欢的音频文件插入。

图 6.67　插入音频

图 6.68　"插入音频"对话框

如果想添加剪贴画中的音频，则单击"剪贴画音频"命令，弹出如图 6.69 所示的页面，搜索相关音频文件，单击插入。

如果想即时录制音频插入，单击"录制音频"命令，弹出如图 6.70 所示的"录音"对话框。单击"录制"按钮 ● 开始录音，单击"停止"按钮 ■ 停止录音，单击"播放"按钮 ▶ 对录制的音频进行播放。单击对话框中的"确定"按钮即可将当前录制的音频加入到幻灯片中，单击"取消"按钮可以取消此次的音频插入。

图 6.69　剪贴画中的音频

图 6.70　"录音"对话框

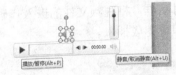

图 6.71　声音图标及其控制工具栏

（3）预览音频文件。插入音频文件后，幻灯片中会出现"声音"图标 ◀，它表示刚刚插入的声音文件。在幻灯片中单击选中"声音"图标，如图 6.71 所示，在幻灯片上会出现一个音频工具栏，通过"播放/暂停"按钮可以预览音频文件，通过"静音/取消静音"按钮可以调整音量的大小。

如果觉得在幻灯片播放过程中有声音图标不好看，可参考下述第（4）步操作中，在如图 6.72 所示的"音频选项"组中选中"放映时隐藏"复选框。

（4）通过"音频工具"编辑声音文件。在幻灯片中单击声音图标，在菜单栏上会出现"音频工具"，包括"格式"和"播放"两个子菜单，选择"播放"子菜单中的命令来控制音频的播放，如图 6.72 所示。

①"预览"组可以播放预览音频文件。

②"书签"组可以在音频中添加书签，方便定位到音频中的某个位置。

③"编辑"组可以对音频的长度进行裁剪。

④"音频选项"组中的下拉框和复选框可以对音频的播放时间、次数和是否隐藏声音图标等进行设置。

2．插入视频

在 PowerPoint 2010 中，视频的添加和编辑更加便捷，视频是嵌入在演示文稿中的，不用担心丢失视频文件。

插入视频的操作步骤与插入音频的操作类似，基本步骤如下。

（1）选择需要插入视频的幻灯片。

（2）单击"插入"菜单下"媒体"组中"视频"按钮下的倒三角形，弹出如图 6.73 所示的下拉菜单，下拉菜单中包括"文件中的视频"、"来自网站的视频"、"剪贴画视频"三个命令。

图 6.72 "音频工具|播放"面板

如果要从文件中添加视频，选择"文件中的视频"命令，在弹出的"插入视频文件"对话框中选择视频文件进行插入即可。

如果要插入网站上的视频，选择"来自网站的视频"命令，弹出"从网站插入视频"对话框，将视频文件的嵌入代码复制粘贴到文本框中，如图 6.74 所示，单击"插入"按钮即可完成插入。

图 6.73　插入视频

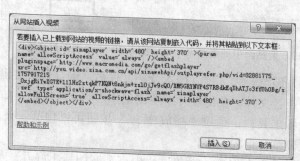

图 6.74　"从网站插入视频"对话框

注意：视频文件的嵌入代码并不是它所在的网址，打开视频网址，将光标放在视频右边，单击右侧的"分享"命令，在弹出的"分享"对话框中单击"复制 HTML 代码"按钮，即可复制该视频的嵌入代码。

如果要插入剪贴画视频，那么选择"剪贴画视频"命令，即可在弹出的剪贴画页面中，查找并插入相应的视频文件。

（3）视频文件的编辑。选中视频文件后，通过"视频工具"菜单中的"格式"和"播放"来进行编辑和预览。

"视频工具"→"格式"面板如图 6.75 所示，通过组中的命令，可以对整个视频重新着色，或者轻松应用视频样式，使插入的视频看起来美轮美奂。

图 6.75　"视频工具"→"格式"面板

"视频工具"→"播放"面板如图 6.76 所示，通过组中的命令，可以对整个视频的播放进行预览、编辑和控制，如通过添加视频书签，可以轻松定位到视频中的某些位置。

图 6.76　"视频工具"→"播放"面板

6.4.7　使用艺术字

艺术字是对文本进行艺术化处理后的效果，为标题及文本设置艺术字样式，可以增强视觉冲击力。

（1）单击"插入"选项卡下"文本"组中的"艺术字"按钮，弹出"艺术字库"，找到合适的艺术字样式，如图 6.77 所示为"填充-蓝色，透明强调文字颜色 1，轮廓-强调文字颜色 1"。

（2）单击选定的艺术字样式，即可插入艺术字，此时功能区会反色显示出"绘图工具"→"格式"选项卡，打开该选项卡，即可出现如图 6.78 所示的"艺术字样式"组。

PowerPoint 2010 在"艺术字样式"组提供了艺术字样式库，单击图 6.78 中的下拉按钮，即可弹出如图 6.79 所示的艺术字样式库。当鼠标停留在某个样式上面时可以实时预览当前选中文字或形状的艺术字样式的效果。

也可以对已有艺术字样式的填充效果、边框效果及特殊效果进行修改或自定义，单击"艺术字样式"组中的"文本填充"、"文本轮廓"、"文本效果"三个下拉按钮进行设置即可，如图 6.80 所示。

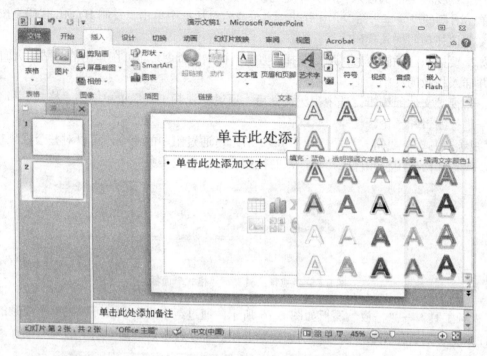

图 6.77　插入艺术字

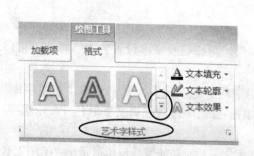

图 6.78　"艺术字样式"组

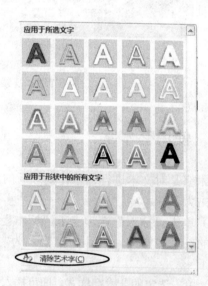

图 6.79　"艺术字样式"库

"文本填充"使用纯色、渐变、图片或纹理填充文本，如图 6.80（a）所示；

"文本轮廓"制定文本轮廓的颜色、宽度和线型，如图 6.80（b）所示；

"文本效果"对文本应用外观效果（如阴影、发光、映像或三维旋转），如图 6.80（c）所示。

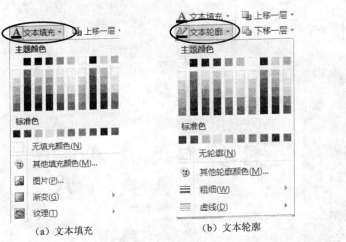

（a）文本填充　　　　　（b）文本轮廓　　　　　（c）文本效果

图 6.80　自定义艺术字样式

为已有标题设置艺术字操作步骤如下。

（1）选中需要设置艺术字的文字，如图 6.81 所示的主标题"365 天"。

（2）在"绘图工具"→"格式"选项卡下的"艺术字样式"组中，单击"文本效果"按钮，在弹出菜单中单击"转换"菜单，在弹出列表中单击即可选择"左近右远"艺术字样式，如图 6.81 所示。

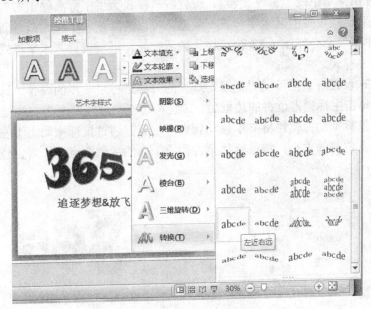

图 6.81　设置"转换"艺术字样式

（3）对图 6.81 中的副标题"追逐梦想&放飞希望"设置快速艺术字样式。首先选中副标题，其次打开并选中快速样式"填充-蓝色，强调文字颜色 1，塑料棱台，映像"，如图 6.82 所示。

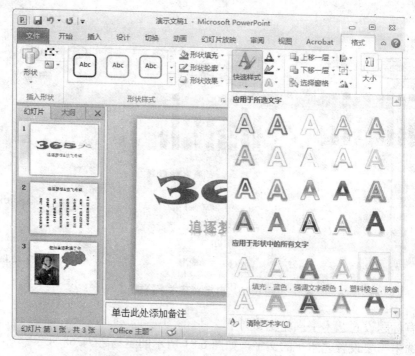

图 6.82 为副标题设置快速艺术字样式

对于设置完快速样式的副标题还可以继续添加其他艺术字效果，如图 6.83 所示，通过"文本效果"弹出菜单中的"三维旋转"，设置旋转样式为"平行离轴 1 右"。

（4）如果对已经设置的艺术字样式不满意，可以清除艺术字样式或重新设置艺术字样式。"清除艺术字"命令在图 6.82 快速样式最后一行。重新设置艺术字样式会覆盖掉上一次设置的艺术字样式。

艺术字样式设置好后，可以对标题幻灯片的内容进行进一步的调整。选中标题幻灯片中的主标题，单击主标题占位符的边框后，占位符边框由虚线框变为实线框，如图 6.84 所示。此时，用鼠标拖动占位符将文本移动到合适位置；通过鼠标拖动上下左右边框中间的小正方形调整占位符的大小；将鼠标移至占位符上面的绿色圆点上，对占位符进行旋转。

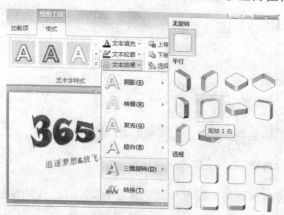

图 6.83 添加"三维旋转"艺术字样式

图 6.84 调整幻灯片内容

6.5　幻灯片交互效果设置

6.5.1　对象动画设置

幻灯片动画就是给幻灯片上的内容在出现、消失或强调时添加特殊的视觉或声音效果。

制作不同类型的演示文稿动画的使用量也不同，对于产品宣传类的演示文稿可以多添加动画效果来达到吸引观众注意力的效果，但是工作简报、教学培训等演示文稿的动画使用要适度，适度的动画可以达到突出幻灯片重点及吸引眼球的目的，但是过量的动画也会阻碍信息的传达。

PowerPoint 2010 中有 4 种不同类型的动画效果："进入"、"退出"、"强调"、"动作路径"。

"进入"动画用来设置对象从外部进入或出现在幻灯片中的方式，如出现、淡出、飞入、浮入等。

"退出"动画：当某对象的动画效果播放完毕后，如果要让该对象离开幻灯片播放画面，就要为该对象设置"退出"动画。

"强调"动画：当对象已经出现在播放画面中时，可以对其设置强调效果，如脉冲、陀螺旋、放大/缩小、填充颜色等。

"动作路径"动画：设定对象在幻灯片放映过程中从一个位置按照某种轨迹移动到另一个位置，路径轨迹可以是直线、弧形、转弯、循环等，也可以是用户按需求自定义的。

1. 设置动画效果

设置动画效果步骤如下。

（1）选中需要设置动画的对象。

（2）单击"动画"选项卡下"动画"功能组中的下拉按钮 ，如图 6.85 所示，弹出如图 6.86 所示的动画效果库，包含进入、强调、退出、动作路径 4 类动画的多种预设效果。

（3）单击选择某个预设效果。如果在显示的预设效果中没有找到所需路径，则单击"更多进入效果"、"更多强调效果"、"更多退出效果"或"其他动作路径"进行查看。单击"更多进入效果"会进入"更改进入效果"对话框，单击"更多强调效果"，会弹出"更改强调效果"对话框，如图 6.87 和图 6.88 所示，单击选中后再单击"确定"按钮。

图 6.85　"动画"功能区

2. 动画效果选项设置

PowerPoint 为大部分的预设动画都添加了相应的预设效果，如图 6.89 所示，为主标题

"365 天"选定飞入的进入效果后，单击效果选项会弹出 8 种相关的飞入方向效果，默认为自底部，这里选择自顶部飞入。

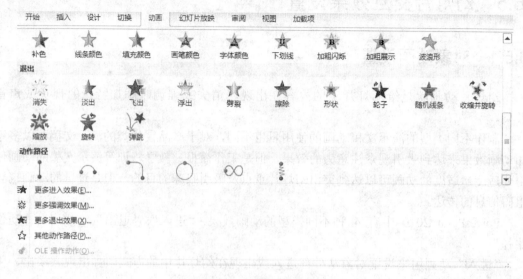

图 6.86　"动画"效果库

如图 6.90 所示，为副标题"追逐梦想&放飞希望"设置翻转式由远及近的进入效果后，单击效果选项会弹出三种相关的选项，默认为按段落。

根据动画对象需要，还可以设置其他动画效果选项，如计时效果。

在"动画"选项卡的"计时"组中的"开始"列表框中"单击时"、"与上一动画同时"、"上一动画之后"选择其一。通过"持续时间"设置动画持续时间，"延迟"设置动画发生之前的延迟时间。

设置完动画后，可以在"动画"菜单下的"预览"组中单击"预览"按钮对动画进行预览。

3. 使用动画窗口

当幻灯片动画对象有多个，需要调整幻灯片动画对象发生的时间顺序。

单击"动画"选项卡的"高级动画"组里面的"动画窗格"按钮，打开如图 6.91 所示的动画窗格，可以对当前幻灯片中所有的动画对象进行编辑。

如图 6.91 所示，列表框中列出当前幻灯片的所有动画对象。窗格中编号表示具有该动画效果的对象在该幻灯片上的播放次序，编号后面是动画效果的图标，可以表示动画的类型；图标后面是对象信息；对象框中的黄色矩形是高级日程表，通过它可以设置动画对象的开始时间、持续时间、结束时间等。选择其中一个动画对象，可以通过 ⬇ 和 ⬆ 按钮重新调整动画对象的播放顺序。如果要删除某个动画效果，选中后按 Delete 键，或是右击，从弹出菜单中选择"删除"命令即可。

例 6-3　为了获得更好的动画演示效果，需要为主标题"365 天"添加三个动画效果，顺序依次为：进入动画（飞入，方向为自顶部），强调动画（放大/缩小，数量为微小），退出动画（消失）。为副标题"追逐梦想&放飞希望"添加三个动画效果及顺序依次为：进入动画（飞入，方向为自顶部），强调动画（陀螺旋），退出动画（飞出，方向为到右上部）。

图 6.87　"更改进入效果"对话框　　　　　图 6.88　"更改强调效果"对话框

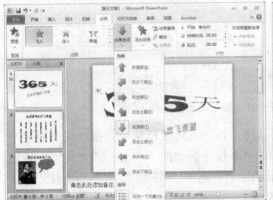

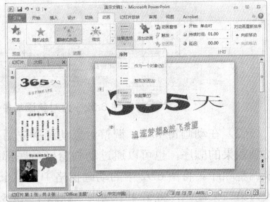

图 6.89　设置自顶部飞入效果　　　　　　图 6.90　设置翻转式由远及近效果

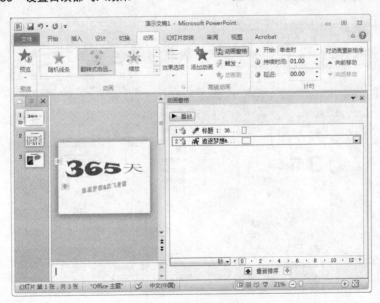

图 6.91　动画窗格

操作步骤如下。

（1）分别选中主标题和副标题，按要求依次添加进入、强调和退出动画，效果如图6.92所示。

图 6.92　为对象添加多个动画后的动画窗格

（2）在动画窗格中，调整对象动画的先后次序。可以通过鼠标选中并拖动来调整某个动画效果的顺序，也可以通过动画窗格最底部的重新排序旁边的"向上"和"向下"按钮来调整顺序。将图6.92中的动画窗格中第三个动画"标题1：365 放大/缩小"上移一行，成为第二个动画，将第4个动画"标题1：365 消失"上移一行，成为第三个动画。调整后的效果如图6.93所示。

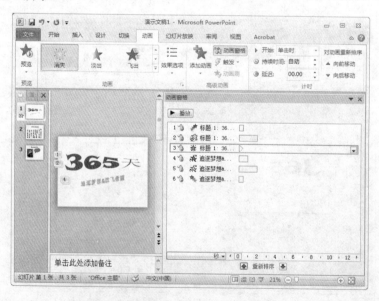

图 6.93　动画窗格中的动画重新排序后的效果

（3）利用 Shift/Ctrl 键，选中动画窗格中的所有动画。按住 Shift 键可以选中多个连续的动画效果，按住 Ctrl 键可以选中多个不连续的动画效果。

（4）统一修改"计时"组中的"开始"选项为"上一动画之后"，如图 6.94 所示。

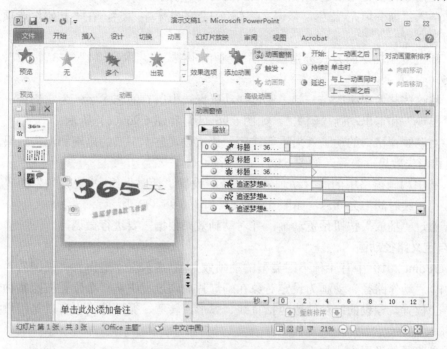

图 6.94　动画窗格中所有动画计时效果设置

（5）预览动画效果。单击动画窗格中的"播放"按钮，即可预览动画。对于不满意的动画效果可以进行微调。如图 6.95 所示，将标题 1 的缩放动画的持续时间调整为 1s。

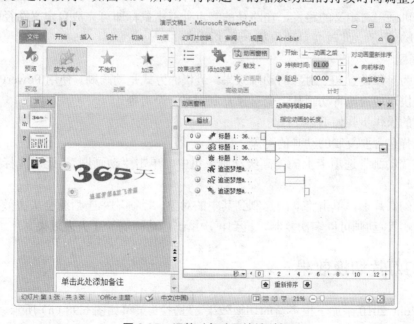

图 6.95　调整对象动画持续时间

例 6-4　在演示文稿开始播放前，添加倒数 5 个数 "5，4，3，2，1" 的动画效果。

操作步骤如下。

（1）在演示文稿开始新建一张空白版式的幻灯片。

（2）插入 "渐变填充-蓝色，强调文字颜色 1" 的艺术字 "5"，在 "开始" 选项卡中设置字号为 200。

（3）通过复制粘贴的方式分别修改后得到相同格式的艺术字 "4"、"3"、"2"、"1"，如图 6.96（a）所示。

（4）将这些艺术字叠放在一起，通过拖动鼠标选中所有的艺术字，为它们统一设置进入动画 "出现" 和退出动画 "消失"，如图 6.96（b）和图 6.96（c）所示。

（5）对动画窗格中的动画效果重新排序。依次设置艺术字 5 的出现和消失效果，数字 4 的出现和消失效果，等等，如图 6.96（d）所示。

（6）选中动画窗格中的所有动画效果，统一设置 "计时" 组中，"开始" 为 "上一动画之后"，"持续时间" 为 0.5s，如图 6.96（e）和图 6.96（f）所示。

（7）通过 "播放" 按钮预览动画，并对动画效果根据需要进行微调。

4. 自定义路径动画

PowerPoint 2010 中有 4 种不同类型的动画效果："进入"、"退出"、"强调"、"动作路径"。其中，"动作路径" 动画为设定对象在幻灯片放映过程中从一个位置按照某种轨迹移动到另一个位置，预设的路径轨迹包括直线、弧形、转弯、循环等，也可以是用户按需求自定义的。

自定义路径的设置方式如下。

（1）选中对象，单击 "动画" 选项卡下 "高级动画" 组中的 "添加动画" 命令，选择动作路径下的 "自定义路径" 选项，如图 6.97（a）所示。

（2）将光标移到幻灯片上，光标变为 "+" 字形时，单击鼠标即可建立路径的起始点，移动鼠标即可画出自定义的路径，在路径的终点处双击鼠标即可完成自定义路径的绘制，如图 6.97（b）所示。此时会自动预览一遍动画。

5. 动画刷

如果要为对象设置某个对象的动画效果，最快的方式是动画刷。使用 PowerPoint 2010 动画刷可以快速轻松地将动画从一个对象复制到另一个对象。

动画刷的操作步骤如下。

（1）选择包含要复制的动画的对象。

（2）在 "动画" 选项卡上的 "高级动画" 组中，单击 "动画刷"。此时光标更改为如下形状：⊿ ♠。

（3）在幻灯片上，单击将动画复制到其中的对象。动画刷单击后就会失去效果。如果双击 "动画刷"，动画可以多次复制，直到再次单击 "动画刷" 才失去效果。

6.5.2　幻灯片切换效果

PowerPoint 2010 添加了很多新的切换效果。"切换" 菜单如图 6.98（a）所示。单击 "切换到此幻灯片" 组中的下拉按钮 ⌄，弹出如图 6.98（b）所示切换效果库，选择某个效果，如图中的"框",则将"框"的切换效果添加到当前幻灯片上,并实时播放切换效果,如果要再次预览则单击"预览"组中的"预览"按钮,可以设置垂直和水平效果。单击当前组中的"效果"选项,在下拉菜单中可以设置效果的变化方向。

(a)制作 5 个艺术字

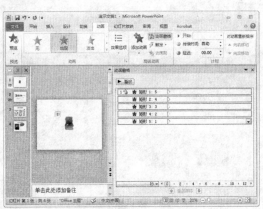

(b)统一添加出现"进入"效果

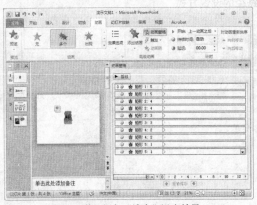

(c)统一添加"消失"退出效果

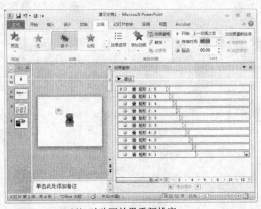

(d)对动画效果重新排序

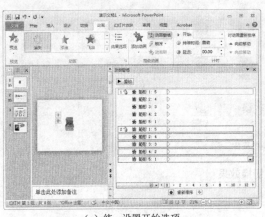

(e)统一设置开始选项

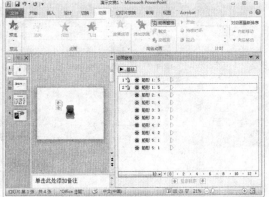

(f)统一设置持续时间选项

图 6.96　倒数 5 个数的动画效果设置

通过"计时"组中的"声音"下拉框可以为切换效果添加声音,通过"持续时间"下拉框可以设置切换效果的持续时间。如果想要对所有的幻灯片应用当前效果,则单击"全部应用"按钮，还可以通过"换片方式"来设置根据时间来自动切换幻灯片还是单击鼠标时切换幻灯片。

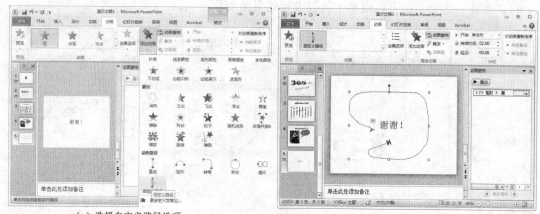

（a）选择自定义路径选项　　　　　　　　（b）绘制自定义路径

图 6.97　自定义路径的设置方式

（a）切换菜单

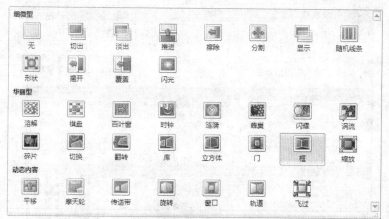

（b）切换效果库

图 6.98　切换效果

6.5.3　幻灯片链接操作

1．设置超链接

在 PowerPoint 2010 中，超链接可以是从一张幻灯片到同一演示文稿中另一张幻灯片的链接，也可以是从一张幻灯片到不同演示文稿中另一张幻灯片、到电子邮件地址、网页或文件的链接。可以从文本或对象（如图片、图形、形状或艺术字）创建超链接。

创建和修改超链接的操作步骤如下。

（1）选择需要设置超链接的对象，打开"插入"选项卡，单击"链接组"中的"超链接"对话框，弹出如图 6.99（a）所示的"插入超链接"对话框。

（2）在对话框的左侧窗格中选择所需选项按钮，默认为"现有文件或网页"按钮。如果要插入其他文件，在如图 6.99（a）所示的"插入超链接"对话框中，选择文件所在的文件夹，从文件列表框中选中所需的文件后，单击"确定"按钮即可。如果要超链接到另一幻灯片，在对话框的左侧窗格中选择"本文档中的位置"，对话框改为如图 6.99（b）所示，选择"请选择文档中的位置"列表框中的幻灯片后，单击"确定"按钮即可。如果要超链接新文件，在对话框的左侧窗格中选择"新建文档"，对话框改为如图 6.99（c）所示，改变文件夹位置，输入"新文件名"，单击"确定"按钮即可。如果要超链接电子邮件地址，在对话框的左侧窗格中选择"电子邮件地址"，对话框改为如图 6.99（d）所示，在"电子邮件地址"输入电子邮件地址，单击"确定"按钮即可。

超链接不需要时，只需选择超链接对象后，鼠标右击后在快捷菜单中选择"取消超链接"命令即可。

2．设置动作

动作按钮是指可以添加到演示文稿中的内置按钮形状（位于形状库中），可以设置单击鼠标或鼠标移过时动作按钮将执行的动作，还可以为剪贴画、图片或 SmartArt 图形中的文本设置动作。

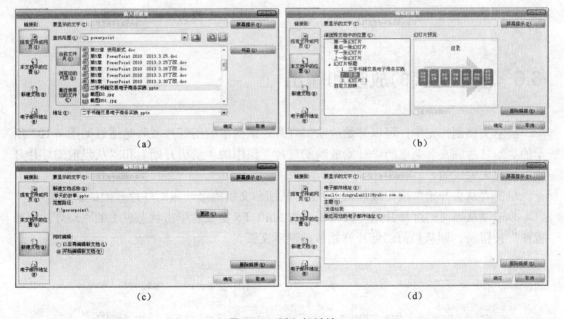

（a）　　　　　　　　　　　　　（b）

（c）　　　　　　　　　　　　　（d）

图 6.99　插入超链接

动作按钮的操作步骤：在"插入"菜单的"插图"组"形状"菜单下的形状库中找到的内置动作按钮形状示例包括右箭头和左箭头，以及通俗易懂的用于转到下一张、上一张、第一张和最后一张幻灯片和用于播放视频或音频等的符号，如图 6.100 所示动作按钮，选中后在幻灯片上画出，此时出现如图 6.101 所示的"动作设置"对话框，根据需要设置"单击鼠标"与"鼠标移过"即可。

　　动作设置与动作按钮的功能相同，区别在于，动作设置的对象前者是形状库中的已有形状，后者是幻灯片中的任何对象。

　　动作设置的操作步骤：选中要设置动作的幻灯片对象，单击"插入"菜单的"链接"组中的"动作"，弹出如图 6.101 所示的"动作设置"对话框，根据需要设置"单击鼠标"与"鼠标移过"即可。

图 6.101　动作设置

图 6.100　动作按钮

6.6　演示文稿的放映和输出

　　演示文稿制作完毕，可以开始放映幻灯片。最简单的幻灯片放映是通过如图 6.102 所示的"幻灯片放映"菜单的"开始放映幻灯片"组中的"从头开始"和"从当前幻灯片开始"按钮来完成的。

　　单击"从头开始"按钮或者按 F5 键，从演示文稿的第一张幻灯片开始放映。

　　单击"从当前幻灯片开始"按钮或者按 Shift+F5 键或者单击状态栏上的"幻灯片放映视图"按钮，则从当前幻灯片开始放映演示文稿。

图 6.102　幻灯片放映

6.6.1　演示文稿放映设置

1. 演示文稿放映方式

除了简单地手动放映幻灯片之外，PowerPoint 还包含三种放映方式：演讲者放映（全屏幕）、观众自行浏览（窗口）、在展台浏览（全屏幕）。

演讲者放映是默认的放映方式，在该方式下演讲者具有全部的权限，放映时可以保留幻灯片设置的所有内容和效果。

观众自行浏览与演讲者放映类似，但是以窗口的方式放映演示文稿，不具有演讲者放映中的一些功能，如用绘图笔添加标记等。

在展台浏览：以全屏的方式显示开始放映的那一张幻灯片。在这种方式下，除了鼠标单击某些超级链接而跳转到其他幻灯片外，其余的放映控制如单击鼠标或鼠标右击都不起作用。

设置幻灯片放映方式的操作步骤如下。

（1）打开"幻灯片放映"选项卡，单击"设置放映方式"按钮，弹出如图 6.103 所示的"设置放映方式"对话框。

（2）在对话框中通过单选框选择"放映类型"，通过复选框设置"放映选项"，通过单选框设置"放映幻灯片"及"换片方式"等。

（3）设置完毕后单击"确定"按钮返回 PowerPoint 编辑窗口，单击"幻灯片放映"选项卡下的"从头开始"按钮或"从当前幻灯片开始"按钮，即可按照刚才设置的放映方式来放映演示文稿。

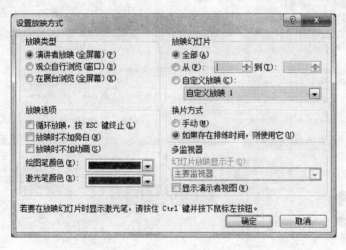

图 6.103　设置幻灯片的放映方式

2. 设置排练计时

演示者有时需要幻灯片能自动换片，可以通过设置幻灯片放映时间的方法来达到目的。

设置幻灯片放映时间有两种方法：利用"切换"选项卡设置放映时间和排练计时。但两者最大的区别在于，前者对所有幻灯片设置同一自动换片时间，后者则可以对每张幻灯片的换片时间随心所欲地设置。

利用"切换"选项卡设置放映时间的操作步骤如下。

打开"切换"选项卡，选中"计时"组中的"设置自动换片时间"复选框，如图6.104所示，并设置换片的时间，"单击鼠标时"复选框可以和"设置自动换片时间"复选框同时选中，到达设置的自动换片时间则切换到下一张幻灯片，如果单击鼠标也会切换到下一张幻灯片。

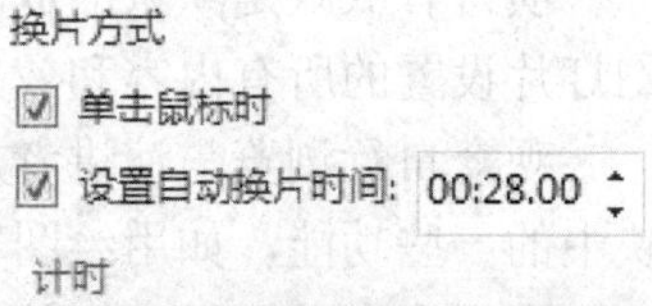

排练自动设置放映时间的操作步骤如下。

（1）打开"幻灯片放映"选项卡，单击"设置"组中的"排练计时"按钮，即可启动全屏幻灯片放映。

（2）屏幕上出现如图6.105（a）所示的"录制"对话框，第一个时间表示在当前幻灯片上所用的时间，第二个时间表示整个幻灯片到此时的播放时间。此时，练习幻灯片放映，会自动录制下来每张幻灯片放映的时间。

图6.104　设置换片方式

（3）幻灯片放映结束时，弹出如图6.105（b）所示的对话框，如果要保存这些计时以便将其用于自动运行放映，单击"是"按钮。

（4）幻灯片自动切换到"幻灯片浏览"视图方式，在每张幻灯片的左下角出现每张幻灯片的放映时间，如图6.105（c）所示。

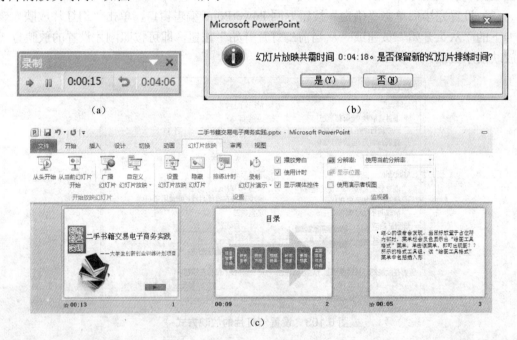

图6.105　排练计时

3. 录制幻灯片演示

如果计划使用演示文稿创建视频，使用旁白和计时可以使视频更生动些。可以使用音频旁白将会议存档，以便演示者或缺席者可在以后观看演示文稿，听取别人在演示过程中做出的任何评论。此外，还可以在幻灯片放映期间将旁白与激光笔的使用一起录制。

录制旁白的操作步骤如下。

（1）根据需要，单击"录制幻灯片演示"→"从头开始录制"或"从当前幻灯片开始录制"，如图 6.106（a）所示。

（2）弹出如图 6.106（b）所示的"录制幻灯片演示"对话框，单击"开始录制"按钮后，录制便开始了。

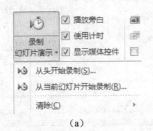
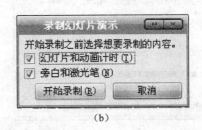

图 6.106　录制幻灯片演示

4. 广播幻灯片

广播幻灯片是 PowerPoint 2010 提供的一种新的幻灯片放映方式，通过广播幻灯片，即可使用浏览器将当前 PPT 演示文稿与任何人实时地共享。

广播幻灯片的操作步骤如下。

（1）演示者打开要进行广播的演示文稿，单击"幻灯片放映"选项卡下的"广播幻灯片"按钮，弹出如图 6.107（a）所示的"广播幻灯片"对话框。

（2）单击"启动广播"按钮，弹出如图 6.107（b）所示的"连接到 pptbroadcast.officeapps.live.com"对话框，在该对话框中输入 Windows Live ID 的电子邮件和密码，确认。如果没有 Windows Live ID，那么可以单击对话框左下角的"获得一个.NET Passport"来申请一个。

（3）输入正确的 Windows Live ID 后，准备广播，并弹出如图 6.107（c）所示的对话框进度。

（4）准备完毕后，弹出如图 6.107（d）所示的对话框，里面给出了幻灯片广播时的链接地址，可以通过"复制链接"和"通过电子邮件发送"功能将链接地址发送给广播对象（也称参与者），然后单击"开始放映幻灯片"按钮，开始放映幻灯片。

（5）放映结束后，单击如图 6.107（e）所示的"广播"选项卡下的"结束广播"按钮，弹出如图 6.107（f）所示的对话框，如果要结束此广播，单击"结束广播"按钮即可。

在广播过程中，演示者可以随时暂停幻灯片放映、将广播 URL 重新发送给任何参与者，或切换到另一应用程序，而不会中断广播或将计算机桌面显示给参与者。

参与者通过电子邮件或其他渠道获得幻灯片放映 URL 或链接后，通过 Web 浏览器中连接到幻灯片放映 URL。在演示者开始之前，参与者将看到一条消息，通知他们尚未开始幻灯片放映。演示者开始后，参与者可以在对演示文稿进行演示的过程中通过其本地浏览器实时观看幻灯片放映。演示者结束广播时，所有参与者都将看到一条消息，通知他们广播已结束。

（a）

（b）

（c）

（d）

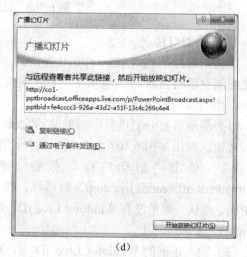

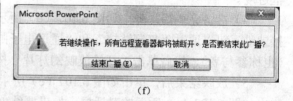

（e）

（f）

图 6.107 广播幻灯片

5. 自定义幻灯片放映

自定义幻灯片放映是将演示文稿中的一部分幻灯片，以一定的次序形成新的幻灯片进行放映，以适应不同的放映场合。

自定义幻灯片放映的操作步骤如下。

（1）单击"幻灯片放映"选项卡下的"自定义幻灯片放映"按钮，从下拉菜单中选择"自定义放映"命令，弹出如图 6.108（a）所示的"自定义放映"对话框。

（2）单击"新建"按钮，弹出如图 6.108（b）所示的"定义自定义放映"对话框，在该对话框中，可以设置幻灯片放映名称，从演示文稿中选择幻灯片加入到自定义放映中。如图 6.108（b）所示为将幻灯片 1、2、3、6、8 加入到自定义放映幻灯片中。

（3）添加完成后，若要修改幻灯片放映的次序，可以在图 6.108（b）中"在自定义放映中的幻灯片"列表框中选中要修改的幻灯片，然后单击列表框右边的"向上"、"向下"按钮来进行调整。

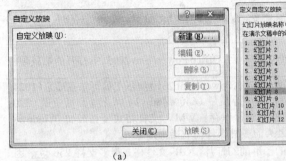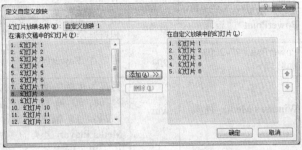

（a）　　　　　　　　　　　　　　　　　　（b）

图 6.108　自定义放映

（4）完成之后单击"确定"按钮，返回"自定义放映"对话框。

（5）单击"放映"按钮，进入放映视图，以自定义的放映方式放映幻灯片。

6.6.2　演示文稿输出

保存演示文稿时，默认文件为演示文稿文件（扩展名为.pptx）。其实，还可以根据需要另存为其他类型文件，如表 6.1 所示。PowerPoint 2010 可以保存为 25 种文件类型。

表 6.1　PowerPoint 2010 文件类型

保存为文件类型	扩展名	用 于 保 存
PowerPoint 演示文稿	.pptx	PowerPoint 2010 或 2007 演示文稿默认为支持 XML 的文件格式
启用宏的 PowerPoint 演示文稿	.pptm	包含 Visual Basic for Applications （VBA）（Visual Basic for Applications （VBA）:Microsoft Visual Basic 的宏语言版本，用于编写基于 Microsoft Windows 的应用程序，内置于多个 Microsoft 程序中）代码的演示文稿
PowerPoint 97-2003 演示文稿	.ppt	可以在早期版本的 PowerPoint（从 97 到 2003）中打开的演示文稿
PDF 文档格式	.pdf	由 Adobe Systems 开发的基于 PostScript 的电子文件格式，该格式保留了文档格式并允许共享文件
XPS 文档格式	.xps	一种新的电子文件格式，用于以文档的最终格式交换文档
PowerPoint 设计模板	.potx	可用于对将来的演示文稿进行格式设置的 PowerPoint 2010 或 2007 演示文稿模板
启用宏的 PowerPoint 设计模板	.potm	包含预先批准的宏的模板，这些宏可以添加到模板以便在演示文稿中使用
PowerPoint 97-2003 设计模板	.pot	可以在早期版本的 PowerPoint（从 97 到 2003）中打开的模板

保存为文件类型	扩展名	用 于 保 存
Office 主题	.thmx	包含颜色主题、字体主题和效果主题的定义的样式表
PowerPoint 放映	.ppsx	始终在幻灯片放映视图（而不是普通视图）中打开的演示文稿
启用宏的 PowerPoint 放映	.ppsm	包含预先批准的宏的幻灯片放映，可以从幻灯片放映中运行这些宏
PowerPoint 97-2003 放映	.pps	可以在早期版本的 PowerPoint（从 97 到 2003）中打开的幻灯片放映
PowerPoint 加载项	.ppam	用于存储自定义命令、Visual Basic for Applications （VBA） 代码和特殊功能（例如加载项）的加载项
PowerPoint 97-2003 加载项	.ppa	可以在 PowerPoint 97 到 Office PowerPoint 2003 中打开的加载项
Windows Media 视频	.wmv	另存为视频的演示文稿。PowerPoint 2010 演示文稿可按高质量（1024×768，30 帧/秒）、中等质量（640×480，24 帧/秒）和低质量（320×240，15 帧/秒）进行保存。WMV 文件格式可在诸如 Windows Media Player 之类的多种媒体播放器上播放
GIF（图形交换格式）	.gif	作为用于网页的图形的幻灯片。GIF 文件格式最多支持 256 色。因此，此格式更适合扫描图像（如插图）。GIF 还适用于直线图形、黑白图像以及只有几个像素的小文本。GIF 支持动画和透明背景
JPEG（联合图像专家组）文件格式	.jpg	作为用于网页的图形的幻灯片。JPEG 文件格式支持 1600 万种颜色，最适于照片和复杂图像
PNG（可移植网络图形）格式	.png	作为用于网页的图形的幻灯片。万维网联合会（W3C）（万维网联合会（W3C）:商业与教育方面的一个联合机构，该机构对与万维网相关的所有领域的研究工作进行监督，并促进标准的推出）已批准将 PNG 作为一种替代 GIF 的标准。PNG 不像 GIF 那样支持动画，某些旧版本的浏览器不支持此文件格式
TIFF（Tag 图像文件格式）	.tif	作为用于网页的图形的幻灯片。TIFF 是用于在个人计算机上存储位映射图像的最佳文件格式。TIFF 图像可以采用任何分辨率，可以是黑白、灰度或彩色
设备无关位图	.bmp	作为用于网页的图形的幻灯片。位图是一种表示形式，包含由点组成的行和列以及计算机内存中的图形图像。每个点的值（不管它是否填充）存储在一个或多个数据位中
Windows 图元文件	.wmf	作为 16 位图形的幻灯片（用于 Microsoft Windows 3.x 和更高版本）
增强型 Windows 元文件	.emf	作为 32 位图形的幻灯片（用于 Microsoft Windows 95 和更高版本）
大纲/RTF	.rtf	演示文稿大纲为纯文本文档，可提供更小的文件大小，并能够和可能与用户具有不同版本的 PowerPoint 或操作系统的其他人共享不包含宏的文件。使用这种文件格式不会保存备注窗格中的任何文本
PowerPoint 图片演示文稿	.pptx	其中每张幻灯片已转换为图片的 PowerPoint 2010 或 2007 演示文稿。将文件另存为 PowerPoint 图片演示文稿将减小文件大小。但是会丢失某些信息
OpenDocument 演示文稿	.odp	可以保存 PowerPoint 2010 文件，以便可以在使用 OpenDocument 演示文稿格式的演示文稿应用程序（如 Google Docs 和 OpenOffice.org Impress）中将其打开。可以在 PowerPoint 2010 中打开.odp 格式的演示文稿。保存和打开.odp 文件时，可能会丢失某些信息

1. 将演示文稿转换为直接放映方式

如果需要打开文件就直接进入幻灯片放映状态，可以把文档另存为自动放映文件。其操作步骤如下。

（1）单击"文件"→"另存为"命令，弹出"另存为"对话框，如图 6.109 所示。

（2）在对话框中选中"保存类型"下拉列表框中的"PowerPoint 放映（*.ppsx）"，单击"保存"按钮即可。

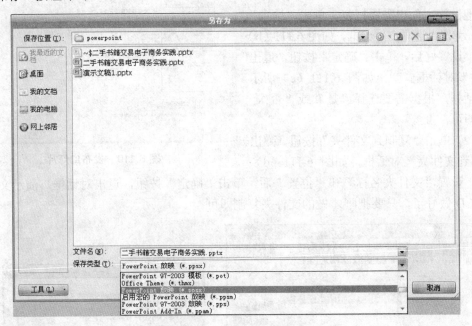

图 6.109　"另存为"对话框

2. 发布幻灯片到幻灯片库

经常制作 PowerPoint 演示文稿的工作组或项目团队的成员，会将制作好的幻灯片发布到幻灯片库。幻灯片库是一种特殊类型的库，可帮助共享、存储和管理 PowerPoint 2007 或更高版本的幻灯片。在创建幻灯片库后，可以向其中添加 PowerPoint 幻灯片，并重用这些幻灯片以便直接从幻灯片库中创建 PowerPoint 演示文稿。

可以将单张幻灯片或整个演示文稿文件发布到库中。在将整个演示文稿发布到幻灯片库时，演示文稿中的幻灯片将在库中自动分离成单独的文件。

发布幻灯片的操作步骤如下。

（1）单击"文件"→"保存并发送"→"发布幻灯片"后，再单击"发布幻灯片"按钮。弹出"发布幻灯片"对话框，如图 6.110 所示。

（2）在对话框中，选中要发布的幻灯片，如要全部选中，可单击"全选"按钮。选好后，单击"浏览"按钮，弹出"选择幻灯片库"对话框，从中选择要保存的库文件夹后，单击"选择"按钮。关闭"选择幻灯片库"对话框，回到"发布幻灯片"对话框，单击"发布"按钮。

这样选中的幻灯片就发布到幻灯片库中。

3. 打包演示文稿

将演示文稿复制给其他人使用，如果别的机器上没有安装 PowerPoint 2010 的话，可能无法使用，这时可以使用 PowerPoint 2010 中的 CD 打包功能。操作步骤如下。

（1）单击"文件"→"保存并发送"→
"将演示文稿打包成CD"命令后，再单击"打
包成 CD"按钮。弹出"打包成 CD"对话
框，如图 6.111（a）所示。如果演示文稿中
有其他链接文件也需要打包，单击"选项"
按钮，弹出"选项"对话框，如图 6.111（b）
所示。设置好后，单击"确定"按钮，退出
"选项"对话框。弹出如图 6.111（c）所示
的对话框，根据需要选择"是"或"否"，
退出即可。

（2）单击"复制到文件夹"按钮，弹出
"复制到文件夹"对话框，如图 6.111（d）

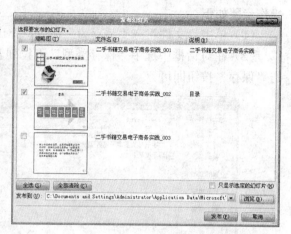

图 6.110　发布幻灯片

所示，设置"文件夹名称"和"位置"后，单击"确定"按钮，退出对话框。演示文稿打
包成 CD 做好了，只要把刚才做的文件夹复制即可。

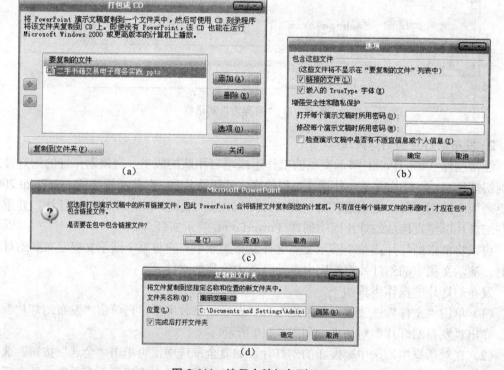

（a）　　　　　　　　　　　　（b）

（c）

（d）

图 6.111　演示文稿打包到 CD

6.6.3　打印演示文稿

演示文稿还可以打印出来，打印之前，可以进行页面设置。具体操作步骤如下。

（1）打开"设计"选项卡，单击"页面设置"组中的"页面设置"按钮，弹出如图 6.112
所示的"页面设置"对话框。

（2）在"页面设置"对话框中设置幻灯片大小和方向，单击"确定"按钮。

页面设置完毕，可以打印演示文稿。操作步骤如下：打开"文件"→"打印"命令，如图 6.113（a）所示。如未安装打印机，则单击"未安装打印机"→"添加打印机"命令来添加打印机，如图 6.113（b）所示。如打印的不是全部幻灯

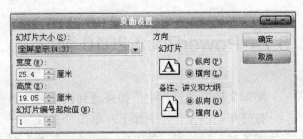

图 6.112　页面设置

片，则单击"自定义范围"来选择所需的幻灯片，如图 6.113（c）所示。或如图 6.113（d）所示，写上幻灯片号。还可以单击"整页幻灯片"来调整幻灯片，如图 6.113（e）所示。选好打印"份数"，准备好打印机，单击"打印"按钮即可。

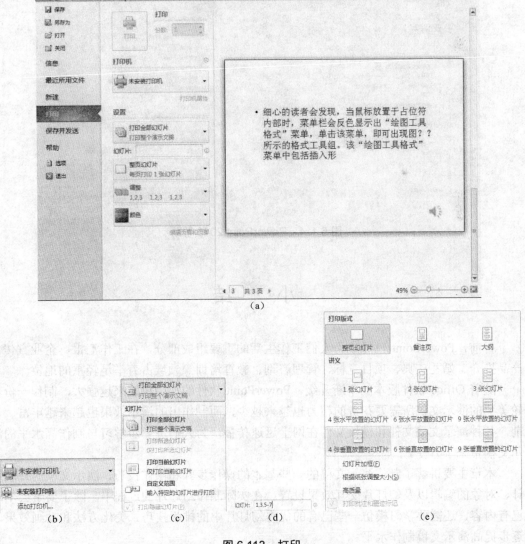

图 6.113　打印

6.7 PowerPoint 2010 帮助

　　演示文稿制作过程中，如果遇到困难时，可以打开 PowerPoint 2010 帮助。

　　打开帮助的操作步骤如下：单击"文件"→"帮助"→"PowerPoint 2010 帮助"，弹出如图 6.114（a）所示的"PowerPoint 帮助"对话框。在对话框中，可以单击帮助主题，寻找所需要的帮助信息。也可以在搜索框中输入查找关键词如"打包"，单击"搜索"按钮，得到关于"打包"的所有的东西，如图 6.114（b）所示，单击超链接即可。如果习惯用目录来查找帮助的话，可以单击"目录"按钮来打开目录，目录出现在对话框的左侧。

（a）

（b）

图 6.114　PowerPoint 2010 帮助

小　　结

　　目前，PowerPoint 已经成为人们工作生活的重要组成部分，在工作汇报、企业宣传、产品推介、婚礼庆典、项目竞标、管理咨询、教育培训等领域占着举足轻重的地位。

　　随着 Office 软件版本的不断升级，PowerPoint 软件的功能也越来越强大，制作一份美轮美奂的演示文稿所需要花费的精力也越来越少，而制作出的演示效果也越来越丰富。目前，各种演示文稿文件和模板文件在网上迅速传播，为人们进一步学习与制作高水平的演示文稿带来了方便。

　　本章主要讲解了制作演示文稿的一些基本的操作步骤和操作技巧、演示文稿的外观设计、对象的编辑以及幻灯片交互效果设置。在实际制作幻灯片的过程中，除了要学会本章已有内容，还需要学习模仿一些已有的优秀幻灯片中的排版技巧、美化方法和动画效果，逐步提高演示文稿制作水平。

参 考 文 献

[1] 白中英. 计算机组成与体系结构. 北京：科学出版社，2006.

[2] 陈光华. 计算机组成原理. 北京：机械工业出版社，2006.

[3] 林福宗. 多媒体技术基础（第3版）. 北京：清华大学出版社，2009.

[4] 谢希仁. 计算机网络（第6版）. 北京：电子工业出版社，2013.

[5] 姚琳. 大学计算机基础（第2版）. 北京：人民邮电出版社，2013.

[6] 教育部考试中心. 全国计算机等级考试二级教程——MS Office 高级应用. 北京：高等教育出版社，2014.

[7] 徐红云. 大学计算机基础教程（第二版）. 北京：清华大学出版社，2014.

[8] 王志文，陈妍，夏琴. Internet 原理与技术. 北京：机械工业出版社，2015.

[9] Microsoft Word 2010 帮助文件.

[10] Microsoft Excel 2010 帮助文件.

[11] Microsoft PowerPoint 2010 帮助文件.

教 学 资 源 支 持

敬爱的教师：

感谢您一直以来对清华版计算机教材的支持和爱护。为了配合本课程的教学需要,本教材配有配套的电子教案(素材),有需求的教师请到清华大学出版社主页(http://www.tup.com.cn)上查询和下载,也可以拨打电话或发送电子邮件咨询。

如果您在使用本教材的过程中遇到了什么问题,或者有相关教材出版计划,也请您发邮件告诉我们,以便我们更好地为您服务。

我们的联系方式:

地　　址: 北京海淀区双清路学研大厦 A 座 707

邮　　编: 100084

电　　话: 010－62770175－4604

课件下载: http://www.tup.com.cn

电子邮件: weijj@tup.tsinghua.edu.cn

教师交流 QQ 群: 136490705

教师服务微信: itbook8

教师服务 QQ: 883604

(申请加入时,请写明您的学校名称和姓名)

用微信扫一扫右边的二维码,即可关注计算机教材公众号。

扫一扫
课件下载、样书申请
教材推荐、技术交流